Christoph Moning
Thomas Griesohn-Pflieger
Michael Horn

Grundwissen Vogelbestimmung

Vorbereitung, Planung und Strategie der erfolgreichen Vogelbeobachtung

3., vollständig bearbeitete und erweiterte Auflage

Quelle & Meyer Verlag Wiebelsheim

Die Angaben in diesem Buch sind von den Autoren und dem Verlag sorgfältig erwogen und geprüft, dennoch kann keine Garantie übernommen werden. Eine Haftung der Autoren bzw. des Verlags und seiner Beauftragten für Personen-, Sach- und Vermögensschäden ist ausgeschlossen.

Bibliografische Information der Deutschen Nationalbibliothek
Die Deutsche Nationalbibliothek verzeichnet diese Publikation in der Deutschen Nationalbibliografie; detaillierte bibliografische Daten sind im Internet über http://dnb.d-nb.de abrufbar.

Die Vorauflagen erschienen unter dem Titel: *Grundkurs Vogelbestimmung. Eine Einführung zur Beobachtung und Bestimmung unserer heimischen Vögel.*

3., vollständig bearbeitete und erweiterte Auflage

www.quelle-meyer.de

Umschlagabbildungen: vorne: oben: C. Moning; unten rechts: B. Dittrich; unten links von oben nach unten: M. Vandevalle, C. Moning, C. Moning, M. Glader; hinten: links oben: C. Moning; links unten: T. Griesohn-Pflieger; rechts von oben nach unten: alle C. Moning
Druck und Verarbeitung: Belvédère Print & Packaging b.v.
Printed in Europe/Imprimé en Europe
ISBN 978-3-494-01891-1

Inhaltsverzeichnis

Vorwort ... 8

1. Einführung ... 10

2. Ein Grundkurs: Was soll's? ... 17

3. Was Vogelbeobachtern hilft ... 23
   3.1 Näher ran mit Fernoptik ... 23
   3.2 Literatur und Medien ... 35
   3.3 Internet ... 43
   3.4 Notizen, Skizzen, Listen, Kalender ... 47
   3.5 Überleben am Stausee: Rucksack, Müsliriegel und Co. ... 53
   3.6 Kleidung, Schuhe, Handy ... 55

4. Die Grundlagen der Vogelbestimmung ... 58

5. Wichtig: Vogelverhalten ... 85

6. Ordnung muss sein: Systematik und Taxonomie ... 105

7. Hören lernen: Vogelgesang und Vogelrufe ... 113

8. Vögel finden ... Stadt, Land, Fluss ... 125

9. Über den Tellerrand: Der Vogelbeobachter auf Reisen ... 151

10. Wenn nicht hier, wo sonst: Wie findet man Orte, an denen es gute Chancen auf Vögel gibt? ... 162

11. Gefiederte Jahreszeiten – das Vogeljahr und seine Chancen ... 171

12. Naturschutz in Deutschland – ein dramatisches Trauerspiel? ... 189

13. Einführung in die mitteleuropäischen Vogelfamilien und ihre Vertreter ... 208
    Fasanenverwandte ... 210
    Entenverwandte ... 214
    Nachtschwalben ... 239
    Segler ... 242
    Trappen ... 245

Kuckucke 247
Tauben 249
Rallen 255
Kraniche 259
Lappentaucher 263
Flamingos 269
Limikolen 271
Triele 277
Austernfischer 279
Säbelschnäblerverwandte 281
Regenpfeiferverwandte 283
Schnepfenverwandte 289
Möwenverwandte 320
Raubmöwen 350
Alke 354
Seetaucher 358
Sturmvögel 364
Störche 366
Tölpel 370
Scharben und Kormorane 373
Ibisse 377
Reiher 380
Pelikane 385
Greifvögel 387
Fischadler 394
Habichtverwandte 395
Eulen 419
Schleiereulen 423
Eulen 424
Wiedehopfe 428
Racken 430
Eisvögel 431
Spinte 433
Spechte 435
Falken 442
Papageien 448
Würger 451
Pirole 454
Krähenverwandte 455
Seidenschwänze 461
Meisen 463

Beutelmeisen ... 467
Bartmeisen ... 469
Lerchen ... 471
Schwalben ... 475
Schwanzmeisen ... 480
Laubsänger ... 482
Rohrsängerverwandte ... 487
Schwirlverwandte ... 493
Grasmückenverwandte ... 495
Goldhähnchen ... 500
Zaunkönige ... 502
Kleiber ... 504
Mauerläufer ... 506
Baumläufer ... 508
Starenverwandte ... 510
Drosseln ... 514
Schnäpperverwandte ... 519
Wasseramseln ... 529
Sperlinge ... 531
Braunellen ... 534
Stelzenverwandte ... 536
Finkenverwandte ... 544
Tundraammern ... 554
Ammern ... 556

Stichwortverzeichnis ... 562

Häufige Fachbegriffe kurz erklärt ... 565

Literaturverzeichnis ... 567

Artenregister ... 569

Bildquellennachweis ... 574

Wichtige Adressen ... 576

Autoren ... 590

Vorwort zur 3. Auflage

Die Begeisterung für Vögel ist in vielen Kulturen tief verwurzelt. Wer dieses Buch in den Händen hält, hat erkannt: Man muss nicht in die Ferne schweifen, um sich dieser Faszination hinzugeben. Schon vor der eigenen Haustür lockt der Reiz der Neuentdeckung, die sich keinesfalls auf das bloße Registrieren von Vogelarten beschränkt. Die Verhaltensweisen der Vögel sind vielseitig und teilweise sehr einfach zu beobachten. Sie sind nicht nur wichtiger Bestandteil unseres eigenen Naturerlebens, sondern ziehen viele Menschen ein Leben lang in ihren Bann. Doch der Zugang zu den Geheimnissen und Spielregeln der Natur ist auch bei den so auffälligen Vögeln nicht immer ganz leicht. Für ein tieferes Verstehen und Erleben genügt meist ein kurzer Blick ins Fernglas nicht. An dieser Stelle setzt unser Buch an, das zu einem genaueren Beobachten anregen und anleiten möchte. So gibt es im ersten Teil hilfreiche Anleitungen, wie wir es eigentlich anstellen können, den Vögeln nahezukommen und sie zu entdecken. Im zweiten Teil dieses Buches werden dann wertvolle Tipps gegeben, wie wir die Vögel bestimmen können. Dabei gehen die praxisnahen Informationen weit darüber hinaus, was in reinen Bestimmungsbüchern geschrieben steht. Es geht also kurz gesagt um das WIE und das WAS der Vogelbeachtung.

Dieses Buch bietet den vielen Menschen Unterstützung, die als Einsteiger, Gelegenheitsbeobachter oder Urlaubsornithologen Erfahrungen sammeln wollen. Sie bekommen ein Hilfsmittel, mit dem sie die Begeisterung für die gefiederte Lebenswelt steigern und ihre Kenntnisse systematisch ausbauen können. Aus eigener Erfahrung wissen wir, dass mit zunehmendem Wissen und wachsender Erfahrung die Begeisterung nicht nachlässt, sondern wächst. Die Zahlen sprechen für sich, immer mehr Menschen machen zum Beispiel bei den großen Citizen-Science-Projekten wie „Stunde der Gartenvögel" des Naturschutzbundes Deutschland oder bei ähnlichen Aktionen mit. Es scheint, je bedrohter unsere Mitgeschöpfe sind, desto mehr Menschen wollen etwas über sie erfahren und sie erleben.

Wir – die Autoren – haben viele Jahre lang vogelkundliche Gruppen geführt: vielköpfige Reisegruppen, langjährige Arbeitsgemeinschaften, Gruppen aus Kindergärten und Vereinen, Schulen und Volkshochschulen. Dabei haben wir sicher ebenso viel gelernt wie die vogelkundlichen Anfänger. Viele der in diesem Buch präsentierten Fragestellungen, Erfahrungen, Tipps und Hinweise wären nie ohne die Wissbegier und Ungläubigkeit, Begeisterung und Offenheit der Menschen, denen wir begegnet sind, formuliert worden. Für diese Chance, begreifen zu können, was und wie andere Menschen lernen wollen und können, sind wir dankbar.

Es ist immer wieder beeindruckend, wie die vielleicht zufällig entstandene Hinwendung zu den Vögeln manche Menschen beglückt und erfüllt. Wenn dieses Buch dazu beiträgt, dass Menschen dieses Glück für sich entdecken, wäre das ein schöner Lohn für unsere Arbeit.

Wir freuen uns sehr, dass dieses Buch nun seine dritte Auflage erlebt. Der gesamte Text und ein Großteil der Abbildungen wurden überarbeitet und in großen Teilen auch völlig neu geschrieben. Wir wünschen Ihnen, die das „Grundwissen Vogelbestimmung“ in Händen halten, viel Freude damit und besonders draußen beim Erleben und Kennenlernen der Gefiederten.

Hattingen, im Frühjahr 2021

1 Einführung

Wer zu diesem Buch greift, muss nicht erst davon überzeugt werden, dass die Beschäftigung mit der wundervollen Welt der Vögel eine sinnvolle Freizeitbeschäftigung ist, die viel Freude bereiten kann. Wer dieses Buch liest, ist bereits der Faszination der Vögel erlegen und begeistert sich an ihren anmutigen Bewegungen, ihrer Farbenpracht, ihrer Allgegenwart, ihrem Sozialverhalten und den höchst erstaunlichen Anpassungen an ihre Umwelt.

Die Zahl der Menschen, die sich für Vögel interessieren, ist in den vergangenen Jahrzehnten stark gewachsen. In einigen Ländern wie Großbritannien, Holland oder auch in den USA hat das Birdwatching schon Formen eines Volkssports angenommen. Beobachtungen von Seltenheiten führen zu Vogelbildern auf den Titeln der Tageszeitungen oder werden in den Nachrichten des lokalen Fernsehens erwähnt. Auch in Deutschland ist dieser Trend längst angekommen. Immer mehr Menschen sind draußen mit Fernglas oder gar Spektiv unterwegs. Der starke Trend zur Naturfotografie tut ein Übriges, da auch viele Menschen, die mit langen Brennweiten in Feld und Flur unterwegs sind, wissen wollen, was sie dort eigentlich vor die Linse bekommen haben.

„Wir werden immer mehr!"

Beobachter der Szene schwanken bei ihren Schätzungen von einigen oder mehreren Hunderttausend bis zu über einer Million Menschen, die im deutschsprachigen Raum das Beobachten von Vögeln in ihrer Freizeit als Hobby betreiben. Zu unterschiedlich sind die Definitionen, was denn eine Vogelbeobachterin oder einen Vogelbeobachter eigentlich ausmacht. Erschwerend kommt dazu, dass im Gegensatz zu etwa Großbritannien die Vogelfreunde in Deutschland nur wenig organisiert sind und sich deshalb schlecht erfassen lassen. Der Dachverband Deutscher Avifaunisten (DDA) gibt 2020 an, etwa 11.000 Menschen zu vertreten, die in Verbänden auf Länder- und regionaler Ebene organisiert sind. Die Verbände organisieren wichtige und wertvolle bürgerwissenschaftliche Arbeit bei der Erfassung von Vogelbeständen und ihrer Entwicklung.

Festzustellen ist, dass ein Vogelbeobachter, der sonntags mit dem Fernglas an einem See Vögel beobachtet, kaum mehr als Sonderling betrachtet wird, stattdessen sieht er sich immer öfter in Gesellschaft anderer Beobachter oder wird von Spaziergängern und Freizeitsportlern in „vogelkundliche Gespräche" verwickelt. Ebenfalls festzustellen ist, dass die Zahl der Frauen, die Vögel beobachten, stark angestiegen ist. Waren noch vor 30 Jahren Frauen auf den Versammlungen ornithologischer Verbände einzelne Ausnahmen und auf den vogelkundlichen Exkursionen

In der Gruppe macht das Vogelbeobachten nochmal so viel Spaß. Man lernt voneinander und viele Augen sehen mehr.

und Reisen Unikate, so sind sie heute oft paritätisch vertreten oder sogar in der Überzahl. Eine höchst erfreuliche Entwicklung!

Eine starke Faszination üben die Vögel auf Menschen schon immer aus. Vogeldarstellungen finden sich sehr früh in der menschlichen Kulturgeschichte und Vögel spielen eine große Rolle in Mythen, Märchen und Volksglauben. Denn es gibt kaum eine andere Tiergruppe, die sich den menschlichen Sinnen so gut präsentiert. Bereits die Vielzahl populärer Vogelnamen ist ein gutes Indiz für die tiefe Verwurzelung der Vögel in der Kultur des Menschen. Keine anderen Lebewesen können eine so hohe Popularität aufweisen wie die Vögel. Die meisten Säugetierarten sind entweder scheu, nachtaktiv oder hausen sogar in der Erde und lassen sich deshalb schlecht beobachten. Insekten sind – mit Ausnahme der meisten Tagfalter oder mancher Käfer – relativ unscheinbar und in unseren Breiten klein und wenig auffällig. Fische leben in trüben Seen oder in fließenden Gewässern und entziehen sich so unserem Blick. So ist es kein Zufall, dass die farbenfrohen und lebhaften Vögel – die zudem meist noch ansprechende Rufe und Gesänge äußern – die Aufmerksamkeit auf sich ziehen.

Vögel sind überall und fast immer zu sehen!

Es ist wohl auch kein Zufall, dass viele Vogelbeobachter, vor allem in Großbritannien, neben den gefiederten Fliegern auch den Tagfaltern und Libellen ihre Aufmerksamkeit widmen. Auch bei diesen beiden Insektengruppen gibt es auffällige Flüge und oft auch beeindruckende Farbmuster zu bestaunen. Allerdings sind sie meist nur in wenigen Wochen des Jahres zu sehen. Ein Riesenunterschied zu den Vögeln! Es gibt wohl keinen Ort auf der Erde, den nicht schon ein Vogel überflogen hätte und vor allem in unseren Breiten gibt es keine „vogelleeren" Zeiten. Wir können Vögel immer und überall erwarten und begeisterte Vogelbeobachtende tun dies auch!

Ob alleine oder am Parkteich, ob mit der Familie, organisiert mit einer Gruppe oder professionell mit Fernglas und Spektiv: Vögel sind attraktive Beobachtungsobjekte.

Die Begeisterung der Menschen für die Vogelwelt findet auch ihren Niederschlag in der Wissenschaft. Keine andere Organismengruppe kann als so gut erforscht gelten wie die der Vogelwelt – was sich zum Beispiel gut an dem Umfang des aus 14 Bänden mit 33 Büchern bestehenden Werkes „Handbuch der Vögel Mitteleuropas" ablesen lässt. Und die Hobby-Vogelbeobachter haben einen Riesenanteil an den Erkenntnissen der wissenschaftlichen Ornithologen. Denn spätestens wenn ein Vogelbeobachter damit beginnt, wirklich systematisch zu beobachten und seine Beobachtungen auch nachvollziehbar zu erfassen, macht er eine Auswertung seines Naturgenusses auch für andere möglich. Aber längst nicht jeder Gelegenheitsbeobachter möchte sich diesen Zwängen hingeben, sondern beobachtet eher gelegentlich und deshalb mit wenig wissenschaftlicher Aussagekraft, aber zu seiner Freude. Wer in die Vogelbeobachterszene hineinschnuppert, wird bald die Unterschiede feststellen, die sich aus der Intention der Beobachter ergeben.

Birder, Twitcher, Ornis...

Gelegenheitsbeobachter, "Vogelgucker", begeistern sich an der Schönheit der Vögel und genießen das mit ihrem Anblick verbundene Naturerlebnis. "Birder" (vom englischen "bird"= Vogel) betreiben das Vogelbeobachten weniger zufällig, sondern bei jeder Gelegenheit. Viele von ihnen führen Listen, auf denen sie die Vögel eines Gebietes, eines Zeitabschnittes, einer Reise oder ihres Lebens aufführen oder abhaken. Übertroffen werden die birder in ihrem Enthusiasmus nur noch von den "Twitchern" (von englisch to twitch = zucken, hier: abhaken). Sie haben vor allem im Sinn, möglichst viele Vogelarten zu "twitchen", also abzuhaken. Hier hat die „Sammelleidenschaft" die Oberhand. Da kann es zu skurrilen Situationen kommen, wenn zum Beispiel eine Seltenheit – ein armer Vogel, den ein ungünstiger Sturm zu uns verschlagen hat – von Dutzenden oder Hunderten von Beobachtern verfolgt und „abgehakt" wird, die dann nach diesem Akt wieder in das Auto oder gar Flugzeug steigen, um zur nächsten Rarität, die ihnen noch auf der Liste fehlt, zu eilen.

Jeder Mensch kennt ein paar Vogelarten und kann von Erlebnissen mit Vögeln erzählen.

Und dann sind da die Ornithologen (Vogelkundler). Sie arbeiten häufig an bestimmten wissenschaftlichen Programmen mit, erfassen die Siedlungsdichte oder andere Daten der Vögel oder spezialisieren sich auf wenige Vogelarten, deren Leben sie erforschen. Aber auch hier war die reine Freude an der Beobachtung der Vögel fast immer der Beginn einer fast immer lebenslangen Begeisterung für die Gefiederten.

In den Bergen Kasachstans: An der Ausrüstung erkennt man schon den Profi. Rucksack mit Lebensnotwendigem wie Wasser, Snacks, Ersatzkleidung und gute optische Ausrüstung.

Aus welchem Grund auch immer alle diese Vogelbegeisterten zum Fernglas greifen, der Einsteiger in der Vogelbeobachtung sollte sich nicht abschrecken lassen vom wissenschaftlichen Getue oder sportlichen Wettkampf. Es ist wie überall: Es gibt Kenner, Experten, Spezialisten, Anfänger mit großer und kleiner Kenntnis und Gelegenheitsbeobachter, die gar nicht den Ehrgeiz haben, möglichst viele Haken auf ihrer Liste zu machen oder das Intimleben bestimmter Vogelarten zu erforschen. Eines gibt es aber nicht: Jemanden, der gar nichts über Vögel weiß.

Alle kennen Vögel

Wo immer man als Vogelbeobachter und Vogelbeobachterin geoutet wird, sei es auf einer Geburtstagsfeier, einem Thekengespräch oder bei der Vogelfütterung am See, ergeben sich Gespräche, werden Fragen gestellt und Beobachtungen mitgeteilt. Selbst die Mitmenschen, die vorgeben, überhaupt kein Faible für die Vogelwelt zu haben und sich deshalb auch nicht auszukennen, können auf Befragen meist mehr als eine Handvoll Vogelarten nennen. Amsel, Krähe, Elster, Meise, Taube, Ente, Gans, Schwan... die Allgegenwart der Gefiederten in unseren Siedlungen, Gärten und Parks lässt niemanden unberührt.

Vogelbeobachtung ist so einfach! Probieren Sie es aus, schauen Sie eine Viertelstunde aus dem Fenster, machen Sie einen kleinen Rundgang durch die Siedlung, gehen Sie im Park spazieren oder mit Ihrem Hund durch Feld und Flur – Sie werden Vögel sehen!

Vögel gibt es überall! Auch in der Großstadt fahnden Möwen (hier Mittelmeermöwe) nach Nahrung.

Achten Sie mal darauf, welche Vögel in welchen Gebieten häufiger sind: Gibt es Elstern im Wald? Sehen Sie Amseln auf einem Acker? Sitzen Meisen auf dem Dach? Kreisen Krähen um den Kirchturm?

Und wie bewegen sie sich? Hüpfen Stare über den Rasen? Können Spatzen trippeln wie ein Buchfink? Verneigen sich die Kohlmeisen beim Singen wie die Krähen beim Rufen?

Und wie singen die Gefiederten? Und wann?

Der inoffizielle Lieblingsvogel der Deutschen kommt in (fast) jedem Garten vor: das Rotkehlchen.

Nicht nur in alt-ägyptischen Hieroglyphen werden Vögel dargestellt, auch in der Neuzeit finden wir Vogeldarstellungen zuhauf. Zum Beispiel als Firmenlogos oder moderne Graffiti.

Vogelbeobachter sind reicher!

Lassen Sie sich nicht entmutigen, wenn Sie nicht alles beobachten können und viele Fragen ohne Antwort bleiben. Fangen Sie einfach damit an, was Sie wissen und Sie werden merken, dass Sie mit anderen Augen durch die Welt gehen. Sie merken schnell, wie Ihr Interesse wächst und das Bewusstsein für die Vogelwelt (und darüber hinaus!) schärfer wird. Sie entdecken viel Neues, erfreuen sich daran, die Natur mit allen Sinnen zu genießen und finden Entspannung beim Draußensein. Wer aufmerksam und neugierig durch die Welt geht, wird mehr erleben und schnell ist der Zeitpunkt erreicht, von dem an man sich als "Vogelbeobachter" betrachtet und man die Augen nicht mehr von den Gefiederten lassen kann.

Wir wollen Ihnen viele Tipps geben, wie Sie beglückende und spannende Beobachtungen machen können. Und schließlich soll dieses Buch Ihnen dabei helfen, die Vögel bei ihren Namen zu nennen, das heißt, sie zu bestimmen.

2 Ein Grundkurs: was soll's?

Das Vogelbeobachten ist ein Hobby, das alle Sinne anspricht, da wir es mit Lebewesen zu tun haben, die wir draußen bei Wind und Wetter erleben. Außerdem lernen wir die Vögel nicht nur optisch, sondern auch akustisch kennen. Deshalb lässt sich die Vogelbeobachtung als sinnliches Naturerleben beschreiben. Wir spüren den Wind auf der Haut, riechen den Frühling oder das Meer, hören die Wellen oder den Wind und empfinden Kälte, Wärme, Hitze. Ein Großteil der entspannenden Wirkung, den Mediziner der Vogelbeobachtung zuschreiben, ist sicher auf dieses Ansprechen so vieler unserer Sensoren zurückzuführen. Neben Gartenarbeit gibt es wahrscheinlich nur wenige Freizeitbeschäftigungen in unserem Kulturkreis, die so schnell entspannend wirken.

Die Hinwendung zur Natur ist als hervorragende Entspannungsmöglichkeit bekannt.

Vogelbeobachtung: sinnlich und sinnvoll

Auf der anderen Seite kann der, der Vögel nicht nur als "l'art pour l'art", alleine zum Selbstzweck, beobachten will, weit darüber hinausgehen und Erfüllung in der Freizeit-Wissenschaft (citizen science) finden. Die hohe Bedeutung, die die Ornithologie in der Biologie hat, wo sie erheblich zum Verständnis vieler Fragen, wie zum

Beispiel aus der Populationsökologie, der Biorhythmik oder der Stoffwechselphysiologie, beigetragen hat, wäre undenkbar ohne das engagierte Mitwirken Tausender Hobby-Ornithologen. Deshalb kann man die Vogelbeobachtung auch als sinnvolles Naturerleben beschreiben. Selbst die Auswertung von Gelegenheitsbeobachtungen kann wichtige Erkenntnisse zu ökologischen Zusammenhängen eines Landschaftsteiles erlauben und für den Naturschutz Grundlagen liefern. Immer wieder werden gerade die relativ leicht zu beobachtenden Vögel als wichtige Bioindikatoren für die Beurteilung der Qualität unserer Umwelt herangezogen.

Vogelbeobachtung als Grundlage des Naturschutzes

Es war ein Buch mit dem Titel "Der stumme Frühling", das als der Beginn der modernen Umweltschutzbewegung überhaupt gilt. Es wurde 1962 von der todkranken Biologin Rachel Carson verfasst. Sie schildert darin erstmals die vielfältigen negativen Auswirkungen des ungehemmten Pestizideinsatzes in der Landwirtschaft und stellt "den stummen Frühling" als erschreckende Konsequenz in Aussicht. Ihr Buch hat entscheidend dazu beigetragen, dass in den 1970er Jahren der Einsatz des Umweltgiftes DDT weitgehend verboten wurde.

Auch bei uns waren es die Vogelschützer, allen voran Lina Hähnle, die die erste große schlagkräftige Naturschutzbewegung, den "Bund für Vogelschutz" gründeten. 1899 hatte der Bund bereits über 3.000 Mitglieder und er lebt seit der Wiedervereinigung unter dem Namen "Naturschutzbund Deutschland (NABU)" mit fast einer dreiviertel Million Mitgliedern (2020) fort.

Was fliegt denn da?

Die verschiedenen Vögel wiederzuerkennen und bei ihrem Namen nennen zu können, das ist die Voraussetzung für jede Vogelbeobachtung, egal ob als gelegentliches Hobby im Urlaub oder als enthusiastische Leidenschaft über das ganze Jahr betrieben. Wer den Zusammenhängen in der Natur nachspüren möchte, will auch wissen "mit wem er es zu tun hat". In einem späteren Stadium, wenn man die Arten sicher bestimmen kann, ist es für manche fortgeschrittenen Vogelbeobachter dann sogar besonders reizvoll, nicht nur die Artzugehörigkeit eines Vogels zu kennen, sondern den Vogel wirklich individuell ansprechen zu können.

Das Ansprechen einer Vogelart und vielleicht auch noch das Bestimmen seines bestimmten Alters und des Geschlechts ist das A und O der Vogelbeobachtung. Während einige Vögel sich recht einfach bestimmen lassen, wie zum Beispiel das Rotkehlchen, geben andere Vogelarten auch Experten so manche Nuss zu knacken. So gelten zum Beispiel einige Möwenarten als besonders schwer zu bestimmen, was dazu führt, dass sie vor allem von Einsteigern zunächst nur als „Gruppe" gesehen oder sogar ignoriert werden. Dabei sollte man meinen, dass mit allen modernen Methoden heutzutage das Vogelbestimmen eine einfache Sache sei.

In früheren Zeiten, als Bücher noch Mangelware waren und zudem das Lesen eine Kunst war, die nicht jedermann beherrschte, wurden unbekannte Vögel abgeschossen, um ihre Kennzeichen studieren zu können. Denn auch Ferngläser gibt es ja erst verhältnismäßig kurze Zeit – und für breite Schichten der Bevölkerung sind sie auch erst seit der Mitte des vorigen Jahrhunderts erschwinglich. Mit so einem geschossenen Vogel beziehungsweise dessen Balg musste man dann in ein Museum zum Vergleichen der Merkmale gehen oder man konservierte den Balg zum Beispiel durch Ausstopfen oder Trocknen, um ihn dann in aller Ruhe studieren und beschreiben zu können.

Bessere Optik: mehr zu sehen

Heute sind Ferngläser für jedermann erschwinglich und die Regale in den Buchhandlungen stehen voll mit mehr oder weniger brauchbaren Vogelbestimmungsbüchern (siehe Kapitel 3.2) oder das Wissen steht als App für das Smartphone zur Verfügung, sodass wir glücklicherweise heute auf die „Abschussmethode" zur Bestimmung der Vögel verzichten können. Aber was trotz aller technischer Hilfen immer noch weitgehend fehlt, sind konkrete Anleitungen für Vogelbeobachter, wie

Ferngläser, Fernrohre und Spektive haben eine vor Jahrzehnten noch kaum vorstellbare Qualität erreicht. Sie erleichtern das Beobachten und Bestimmen der Vogelarten erheblich.

sie es möglichst sicher lernen, die Vögel tatsächlich bestimmen zu können. Es fehlen praktische Tipps zum Beobachten, denn die meisten Bestimmungsbücher streben eine große Vollständigkeit an und sind schon mit den zahlreichen Abbildungen der Arten, die meist auch noch in vielen verschiedenen Kleidern vorkommen, überfüllt. Viele der Bücher, die wir in Deutschland benutzen, sind in Großbritannien und Skandinavien entstanden, und nicht in jeder Beziehung auf die Verhältnisse in Mitteleuropa anzuwenden.

Heutzutage ist das Beobachten der Vögel weniger mühsam als früher. Im Gegensatz zu den Zeiten, als die vielen Vogelarten auch in Mitteleuropa noch bejagt wurden, sind heute die meisten Arten wesentlich weniger scheu und die gute Optik, die Vogelbeobachtern heute zur Verfügung steht (siehe Kapitel 3.1), erlaubt es zudem, Merkmale zu erkennen, die man früher nur am toten Balg feststellen konnte. Das führt zu enormen Fortschritten bei der Bestimmung der Vogelarten draußen im Feld und konsequenterweise wurde die Bedeutung der Feldornithologen in den letzten Jahrzehnten immer wichtiger und die der Museumsornithologen nahm ab.

Vögel, die es zum Beispiel durch widrige Wetterbedingungen nach Mitteleuropa verschlagen hat, wie etwa Vögel aus Sibirien, vom Mittelmeer oder gar aus Amerika, locken manchmal hunderte Birder an, die von weither anreisen, um den seltenen Gast zu sehen.

Für den Einsteiger heißt das aber, dass auch die Fülle der zu erkennenden Merkmale und der Unterscheidungsmöglichkeiten enorm zugenommen hat und nicht mehr so schnell zu überschauen ist. Hieß es in einigen Bestimmungsbüchern der achtziger Jahre noch, dass die Bestimmung unausgefärbter (immaturer) Möwen "eine ausgesprochene Kunst sei", so sind heute mit einem Spektiv und etwas Geduld die Artdiagnosen zumindest für die bei uns häufigen Arten auch für den Einsteiger nicht unbedingt ein Kunststück. Man muss allerdings wissen, worauf zu achten ist und welche Arten aus der großen Fülle, die uns die Bestimmungsbücher anbieten, überhaupt infrage kommen.

Vor dem Bestimmen steht das Beobachten

Wenn es eine Kunst in der Vogelbestimmung gibt, dann die, möglichst viele Details des Gefieders beim ersten und zweiten Blick zu erfassen, denn oft genug bleibt für einen dritten Blick keine Zeit mehr. Und es gibt mehr als das Gefieder eines Vogels zu beobachten! Denn immer wichtiger werden neben den kleinen Gefiederdetails auch die Verhaltensmerkmale der Vögel. Eine wichtige Bestimmungshilfe bieten auch die Stimmen der Vögel, die man als Download zu Hause oder als Bestandteil einer Bestimmungsapp bereits im Feld anhören kann, um sie dann mehr oder weniger live vergleichen zu können.

Grundlage für das Bestimmen der Vögel ist das Beobachten. Mit der richtigen Beobachtungstechnik wird die Basis dazu gelegt, erst dann werden Bücher und Ferngläser wichtig.

Deshalb ist es wichtig, in einem Buch zum Grundwissen der Vogelbestimmung zunächst Kenntnisse über das Vogelbeobachten zu vermitteln. Wie, wo und wann finden wir Vögel? Welche Ausrüstung ist nötig? Wie lerne ich die wichtigsten Gestaltmerkmale sowie die Vogelstimmen am effektivsten? Auf was sollten Einsteiger besonders achten? Wie übe ich meine Beobachterqualitäten?

Das sind nur einige der Fragen, die uns bei Führungen und Vorträgen die Neulinge immer wieder stellen und auf die wir unter anderem im ersten Teil des Buches eingehen.

Möwen gelten auch bei Fortgeschrittenen wegen vieler Arten und vieler verschiedener Alters- und Saisonkleider als schwierige Vogelfamilie. Auf dem Foto sind fünf Möwenarten zu sehen.

Im zweiten Teil stellen wir die Familien der Vögel Mitteleuropas und ihre wichtigsten Merkmale vor und geben ganz konkrete Tipps zum Vogelbestimmen. Dabei wird keine Vollständigkeit angestrebt, sondern wir geben gezielt Hilfestellungen zum Unterscheiden ähnlicher und verwechselbarer Arten. Auch gehen wir über das hinaus, was man in den gängigen Bestimmungsbüchern und Feldführern findet.

3 Was Vogelbeobachtern hilft

Eines der besonderen Merkmale des Hobbys „Vogelbeobachtung" ist, dass man mit kleiner oder sogar gar keiner technischen Ausrüstung anfangen kann. Vögel umgeben uns in allen Lebensräumen; man muss nur lernen, hinzusehen. Aber schon nach kurzer Zeit will man mehr und mit steigenden Ansprüchen an die Beobachtungsqualität steigen auch die Ansprüche an die Ausrüstung. Dieses Kapitel beschäftigt sich zuerst mit dem wichtigsten Utensil der Vogelbeobachter, dem Fernglas, sowie anderen optischen Hilfsmitteln. Gleich danach werden wir uns mit Medien beschäftigen: Literatur, digitalen Hilfsmittel, Videos und dem Internet. Aber auch das, was wir selbst festhalten – während und nach unseren Beobachtungen – ist wichtig, deshalb interessieren uns Kalender, Listen, Notizen und Skizzen.

Auch wenn wir in Mitteleuropa kaum noch irgendwo eine richtige Wildnis finden, ist es hilfreich, sich über wichtige und nützliche Utensilien im Rucksack Gedanken zu machen und schließlich geben wir hier weitere Ausrüstungstipps zum Thema „Kleidung, Schuhe und Handy".

3.1 Näher ran mit Fernoptik!

Jedes Tier hat seinen potenziellen Feinden gegenüber eine gewisse Fluchtdistanz. Diese kann sowohl genetisch bedingt sein, sie kann aber auch durch Erfahrungen beeinflusst werden. In Gebieten, in denen der Mensch als Jäger auftritt oder in der Vergangenheit gejagt hat, ist diese Fluchtdistanz meist relativ hoch.

Deshalb wundert man sich oft, wie vertraut Vögel sein können, wenn man in bereits länger unter Schutz stehenden Gebieten in Amerika oder Afrika Tiere beobachtet oder in unseren Breiten arktischen Gästen gegenübersteht. Auch bei Vögeln in Gärten und Städten sind in der Regel die Fluchtdistanzen niedrig. Die verhängnisvolle Rolle der Jagd, die die Tiere scheu macht, wird hier deutlich. Aber selbst in den Nationalparks Nordamerikas mit ihren fast „zahm" wirkenden Tieren, wird man mittelfristig nicht ohne Fernglas auskommen. Ein Fernglas gehört zur Grundausstattung eines Vogelbeobachters. Die starke Popularität

Sicher kann man auch ohne Fernglas Vögel beobachten, aber ihre ganze Pracht entfalten sie meist erst aus der Nähe. Dazu kommt, dass das Fernglas den Blick auf das Beobachtungsobjekt fokussiert. Wir beobachten konzentrierter und werden weniger schnell abgelenkt.

Nicht ganz maßstäblich, aber eindrucksvoll. Mit den bloßen Augen sieht man – mit Glück – einen Klumpen im Baum. Mit dem Fernglas (10x) kann man die Art erahnen und mit dem Spektiv (30x) können wir einen adulten und einen immaturen Seeadler bestimmen.

der Vogelbeobachtung hat sicher auch damit zu tun, dass mittlerweile ein Fernglas nicht mehr zu den Luxusgütern gehört – sieht man von den High-End-Produkten der Optikindustrie einmal ab.

Man braucht nicht viel um Vögel zu beobachten. Standard ist ein vernünftiges Fernglas, aber selbst ohne das geht es.

Vielfalt und Qualität der Ferngläser sind enorm gewachsen. Wer das Glas fürs Leben sucht, sollte sich gründlich informieren und auch mit kompetenten Vogelbeobachtern sprechen.

Wer ein- bis zweitausend Euro für ein Fernglas ausgeben kann, hat gar keine Probleme, er hat es leicht, sich das richtige auszusuchen, denn in dieser Preislage kann man kaum noch etwas verkehrt machen. Auf der anderen Seite kann es aber recht mühevoll sein, mit einem knappen Budget ein brauchbares Fernglas zu erstehen. Wer als Einsteiger noch nicht sicher ist, dass er die nächsten Jahrzehnte Vögel beobachten will, wird sich eine Investition vom mehreren Hundert Euro schon gut überlegen. Da kommt ein guter Rat gelegen. Orientierung bieten Fernglas-Testberichte, wie sie in ausländischen Vogelbeobachter-Magazinen gang und gebe sind.

Ein Wort vorweg: Die Anschaffung einer unter Vogelbeobachtern sogenannten „Billigscherbe“ lohnt sich mit Sicherheit nicht. Schon nach kurzer Zeit wird man die Fehlinvestition bereuen und dann doch mehr Geld ausgeben. Die 50 Euro, die man beim Lebensmitteldiscounter für Optik ausgegeben hat, sind rausgeworfenes Geld. Hier stimmt der Grundsatz „Wer billig kauft, kauft zweimal!“.

Ferngläser: Zwei Bautypen

Auf was muss man achten? Grundsätzlich lassen sich zwei Bautypen unterscheiden – beide kommen für Vogelbeobachter infrage. Man unterscheidet Ferngläser mit Porroprismen von solchen mit Dachkantprismen. **Porroferngläser** haben einen „Knick in der Optik“, der einfallende Lichtstrahl wird einmal um die Ecke gelenkt. Man erkennt sie daran, dass die Okulare, also die Augenteile, näher beieinanderliegen als die Objektive, die auf das Objekt gerichtet werden. Porroferngläser sind kaum noch im Angebot und werden von einigen führenden Herstellern nicht mehr hergestellt. Sie sind in mancher Hinsicht den Dachkantferngläsern technisch und in der Handhabung unterlegen, allerdings gibt es auch heute noch sehr gute Porroferngläser, die allemal besser sind, als „billige“ Dachkantferngläser.

Dachkantferngläser sind leicht zu erkennen, ihnen fehlt „der Knick in der Optik“, denn Okular und Objektiv liegen in einer Linie, deshalb sind sie in der Regel kompakter. Aber das ist nicht der entscheidende Vorteil. Viel wichtiger ist, dass viele Porrogläser nicht die optische Leistung erreichen, die bei Dachkantgläsern fast Standard ist. Ebenfalls sehr wichtig ist, dass sich bei Dachkantferngläsern die Innenfokussierung durchgesetzt hat. Das Scharfstellen der empfindlichen Linsen spielt

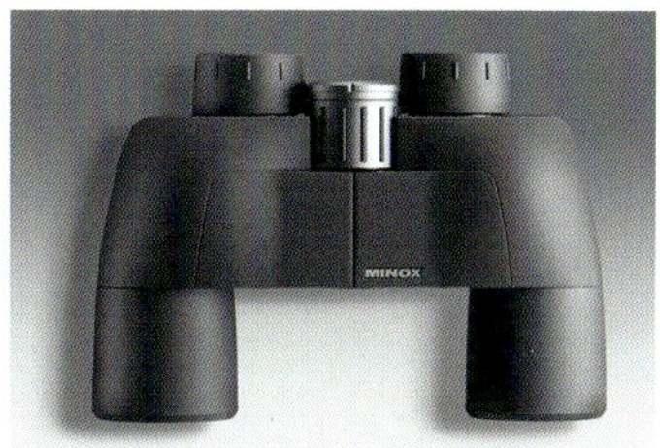

Moderne Porrogläser können in der Mitteklasse ohne Weiteres mit den Dachkantferngläsern mithalten.

Ferngläser mit Dachkantprismen sind mittlerweile Standard in der „Sportoptik“.

sich also innerhalb des Gehäuses ab. Das ist wichtig, weil dadurch das Fernglas weitgehend vor eindringendem Staub, Sand und auch Wasser und damit auch vor Salz am Meer (!) geschützt ist. Gute Ferngläser sind sogar luftdicht abgeschlossen und mit Stickstoff oder einem anderen Gas gefüllt. Ein Beschlagen der inneren Glasflächen ist daher so gut wie unmöglich. Bei Porroferngläsern dagegen dringen irgendwann alleine durch die Bewegung der Fokussierschraube des Scharfstellrades Fremdkörper und Feuchtigkeit in das Gehäuse ein und die Linsen beschlagen, werden langfristig blind und unbrauchbar.

Trotzdem halten sich einige wenige Porroferngläser immer noch am Markt, weil sie einfacher herzustellen sind und weniger kosten als die aufwändiger produzierten Dachkantferngläser. Für manche Nutzergruppen, bei der Marine oder bei vielen Jägern, sind sie Standard. Bei diesen Anwendungen können die (schweren) Ferngläser abgelegt werden und man kann sich beim Beobachten abstützen. Gewicht spielt deshalb eine untergeordnete Rolle. Gerade für Einsteiger in die Vogelbeobachtung kann es sinnvoll sein, mit einem preiswerten Porrofernglas den Anfang zu machen und erst dann, wenn man überzeugt ist, dass die Leidenschaft für die Vogelbeobachtung anhält, zu einem teureren und hochwertigeren Fernglas zu wechseln.

Brauchbare Porroferngläser (Hersteller zum Beispiel Bushnell, Steiner, Vixen und Bresser) bekommt man ab etwa 100 Euro. Einsteigerferngläser mit Dachkantprismen gibt es ab etwa 250 Euro und nach oben hört es bei 2.000 Euro nicht auf. Die Spitzenhersteller sind Firmen wie Leica, Swarovski, Kowa, Zeiss – meist kennt man ihre Namen von anderen optischen Geräten wie Kameras, Objektiven, Mikroskopen etc.

SuperZoomVerwacklungsfrei...

Manchmal werden wir von Exkursionsteilnehmern mit "Super-Optiken" überrascht, die mir stolz vorgehalten werden. Meist sind es Einsteiger, die meinen, sie hätten ein besonders gutes Schnäppchen gemacht. Und sehr oft steckt hinter diesem Schnäppchenkauf ein tüchtiger Drogist, bei dem man ansonsten seine Passfotos machen lässt. Auch Super-Nachtgläser aus den Beständen der Roten Armee ("Die gehen nie kaputt! Die sind berühmt!") gehören dazu – bei ihnen hat man den Eindruck, man schaue durch eine leere Schnapsflasche, so unscharf und milchig ist das Bild.

Oder ein anders Highlight: das Zoom-Fernglas! Vergrößerung 8- bis 20-fach. Mit einem Hebel am rechten Okular kann man stufenlos die Vergrößerung verstellen. Zieht man am Hebel, hat man das Gefühl, man führe mit einem Kleinwagen durch einen Tunnel – irgendwo am Ende ist Licht...

Eher Sinn machen die „verwacklungsfreien Ferngläser". Je stärker die Vergrößerung, desto leichter wird das Bild verwackelt. Deshalb haben einige Anbieter Ferngläser entwickelt, bei denen das Zittern der Hände kompensiert wird. Diese Ferngläser arbeiten mit einem Bildstabilisator, wie er auch bei vielen Kameras oder Objektiven zu haben ist. Nachteil: Man ist von Batterien abhängig, die das Stabilisatorensystem betreiben. Und aufgepasst: Neben seriösen Anbietern tummeln sich auf dem Markt der stabilisierten Fernoptik auch obskure Produzenten meist aus Fernost, bei denen man in Sachen Garantie oder Reparatur seine Zweifel haben darf.

Einsteigerinnen und Einsteiger sollten unbedingt dem Rat von anderen Beobachtenden mehr Gewicht geben, als dem des örtlichen Optikhändlers, der es sicher gut meint, aber vielleicht keine Ahnung hat, was Vogelbeobachter brauchen. Und zweitens sollten sie die Finger von technischen Zusatzleistungen lassen. Sie machen die Ferngläser empfindlicher und teurer. Lieber erst ein Standardfernglas und dann auf der Grundlage der gesammelten Erfahrungen ein Aufsteiger-Fernglas anschaffen.

Und noch ein Tipp: Im Internet werden immer wieder von Vogelbeobachtern für Vogelbeobachter gute gebrauchte Ferngläser angeboten. Hier lohnt eine Recherche sicher, weil Ferngläser und Spektive sich nicht abnutzen, wenn sie einigermaßen gut behandelt werden. Allerdings sollte man das alte Jagdglas vom Großvater aus Vorkriegsbeständen links liegen lassen.

Im Detail: größer, schneller, heller...

Unabhängig von der Bauweise sind weitere Kriterien wichtig beim Vergleich von preisähnlichen Ferngläsern: Vergrößerung, Helligkeit, Schnelligkeit, Naheinstellung, Gewicht, Haltbarkeit.

Unter Vogelbeobachtern trifft man zum übergroßen Teil auf Ferngläser mit zehn- oder achtfacher Vergrößerung, siebenfach vergrößernde Ferngläser sind die Ausnahme, genauso wie Ferngläser, die mehr als zwölffach vergrößern. Als Standard haben sich Ferngläser mit den Kombinationen 10x42 oder 8x42 durchgesetzt. Die erste Ziffer bezeichnet die Vergrößerung und die zweite gibt den Objektivdurchmesser in Millimetern an. Je größer die Eintrittsfläche für das Licht ist, desto heller ist das Bild. Allerdings wird das Fernglas mit größer werdendem Objektiv auch immer schwerer und da Vogelbeobachter in aller Regel keine große Dämmerungsleistung benötigen, wie sie Jäger mit ihren „Nachtgläsern" (typisch 7x50, 10x50,

9x63) erreichen wollen, ist der Kompromiss mit Objektiven von 40 mm Durchmesser voll ausreichend. Neuerdings scheint sich sogar ein Trend zu noch leichteren Qualitätsferngläser abzuzeichnen, die nur noch etwa 30 Millimeter Objektivdurchmesser aufweisen (8x32 bzw. 10x32) und durchaus als sehr gute Vogelferngläser einsetzbar sind.

Viele Beobachter halten diese Abmessung (8 x 32) für die ideale Kombination aus Vergrößerung und Lichteinfall. Achtfache Ferngläser sind meist leicht und lassen sich gut halten, ohne zu verwackeln. Achtfache Vergrößerung reicht vor allem, wenn sowieso ein Spektiv dabei ist.

Dieser Vogelbeobachter macht es richtig. Bei längerem Beobachten, schon wenige Minuten, lohnt es sich das Fernglas abzustützen.

Welche Rolle spielt die Vergrößerung? Wenn ich nicht näher an die Vögel herankommen kann, ist es da nicht besser, sich Ferngläser mit 15-facher oder gar 20-facher Vergrößerung zuzulegen? Ferngläser sind immer ein Kompromiss zwischen theoretisch möglichen optischen Leistung und wirklicher Brauchbarkeit. Ferngläser mit zehnfacher Vergrößerung lassen sich von jungen Menschen meist noch ruhig in der Hand halten, achtfache auch noch von älteren. Wie wird man dies zu schätzen wissen, wenn zum Beispiel der Prachttaucher nach fünfminütigem Tauchgang und fünfminütigem Starren durch Fernglas endlich wieder auftaucht! Ferngläser mit stärkerer Vergrößerung sind aber nicht nur schwerer und daher ermüdender für Gelenke und Muskeln, jedes kleine Zittern wird durch die Vergrößerung noch potenziert. Für stationäres Beobachten, also wenn man sich aufstützen kann oder das Fernglas sogar auf einem Stativ montiert ist, sind solche starken Vergrößerungen einsetzbar. Für „Otto Normalbeobachter“ dagegen scheiden sie aus.

Je kleiner man die Vergrößerung wählt, desto ruhiger wird das Bild, weshalb viele Beobachter, besonders wenn sie auch noch über ein Spektiv (s. S. 33) verfügen, ein achtfach vergrößerndes Fernglas bevorzugen. Die etwas schwächere Vergrößerung ist kaum zu merken, die Bildruhe ist aber erheblich größer. Weniger bei Vogelbeobachtern, sondern vor allem bei Insektenfreunden (Schmetterlinge!) sind Ferngläser mit siebenfacher Vergrößerung und kurzem Nahpunkt beliebt. Der Nahpunkt ist der naheste Punkt, bei dem man ein Objekt durch das Glas bereits scharf sehen kann. Dieser sollte bei höchstens fünf Metern liegen. Oft steht man nahe vor einem Busch und die ersehnte Grasmücke oder der „Rätsellaubsänger“ lässt sich nicht scharf beobachten, weil sie oder er zu nahe ist. Ein Fernglas soll kein Mikroskop sein, aber in der Praxis ist es gerade für die Feststellung von kleinsten Details sehr hilfreich, wenn man sehr nah an den Vogel herankommt und trotzdem noch das Fernglas einsetzen kann. Wer schon mal versucht hat, Ringe bei markierten Kohlmeisen oder anderen Kleinvögeln abzulesen, weiß ein Fernglas mit kurzer Naheinstellung zu schätzen. Mittlerweile sind Ferngläser, mit denen man seine Schuhspitzen scharf bewundern kann, keine Ausnahme mehr. Wer nebenbei auch an Insekten oder Pflanzen interessiert ist, weiß das sehr zu schätzen!

Der „farbige Belag“, der vor allem an den Objektiven zu sehen ist, wird Vergütung genannt. Diese aufgedampfte Schicht aus Metalloxiden und -fluoriden dient der Vermeidung von Reflexen. Möglichst viel Licht soll in die Objektive eindringen können.

Einstellungssache

Es mag frappierend sein, aber es ist nun mal Realität: Viele Vogelbeobachtungseinsteigende wissen nicht, wie man ein Fernglas richtig einstellt. Woher auch? Oft genug, wenn wir eine Gruppe von Vogelbeobachtern um uns haben, werfen wir einen oder zwei Blicke durch die mitgebrachten Ferngläser. Und ebenfalls oft genug zeigt dieser Blick dann ein schlechteres Bild, als es das Fernglas von Typ und Alter her hätte vermuten lassen. Und meistens liegt es an der Einstellung!

Drei Schritte muss man machen, um das Fernglas auf seine individuellen Bedürfnisse einzustellen:

Schritt 1: Jeder Mensch hat einen anderen Abstand zwischen den beiden Augen. Aus diesem Grunde lassen sich die Ferngläser „knicken“, dazu sind die beiden Okulare mit einem Scharnier verbunden. Es ist wichtig, dass man für seine Augen den richtigen Abstand

Bei den modernen Ferngläsern lassen sich die Augenmuscheln in mehreren Stufen oder sogar stufenlos anpassen. Sie müssen individuell angepasst werden, um ein optimales Sehfeld zu erreichen.

einstellt, den man am besten durch Probieren herausbekommt. Stehen die Okulare zu weit auseinander, sieht man im Zentrum des Bildes einen dunklen Fleck, stehen sie zu eng, bleibt der Randbereich des Bildes dunkel. Das Fernglas ist richtig eingestellt, wenn man bei einem Blick ins Unendliche das Gefühl hat, ein kreisrundes Bild zu sehen.

Schritt 2: Das gilt auch für die Einstellung der Augenmuscheln, die man meist herausdrehen kann. Sie stellen den richtigen Abstand zwischen Auge und Okular her. Probieren lohnt sich! Der richtige Abstand ist wichtig!

Schritt 3: Jetzt geht es noch um die Sehschärfe. Sie ist bei vielen Menschen bei beiden Augen unterschiedlich, deshalb lässt sich der Ausgleich zwischen den Augen mittels des „Dioptrienausgleichs" einstellen.

Dazu geht man folgendermaßen vor:

a) Mit geschlossenem rechten Auge sieht man durch das Fernglas und stellt das Bild für das linke Auge mit der Fokussierschraube scharf.

b) Im zweiten Schritt wird das linke Auge geschlossen und nun wird das Bild für das rechte Auge, falls es unscharf ist, mit dem Dioptrienausgleich scharf gestellt. Der Dioptrienausgleich befindet sich meist am rechten Okular (Porrogläser) oder bei vielen der modernen Dachkantferngläser über oder unter dem Fokussierrad (Okularbrücke).

c) Nun schaut man mit beiden Augen durch das Fernglas. Das Bild sollte nun scharf sein und in Zukunft reicht dann zum Scharfstellen alleine die Fokussierschraube.

Bei diesem Fernglas erreicht man die Dioptrieneinstellung, indem man die Fokussierschraube etwas anhebt, sie dient dann als Einstellungsrad für die Augenschärfe.

Hier ist ein Rändelrad anzuheben, das die Dioptrieneinstellung verbirgt. Mit diesen sinnvollen Einrichtungen verhindern die Hersteller, dass die Einstellung unbeabsichtigt verändert wird.

Viele haben das alte oder geerbte Fernglas neu „liebgewonnen" und einen geplanten Neukauf verschoben, sobald sie durch das neu eingestellte und am besten auch noch gereinigte Fernglas geschaut haben...

Kann man schnell gucken?

Da sind wir bei einem anderen wichtigen Punkt: der Schnelligkeit. „Guck mal schnell...!" – das ist ein häufiger Ausruf bei gemeinsamen Exkursionen. Und tatsächlich kommt es oft auf Sekunden an und die Schnelligkeit, mit der ich ein Ziel erfasse und fokussiere (scharfstelle), ist in vielen Fällen entscheidend, gerade bei den scheuen Vögeln, die man selten sieht.

Wer gerade auf das gelbe Auge der Sperbergrasmücke in dem Schlehengestrüpp fünf Meter vor der Beobachtergruppe scharfgestellt hat, muss schnell reagieren können, wenn 200 Meter weiter plötzlich eine „verdächtige Rallengestalt" auf dem Feldweg steht. Wie kann ein Fernglas beim „schnellen Gucken" helfen?

Bei diesem Glas ist an der Fokussierschraube, ähnlich wie bei Fotowechselobjektiven, eine Metrik angebracht, die die Entfernung in Metern anzeigt.

Neben der generellen Handhabung ist es vor allen Dingen die rasche Fokussierung des Fernglases. Es ist schon ein großer Unterschied, ob die Fokussierschraube nur drei oder zehn Umdrehungen braucht, um von ganz nah auf „unendlich" gedreht zu werden. Weitere Details kommen hinzu: Ist die Schraube leichtgängig, sodass sie sich schnell drehen lässt? Ist die Schraube **zu** leichtgängig, sodass sie sich schon durch das Hin- und Herbewegen des Fernglases beim Gehen verstellt? Die Einstellräder mancher, vorwiegend alter, Ferngläser federn sogar leicht zurück beim Drehen, sodass man mehr mit Scharfstellen als mit Beobachten zu tun hat.

Keine neue Erfindung, aber der „Durchgriff" bei den Swarovski-El-Ferngläsern erregte in den 1990er-Jahren weltweit Aufsehen. Er soll es ermöglichen, das Fernglas nur mit einer Hand zu führen.

Aber auch die allgemeine Bedienung des Fernglases spielt eine Rolle bei der Reaktionsgeschwindigkeit. Der Weg der Hände von Brust oder Bauch zu den Augen sollte kurz sein. Das Fernglas sollte gut in der Hand liegen und möglichst mit Griffmulden den Daumen den richtigen, intuitiven Weg weisen. Sehr lästig ist es, wenn die Augenmuscheln auf den Okularen keinen rechten Halt haben und sich ständig durch das Reiben an Anorak oder Hemd verstellen. Menschen, die Brillen tragen, drehen die Augenmuscheln ein oder klappen sie durch sanftes Biegen nach außen um. So erlauben sie ein größeres Sichtfeld, weil das „bebrillte Auge" näher an das Okular gelangt.

Solche Augenmuscheln sind bei modernen Ferngläser selbstverständlich: Sie lassen sich eindrehen für Brillenträger oder ausdrehen für brillenlose Beobachter. Auch für brillenlose Vogelbeobachtende haben sie sich bewährt, denn jede Augenhöhle ist anders und der richtige Abstand des Auges vom Okular, der durch diese Augenmuscheln geregelt wird, erleichtert das Beobachten. Die Augenmuscheln sollten sich einerseits leicht verstellen lassen, aber dennoch guten Halt haben, damit sie sich andererseits nicht selbsttätig verstellen.

Die Augenmuscheln sollten sich, wie bei diesem Fernglas, zwar leicht herausdrehen lassen, aber so viel Widerstand bieten, dass sie in der Position verbleiben.

Noch ein Detail: der Dioptrienausgleich. Viele Menschen schauen mit zwei unterschiedlich scharf sehenden Augen in die Welt. Diesen Unterschied zwischen den beiden Augen muss man mit dem Dioptrienausgleich am Fernglas ausgleichen (wie man das macht: siehe Kasten „Einstellungssache“). Man sollte stets darauf achten, dass diese Einstellung sich nicht ungewollt verstellt.

Nehmen Sie sich Zeit für den Kauf von teurer Optik, vertrauen Sie einem vogelerfahrenen Verkäufer mehr als dem Internet oder dem Schnäppchenanbieter. Es geht um Ihre Augen!

Bei den Ferngläsern spielt also eine Vielzahl von Faktoren eine Rolle. Wer all diese Details ausprobiert und bewertet, entwickelt ein Verständnis dafür, warum die Preisunterschiede bei der Fernoptik so groß sind.

Spektive: Noch weiter weg!

Spektive, das sind Teleskope oder Fernrohre, waren früher die bestaunte Ausnahme. Heute gehören sie bei allen Exkursionen dazu. Das heißt nicht, dass jeder Vogelbeobachter ein solches Fernrohr sein Eigen nennt, doch früher oder später kann sich kaum einer den Reizen des genussvollen Beobachtens mit einem (stationären) Fernrohr entziehen und so finden sich immer mehr „Spektivträger“ in den Beobachtergruppen ein.

Spektive bringen Vergrößerungen, die man mit einem Fernglas nicht erreicht, bzw. nicht nutzen sollte (s. o.). Heute sind meist Zoom-Okulare im Gebrauch, die von 14/20- bis 40/60-fach vergrößern. Je nach Lichtbedingungen, Winddruck und nötigem Sehfeld kann man dann seinen Bildausschnitt wählen. Der Objektivdurchmesser beträgt meist zwischen 50 und 80 Millimeter. Es gibt auch

Mit dem Smartphone oder einer kleinen Digitalkamera kann man durch das Spektiv fotografieren. Digiskopie nennt sich das. Spektivhersteller bieten spezielle Adapter für diverse Smartphone-Typen an.

Bei vogelkundlichen Beobachtergruppen waren sie noch vor 25 Jahren die Ausnahme, heute hat fast jeder eines: Beobachtungsspektive.

Ein Spektiv bringt einen erheblichen Gewinn sowohl in der Bestimmungssicherheit als auch im Naturgenuss. Mit dem Fernglas erkennt man hier Gänsegeier. Mit dem Spektiv erkennt man einen adulten und einen immaturen Gänsegeier. Ein erheblicher Informationsgewinn!

sehr helle, aber dann auch ziemlich schwere Spektive mit einem Objektivdurchmesser von 100 Millimetern. Sehr modern sind die leichten Spektive mit etwa 60 und sogar 50 Millimeter Objektivdurchmesser. Sie wiegen vergleichsweise wenig, sind klein und in Verbindung mit einem leichten, modernen Carbon-Stativ gut dazu angetan, auch von Beobachtern mit lädierten Bandscheiben längere Zeit „geschleppt" zu werden.

Spektive lassen sich nicht freihändig einsetzen, wie zu Zeiten des Sir Francis Drake die Ausziehfernrohre auf den Piratenschiffen in der Karibik. Spektive taugen nur zum stationären Einsatz mit einem Stativ – das macht die ganze Angelegenheit etwas aufwändiger und teurer. „Mal eben schnell gucken" – das ist mit einem Spektiv nicht drin. Aber sie sind hervorragend dazu geeignet, größere Flächen fast ermüdungsfrei abzuscannen oder längere Zeit das Verhalten der Vögel zu studieren. Und natür-

Mit dem Fernglas suchen und dann mit dem Spektiv bestimmen und genießen! Entspannter Vogelgenuss.

lich sind sie für die Beobachtung der Objekte, die einfach zu weit weg sind, ideal. Den gegenüberliegenden Berghang auf der anderen Talseite nach Geiern absuchen, die zwei, drei Kilometer entfernten Meeresvögel auf Basstölpel durchmustern – das kann man nur mit einem Spektiv. Und noch ein Vorteil hat ein Spektiv: Die Vögel fühlen sich nicht gestört und die Chancen, sie bei ihrem normalen Verhalten beobachten zu können, sind sehr groß.

Dazu kommt noch, dass die moderne Vogelbestimmung immer diffizilere Unterscheidungsmerkmale, kleine Unterscheide in ebenso kleinen Federn, herausfindet. Das können die Bestimmungsexperten natürlich nur mit einem Spektiv, aber das können wir Einsteiger eben auch nur mit einem Spektiv nachvollziehen. Wenn zum Beispiel bei Möwen nur die Farbverteilung auf einigen wenigen Federn Alter und Art erkennen lässt, kommt man ohne Spektiv nicht aus.

Und ganz nebenbei: Selbst im Garten oder sogar von einem Balkon sind mit einem Spektiv genussvolle Beobachtungen möglich, die einem eine ganz andere Dimension der Vogelbeobachtung eröffnen. Die Scheitelfedern einer Blaumeise, die fast permanent in Bewegung sind, ein sich badender Grünling oder der feine Verlauf des Graus auf dem Hinterkopf der Heckenbraunelle, die Türkentaube auf der Antenne des Nachbarhauses, die jede Schwanzfeder beim Putzen einzeln durch den Schnabel zieht – das ist Naturgenuss, der mit einem Spektiv komfortabel aus dem Lehnstuhl heraus möglich ist.

3.2 Literatur und Medien, Internet

Bestimmungsbuch, Feldführer

Mein erstes Bestimmungsbuch, das ich als Kind mit Stolz selbst erwarb, stammte aus der Pfarrbücherei und wurde dort ausgemustert. Für drei Mark wurde Heinrich Frielings „Was fliegt denn da?" mein Eigentum. Drei Jahre später trugen viele der dort spartanisch abgebildeten Vogelarten ein kleines Kreuz vor ihrem Namen und der junge Vogelbeobachter richtete den Appell an den Vater, mittels einer Sonderzahlung dem hoffnungsvollen Erforscher der heimischen Avifauna den Kauf eines weitergehenden Feldführers zu ermöglichen. Die erste enttäuschende Antwort lautete: „Du hast doch noch gar nicht alle Vögel aus diesem Buch

Sicher, man braucht nicht viel zum Vogelbeobachten, aber wer es intensiv betreibt, wird sich seine eigene kleine Ausstattung zulegen: Fernglas, Bestimmungsbücher, Notizheft …

Neben einem Fernglas gehört natürlich ein Bestimmungsbuch zur Grundausrüstung der Vogelbeobachtenden. Am besten gleich zwei: Ein Feldführer, den man bequem in der Tasche tragen kann (Foto) und ein Handbuch zum Nachschlagen der Details für zu Hause.

Man sieht ihnen an, dass sie oft in die Hand genommen werden. In einer griffbereiten Handbibliothek sind die wichtigsten allgemeinen Bestimmungsbücher versammelt.

gesehen! Wenn du alle gesehen hast, bekommst du ein zweites Buch."

Es bedurfte einiger rhetorischer Kunst und ausgefeilter Argumentation, bis der potenzielle Financier einsah, dass die Bestimmung mancher Vogelarten mit dem kleinen Band aus dem Kosmos-Verlag nicht möglich ist und deshalb das Ausmerzen der Lücken in der Liste nur mit weitergehender Literatur möglich sein würde. Es wurde dann, durch eine Verwechslung, nicht „der Peterson" (Die Vögel Europas), sondern „der Makatsch" (Wir bestimmen die Vögel Europas) angeschafft – und schlagartig erweiterte sich der vogelkundliche Horizont um das Drei- bis Vierfache!

Thomas Griesohn-Pflieger

Die Zeiten, in denen der Buchhändler die vorrätigen Vogelbestimmungsbücher mit den Fingern einer Hand aufzählen konnte, sind lange vorbei. Heute ist es weniger der Mangel an Titeln, als die verwirrende Vielfalt an brauchbaren oder weniger empfehlenswerten Büchern, die Probleme macht.

Einsteiger stehen vor der Frage, ob sie sich beschränken sollen auf eine Auswahl der europäischen Vogelwelt, die mit großer Wahrscheinlichkeit in ihrem Beobachtungsgebiet vorkommt, oder ob sie gleich die ganze Palette an Brut- und Zugvögeln, Gästen und seltenen Ausnahmeerscheinungen präsentiert bekommen wollen.

Ein einfaches Beispiel soll das Problem deutlich machen: Laubsänger zählen nicht zu den Vogelarten, die man allgemein zu kennen meint, wie Rotkehlchen, Amsel, Star und Fink. Sieht man nun im Frühjahr einen der kleinen grünlichen Singvögel durchs Gebüsch schlüpfen, greift man zum Buch und will den Vogel bestimmen. Hat man den umfassenden Feldführer von Svensson zur Hand („Der neue Kosmos Vogelführer: Alle Arten Europas, Nordafrikas und Vorderasiens"), stößt man nach einigem Suchen auf die Familie der Laubsänger und steht als Einsteiger zunächst vor der schwierigen Aufgabe, etwa 20 Laubsängerarten und andere graugrünliche Vogelarten nach passenden Merkmalen zu sortieren. Wenn man als unschuldiger, naiver Neuling überhaupt so weit kommt, denn auch Spötter und mancher Rohrsänger können „graubraungrün" erscheinen. Im Klassiker „Was fliegt denn da?" von Barthel/Dougalis) muss man sich höchstens mit der Hälfte von infrage kommenden Arten herumschlagen. Noch weiter eingedampft wird die Auswahl, wenn man ein Buch zum Thema Gartenvögel in die Hand nimmt, dann hat man die Wahl zwischen Zilpzalp, Fitis und Gelbspötter und wird in 99 Prozent der Fälle damit auch gut bedient sein und den Vogel benennen können.

So ein Gartenvogelbuch nützt freilich nicht viel, wenn man im Urlaub an der Küste Watvögel und Möwen beobachtet oder in den Alpen unterwegs ist. Man muss also abwägen zwischen großer Artenfülle und zunächst Unübersichtlichkeit oder eingeschränkter Auswahl, die in den meisten Fällen allerdings ausreichen wird. Stellt man dann fest, dass der lebende Vogel und sein Abbild im Buch nicht zueinander passen können, muss eben weitergehende Literatur zurate gezogen werden.

Handliche Bestimmungsbücher sind dafür gemacht, mit raus ins Feld genommen zu werden. So lernt man am besten!

Ein anderes Problem ist dagegen keines mehr: Der Streit, ob Bestimmungsführer mit Fotos besser seien als die mit Zeichnungen, ist entschieden. Mittlerweile haben die Vogelzeichner eine solche Qualität erreicht, dass sie selbst brillante Fotos schlagen. Zeigt ein Foto immer einen konkreten Vogel in einer konkreten Lebenssituation, bei der nicht nur Alter, Geschlecht, Mauserzustand, Kondition, sondern auch Wetter, Beleuchtung, Perspektive zu berücksichtigen sind, bilden Vogelzeichner, wenn sie gut sind, den Vogel idealtypisch ab. Sie abstrahieren von der konkreten Situation und „fangen die Seele des Vogels ein“ mit Aquarellstift, Bleistift und viel, viel Erfahrung.

Ein sehr brauchbares Bestimmungsbuch nicht nur für den Rucksack von Einsteigenden. Das Buch deckt ganz Europa ab und verwirrt nicht mit seltensten Ausnahmeerscheinungen. Zudem gibt es gute Tabellen mit Vogelgesängen und Eiern und eine sehr hilfreiche Übersicht über Ordnungen und Familien.

Dennoch haben auch mit Fotos ausgestattete Bestimmungsbücher zunehmend ihre Existenzberechtigung. Technisch gibt es hier großartige Fortschritte. Vogelgestalten können freigestellt werden und bei mehreren Darstellungen wird versucht, durch Angleichung von Kontrast, Luminanz und anderen Parametern die Fotos wirklich vergleichbar zu machen. Fotos sind für die Verlage erheblich billiger und mittlerweile durch das digitale Fotografieren, immer größere Brennweiten und die Technik der Digiskopie in riesiger Anzahl auch für extrem seltene Arten verfügbar.

Was nun? In Sachen Bestimmungsbücher sollte man getrost sowohl A als auch B sagen. Unsere Empfehlung: Ein Bestimmungsbuch mit eingeschränktem räumlichem Bezug ist für frühe Einsteiger sicher die beste Wahl. Doch schon nach wenigen Monaten kann es sinnvoll sein, sich ein umfassendes Werk zuzulegen. Denn das enthält nicht nur die ganze Vielfalt der Arten, sondern auch die Vielfalt der Kleider. In der Regel werden in guten Büchern beide Geschlechter und Jungvögel abgebildet, Flugbilder geboten und die Vögel nicht nur in den auffälligen Prachtkleidern (Brutkleid) dargestellt, sondern auch die Ruhekleider (und manchmal sogar Zwischenstadien) abgebildet.

Die oben geschilderte Erfahrung des jungen Vogelbeobachters macht deutlich, dass es ein fortgeschrittenes Buch braucht, um selbst fortschreiten zu können...

Allerdings gibt es eine Weisheit, die gerade Einsteiger berücksichtigen sollten: Manche Vogelbeobachter neigen dazu, alles zu sehen, was in ihrem Bestimmungsbuch abgebildet ist. Statt des wahrscheinlichen Mauerseglers wird dann der unwahrscheinliche Fahlsegler „herbeibestimmt" und manche wahrscheinliche junge Wiesenweihe geht als (unwahrscheinliche) Steppenweihe in die Tagebücher ein. Man sollte sich immer wieder klar machen, dass Seltenheiten so heißen, weil sie selten sind und es sehr unwahrscheinlich ist, sie zu sehen.

Einsteiger sollten sich also ein Buch mit guten Zeichnungen zulegen, das zumindest den Raum Zentraleuropas berücksichtigt und auch die Ressourcen, die dieses Handbuch in seinem zweiten Teil bietet, nutzen. Ganz besonders für Einsteiger geeignet ist die Neuauflage des Klassikers „Was fliegt denn da?" von Peter H. Barthel und Paschalis Dougalis. Es bietet alle Vögel Europas, aber verwirrt den Einsteiger nicht durch allzu viele äußerst rare Irrgäste. Zudem informiert es sehr gut über Vogelstimmen und es folgt – wie dieses Handbuch – konsequent der neuesten Systematik der Vogelarten (siehe Kapitel 6). Es ist ein echter **Feldführer**, denn es passt auch in eine Jackentasche und es bietet sich hervorragend dazu an, es mit hinauszunehmen für erste Einschätzungen und Bestimmungen. Zuhause kann man dann auf der Grundlage der aus dem dünnen Feldführer gewonnenen Erkenntnisse sich den vertiefenden Informationen der dickeren Bestimmungsbücher widmen. Dazu dienen auch die Handbücher (siehe unten).

Gebietsführer sind in Deutschland noch relativ selten. Im Mutterland des modernen Birdwatching in Großbritannien gibt es kaum einen Landstrich, dessen Vogelwelt nicht gesondert in einem Buch (oder Büchlein) dargestellt würde. Im Gegensatz zu den mehr wissenschaftlich ausgerichteten Avifaunen bieten die Gebietsführer praxisnahe Tipps zum Beobachten und geben oft genaue Orts- und Zeitangaben zur Beobachtung bestimmter Vogelarten. Die drei Bände vom KOSMOS-Verlag „Vögel beobachten in Süddeutschland/ Norddeutschland /Ostdeutschland" von Moning/Wagner sowie Moning/Weiß sind hervorragende Hilfen, um in Deutschland bestimmte Vogelarten zu finden oder sich einen Überblick über gute Beobachtungsgebiete zu machen. Dazu erscheinen im FALKEN (Journal für Vogelbeobachter) und in anderen Naturmagazinen Porträts von guten Beobachtungsgebieten oder Hinweise zu besonderen Vorkommen. Natürlich sollte man sich vor einem Urlaub einen Gebietsführer seines Ziellandes besorgen, oft hat man Glück und es war schon ein Brite da und hat ein Buch darüber geschrieben...

Wer tiefere Erkenntnisse über die Vogelwelt eines bestimmten Gebietes erlangen will, kommt um eine richtige Avifauna nicht herum. In einer **„Avifauna"** sollen alle verwertbaren und wesentlichen Daten über sämtliche Vogelarten eines eindeutig abgegrenzten Gebietes gesammelt sein. Natürlich gibt es viele Avifaunen, die einem solch weitgehenden Anspruch nicht gerecht werden. Viele dieser Bücher beziehen sich nur auf die Brutvogelwelt und lassen Daten zu Durchzüglern und Ausnahmegästen weg. Oder es werden nur die Daten, die innerhalb eines definierten Zeitraumes erhoben wurden, zusammengestellt. Es gibt auch Bücher, die einen saisonalen Bezug haben und zum Beispiel „nur“ die Wintervogelwelt einer Region vorstellen.

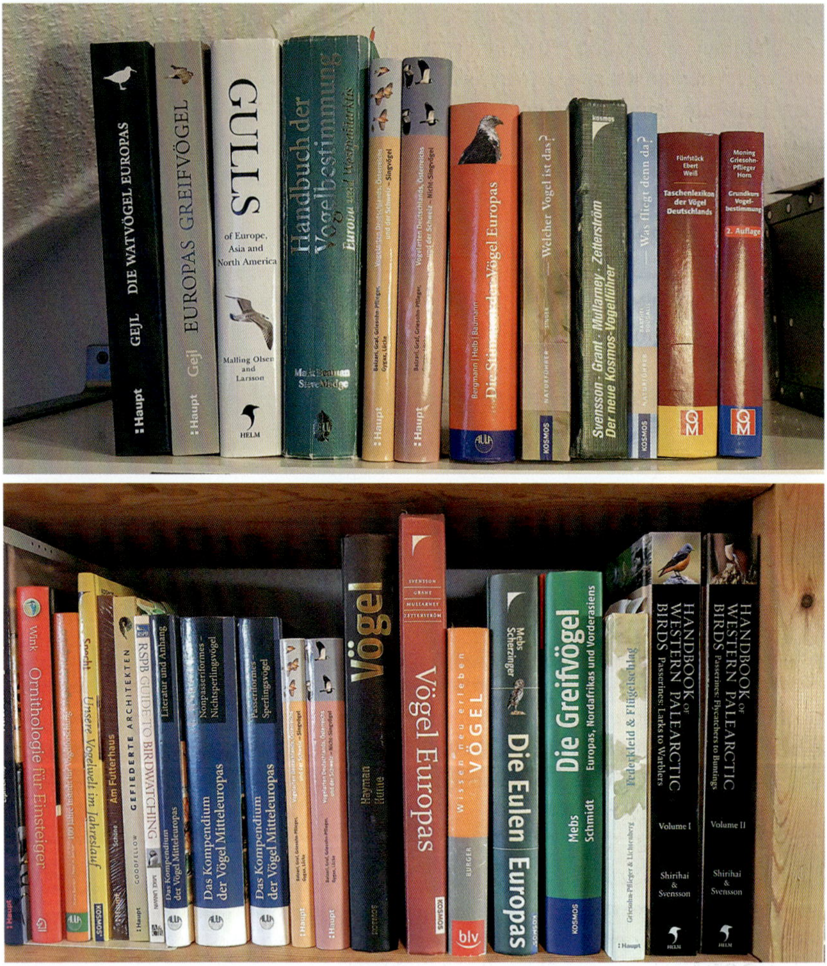

Die Bibliothek wächst mit den Jahren und der Neugierde. Mehr Kompetenz in Bestimmungsfragen erarbeitet man sich durch einen Ausbau der Bestimmungsliteratur (3.8) und mehr Wissen über das Leben und Vorkommen sowie die letzten Bestimmungsdetails erwerben wir mit dicken Kompendien und Handbüchern. Eine Liste mit Empfehlungen findet sich im Nachsatz dieses Buches.

Für Einsteiger eignen sich Avifaunen, wenn sie sich sicher sind, dass sie die regionale Vogelwelt erforschen wollen. Überblick über solche Bücher verschafft man sich am besten in den Katalogen von Spezialbuchversendern wie Christ Media Natur.

Handbücher, vor allem das immer noch richtungsweisende „Handbuch der Vögel Mitteleuropas“, sind für Einsteiger wenig geeignet. Aber wer nach einigen Jahren feststellt, dass sich viele Fragen nicht durch einen Blick in die Bestimmungsliteratur, Gebietsführer und Avifaunen klären lassen, wird früher oder später ein Handbuch oder noch eher ein Kompendium (eine Zusammenfassung der ausführlichen Handbücher) zurate ziehen. Die Biologie, zum Beispiel Mauserablauf, Brutgeschehen, Verhalten und Wanderungen der Vögel, wird hier dargestellt. Auch Monographien, die sich nur auf eine Vogelart beziehen, beantworten diese Fragen.

Bei so illustren und ästhetischen Lebewesen wie den Vögeln ist es klar, dass es eine große Fülle an Bildbänden gibt. Vor allem große attraktive Vögel, wie zum Beispiel Kraniche oder Adler, werden oft fotografiert und dargestellt. Andere Bildbände stellen die Vögel eines bestimmten Gebietes vor. Vor allem die Bildbände, die Vögel dokumentieren, die man selbst nur selten sieht, können die Bestimmungsfähigkeit steigern und das Auge schulen.

Andere weiterführende Literatur, die die Grundlage für eine kleine vogelkundliche Bibliothek bilden kann, könnte sich zum Beispiel mit den Namen der Vögel beschäftigen oder die Rolle der Vögel in der Volkskunde behandeln.

Zeitschriften

Einige der wissenschaftlich arbeitenden ornithologischen Verbände oder Gesellschaften geben regelmäßig erscheinende Zeitschriften heraus. Zum Beispiel in Nordrhein-Westfalen die Nordrhein-Westfälische Ornithologengesellschaft den „Charadrius“ oder die Bayerische Gesellschaft für Ornithologie den „Ornithologischen Anzeiger“. Für Einsteiger sind die spannenden Detailfragen, die hier abgehandelt werden, noch wenig relevant, wenngleich manche regionale Zeitschrift zumindest hin und wieder Beiträge enthält, die dem Gelegenheitsbeobachter hilfreiche Hinweise geben. Dazu zählt auch „Die Vogelwelt“, die auch praxisnahe Untersuchungen dokumentiert. Im Zweifelsfall gilt: Probeexemplar anfordern! Diesen Rat sollte man auch bei den beiden etwas oder sehr populären Zeitschriften „Der Falke“ und „VÖGEL“ beherzigen. Sie sind unterschiedlich ausgerichtet und haben unterschiedliche Zielgruppen. Dennoch gibt es sehr viele Vogelbeobachter, die beide Zeitschriften erhalten. Auch der „Naturgucker – Magazin für Vogel- und Naturbeobachtung“ wendet sich vor allem an engagierte Einsteigende und blickt dabei weit über die Vogelwelt hinaus.

Apps, Multimedia, Sound Apps

Geradezu explodiert ist das digitale Angebot, dass sich an Vogelbeobachtende wendet. Waren es vor Jahren noch CD und DVD, sind es heute Apps, die multimediale Vorstellungen von Vögeln anbieten. Hier lässt sich kein Istzustand beschreiben, denn die Entwicklung geht rasend schnell. Der große Vorteil von multimedialen Medien liegt darin, dass das bewegte Bild und der akustische Eindruck unmittelbar draußen im Feld zur Verfügung stehen. Es ist schon ein Riesenunterschied, ob ich einen unbekannten Vogel als gute Zeichnung im Buch anschaue oder als Videoclip mit Ton (!) im Smartphone, auf dem Tablet oder zu Hause auf dem Bildschirm betrachten kann. Wie auch immer, man muss sich gut überlegen, was vom Beobachten und Naturgenuss ablenkt und was tatsächlich hilft, einen Vogel zu bestimmen. Das batterie- und kabellose Bestimmungsbuch im Rucksack sollte nicht fehlen – und sei es nur als Reserve in „steckdosenfreien Zonen".

Aus der Fülle der Angebote seien an dieser Stelle einige für Anfänger besonders relevante herausgestellt:

Das Führen von Listen wird wesentlich durch Apps erleichtert. Dabei sind eBird, ObsMapp, NaturaList und iNaturalist besonders relevant. Diese Apps generieren fantastische Datenmengen, die man dafür nutzen kann herauszufinden, wann welche Vögel wo auftreten; auch vor der eigenen Haustür. Auch die eigenen Beobachtungen lassen sich ganz wunderbar sammeln und einordnen und die eigenen Daten tragen dazu bei, das Bild über unsere Vogelwelt zu verbessern. Ebenso bekommt man Rückmeldung durch Experten zu den eigenen Bestimmungen und lernt so sehr viel schneller als ohne diese Apps.

Wenn man Fotos oder Tonaufnahmen macht, lassen sich diese mithilfe von Apps auch durch Experten bestimmen. Dazu zählen iNaturalist und Merlin Bird ID. Mit jedem Handy lassen sich leicht Tonaufnahmen machen. Dazu eignen sich kostenlose Audio Editoren.

Es gibt einige Apps, die erstaunlich gut Vogelstimmen erkennen können, indem sie eine Wahrscheinlichkeit des aufgenommenen Gesangs wiedergeben. So kann man selber einschätzen, wie wahrscheinlich die Bestimmung ist. Diese Apps wie BirdNET werden aufgrund ihrer selbstlernenden Eigenschaft und durch Zugriff auf gewaltige Datenmengen immer besser. Dabei helfen diese Apps, die schwer zu überbrückende Lücke der holprigen Beschreibung von Vogelstimmen in Bestimmungsbüchern und des draußen Gehörten zu überbrücken.

Kompetenzverlust durch Digitalisierung

Der Siegeszug der Künstlichen Intelligenz macht nicht nur Rasenmäh-Roboter (die auch Schaden anrichten), sondern auch das digital gestützte Bestimmen von Vogelarten möglich. Bei der Arbeit an dieser Auflage des Handbuches sind bereits erste Kombinationen von Fernglas und Smartphone erhältlich. Das Fernglas-Bild wird von einer KI-Software auf dem Smartphone ausgewertet und eine Bestimmung vorgeschlagen. Sicher werden solche Systeme immer besser werden und immer größere Trefferquoten erreichen.

Sicher ist aber auch, dass die Digitalisierung der Vogelbeobachtung sie letztlich stark verändern wird. Schon heute ist festzustellen, dass das Basiswissen vieler Beobachtender und erst recht der Fotografierenden oft mehr als mangelhaft ist. Wenn die Computer-Intelligenz die grundlegende Beschäftigung mit dem „Phänomen Vogel" ersetzt, drohen Faszination und Leidenschaft von der Bedienung der „digitalen Maschinenwelt" ersetzt zu werden.

Wer darauf verzichtet, sich die Hintergründe der vielen verschiedenen Kleider und Federzustände der Vögel klar zu machen und nicht mehr lustvoll die Fülle der belebten Natur staunend durchforscht, sondern nur wissen will, wie das heißt, was sein Fernglas sieht, wird zum Natur-Banausen oder zur Natur-Banausin. Vergleichbar sind solche Kompetenzverluste bei vielen Menschen zu sehen, die mit dem Auto unterwegs sind, aber nicht den Weg kennen, sondern blind der Navigation des Auto-Computers vertrauen und nicht wissen, wo Süden oder Westen liegt.

Zudem liegt ein Reiz der Vogelbeobachtung für die meisten Vogelfreundinnen und Vogelfreunde darin, aus der Kombination von Lebensraum, Jahreszeit, Beleuchtung und unter Beachtung von Bewegung, Stimme und „Anmutung" (s. S. 80) sowie auf der Grundlage eigener Erfahrung einen Vogel einer Vogelart zuzuordnen. Dieser Reiz wird durch eine „Maschinenbestimmung" genommen. Das schale Vergnügen von einer Software bedient zu werden, gleicht dem schalen Triumph des Bergbesteigers, der vom Sherpa zum Gipfelkreuz getragen wird.

3.3 Internet

Die Informationsfülle und die Schnelligkeit der Kommunikation des Internets hat auch in der Vogelbeobachtung vieles verändert. Die Recherche von Informationen über Vögel ist um vieles einfacher geworden. Auf der anderen Seite müssen sich manche Vogelbeobachtende erst daran gewöhnen, dass sie schon Minuten nach der Veröffentlichung einer Seltenheitenbeobachtung in entsprechenden Mailinglisten oder Webseiten nicht mehr allein den Vogel genießen können, sondern in einem Pulk zugereister Birder oder Twitcher stehen.

Eine ähnliche Funktion haben Webseiten wie ornitho.de, naturgucker.de oder ebird.org mit ihren entsprechenden Apps, die die Eingabe von Beobachtungen noch im Feld erlauben. Diese werden dann in Datenbanken gespeichert und harren dort der Auswertung durch die Avifaunistinnen und Avifaunisten, die aus immer größeren Datenmengen immer präzisere Bestandsschätzungen und -entwicklungen destillieren können.

Aktuelle Themen	Antworten	Zugriffe	Letzter
Webcams Vögel 2021 von martinmiethke » 19 Feb 2021, 12:58 » in Beobachtungen freilebender Vögel » Beobachtungen aus aller Welt	1	130	von Bibc 01 Mär
Such mich von J W vom Berge » 01 Mär 2021, 19:20 » in Beobachtungen freilebender Vögel » Foto-Threads	3	65	von Arn 02 Mär
Vogel des Monats im März: Die Heckenbraunelle von TGP » 01 Mär 2021, 11:54 » in Verschiedenes » Vögel in den Medien	3	60	von Volk 02 Mär
Bestimmungshilfe Säugetier"nest"/Kot in Nistkasten von Annette » 21 Feb 2021, 15:04 » in Naturbeobachtungen (alles außer Vögel) » Säugetiere 1 2	16	373	von Ann 02 Mär
Säugetiere 2021 von martin_meffert » 20 Feb 2021, 21:32 » in Naturbeobachtungen (alles außer Vögel) » Säugetiere	5	231	von Ingr 01 Mär
Balzendes Rebhuhn ? von hego » 01 Mär 2021, 19:40 » in Beobachtungen freilebender Vögel » Bestimmungsanfragen	0	27	von heg 01 Mär
welche Blässgans? von Sigurd » 27 Feb 2021, 12:25 » in Beobachtungen freilebender Vögel » Bestimmungsanfragen	3	122	von Sigu 01 Mär
Beobachtungen Februar 2021 von J W vom Berge » 06 Feb 2021, 12:16 » in Beobachtungen freilebender Vögel » Beobachtungen in Natur und Garten 1 … 3 4 5 6 7	91	2943	von Joa 28 Feb
Diverse "Altlasten" von bazo » 28 Feb 2021, 01:17 » in Beobachtungen freilebender Vögel » Bestimmungsanfragen	5	137	von mar 28 Feb
Bestimmungshilfe Pilze von Annette » 12 Okt 2019, 19:06 » in Naturbeobachtungen (alles außer Vögel) » Pflanzen, Flechten, Pilze	7	1574	von mar 27 Feb
Was ist mit dieser Nebelkrähe los? von gregor » 26 Feb 2021, 16:04 » in Beobachtungen freilebender Vögel » Beobachtungen in Natur und Garten	4	151	von greg 27 Feb
Vogelstimmen ab Februar 2021 von Annette » 18 Feb 2021, 19:32 » in Beobachtungen freilebender Vögel » Beobachtungen in Natur und Garten 1 2	17	293	von Bod 27 Feb
Schmetterlingssaison 2020 von SDiger67 » 24 Feb 2020, 17:13 » in Naturbeobachtungen (alles außer Vögel) » Insekten, Spinnentiere und Würmer 1 … 4 5 6 7 8	111	11598	von mar 26 Feb
Sumpf-oder Weidenmeise? von Berlandina » 26 Feb 2021, 14:09 » in Beobachtungen freilebender Vögel » Bestimmungsanfragen	5	120	von Berl 26 Feb
Videoschnipsel: Für vereinsamte Homeofficer von TGP » 26 Feb 2021, 12:00 » in Beobachtungen freilebender Vögel »	0	70	von TGF 26 Feb

Im Birdnet-Forum werden Rätselfotos diskutiert, neue Beobachtungen geteilt und viele Fragen freundlich und hilfsbereit beantwortet (Ausschnitt von der Seite).

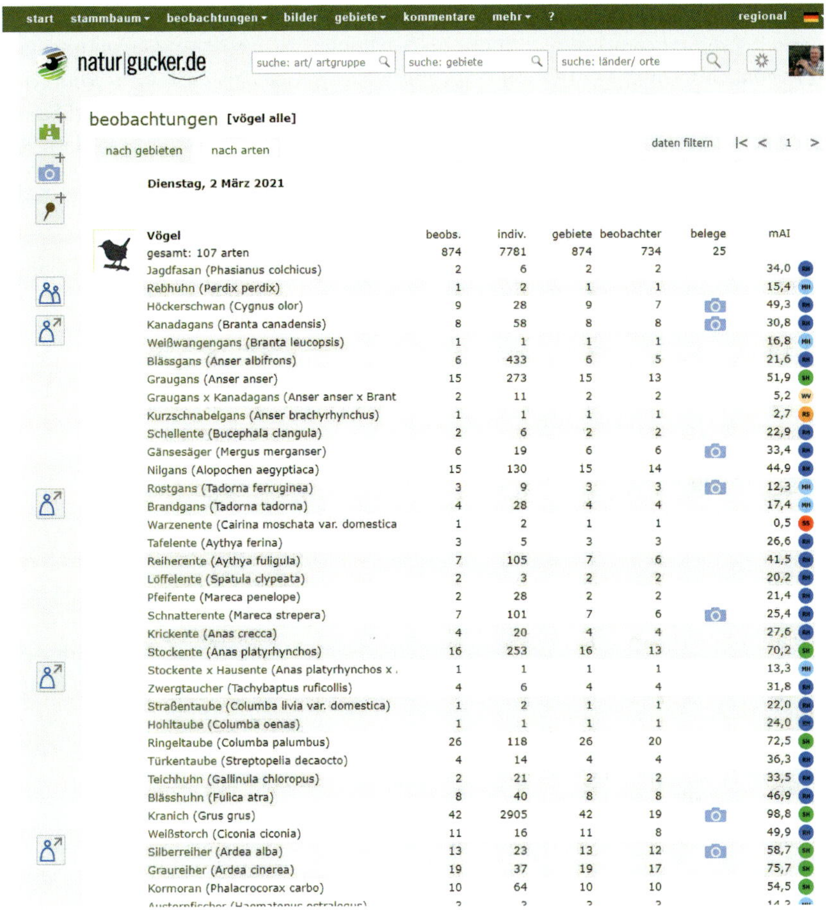

start stammbaum beobachtungen bilder gebiete kommentare mehr ? regional

natur|gucker.de

beobachtungen [vögel alle]

nach gebieten nach arten

daten filtern |< < 1 >

Dienstag, 2 März 2021

Vögel	beobs.	indiv.	gebiete	beobachter	belege	mAI
gesamt: 107 arten	874	7781	874	734	25	
Jagdfasan (Phasianus colchicus)	2	6	2	2		34,0
Rebhuhn (Perdix perdix)	1	2	1	1		15,4
Höckerschwan (Cygnus olor)	9	28	9	7		49,3
Kanadagans (Branta canadensis)	8	58	8	8		30,8
Weißwangengans (Branta leucopsis)	1	1	1	1		16,8
Blässgans (Anser albifrons)	6	433	6	5		21,6
Graugans (Anser anser)	15	273	15	13		51,9
Graugans x Kanadagans (Anser anser x Brant	2	11	2	2		5,2
Kurzschnabelgans (Anser brachyrhynchus)	1	1	1	1		2,7
Schellente (Bucephala clangula)	2	6	2	2		22,9
Gänsesäger (Mergus merganser)	6	19	6	6		33,4
Nilgans (Alopochen aegyptiaca)	15	130	15	14		44,9
Rostgans (Tadorna ferruginea)	3	9	3	3		12,3
Brandgans (Tadorna tadorna)	4	28	4	4		17,4
Warzenente (Cairina moschata var. domestica	1	2	1	1		0,5
Tafelente (Aythya ferina)	3	5	3	3		26,6
Reiherente (Aythya fuligula)	7	105	7	6		41,5
Löffelente (Spatula clypeata)	2	3	2	2		20,2
Pfeifente (Mareca penelope)	2	28	2	2		21,4
Schnatterente (Mareca strepera)	7	101	7	6		25,4
Krickente (Anas crecca)	4	20	4	4		27,6
Stockente (Anas platyrhynchos)	16	253	16	13		70,2
Stockente x Hausente (Anas platyrhynchos x .	1	1	1	1		13,3
Zwergtaucher (Tachybaptus ruficollis)	4	6	4	4		31,8
Straßentaube (Columba livia var. domestica)	1	2	1	1		22,0
Hohltaube (Columba oenas)	1	1	1	1		24,0
Ringeltaube (Columba palumbus)	26	118	26	20		72,5
Türkentaube (Streptopelia decaocto)	4	14	4	4		36,3
Teichhuhn (Gallinula chloropus)	2	21	2	2		33,5
Blässhuhn (Fulica atra)	8	40	8	8		46,9
Kranich (Grus grus)	42	2905	42	19		98,8
Weißstorch (Ciconia ciconia)	11	16	11	8		49,9
Silberreiher (Ardea alba)	13	23	13	12		58,7
Graureiher (Ardea cinerea)	19	37	19	17		75,7
Kormoran (Phalacrocorax carbo)	10	64	10	10		54,5

Ausschnitt aus der Tagesübersicht über Vogelbeobachtungen in Deutschland im Portal naturgucker.de.

Grundsätzliche Informationen zur Vogelbeobachtung, vor allem aber zu den Themen Kartieren, Vogelbestände und regionaler Vogelschutz sind beim **Dachverband Deutscher Avifaunisten (DDA) e.V.** und seinen regionalen und lokalen Mitgliedsverbänden zu erhalten. Der DDA ist ein Zusammenschluss lokaler und regionaler sowie aller 16 landesweiten ornithologischen Fachverbände in Deutschland. Zu seinen Aufgaben gehört die Förderung von Wissenschaft, Forschung und Bildung auf dem Gebiet der Feldornithologie und Avifaunistik für den Natur- und Umweltschutz. Er repräsentiert und vertritt Vogelbeobachtende auf Bundes- sowie auf internationaler Ebene. Bedeutender Schwerpunkt der Tätigkeiten ist die Erarbeitung international und national geforderter Basisinformationen für den angewandten Naturschutz. Dazu organisiert und koordiniert der DDA avifaunistische Erfassungsprogramme in Deutschland, so das Monitoring der Brutvögel sowie das der rastenden und überwinternden Wasservögel. Die Daten des Vogelmonitorings sind Grundlage internationaler, bundes- und landesweiter Berichtsverpflichtungen sowie z. B. von Indikatoren im Rahmen der nationalen Strategie zur biologischen Vielfalt. Eine Übersicht der angeschlossenen Organisationen ist unter www.dda.de zu erfahren. Auch Einsteigende sollten überlegen, ob sie in einer regionalen Vereinigung Mitglied werden sollen. Sie treffen hier auf erfahrene Beobachtende und können auf Versammlungen und Diskussionen allerhand lernen und mit Glück auch an Exkursionen oder der Feldarbeit teilnehmen.

Beobachtungsplattformen

Auf den Plattformen naturgucker.de, vogelgucker.de, ornitho.de, eBird.org und observation.org können kostenlos Beobachtungen eingetragen und Gebiete „angelegt" werden. Alle dort registrierten Beobachtungen lassen sich zeit- und raumbezogen auswerten, in Listen darstellen, sich auf den eigenen Rechner importieren und vieles mehr. Natürlich geht das Ganze auch auf dem passiven Weg. Informationen über neueste Beobachtungen abrufen, Fotos und Arten-Lexikon studieren. Diese Portale sind mittlerweile sehr umfänglich und somit wertvoll. Naturgucker.de zum Beispiel, in dem auch Daten aus den Beobachtungsaktionen des NABU ausgewertet werden, ist 2008 ans Netz gegangen. Ende 2020 waren über 90 000 Nutzer registriert, mehr als zwei Millionen Fotos und 12 Millionen Beobachtungen eingegangen. Weitere Details werden in Kapitel 10 genannt.

Ein anderes Beispiel ist das Internetportal ornitho.de. Es erlaubt einfach und komfortabel, Vogelbeobachtungen zu melden: Unabhängig von der Kenntnis der in der jeweiligen Region für die Datensammlung zuständigen Organisation kann man sich bei allen Meldungen sicher sein, dass sie zu dieser gelangen und in wissenschaftliche und naturschutzfachliche Auswertungen einfließen. Mitmachen können alle, vom Anfänger bis zum Experten. Mehr als 34.000 registrierte Personen haben inzwischen über 53 Millionen Vogelbeobachtungen zusammengetragen (Stand Januar 2021). Auch in anderen Ländern Europas existieren ornitho-Portale. Mit den Zugangsdaten von ornitho.de kann man sich dort einloggen und sich etwa im Urlaub über Vogelbeobachtungen informieren und die eigenen Sichtungen melden. Besonders komfortabel ist die Dateneingabe über die ornitho-Smartphone-App NaturaList möglich.

Das Internet hat nicht nur dazu beigetragen, dass mehr Vogelbeobachter schneller in den Genuss von seltenen Vögeln kommen. Sehr viel positiver ist zu bewerten, dass durch die Fülle an Fotos und Bestimmungsartikeln, Reiseberichten und kritischen Diskussionen das Wissen über die Vogelwelt enorm weit verbreitet und vertieft wird. Keine europäische Vogelart, die nicht mit mehreren Fotos im Internet zu recherchieren ist. Und war man früher auf mühsam zu besorgende Spezialliteratur angewiesen, um zum Beispiel einen Irrgast bestimmen zu können, so reicht heute oft schon ein Blick ins Netz der Netze. Auch die Vorbereitung vogelkundlicher Reisen ist durch das Internet enorm vereinfacht (siehe Kapitel 9). Damit ist nicht nur das Buchen von Hotels und Transportmitteln gemeint, sondern das Zusammenstellen der wichtigsten Beobachtungsorte und das Recherchieren der Wege dorthin. Heute sind genaueste Wegbeschreibungen zu heiß ersehnten Beobachtungen meist nur einige Mausklicks entfernt.

Und noch einen Vorteil bietet die weltweite Vernetzung: Auch wenn darüber Klage geführt wird, dass die zwischenmenschliche Kommunikation durch das Internet beschädigt würde, ermöglicht es doch den Kontakt zu Vogelbeobachtern in aller Welt und fördert den Austausch nicht nur über Fachliches. „Wir kennen uns doch aus dem Internet!", dieser freudige Ausruf zwischen Vogelbeobachtern, die sich zufällig an einem der prominenten Beobachtungsplätze der Welt treffen, ist keine Seltenheit mehr.

3.4 Notizen, Skizzen, Listen, Kalender

Dass ein Bestimmungsbuch unbedingt zur Feldausrüstung der Vogelbeobachter gehört, versteht sich von selbst. Auch wer meint, alle Arten des Beobachtungsgebietes im Griff zu haben, sollte sich für willkommene Überraschungen wappnen. Sehr hilfreich ist es auch, sich draußen bereits Notizen zu machen, vor allem dann, wenn man sich einer Bestimmung nicht sicher ist und eventuell zu Hause weitere Literatur, das Internet oder den Rat erfahrener Kollegen in Anspruch nehmen möchte. Es ist eine alte Erfahrung, dass man, so sehr man sich sicher war, den Vogel genau studiert zu haben, zu Hause dann doch die entscheidenden Details nicht wiedergeben kann. Zudem schult das Beschreiben eines Vogels die Beobachtungsgabe enorm und man lernt, auf die wichtigen Einzelheiten zu achten. Nützlich kann dabei ein Smartphone sein, das es erlaubt, die Beschreibung gleich mündlich zu diktieren, so können wir den Blick auf dem Vogel lassen und müssen nicht zwischen Schreiben und Beobachten wechseln.

Notizen, egal ob handschriftlich oder per App geführt, haben aber nicht nur den Sinn, eine Bestimmung nachträglich überprüfen zu können, sondern sie können wertvolle Aufzeichnungen sein, die sich vor allem, wenn sie über Jahre geführt werden, sinnvoll auswerten lassen. So kann man die Verschiebung von Erstfeststellungen durch den Klimawandel oder andere Einflüsse durch lange Reihen von aufgezeichneten Beobachtungen auch für sein persönliches Beobachtungsgebiet nachweisen. Auch Zu- und Abnahmen von Vogelbeständen, Bruterfolge oder Misserfolge, neue Ansiedlungen und vieles mehr lassen sich aus den Notizbüchern von Vogelbeobachtern erschließen.

Wer lieber schreibt und nicht seine Beobachtungen draußen in eine App tippen will, für den oder die empfehlen sich kleine Notizhefte, die nicht auftragen und flexibel genug sind, auch einen weniger sanften Umgang zu ertragen. Als Schreibwerkzeug eignen sich besonders Bleistifte. Sie schreiben auch bei Frost und laufen bei sommerlicher Hitze nicht aus, wie es Kugelschreiber tun. Blaugefärbte Brusttaschen legen ein beredtes Zeugnis hiervon ab... Druckstifte haben den Vorteil, dass man sie nicht anspitzen muss. Ideal sind aber Kombinationen aus Bleistift und Ansteckclip, der in seinem Inneren Anspitzer und Radiergummi birgt. So ist man für alle Fälle gerüstet und kann mit dieser Ausrüstung auch noch mehr anfangen.

Skizzen lassen sich mit der Kombination von Notizheft und Bleistift mit Radiergummi ebenfalls leicht anfertigen. Dabei geht es natürlich nicht um künstlerisch

Heft und Bleistift werden vielen Vogelbeobachtern im Laufe der Jahre immer wichtiger. Ganz anders als mit der Kamera werden Bedingungen, Befindlichkeiten und Ergebnisse festgehalten.

hochwertige Zeichnungen. Oft genügt es, Details, wie etwa die Zeichnung der Schirmfederränder oder der Flügelspitzen, festzuhalten.

Hat sich als sehr brauchbar erwiesen: eine Kombination aus Bleistift, Radiergummi, Anspitzer und Festklemmkappe. Leider preislich nicht gerade günstig.

TIPPS zum Skizzieren aus dem AULA-Buch „Feldornithologisches Notizbuch" 2. Auflage

Die Skizze von unbekannten oder nicht sicher bestimmbaren Vögeln, aber auch die Dokumentation einer interessanten Verhaltensweise oder das Festhalten eines Details, spielt trotz der gewaltig verbesserten Möglichkeit der Fotografie immer noch (oder wieder) eine wichtige Rolle in der hohen Kunst des Vogelbeobachtens. Auch wenn man kein Künstler ist: Der Zeichenstift kann manches besser festhalten als eine Beschreibung.

Feldskizzen sind eine hervorragende Ergänzung zum Eintrag von Vogelbeobachtungen ins Notizbuch. Ob es sich um seltene oder gar unbekannte Vögel handelt oder um die Beobachtung eines interessant erscheinenden Verhaltens, die Skizze unterstützt anschaulich das geschriebene Wort. Mit einer aussagekräftigen Skizze gelingt meist die nachträgliche Bestimmung des Vogels. Man sollte daher das Zeichnen im Freien auch dann nicht unterlassen, wenn man nicht geübt ist oder glaubt, kein Zeichentalent zu besitzen. Feldskizzen benötigen keinen Künstler, sondern einen geduldigen Beobachter, der mit seinen zeichnerischen Mitteln und einem guten Vorstellungsvermögen das Gesehene auf dem Papier festhalten kann. Oft ist die schnelle und präzise Skizze die einzige Beleghilfe. Dies wird z. B. beim Durchsehen der Seltenheitslisten ornithologischer Zeitschriften wie Limicola oder British Birds deutlich, die recht gekonnte Skizzen veröffentlichen.

Das Handwerkszeug

Feldskizzen lassen sich meist nur mit der Sehhilfe eines guten Fernglases durchführen, da man bei zu nahem Abstand zum Vogel meist schnell zum Störfaktor wird. Ferner benötigt man einen Skizzenblock (nicht zu glattes Papier) oder lose Blätter mit fester Unterlage und einer Klemmvorrichtung. Ein weicher Bleistift (B bis 8B) vervollständigt die Ausrüstung. Hier hat sich der Minenhalter mit einsetzbarer Mine, die sich bei Abnutzung einfach nachschieben lässt, bewährt. Einen Radiergummi benötigt man nicht – beim Verzeichnen wird durch Überzeichnen korrigiert oder man beginnt daneben die Skizze einfach von neuem.

Wie geht man beim Skizzieren vor?

Berühmte Feldskizzierer wie E. Ennion oder C. H. Tunnicliffe versahen zeitweilig ihr Skizzenpapier mit einem feinen quadratischen Gitternetz, was ohne Zweifel der besseren Erfassung der Proportionen zugutekommt. Die allerwichtigste Grundvoraussetzung des Zeichnens hat Tunnicliffe wie folgt umrissen: „Man kann keine Pose zeichnen, wenn sie das Modell nicht länger als ein paar Sekunden beibehält. Wie kann man dann Zeichnungen von einem sich schnell bewegenden Vogel anfertigen? Ich kenne nur einen Weg und der heißt beobachten, beobachten und nochmals beobachten. Versuche […], dir einen genauen Eindruck zu verschaffen, sodass du dich, wenn der Vogel schließlich verschwindet, an die Arbeit in deinem Skizzenbuch machen und diese Eindrücke sofort zu Papier bringen kannst."

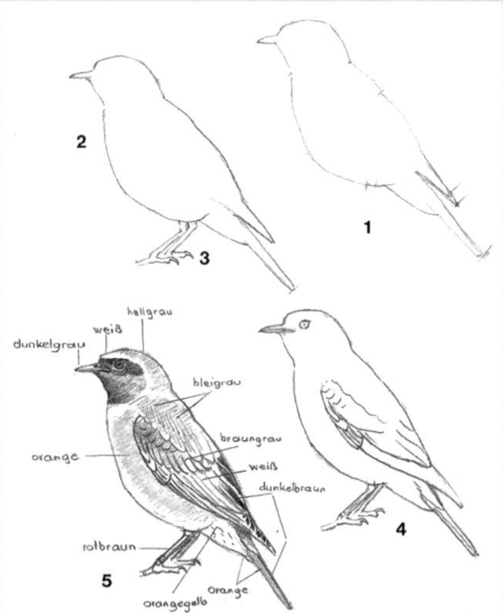

Die Entwicklung einer Vogelzeichnung: vom Umriss (1) zur fertigen Skizze (5).

Die nachfolgend aufgeführten Punkte sollten beim Skizzieren beachtet werden. Zuerst skizziert man den Umriss; da man häufig nur die Silhouette erkennen kann, sollte man versuchen, diese so genau wie möglich zu erfassen. Farbe und Gefiedermerkmale, die wesentliche Faktoren zum Ansprechen einer Art sind, kann man oft nicht erkennen (z. B. Beobachtung bei Gegenlicht). Umso mehr Wert sollte man auf die trotzdem erkennbaren Details legen. Beginnen wir beim Schnabel, dessen Form auch als Umriss schon sehr viel aussagt. Kopfform, Halslänge, Schwanzlänge und Überstand der Flügelspitzen erkennt man genau.

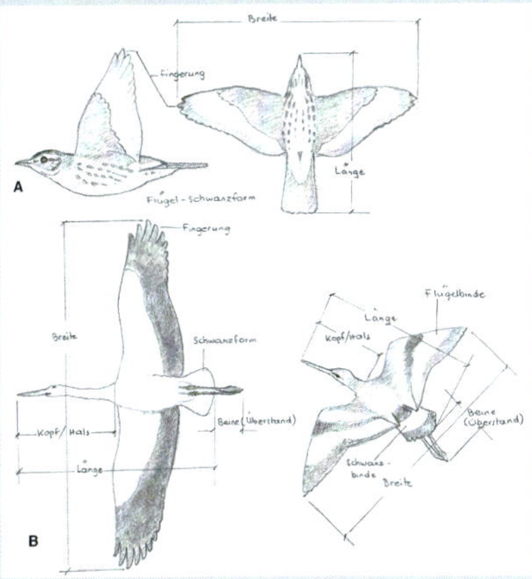

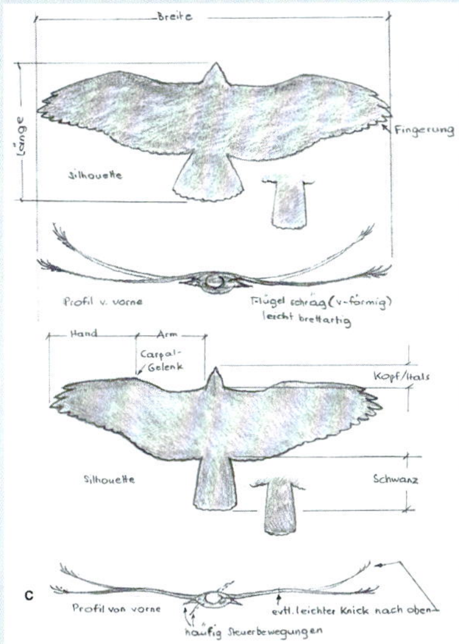

Silhouetten fliegender Vögel.
A – Singvogel. B – Schreitvogel/Limikole.
C – Greifvogel.

Beim fliegenden Vogel sollte man sich zudem folgende Proportionshilfen merken:

Singvogel: u. a. Flügel- und Schwanzform, Verlauf der Flugbahn, Flügelschlagfrequenz.

Schreitvogel: Vergleich Länge/Breite, Kopf- und Halslänge, Halsform, Rumpflänge, Beinlänge im Verhältnis zum Schwanz. Ganz entscheidend ist hier wieder die Flügelform.

Greifvögel: Zum Ansprechen der Greifvögel sollte man zusätzlich zur üblicherweise skizzierten Silhouette immer versuchen, das Flugprofil des Vogels zu erfassen: Anstellwinkel der Flügel, Knick im Carpalgelenk und Fingerung. Als Letztes sollte man die Beine (dabei auf richtige Lage zum Körperschwerpunkt achten!), Augen und Flügel einzeichnen. Bei Letzterem sollte grob die Unterteilung in Flügeldecken, Armschwingen und Handschwingen erkennbar sein. Jetzt erst überlegt man, welche sonstigen signifikanten Kennzeichen zu erkennen waren, z. B. Zügelstreif, Ohrfleck, Rückenstreifung, Flügel- oder Schwanzbinde, usw.

Viele Vogelbeobachter führen Artenlisten, in denen sie die beobachteten Arten abhaken („Twitcher" oder Vogelsportler). Auf welchen Raum sich diese Listen beziehen, ist sehr unterschiedlich. Mancher führt mehrere Listen und ist bestrebt, so viele Arten wie möglich in und über seinem Garten zu sehen, führt für jeden Urlaub eine eigene Liste, ist bestrebt in seiner Deutschlandliste möglichst schnell mehr als dreihundert Arten abzuhaken und vergleicht sich mit den anderen aus dem Kreis der Listenführer. Neben der Deutschland-Liste (das gilt entsprechend für andere Länder) ist die „WP-Liste" ebenfalls Standard. Mit WP wird West-Paläarktis abgekürzt. Das bezeichnet ein Gebiet, das Europa, Nordafrika, den Nahen Osten bis etwas zum Ural umfasst und sich als Bezugsgebiet in vielen Standardwerken durchgesetzt hat. Natürlich können auch solche Listen, auch wenn sie nur qualitative Angaben enthalten (Feldlerche: ja oder nein?), später sinnvoll ausgewertet werden. Wertvoller sind aber sicher Aufzeichnungen, die auch quantitative Daten (Wie viele Feldlerchen?) enthalten.

Für den Beobachter selbst werden Aufzeichnungen, die das Beobachtungserlebnis wiedergeben, am wertvollsten sein. Fragen, die man sich bei der Beobachtung stellen sollte, sind zum Beispiel:

* Was macht der Vogel?
* Was isst er genau und wie findet er seine Nahrung?
* Ist er in Gesellschaft und wie verhält er sich anderen Vögeln gegenüber?
* Lassen sich seine Bewegungen beschreiben?

Die Notiz „200 Ringeltauben, rastend" ist wenig aussagekräftig. Besser wäre: „200 Ringeltauben, in einem Feldgehölz, nur in den obersten Ästen, sehr aufmerksam". Das ist eine völlig andere Beobachtung als „200 Ringeltauben auf einem frisch abgeernteten Rapsacker, picken eifrig". Unter „200 Ringeltauben, rastend" würden sich beide einordnen lassen. Wer detailliert schreibt, lernt am meisten über das Verhalten der Vögel in den Jahreszeiten und kann Voraussagen treffen und Besonderheiten schneller erkennen. Statt eines Notizheftes kann ein flexibel eingebundener Kalender hilfreich sein. Spezielle Ornithologen-Kalender enthalten viele nützliche Informationen und ähneln eher einem Almanach. Es finden sich meist tabellarische Darstellungen der Hauptzugzeiten, ein Tidenkalender für die Nordsee und natürlich astronomische Angaben wie Sonnenauf- und -untergänge. Andererseits enthalten sie viele Informationen, die man genauso gut zu Hause lassen könnte. Kalender als Notizheft – das ist eine Frage des persönlichen Geschmacks.

3.5 Überleben am Stausee: Rucksack, Müsliriegel und Co.

Fernglas, Spektiv und Stativ, Bestimmungsbuch, Notizheft und Schreibgerät, das Smartphone und vielleicht auch noch eine Kamera. Wer dies alles mit sich tragen will und noch Platzreserven für viele andere nützliche Dinge (siehe unten) benötigt, braucht einen Rucksack. Im Prinzip eignen sich alle Wanderrucksäcke auch für den Vogelbeobachter, aber die meisten eben doch nicht. Mit einem zunehmenden Faible gestalten die Hersteller dieser praktischen Umhängetaschen auch Wanderrucksäcke so, wie eigentlich Rettungsinseln für die Seefahrt oder Arbeitswesten von Straßenarbeitern sein sollten: grellbunt. Und grellbunte Rucksäcke fallen nicht nur unseren menschlichen Augen auf, sondern auch dem Rest der sehenden Welt. Man sollte also auf gedeckte Farben achten, am besten Braun oder Grün. Es empfiehlt sich, vor dem Kauf auch danach zu schauen, ob der neue tarnfarbene Rucksack nicht vielleicht mit breiten Reflexionsstreifen ausgerüstet ist, die zwar das Wandern auf der Autobahn sicherer machen würden, aber deren Lichtspiegelung viele Vögel verunsichern wird.

Wenn der Rucksack beim Stehen hinter dem Spektiv zu schwer wird, hängt man ihn einfach an die Feststellschraube. So wird das Stativ auch schwerer und damit windstabiler.

Ansonsten gelten sehr ähnliche Anforderungen wie man sie an einen Wanderrucksack stellt. Große Außentaschen sind praktisch, dann muss man nicht im Sack kramen, nur weil man zum Bestimmungsbuch greifen will oder ein Foto machen möchte. Die Schulterriemen sollten breit gepolstert und verstellbar sein und ein Leibriemen das Schaukeln und Verrutschen verhindern. Gut sind Rucksäcke, in die man Spektiv oder Stativ oder vielleicht sogar beides verstauen kann.

Sehr hilfreich ist der birdingtours-Kreuzgurt: Das Fernglasgewicht verteilt sich über das ganze Kreuz und es schaukelt nicht vor Bauch oder Brust hin und her.

Was gehört hinein in den Vogelbeobachter-Rucksack? Die folgende kleine Aufzählung ist nicht abschließend, sondern soll eher Ideen liefern:

* Taschenmesser
* Regenschutz
* Sitzkissen oder kleine Isomatte
* Pflaster
* verschließbare Plastikbeutel unterschiedlicher Größe zum Sammeln von Federn, Gewöllen etc.
* Holzzahnstocher
* Papiertaschentücher
* Zeckenzange
* Handschuhe, Kapuze
* Sonnenschutz und Insekten- evtl. Zeckenschutz
* Sonnenbrille
* Ersatz-Lesebrille
* Ersatzakkus für Kamera/Smartphone oder Powerbank (Kabel nicht vergessen)
* Müsliriegel oder harte Schokolade

....

Vor allem in skandinavischen Ländern sieht man diese Beobachtungshilfe – Finnstick genannt. Mit seiner Hilfe wird das Fernglas entspannter und ruhiger gehalten. Das Ende des Haltestocks ruht auf dem Gürtel oder dem Bauch oder wird mit der Hand vor der Brust gehalten. Typischerweise wird diese Stabilisierungshilfe bei langen Beobachtungsphasen, wie zum Beispiel bei Zugbeobachtungen, eingesetzt.

Immer häufiger sieht man in den letzten Jahren „Sitz-Rucksäcke". Sie kombinieren den Stauraum eines normalen (kleinen) Rucksacks mit den Bequemlichkeiten eines kleinen Klappsitzes. Da viele Beobachter heute längere Zeit an einem Ort verharren, um zum Beispiel mit einem Spektiv größere Flächen oder Vogelschwärme abzusuchen, kann das eine sinnvolle Anschaffung sein. So vermeidet man, dass Rückenschmerzen oder „dicke Beine" dem Beobachten zu schnell ein Ende setzen und kann entspannt seiner Leidenschaft nachgehen.

3.6 Kleidung, Schuhe, Handy

Auch was die Kleidung angeht, können sich Vogelbeobachter getrost an den Ansprüchen von Wanderern orientieren. Allerdings gilt hier wie schon bei den Rucksäcken ausgeführt: grelle Farben – vor allem Gelb, Orange und Rot, sollten vermieden werden, reflektierende Stellen an Jacken und Hosen sollten tabu sein. Wenngleich man die Kleidung im Vergleich zur Ausrüstung mit Fernglas oder Spektiv als Kleinigkeit abtun möchte, hat sich doch schon mancher Neuling in Beobachtungsgruppen unbeliebt gemacht, der im knallgelben Ostfriesennerz („Schreckschuss-Jacke") oder mit langen flatternden Schals am Beobachtungsort erschien. Spielt eine solche (Ver-)Kleidung an stark besuchten touristischen Orten kaum eine Rolle, kann sie in der freien Landschaft einen nervösen Gänseschwarm zur Flucht bewegen und viele Vögel schon verscheuchen, ehe man sie selbst wahrgenommen hat.

Man muss nicht wie ein Oberförster herumlaufen, aber kontrastreiche Kleidung, gelbe oder hellweiße Jacken sind nicht geeignet.

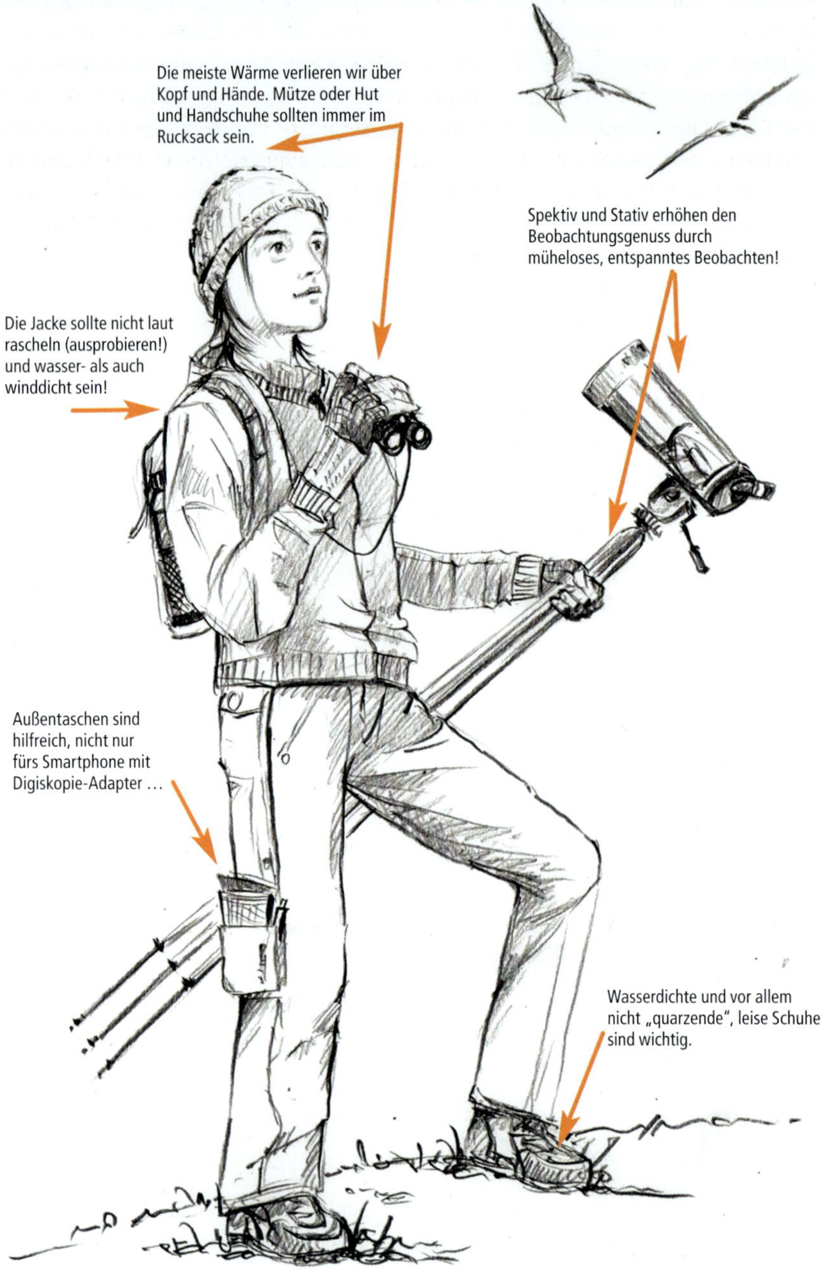
Die meiste Wärme verlieren wir über Kopf und Hände. Mütze oder Hut und Handschuhe sollten immer im Rucksack sein.
Spektiv und Stativ erhöhen den Beobachtungsgenuss durch müheloses, entspanntes Beobachten!
Die Jacke sollte nicht laut rascheln (ausprobieren!) und wasser- als auch winddicht sein!
Außentaschen sind hilfreich, nicht nur fürs Smartphone mit Digiskopie-Adapter …
Wasserdichte und vor allem nicht „quarzende", leise Schuhe sind wichtig.

Ein weiterer wichtiger Punkt bei der Auswahl von Kleidung wird häufig beim Anprobieren im Outdoorshop nicht bedacht. Es ist der Lärm, den Jacken und Hosen verursachen. Wer schon einmal auf der Suche nach Bergpiepern in der Feuchtwiese neben einem raschelnden und schabenden Zeitgenossen gepirscht ist, der eine 500 Euro teure „garantiert regen- und wasserdichte Wanderjacke aus selbstatmenden modernsten Textilfasern" auswählte, weiß einen weichen Lodenmantel zu schätzen. Es ist wirklich erstaunlich, wie laut manche Menschen angezogen sind. Hosen schaben, Jacken rascheln, Schuhe poltern, Rucksäcke quietschen, Schlüsselbunde klingeln in der Hosentasche, Ferngläser schlagen gegen Gürtelschnallen … Rief der Pieper dort gerade „ist" oder „sieh"? Ich konnte es nicht hören!

4 Die Grundlagen der Vogelbestimmung

Wie bestimmt man eigentlich Vögel? Es gibt eine ganz einfache Antwort auf diese Frage. Man geht raus in die Natur, in die Stadt, in den Park oder wo auch immer man Vögel vermutet, schaut sie sich genau an und wenn man sie nicht sofort erkennt, schaut man zu Hause in einem Buch nach. Das ist eine ganz einfache Antwort, aber sie ist wie alle einfachen Antworten unbefriedigend.

Wie lernt man wirklich Vögel zu bestimmen?

Über Bestimmungsbücher wird in diesem Buch in Kapitel 3.2 berichtet. Es gibt immer mehr von ihnen, das könnte schon ein Zeichen dafür sein, dass es doch nicht so einfach ist Vögel zu bestimmen, wie es die einfache Antwort nahelegen würde. Und in fast allen Vogelbestimmungsbüchern gibt es vor der Behandlung der Vogelarten mit Zeichnungen oder Fotos einen Vorspann, in dem versucht wird, in die Vogelbestimmung einzuführen. Nicht immer, aber oft, sind diese Bücher von wirklichen Kennern geschrieben, die nützliche Hinweise geben.

Manchmal sind Vögel da, wo wir sie nicht erwarten. Unsere Erwartungshaltung prägt auch die Bestimmungsleistung. Im Bild eine junge Sperbergrasmücke, die auf dem Zug auch abseits der bekannten Brutgebiete auftauchen und dann leicht mit einer Gartengrasmücke verwechselt werden kann.

Umso erstaunlicher ist es, dass die meisten Einsteiger in die Vogelbeobachtung diese einführenden Hinweise und Tipps offensichtlich nicht zur Kenntnis nehmen. Sie schlagen das Buch auf und sagen erfreut „Oh, diesen Vogel gibt es bei mir im Garten!“, zeigen auf eine Erddrossel – aus der sibirischen Taiga! – und freuen sich über das gute Buch, das ihnen schnelle und sichere Bestimmungen ermöglicht. Eine Viertelstunde später sind sie mit Glück von einem erfahreneren Beobachter vielleicht von dieser sicheren Bestimmung abgebracht und glauben dann unter Umständen, dass es sich doch eher um eine Singdrossel handeln dürfte.

Für Anfänger nicht so einfach zu bestimmen: ein immaturer Zwergschnäpper ohne rote Kehle.

Manchmal sehen wir auch Dinge, weil wir sie sehen wollen. Ein anderes Beispiel, eine andere Sichtweise: Vom Stausee sind Samtenten gemeldet worden. Da kann es Einsteigern passieren, dass sie Enten, die sie lange und gut beobachten können, das heißt nahe, in gutem Licht ohne Störung, für Samtenten halten, die sie ohne die Erwartungshaltung vielleicht richtiger als Schellenten bestimmt hätten. Das gibt es immer wieder. Und es ist auch ganz verständlich, dass Erwartungshaltungen für Realität gehalten werden und nicht überprüft werden.

Es geht auch andersrum. Vom Schilfsaum des Sees sind wir nun auf unserer Wanderung im Feuchtwiesengürtel angelangt. Einer der absoluten Einsteiger, die mich begleiten, war vorausgeeilt und kommt nun zurück und behauptet, ein Schilfrohrsänger, so wie wir ihn zusammen vor wenigen Minuten am See gesehen haben, sänge in der spärlichen Vegetation zwischen Weidengebüsch und Straßengraben etwa hundert Meter vor uns. „Nein, das kann nicht sein. Bestimmt ein Sumpfrohrsänger, der passt da hin!“ wehrt der erfahrene Beobachter ab. Nach zweihundert Metern treffen wir tatsächlich auf einen eifrig singenden Schilfrohrsänger, der statt im Schilfmeer im Rohrglanzgras singt und seine Singflüge veranstaltet. Manchmal ist es schwierig, das zu sehen, was wir nicht erwarten.

Nicht ohne Grund werden die vielen unscheinbaren Kleinvögel als „little brown jobs“ (LBJ), als kleine braune Herausforderungen, bezeichnet. Wer sich mit den häufigsten LBJ vertraut macht, hat bessere Chancen, auch die seltenen zu erkennen …

Was lehren uns die Beispiele? Erstens, dass Vogelbestimmungsbücher nicht nur aus Farbtafeln und kurzen Arttexten bestehen, sondern zur Gänze am besten immer und immer wieder gelesen werden sollten. Noch wichtiger ist aber eine andere Erkenntnis, die in den obigen Beispielen verborgen ist. Ich will sie mit einer weiteren Anekdote erklären.

In sehr jungen Jahren erwarb ich ein Bestimmungsbuch, es gab nur dieses, das Hans Frieling im Kosmos-Verlag herausgebracht hatte. „Was fliegt denn da?“, hieß es und Nachfolger dieses Standardbuches heißen heute auch noch so. Ich bestimmte nach den Farbtafeln einen kleinen braun-grauen-grünlichen Vogel, der Ende März in einem Weidenbusch herumhüpfte und fliegende Insekten fing, als jungen Zwergschnäpper. Kurze Zeit später traf ich einen älteren Herrn, der mit einem riesigen Fernglas bewaffnet durch die Flussaue wanderte, alle paar Meter das Fernglas hob und anschließend die Brille in die Stirn schob, um etwas in ein Notizbuch zu schreiben.

Unsere Wege kreuzten sich, er sprach mich an, ich berichtete von meinen Beobachtungen und dem wahrscheinlichen jungen Zwergschnäpper. Der Mann, der von da an mein Lehrmeister war und dem ich viel verdanke, brachte mich pädagogisch geschickt und ohne mich zu beschämen, auf die Idee, dass es sich doch eher um einen Zilpzalp handeln würde. Obwohl der Vogel in der Salweide eher dem Zwergschnäpper im Buch ähnelte, glaubte ich schließlich, dass junge Zwergschnäpper im März unwahrscheinlich und in Westdeutschland schon mal erst recht nicht zu erwarten seien. Und dann der Ruf! Als wir dann zusammen noch weitere Zilpzalpe sahen, hatte ich eine Menge gelernt! Ohne diese Tipps hätte ich vermutlich ein weiteres Jahr gebraucht, um einen Zilpzalp zu bestimmen, aber trotzdem Hunderte gesehen...

Allein, in Gruppen oder Schwärmen?

Es ist ungeheuer hilfreich für einen Einsteiger in der Vogelbeobachtung, wenn er sich an Beobachtern mit etwas mehr Erfahrung orientieren kann. Obwohl die Vogelwelt in unseren Breiten sich gut mit der Kenntnis von rund 200 Arten beschreiben lässt, verliert man als Anfänger doch leicht bei der Fülle an Kleidern, Mauserstadien und Ausdrucksformen den Überblick. Und nicht alle Vögel sind so eindeutig wie Pirol, Schwarzspecht, Eisvogel oder Rotkehlchen gefärbt.

Wer Glück hat, findet eine Volkshochschule oder eine ähnliche Einrichtung, die Kurse für Vogelbeobachter anbietet.

Außerdem, und das ist entscheidend, weiß ein guter „Lehrer" mehr als nur den Namen des Vogels, den er zeigt. Es gibt eine Unzahl Informationen, Reime, die den Gesang leichter merken lassen, volkstümliche Namen, Details zum Vorkommen und so weiter. Angereichert mit diesem Fruchtfleisch an Informationen ist der Kern der reinen Bestimmung viel besser verdaulich. Aber dann ist es wichtig, das so neu gewonnene Wissen auch alleine anwenden zu können.

Wem einmal eine Samtente im Binnenland gezeigt wurde, hat von da an ein Suchbild, er weiß in etwa, was er erwarten kann, wonach er suchen soll, wenn er die Art selbstständig ebenfalls finden möchte.

Heutzutage ist es längst nicht mehr so schwierig Mitbeobachter zu finden. Es gibt Volkshochschulen an denen vogelkundliche Kurse angeboten werden. Es gibt ein nahezu flächendeckendes Netz von Kreisgruppen und Stadtverbänden des Naturschutzbundes Deutschlands (NABU) oder des BUND (Bund für Umwelt- und Naturschutz Deutschland). Bei vielen steht der Vogelschutz auf der Tagesordnung, weil es nun mal die populärste Tiergruppe ist. Und ein Großteil der lokalen Gruppen und Vereine bietet vogelkundliche Spaziergänge, meist „Exkursionen" genannt, an.

Auch manche ornithologische Vereinigung hat erkannt, dass ohne Nachwuchs die eigene Existenz auf dem Spiel steht, und öffnet sich auch Einsteigern und Neu-

Gemeinsam kann das Beobachten in freiem Gelände noch mehr Spaß machen. Acht Augen sehen mehr als zwei und was die eine nicht weiß, kann ein anderer ergänzen.

lingen. Eine Liste der ornithologischen Gesellschaften findet sich auf der Webseite des Dachverbandes Deutscher Avifaunisten (www.dda-web.de). Es schadet nicht, die jeweilige Geschäftsstelle anzuschreiben und nach Kontaktpersonen in der näheren Umgebung zu fragen. Die naturgucker-akademie hat es sich zu Aufgabe gemacht, die Artenkenntnis mit Mitteln der Erwachsenenpädagogik zu verbeitern. Mittels interaktiver Online-Kurse können wir dort in mehreren Schwierigskeitsstufen vom Einsteiger bis zum avifaunistischen Kartierer das Bestimmen und die Biologie der Vögel erlenen. Die naturgucker-akademie nimmt im Herbst 2021 ihre Arbeit auf und ist dann leicht im Internet zu finden.

Und schließlich sollte sich niemand scheuen, Vogelbeobachter, die draußen angetroffen werden, anzusprechen. Eine freundliche Ansprache und echtes Interesse werden fast immer informative Antworten zum Ergebnis haben.

Und dann sind da noch vogelkundliche Reisen. Wir werden auf dieses Thema noch ausführlich zurückkommen, aber in diesem Zusammenhang können sie nicht vernachlässigt werden. Die intensive Beschäftigung mit Vögeln auch für nur drei, vier Tage kann den Horizont und das Wissen ganz entscheidend erweitern. Das Beobachten von Vögeln in einer Gruppe ist äußerst ergiebig und meist genussvoller als alleine. Man sieht einfach mehr!

Ein Kurzurlaub in einem vogelkundlich interessanten Gebiet kostet nicht viel und kann die Bestimmungsfertigkeit von Anfängern um Monate, wenn nicht Jahre beschleunigen. Dazu kommt eine Fülle von Anregungen über die Ausrüstung bis hin zu lohnenden Gebieten, „Geheimtipps" werden ausgetauscht und manche Freundschaft ist auf solchen vogelkundlichen Trips geschlossen worden.

Neugierde lernen

Wenn das Beobachten und vor allem Bestimmen von Vögeln in einer Gruppe für Einsteiger ein idealer Anstoß ist und viele Unklarheiten, Missverständnisse ausräumt, so ist doch das Beobachten, wenn der Einsteiger alleine unterwegs ist, die eigentliche Nagelprobe. Schnell merken Einsteigende, dass sie zunächst weniger Vögel sehen, als sie es in der Gruppe kennengelernt haben. Nicht nur, dass das Bestimmen, das Ansprechen der Vögel schwerer fällt, alleine schon das einfache Feststellen der Vögel ist eine Herausforderung.

Wer einmal mit einem echten Profi, der von der Vogelbeobachtung lebt und nahezu jeden Tag im Jahr für mehrere Stunden draußen ist, in einem vogelkundlich attraktiven Gebiet unterwegs war und dann nach einigen Tagen Pause wieder in seinem heimatlichen Beobachtungsgebiet sein Fernglas ausführt, wird zunächst enttäuscht sein. Es vergehen manchmal Viertelstunden ohne einen vernünftigen Anblick eines Vogels.

Kahle Baumwipfel oder einzelne kahle Äste sollte man immer absuchen. Hier ist ein Baumfalke versteckt, flöge der Höckerschwan nicht vorbei, wäre er vielleicht unentdeckt geblieben.

Ein Seeadler! Er wurde entdeckt, weil jemand die Zaunreihe und die kahlen Bäume mit dem Fernglas nach Vogelsilhouetten „abscannte".

Was ist los? Sind die Piepmätze plötzlich ausgestorben? Stimmt es womöglich gar nicht, dass man Vögel überall und immer beobachten kann? Hatte der Profi ein Geheimnis?

Das Geheimnis heißt Konzentration, offene Augen, wache Sinne. Man sollte Suchbilder entwickeln. Natürlich gibt es auch Tricks, jeder Reiseleiter kennt sie. Aber eine gehörige Portion Neugier, im wahrsten Sinne des Wortes, kann der entscheidende Faktor sein. Während wir zu den Tricks noch kommen, ist hier der Punkt, um einige grundlegende, vielleicht vielen als selbstverständlich erscheinende Verhaltensweisen aufzuführen.

- Im Gegensatz zu unseren Freunden von der Botanik heben Vogelbeobachter den Kopf, trödeln nicht vor sich hin, sondern beobachten aufmerksam die Umgebung.
- Es ist wichtig, jede Bewegung zu ergründen, die man wahrnimmt, vor allem, wenn sie sich in Büschen, Bäumen, Baumkronen abspielt.
- Vogelbeobachter haben den Himmel im Blick und suchen den Horizont immer wieder ab. Das geht nach einiger Zeit in Fleisch und Blut über.
- Sie denken, es ist selbstverständlich, dass man sein Fernglas dabei hat? Sie haben recht das sollte man, aber man sollte es auch benutzen und jeder Bewegung nachsehen und auch vermeintlich vertraute Vogelgestalten kritisch anschauen. Und ein Fernglas im Rucksack ist „kein Fernglas".
- Ohren auf! Viele Vögel hört man zuerst und sieht sie nur, wenn man sie sucht. Das gilt erstaunlicherweise auch für viele fliegende Vögel.

Wiesenvögel lieben die Übersicht und stehen häufig auf Aussichtspunkten wie kahlen Ästen, Zäunen oder Staudenstängeln. Hier haben wir beim Absuchen der Zaunreihe ein Schwarzkehlchen entdeckt.

Wer auf die Hinweise der Vögel achtet, sieht mehr! Kampfläufer und Bruchwasserläufer schauen gespannt nach oben. Folgen wir ihren Blicken, entdecken wir vielleicht ebenfalls den kreisenden Wanderfalken!

Gittermasten, Pylone und andere hohe Bauwerke sind beliebte Aussichtspunkte (Sitzwarten) für Greifvögel. Hier beobachtet ein adulter Wanderfalke das Geschehen. Weil er „im Mast" sitzt, ist er nur mit Neugierde zu entdecken.

Es gibt sie aber trotzdem, die schlechten Tage, die fast vogelleere Landschaft im Winter oder im Hochsommer, da können auch Profis nichts ausrichten. Trotzdem ist der Unterschied alleine in der Quantität der Beobachtungen schon frappierend. Schlechte Augen und Ohren sind übrigens keine gute Begründung, fehlende Sinnesschärfe wird durch Aufmerksamkeit oft genug wettgemacht. Erstaunlich, wie viele gute Beobachter mit dicken Brillen unterwegs sind. Und ich kannte mal einen guten, aber leider gehörgeschädigten Ornithologen, mit dem man sich draußen nur mit Gebrüll verständigen konnte, was manchen Spaziergänger verschreckte. Aber er sah immer noch mehr, als ich mit dem Gehör eines Oberschülers.

Sehen, fokussieren lernen

Kurz zu den oben genannten Tricks: „Sehen lernen", heißt im Zusammenhang mit der Vogelbeobachtung, die Landschaft nach Strukturen zu durchsuchen, die Vögel mögen. Diese vier sind wirklich hilfreich:

1. Schauen Sie grundsätzlich alle Zaunpfahlreihen ab! Auf Draht und Pfosten stehen gerne Würger, Ammern, Pieper, Stelzen, Braun- und Schwarzkehlchen, Steinschmätzer, Hausrotschwänze auf dem Zug, Falken, Bussarde und sogar Schnepfenvögel, wie Bekassinen oder Uferschnepfen, und Rotschenkel oder ein Steinkauz.
2. Das Gleiche gilt für Strommasten, Telefonleitungen, kahle Bäume oder Äste, Scheunen und andere Aufbauten. Hier rasten Stare, Drosseln, Schnäpper, Würger, Blauracken, allerlei Krähenvögel und vor allem Greifvögel sowie Tauben.
3. An Gewässern nicht nur auf das Wasser schauen! Oft sitzen kleine Entenarten, Rallen oder Eisvögel unter und im Ufergebüsch. Dort könnten auch kleine Reiherarten und Limikolen entlangschleichen.
4. Achten Sie auf das Verhalten der Vögel und versuchen Sie es zu interpretieren. Klatschend auffliegende Ringeltauben und mobbende Krähen, letztere vor allem, wenn sie den hölzern klingenden Warnruf ertönen lassen, können Habichte oder Wanderfalken ankündigen. Warnende Amseln und andere Kleinvögel können einen Sperber verraten oder den Waldkauz in der Fichte.

Wer darauf wartet, dass sich die Vögel von alleine in den Weg stellen, wird weniger sehen, als der, der in der Landschaft bestimmte Strukturen fokussiert nach Vögeln absucht. Das macht einen Großteil des Erfolges erfahrener Vogelbeobachter aus. Dabei ist es von entscheidender Bedeutung, sich die Lebensräume der Arten einzuprägen. Profis finden seltenere Arten oft nur deshalb, weil sie im Vorbeifahren gedacht haben „hier sieht es aber gut aus für …" und dann genauer geschaut haben.

Ein Holzstapel ein paar hundert Meter entfernt am Rande einer Wiese. Wer ihn mit dem Fernglas „ableuchtet", macht vielleicht eine Entdeckung. Wer nur denkt „Holzstapel" verpasst sie vielleicht. Sehen Sie mehr als Holz? Auflösung auf der nächsten rechten Seite.

Ufer und Wasserränder sollten wir immer mit dem Fernglas gründlich absuchen, um dort ruhende Limikolen, Enten oder andere Wasservögel aufzuspüren. Hier ist es ein Temminckstrandläufer der unbewegt einem Stein ähnelt.

Rabenkrähen machen oft durch einen hölzern klingenden „Ärgernisruf" auf Greifvögel aufmerksam. Hier „mobben" sie einen Turmfalken.

Zwei Turmfalken nebeneinander. Wenn wir genauer hinsehen, können wir auch die Geschlechter unterscheiden. Zum Beispiel wenn wir die gut erkennbare Schwanzzeichnung vergleichen. Der weibliche Vogel putzt sich, der männliche schaut interessiert zu.

Die vielen Hohlräume in Holzstapeln sind für Tiere gute Verstecke. Hier zeigt sich ein junger Steinkauz, der die Sonne genießt. Bei Gefahr schlüpft er flugs in den Stapel.

Reportieren und Lokalisieren lernen

Und dann ist es soweit. Alles hat er richtig gemacht, die Konzentration stimmte, alle potenziellen Sitzwarten für Vögel im Gelände wurden abgesucht, kein Telegrafenmast blieb unbesehen, jedem Husch wurde hinterhergeschaut, jedem Pieps nachgehört. Und da singt nun die Sperbergrasmücke im Schlehenbusch, den sie Sekunden vorher flach über der Grasnarbe fliegend von unten geentert hatte. Deutlich sind die gelben Augen zwischen Astgewirr und Blättern zu sehen – aber viel mehr auch nicht.

Lokalisieren

Beim halblauten aber wichtig klingenden Ausruf „Sperbergrasmücke!" bleibt die kleine Beobachtergruppe stehen, die heimische Grasmücke steht bei einigen ganz oben auf der Wunschliste.

Aber nun passiert etwas Sonderbares: Kein Mensch, außer dem glücklichen Entdecker, sieht den Vogel. Es entwickelt sich ein Wortwechsel, der leider fast typisch ist:

B: „Wo ist sie denn?"
C: „Was hat er gesehen?"
B: „Da soll eine Sperbergrasmücke sein"
C: „Wo ist sie denn!?"
A: „Da vorne! Man sieht deutlich die Augen und den Schnabel!"

Wer zeigt, sollte von den anderen gesehen werden!

Vorsicht beim plötzlichen Hochreißen des Armes, um auf einen nahen Vogel zu zeigen! Das kann vom Vogel als Bedrohung (Steinwurf) verstanden werden. Besser ist zunächst nur die verbale Beschreibung, wie zum Beispiel „In der Mitte des Mastixstrauches, links über der Lücke …".

B: „Wo – da vorne? Mein Gott…"
D: „Was hat er denn gesehen?"
B: „Eine Sperbergrasmücke! Aber ich sehe sie nicht. Wo ist sie denn?"
D. „Ach, eine Sperbergrasmücke, die gibt es hier?"
A: „Sie singt doch dort in der Schlehe. Ihr müsst auch mal ruhig sein! Wirklich gut zu sehen!"
B: „Aber wo denn, verdammt!"
A.: „In der Schlehe vor uns, rechte Hälfte, links neben dem gelben Blatt, in der Verlängerung 50 Zentimeter unter dem trockenen Ast. Jetzt fliegt sie weg…"

Dieser Text ist nicht, wie man zu Recht meinen können, einem Sketch von Loriot entnommen. Er gibt die grausame Realität wieder, wie sie sich wahrscheinlich an jedem Wochenende dutzendfach in Deutschland protokollieren ließe.

Spätestens jetzt begreift man, warum es nicht reicht, einem Einsteiger ein Fernglas und ein Bestimmungsbuch in die Hand zu drücken. Zum befriedigenden Beobachten gehört noch mehr! Und leider zählen dazu Kenntnisse und Fertigkeiten, die den meisten von uns nicht in die Wiege gelegt oder in der Kinderstube beigebracht wurden. Es lohnt, sich über diese Kommunikation Gedanken zu machen, denn es gibt für engagierte, leidenschaftliche Vogelbeobachter wenig Ärgerlicheres, als bei der Beobachtung eines seltenen oder schwierigen Vogels dabei zu sein und den Vogel nicht zu sehen, weil die Beobachter nicht in der Lage sind, den Standort zu beschreiben.

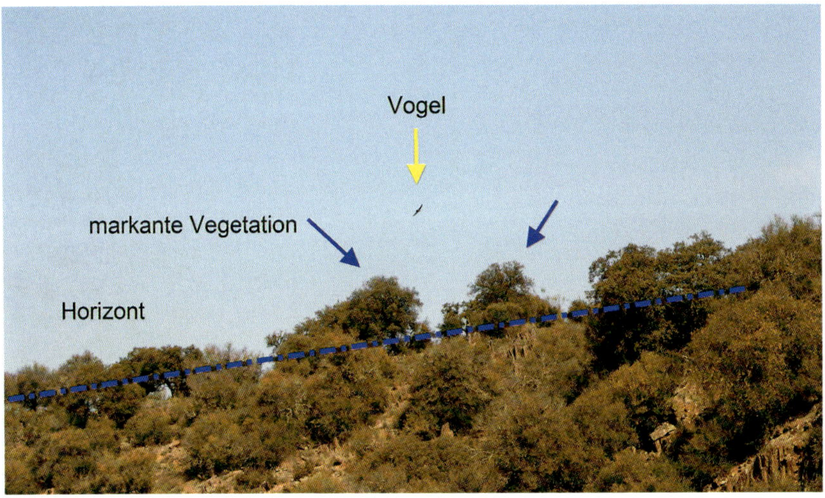

Wie würden Sie den Habichtsadler, der dort fliegt, lokalisieren? Wo fliegt er gerade zum Zeitpunkt der Aufnahme? Dieses Foto bietet genügend Anhaltspunkte, das ist im „Ernstfall" nicht immer so!

Das Reportieren

Im Grunde geht es dabei um zwei Fähigkeiten, die sich leicht lernen lassen und mit ein wenig Übung aus einem guten Beobachter einen beliebten Beobachter machen. Es geht um das verbale Lokalisieren und um das Reportieren. Ersteres kommt vor allem bei Beobachtungen infrage, bei denen es um stehende oder langsam bewegende Vögel geht, wie bei der Sperbergrasmücke in dem oben beschriebenen Beispiel. Beim Reportieren dagegen wird die Bewegung, also der sich permanent ändernde Standort des Vogels, den Mitbeobachtern mitgeteilt.

Dazu ein Beispiel, das in einer sehr schwierigen Landschaft spielt, nämlich in der nahezu baum- und strauchlosen ungarischen Puszta. Dort sind wir mit Janos unterwegs und wollen endlich Kaiseradler beobachten. Die Gruppe läuft als auseinander gezogener Haufen durch das Grasland als Janos mit einem halblauten „Ochtung! Odlerr!" ein Aufrücken eines Teils der Gruppe verursacht. Man rückt zusammen und bleibt gespannt stehen. Während einige sich fragend ansehen, heben andere das Fernglas und suchen den Horizont ab, Spektive werden aufgebaut. Einige erfahrenere Beobachter suchen die Nähe von Janos, schauen in die Richtung, in die er schaut und warten auf weitere Informationen. Der große Greifvogel ist weit weg, Janos beobachtet ihn durchs Spektiv, das er in einem günstigen Augenblick wegen der besseren deutschsprachigen Ausdrucksmöglichkeiten dem Co-Reiseleiter überlässt.

Die Beschreibung der Flugbahn eines Vogels ist, vor allem, wenn außer viel Himmel kaum landschaftliche Anhaltspunkte vorhanden sind, sehr schwierig. Das ist hier in der Steppe, aber auch in Wüsten, an großen Seen oder am Meer, häufig der Fall. Da wird es schwierig, denn zum einem muss der Aufenthaltsort des Vogels trotzdem irgendwie beschrieben werden und zum anderen muss diese Beschreibung fortlaufend erfolgen, man muss also wie ein Sportreporter im Radio „reportieren". Das klingt idealerweise etwa so:

„Der Adler fliegt sehr weit weg nach rechts. Stellt euch hinter mich, damit wir die gleiche Richtung haben! Er fliegt deutlich über dem Horizont. Jetzt kreuzt eine nähere Krähe seine Bahn. Jetzt kommt ein Kondensstreifen. Jetzt wieder im Blauen. Jetzt gleitet er. Unter ihm jetzt weißer Dunst, er verliert an Höhe, jetzt im Weißen. Rechts von ihm hohe Pappel, jetzt über der Pappel, weiter runter. Von der Flügelhaltung her auf jeden Fall kein Seeadler und auch kein Steinadler. Jetzt fliegt er in die weiße Wolke. Die Wolke mit dem Loch im oberen Drittel. Jetzt kommt er näher. Über dem Ziehbrunnen. Nur noch ein Spektivdurchmesser über dem Horizont. Dreht bei. Jetzt links von der Drei-Pappel-Gruppe. Hat ihn jemand noch nicht?"

Alle haben ihn gesehen, vor allem aber deshalb, weil er tatsächlich nach einem Flug von sicher fünf Kilometern direkt über uns flog, als wolle er uns betrachten.

Wichtig ist beim Reportieren, dass die Beobachter sehr dicht zusammenstehen. Der beste Platz ist direkt hinter dem Reporter, wenn er zu groß ist, direkt daneben. Man spart Zeit, wenn man seine Blickrichtung an der des Reporters ausrich-

Beim Reportieren sollte man dicht zusammenstehen, da ansonsten die Bezugspunkte des Reporters mit denen der Einzuweisenden nicht übereinstimmen.

tet. Dieser wiederum sollte das Fernglas nicht absetzen oder seine Augen nicht vom Okular des Spektivs lösen, denn möglicherweise findet er den kleinen Punkt am Himmel dann nicht mehr wieder. Dieser Umstand führt aber dazu, dass er nur einen kleinen Ausschnitt der Welt beschreiben kann und so vielleicht nicht hilfreiche Anhaltspunkte am Horizont wie Gebäude, Bäume, Gebüsch, Hochspannungsleitungen sieht. Dennoch sollte man versuchen, vom großen, ganzen Bild ins Detail hinein zu beschreiben, denn die Mitbeobachter müssen ja erst mal ein Gefühl dafür entwickeln, wo in der Landschaft sie suchen müssen. Also erst mal beginnen mit: Ist der fliegende Vogel über oder unter dem Horizont? Wo von der größten und markantesten Struktur einer Landschaft fliegt der Vogel? Rechts oder links vom Kirchturm?

Die Ziffernblattmethode

Beim Reportieren ist eine gute Orientierung, wie sie beim Lokalisieren eingesetzt werden kann, kaum zu gebrauchen: die Uhr. Hält sich ein Vogel in einem definierbaren Baum oder Busch auf und bewegt sich nicht großräumig, so kann man dem

Gewächs quasi als Transparenzfolie ein Ziffernblatt überlegen. Die Achse der Zeiger kommt in die Mitte. Ist der Vogel rechts oben im Baum, würde man als Lokalisierungshilfe zum Beispiel „14 Uhr" angeben. Unter Umständen sind so Angaben „auf die Viertelstunde" genau möglich. Wichtig ist, dass man einen gemeinsamen Achspunkt findet und nicht das imaginäre Ziffernblatt in sein Gesichtsfeld integriert. Ein Vogel der auf mich zufliegt, kommt für mich vielleicht „aus 12 Uhr", für meinen schräg stehenden Nachbarn kann das aber auch „15 Uhr" sein. Eine Beschreibung wie „15 Uhr in der Wolke" oder „von mir aus halb zehn" ist da schon besser. Das imaginäre Ziffernblatt kann auch so verwendet werden, als würden die Beobachter in der Mitte eines liegenden Ziffernblattes stehen, zum Beispiel bei der Seevogelbeobachtung. Erfahrene Beobachter fragen oft zu Beginn des Beobachtens so etwas wie „Welche Boje ist 12 Uhr?" und können dann etwas mit der Aussage anfangen: „Sterntaucher fliegt nach rechts über Horizont auf halb elf!".

Merke: **Der Bezugspunkt muss relativ zum Objekt sein, aber absolut zu den Beobachtern!**

Ist es albern, wenn man Reportieren und Lokalisieren in weniger stressbehafteten Situationen übt? Es ist sicher so albern, wie das Beobachten von Vögeln überhaupt. Gute Beobachter sollten es können und sollten es natürlich üben, damit der Uhu in

Wenn der gelbe Punkt im Baum ein Vogel wäre, könnte man seine Position als „zehn vor vier, außen, am unteren Rand der Laublücke" beschreiben.

der Felswand nicht ein einsames Vergnügen bleibt, sondern auch von den anderen genossen werden kann.

Beim Üben wird man merken, dass es den Wortschatz trainiert und außerdem unter Umständen die Persönlichkeit weiterentwickelt. Man kann hier, wenn man will, Präsentationstechniken und Sprechen vor einer Gruppe trainieren und wird schnell mit der Akzeptanz in der Gruppe und dem Genuss des Teilens belohnt. Vogelbeobachtung als Lebenshilfe. Probieren Sie es mal im Garten oder Park bei den Amseln, beim fliegenden Taubenschwarm, beim segelnden Bussard.

Die Methoden des Lokalisierens und Reportierens müssen dem Landschaftstyp, in dem beobachtet wird, angepasst werden. Dazu gibt es weitere Hinweise in Kapitel 8 „Vögel finden...".

In dem Baum da!

Es ist ein Unterschied, ob ein Vogel in einer Pappel oder in einer Eiche zu suchen ist. Das macht vor allem dann einen Unterschied, wenn mehrere Baumarten beieinanderstehen und der Lokalisierungsversuch „In dem Baum da!" wenig hilfreich erscheint. Vogelbeobachtende sollten die wichtigsten Baumarten Mitteleuropas kennen und sich außerdem mit der Bezeichnung der Strukturen, der meist landwirtschaftlich geprägten Landschaft Mitteleuropas einigermaßen auskennen. Hier eine kleine, nicht abschließende Liste von wichtigen Begriffen und ihre pragmatische Deutung:

Baum	höher als etwa vier Meter
Stamm	Hauptast des Baumes, trägt die Krone
Ast	dicker Zweig,
Zweig	Ast dritter Kategorie (Stamm – Ast – Zweig – Blattstiel – Blatt)
Blatt	kleinstes Element vom Laub
Rinde	Borke
Astloch	ausgefaulter ehemaliger Sitz des Astes am Stamm
Wipfel	oberster, manchmal herausragender Bereich der Baumkrone
Gebüsch	unter vier Metern, meist keine klare Trennung in Stamm und Krone
Acker	bewirtschaftetes Stück Land, in den Zuständen gepflügt, gegrubbert, geeggt, abgeerntet und als *Feld*
Feld	Acker mit hohem Aufwuchs, „Weizenfeld", man sieht kaum noch Ackerboden, deshalb auch „Rüben*acker*" (bei dem blanker Boden zu sehen ist)
Wiese	Dauergrünland, hier wächst Gras
Rasen	kurzgeschnittene Wiese
Weide	beweidete Wiese

Pfahl	daran wird der Zaundraht aufgehängt, meist aus Holz oder Beton, auch Schilderpfahl – oft synonym mit Pfosten
Pfosten	meist Bestandteil eines tragenden Rahmens, daran werden Zäune befestigt, steht aber auch alleine, „Randpfosten"
Mast	hoher Pfosten, „Laternenpfahl", Telefonmasten, Elektromast, Gittermast

Bei **Wasserflächen** könnte man unterscheiden zwischen See, Stausee (eigentlich ein Fließgewässer), Weiher (natürlich), Teich (künstlich), Tümpel (temporär), Blänke oder Seige (temporär und sehr flach, typisch in einer Feuchtwiese) sowie den Fließgewässern Fluss, Bach, Graben (fließt meist temporär), Rinnsal.

Beschreiben lernen

Viele der Fertigkeiten und Kenntnisse, die Einsteiger in die Vogelbeobachtung lernen können, verdanken wir den manchmal despektierlich „Vogel-Sportlern" genannten enthusiastischen Hobbybeobachtern, die den Ehrgeiz haben, möglichst viele seltene Vogelarten zu sehen. Sie haben die Bestimmungstechnik erheblich verfeinert und dadurch auch mitgeholfen, die Kenntnisse über unsere Vogelwelt zu verbreitern. Einige Vogelarten, die früher für absolute Seltenheiten gehalten wurden, werden heute, weil man weiß, wie man sie schnell und sicher bestimmen kann, alljährlich festgestellt. Beispiele sind Graubruststrandläufer, Gelbbrauenlaubsänger, Rotfußfalke, Gelbschnabeltaucher.

Ähnlich aber unterschiedlich. Zu welchen Vogelarten gehören jeweils Kopf mit Schnabel? Können Sie die Unterschiede benennen?

Wenn man nun weiß, dass es zum Beispiel die Zeichnung der Schirmfedern ist, die den seltenen vom gewöhnlichen Vogel unterscheidet, muss man wissen, wo man die Schirmfeder zu suchen hat. Oder dass die Beschreibung „der hat am Kopf was Helles" wenig hilfreich ist, wenn man kleine braune Vögel beschreiben und unterscheiden möchte. Handelt es sich um einen Augenstreif oder um den Augenring, erstreckt sich ein Zügelstreif zwischen Auge und Schnabelbasis oder krönt ein Scheitelstreif die Kopfoberseite? Ist im Flug bei der kleinen Limikole der Bürzel weiß oder die Oberschwanzdecken oder der Rücken und blitzt im Flügel eine Flügelbinde auf oder es vielmehr ein Flügelstreif? Wo sind rote Federn zu sehen? Auf den kleinen Armdecken, den großen Armdecken oder den Mantelfedern? Ist der Unterschied zwischen Brust- und Bauchfedern auch wichtig?

Fast kommt man sich vor, wie im Deutschunterricht beim Thema Bildbeschreibung. Aber wer Details erkennen will, muss wissen, wo er sie zu suchen hat und das wiederum kann er dann am besten, wenn er die Topografie des Vogels gut kennt und vor allem anzuwenden weiß.

Das hört sich leichter an, als es ist. In unserem Alltagsleben kommen genaue Beschreibungen kaum vor und zudem ist die Morphologie der Vögel uns ebenfalls zweibeinigen Wirbeltieren zwar ähnlich, aber viel weniger ähnlich als bei anderen Säugetieren oder Reptilien und Amphibien. Vorderbeine sind bei den Vögeln Flügel, das Knie kaum einmal sichtbar, es gibt keine Mimik, meist nur drei Zehen und alles, was durch Federn gebildet wird, müssen wir uns einprägen, weil wir es von uns nicht kennen. Zum Glück gibt es heutzutage in allen Bestimmungsbüchern Skizzen, die uns die Topografie des Vogels näherbringen. In guten Büchern werden sogar Vertreter verschiedener Ordnungen skizziert und auch der Vogel im Flug abgebildet und bezeichnet.

Wer es noch nicht kann, sollte diese Topografien immer wieder ansehen und ab und zu versuchen, die Bezeichnungen aus dem Artbeschreibungsteil in ihnen zu finden. Als nächsten Schritt sollte man umgedreht vorgehen und die Zeichnungen oder Fotos mit Mitteln der Topografie beschreiben. Das mag mühsam sein, wird aber belohnt. Es ist nämlich die Voraussetzung dafür, dass man auch die unterschiedlichen Mauserzustände der Vögel erkennt und benennen kann und das wiederum ist für die Bestimmung vieler Vögel wichtig. Man denke nur an Möwen, Adler oder Limikolen.

Spätestens jetzt werden zwei Dinge klar: Gute Augen sind hilfreich für die Vogelbestimmung, aber nicht „hinreichend“, und wer sicher und schnell die Vogelart des Vogels bestimmen möchte, muss zunächst lernen, Vögel zu beobachten.

Was man nicht aus Büchern lernt

„Bücherweisheit“ nennen wir Kenntnisse, die im „wirklichen Leben“ nicht ohne weiteres anzuwenden sind. Der Abstraktionsgrad, den schriftliche Beschreibungen notgedrungen haben müssen, stellt Zerrspiegel zwischen den Bildern, die bei der

Lektüre in unserem Kopf entstehen und den Bildern, die wir draußen tatsächlich sehen, auf. Ich kann mir eine Samtente so oft im Bestimmungsbuch ansehen, dass ich sie auswendig kenne. Filmaufnahmen im Internet oder TV können diesen Eindruck von einem mir noch unbekannten Vogel ergänzen, aber ich kann mir noch lange nicht vorstellen, wie es ist, ihn zu sehen. Ich finde Beschreibungen und Bilder im Buch, aber nur wenige Informationen darüber, wie man eine Samtente im Binnenland sucht. Wo schaue ich hin? Sind Samtenten immer an der tiefsten Stelle des Sees oder lieber im flachen Wasser? Fallen sie in einem Schwarm von Blässhühnern auf? Auf was sollte ich achten? Auf den Kopf, auf die Größe, auf die Art zu schwimmen? Experten drücken sich oft so aus, dass sie sagen "der Sturmtaucher war zu weit weg für eine sichere Bestimmung, aber er hat sich angefühlt wie ein Sepiasturmtaucher". Damit meinen sie die Umstände, das Verhalten des Vogels, die Art wie sich der Vogel bewegt hat.

Hier sind Beobachtungstipps, wie man sie zwischen Kollegen oder Freunden austauscht, meist sehr hilfreich. „Wir haben hier fast immer nur weibchenfarbige, wahrscheinlich junge Samtenten. Also auf dunkle, große Enten mit helleren Flecken

Es kann sehr hilfreich sein, sich mit anderen Beobachtern darüber zu unterhalten, „wie" man die Vögel sieht und auf was man achten soll. Aus Büchern kann man das kaum lernen, weil viele Tipps ortsbezogen sind.

am Kopf achten. Meist eifrig am Tauchen". Diese Information hilft mir zumindest, ein auf Beschreibungen aufbauendes Suchbild zu entwickeln. Dabei sind Vergleiche mit bekannten Arten eine hervorragende Suchhilfe.

Ja, klar! Ein Mäusebussard. Zur Referenzart wird er, wenn wir ihn gründlich anschauen und nicht achtlos weitergehen. Wie alt mag er sein? Wie ist sein Gefiederzustand? Leerer oder voller Kropf? Wo fliegt er hin?

Referenzarten kennen

Ein wichtiger Rat an alle Einsteiger ist, „lernen Sie Referenzen kennen!" Referenzarten sind die Vogelarten, die man auch als Einsteiger gut kennenlernen kann, da sie weit verbreitet und nicht besonders schwierig zu entdecken sind. An ihnen kann man sehr viel plastischer Merkmale wie Größe, Bewegungsabläufe, Stimme und Farben erklären.

Typische Referenzarten

Weißstorch
Graureiher
Höckerschwan
Graugans
Stockente
Reiher- und Tafelente
Blässhuhn

Mäusebussard
Sperber
Turmfalke
Silbermöwe
Ringeltaube
Amsel
Feldlerche

Mehlschwalbe
Kohlmeise
Wintergoldhähnchen
Star
Buchfink
Hausspatz
Rabenkrähe
Rohrammer

Je mehr Referenzarten man kennt, desto besser! Aber wie lernt man Referenzarten kennen?

Referenzarten sollte ich so gut erkennen, dass ich sie zuverlässig und „aus dem ff" bestimmen kann. Das heißt, ich sollte nicht erst überlegen und mir die Kennzeichen zurechtlegen müssen, sondern Referenzarten kennen wir so gut wie unsere besten Freunde und Freundinnen. Wir entdecken sie unter Hunderten anderer Menschen in der belebten Fußgängerzone. Vielleicht ist es ihre Art zu gehen oder wie er mit den Armen schaukelt, der typische Hut, die Größe oder die Kleinheit oder eine Kombination aus allem. „Das ist Ilse – ich kenne sie".

Was glauben Sie, wer ist erfolgreicher bei der Suche nach einer vermissten Person? Der Polizist, der eine Personenbeschreibung auf einem Blatt Papier in der Hand hält oder der gut befreundete Mitmensch, der die vermisste Person gut kennt? Es wird letzterer sein.

Manchmal braucht man erstaunlich wenig, um einen Vogel bestimmen zu können … siehe S. 82 unten

Die Graugans, Stammform der Hausgans, sollte man gut kennen und ihre Größe einschätzen können.

Für diese Art, einen Vogel oder einen Menschen, ein Auto oder ein Flugzeug sehr schnell bestimmen zu können, gibt es einen englischen Begriff, der „gizz" heißt (sprich: jiss). Das ist die Abkürzung für „general impression, size and shape", also allgemeiner Eindruck, Größe und Umriss. Für „gizz" könnte man auch das schöne deutsche Wort „Anmutung" verwenden.

Wir sollten als Einsteiger nicht einen kurzen Blick auf den kreisenden Bussard werfen und nach der schnellen Diagnose „Mäusebussard" weitergehen. Wir sollten ihn durchs Fernglas anschauen und versuchen, das Alter zu bestimmen, vielleicht die sichtbaren Handschwingen zählen und die Binden im Schwanz. Vielleicht werden wir ihn in den nächsten Tagen wiedersehen und an bestimmten Färbungsdetails erkennen können. Wir verfolgen ihn idealerweise mit dem Fernglas, bis er als kleiner Punkt am Horizont verschwindet oder in den Wald stürzt.

Der Graureiher eignet sich als Größenvergleich für die anderen großen Stelzbeiner, wie andere Reiherarten, oder Ibisse, wie Sichler und Löffler, und auch Weiß- und Schwarzstorch.

Wer den Mäusebussard gut kennt, auch im Flug, kann sehr viel schneller seine Verwandten und andere mittelgroße Greifvögel erkennen. Auch als „Größenstandard" zu kleinen Adlern oder für Umrissvergleiche zu Habicht und Sperber ist er wichtig.

Dasselbe gilt für die vielen anderen Vögel, die wir tagtäglich sehen und die sich als Referenzarten anbieten und dazu, einen bestimmten „gizz", eine bestimmte Anmutung, ein inneres Bild zu entwickeln. Wer mehrere Tausend Mäusebussarde gesehen hat, wird den Wespenbussard schneller bestimmen oder überhaupt erst entdecken können. Wir sollten versuchen, die Vögel, die uns im Alltag begleiten, wirklich gut zu kennen und die in unserer täglichen Nähe sogar „persönlich". Dann werden wir Fenster in eine Welt öffnen können, die uns ansonsten verschlossen bleibt. Das Beobachten wird genussvoller, wir wissen mehr und sind innerlich bereichert.

Völlig perplex beobachtete ich vor einigen Jahren in New Jersey einen guten Vogelbeobachter, der ziehende Waldsänger, die für mich frustrierende kleine schwarze Punkte waren, die alle „zipp" riefen, schnell bestimmen konnte. Auf meine Frage, wie er sich bei der Bestimmung so sicher sein kann, erzählte er, dass er Tage und Wochen damit verbrachte, häufige, sicher bestimmte Vögel so lange im Fernglas zu verfolgen, bis er sie nicht mehr sehen konnte. Auf diese Weise prägte er sich den „gizz" einer jeden Art auf große Entfernung ein – er hat sich Referenzarten gebildet.

Bei den schwierigen Großmöwen kann die Silbermöwe in Mitteleuropa als Standardmöwe gelten und bei der Bestimmung der anderen helfen. Wer sie nicht kennt, hat es schwerer!

Der Alpenstrandläufer ist deshalb Referenzart, weil er von den schwierig zu bestimmenden Strandläufern die am häufigsten beobachtete Art ist und auch hier und da im Binnenland rastet.

Der Star hat eine typische Bewegungsweise und ist auch im Flug gut zu erkennen. Für die mittelgroßen Singvögel eignet er sich Referenzart in Bezug auf Größe und Bewegung.

Sind alle Vögel bestimmbar?

Gerade unter Einsteigern findet man immer wieder Vogelbeobachter, die mit der Feststellung seltener Arten glänzen wollen. Es reicht dann offenbar nicht, einen Mauersegler gut und gründlich in seinem beeindruckenden Flug genossen zu haben, nein, es muss dann „wahrscheinlich ein Fahlsegler" gewesen sein. Oder bei der Bestimmung eines unbekannten Vogels wird nicht die wahrscheinlichere Lösung in den Fokus genommen, sondern die unwahrscheinlichere seltenere Alternative. Es ist sicher wahrscheinlicher, in unseren Breiten einen Raubwürger zu sehen, als einen Schwarzstirnwürger. Es ist wahrscheinlicher, eine Wiesenweihe im Sommer zu sehen als eine Steppenweihe und es ist sicher wahrscheinlicher, dass man es mit einem jungen Kampfläufer zu tun hat, wenn man meint, einen Bindenstrandläufer aus Amerika vor sich zu haben.

Manchmal reicht es, dass der Vogel sich umdreht...

Natürlich ist es erstaunlich, wie die Zahl der seltenen Vogelarten, die jährlich bei uns festgestellt werden, immer mehr ansteigt. Und genauso ist es verständlich, dass auch frische Einsteiger seltene Vogelarten, Irrgäste, Besonderheiten sehen wollen. Aber seltene Vögel sind eben das: seltene Vögel! Dass sie in den Bestimmungsbüchern oft neben den zu erwartenden Arten stehen und erst im Text ihre Seltenheit klar wird, ist verführerisch. In manchen Büchern werden sie deshalb auf speziellen Seiten zusammenfassend dargestellt.

Dass es tatsächlich keinen Monat gibt, in dem nicht Beobachtungen von Seltenheiten und Irrgästen gemeldet werden, hat seinen Grund. Erfahrene Vogelbeobachter, oft mit Spezialwissen ausgestattet und viel, viel Zeit, oder Vogelsportler, deren große Leidenschaft darin besteht, seltene und eben nicht alltägliche Vogelarten zu entdecken, stecken dahinter. Solche Seltenheitensammler investieren viel Geld, viel Zeit und Kommunikation in ihre Spezialisierung. Sicher werden auch Gelegenheitsbeobachter mal einen seltenen Vogel sehen, aber eben selten.

Können wir einen Vogel den im Bestimmungsbuch angebotenen Arten nicht zuordnen, und das nach Prüfen aller Kleider und Altersstadien, dann ist es ehrenhaft, ihn als „nicht bestimmbar" im Notizbuch zu kennzeichnen und zu hoffen, dass später nachwachsende Weisheit ihn mithilfe der Beschreibung in den Aufzeichnungen bestimmbar machen wird. Jeder gute Beobachter und jede gute Beobachterin wird von eklatanten eigenen Fehlbestimmungen berichten können und Verständnis für Fehlbestimmungen anderer haben und erst recht den Hut vor jemanden ziehen, der bei Zweifeln einen Rätselvogel unbestimmt ziehen lässt oder andere um Rat fragt. Die Briten nennen jemanden, der ständig begehrte seltene Arten sieht, ohne sie belegen zu können, einen ‚Stringer', also einen Täuscher – ein Leumund, den man sich nicht gerne leichtfertig einfangen mag.

Rätselvögel und Exoten

Es gibt sie also, die Rätselvögel. Manche Webseite von Beobachtern bietet Fotos von unbestimmbar gebliebenen Vögeln an, die tatsächlich Rätsel aufgeben. Zu den schwer bestimmbaren Vögeln kommen vor allem in den Ballungsgebieten der Menschen oft Vögel dazu, die wir im Bestimmungsbuch nicht finden können. Exoten, die aus Gefangenschaftshaltung entkommen sind oder auf Schiffen Ozeane überwunden haben, oder auch Vögel, die absichtlich bei uns freigelassen wurden.

Nicht alle Seltenheiten sind so leicht zu bestimmen wie dieses Rubinkehlchen mit seinem eindeutigen Federkleid. Es sang einige Wochen unweit von Amsterdam in einem Garten.

Beispiele von Vogelarten, die aus Gefangenschaft entwichen sind und mittlerweile zu unserer Avifauna gehören und sich erfolgreich fortpflanzen, finden sich vor allem unter den Wasservögeln mit zum Beispiel dem Trauerschwan, der Kanadagans oder dem Chileflamingo. Nicht zu den Wasservögeln gehören Halsband- und Alexandersittich, die in einigen Gebieten die Vogelwelt bereichern. Die Arten unter den

Exoten, die sich bei uns erfolgreich eingebürgert haben, finden sich nach einiger Zeit in den meisten Bestimmungsbüchern und können deshalb bestimmt werden. Immer wieder werden aber auch Vögel beobachtet, die nur mit Bestimmungsliteratur aus fremden Kontinenten bestimmt werden können. Wer von uns Gelegenheitsbeobachtern könnte einen Textorweber im Ruhrgebiet bestimmen, einen entflogenen Rotschwanzbussard in Brandenburg sicher bestimmen oder eine wunderschöne Gabelracke in Bayern als solche diagnostizieren?

Werden alle Isabellsteinschmätzer erkannt, die es nach Mitteleuropa verschlägt? Die Ähnlichkeit mit dem Steinschmätzer ist groß…

Es gibt also viele Gründe, einen Vogel nicht bestimmen zu können und es ist sicher weise, darin eher eine Herausforderung zu sehen, denn eine Entmutigung.

5 Wichtig: Vogelverhalten

Während die Passion der Twitcher oder Vogelsportler darin besteht, möglichst viele Vogelarten und dann auch meist nur einmal im Leben zu sehen, erforschen Vogelbeobachter und erst recht die Ornithologen das Verhalten der Gefiederten, so lautet zumindest ein gängiges Vorurteil. Doch wie wir sehen werden, kann die Kenntnis über das Verhalten der Vögel auch ihre Bestimmung entscheidend erleichtern und absichern.

Dass diese Behauptung mehr als eine These ist, lässt sich an der Entwicklung der Bestimmungsliteratur „ablesen". Die ersten Nachkriegsausgaben des Klassikers „Was fliegt denn da?" zeigten Vogelgestalten in Seitenansicht, höchstens in zwei verschiedenen Kleidern und in einer flächigen Darstellung, die das Erkennen von einzelnen Federn nicht erlaubte. Knappe Hinweise zum Vorkommen und zur Stimme in tabellarischer Form ergänzten das karge Bildangebot. Moderne Bestimmungsbücher zeigen nicht nur eine Fülle von Abbildungen der einen Vogelart, sondern fast alle geben auch mehr oder weniger ausführliche Hinweise zum Verhalten, wie etwa zur Flugweise, zu auffälligem Balzverhalten oder zur Art und Weise der Nahrungssuche. Und so ist die Beobachtung des Verhaltens für Vogelbeobachter nicht nur eine Quelle der Freude (dazu kommen wir gleich), sondern auch eine Quelle von Bestimmungshinweisen.

Ein Großteil der Faszination, die Vögel auf Menschen ausüben, liegt neben dem ästhetischen Entzücken über die Eleganz ihrer Erscheinung sicher auch in ihrem Verhalten begründet. Ohne große Anstrengung können wir den Alltag mit ihnen teilen, ihre Tragödien und Dramen, Triumphe und Niederlagen miterleben. Nehmen wir einmal die Amseln im Garten oder der nächsten Grünfläche als Beispiel.

Die Amsel-Seifenoper

Schon im Spätwinter erinnert uns der Gesang, der erst nur unregelmäßig und dann mit zunehmender Tageslänge regelmäßig und besonders auffällig morgens und abends zu hören ist, an die warme Jahreszeit. Die Amselmänner grenzen nun ihre Reviere ab, präsentieren sich und „stellen den Amselfrauen nach". Manchmal sieht man, wie er ihr mit langen kraftvollen Sprüngen über den Rasen nachsetzt. Auseinandersetzungen zwischen den Amselmännern können nach stundenlangen Verfolgungsjagden in erbitterten Kämpfen

Amselmännchen streiten manchmal tagelang anscheinend unerbittlich um Reviergrenzen. Eine gute Gelegenheit sie kennenzulernen.

münden, bei denen die Kontrahenten scheinbar jede Scheu vor den Menschen verlieren und erst voneinander lassen, wenn man direkt neben ihnen steht. Paare kann man daran erkennen, dass sie Eindringlinge gemeinsam vertreiben. Balz und Paarung der Amseln sind nicht sehr auffällig und vor allem kopulierende Amseln sind selten zu sehen. Manchmal hat man Glück und kann den imponierenden Amselhahn dabei beobachten, wie er mit schleifenden Flügeln, fast wie ein Auerhahn, aufrecht, erhobenen Hauptes in kleinen Schritten die Amselfrau umkreist.

Dann geht es mit dem Nestbau los. Man sieht Amseln mit riesigen Schnurrbärten aus Nistmaterial wie Halmen oder altem Laub, gerne vom Ufer des Gartenteiches, im Gebüsch verschwinden. Zunehmend aggressiver werden Elster, Eichhörnchen und Nachbars Katze angegriffen und auch vor Menschen wird intensiv gewarnt. Dabei unterscheiden die Amseln sehr wohl, ob man sie nicht beachtet, dann sammeln sie weiter Baumaterial, oder intensiv anschaut, dann verschwinden sie leise warnend. Die Zeit des Brütens beginnt. Der Partner ist in der Nähe des Nestes und wacht, wir können notieren, wie oft und wann sich die werdenden Eltern beim Brutgeschäft ablösen und wenn dann die ersten Würmer angeschleppt werden, ist es mit der Ruhe vorbei. Immer wieder kommen die Eltern angeflogen, füttern die Jungen und entsorgen „den Abfall", die Abwehr von Feinden und Artgenossen wird noch aggressiver. Aber manchmal passieren doch Tragödien, die Elster räumt das Nest leer, die Eltern werden von Nachbars Katze gefressen oder kommen durch einen Unfall um. Oder wir finden das Nest verlassen vor und sehen einige Tage, bis die Lücke gefüllt ist, keine Amseln mehr im Garten.

Ein gutes Anzeichen für eine erfolgreiche Brut ist ein mit Futter überladener Altvogel.

Ein Vogelbad, noch so bescheiden, lockt Vögel an und erleichtert es uns, sie kennenzulernen. Hier ein adulter Amselmann.

Falls die Jungen aber Glück haben, sehen wir, wie sie die Eltern hüpfend und bettelnd über den Rasen verfolgen und irgendwann, vielleicht erst nach der zweiten oder dritten Brut, fällt uns auf, wie abgerissen und mitgenommen die Erwachsenen aussehen. Der Sommer ist fast um, von Amselgesang ist nichts mehr zu hören. Wir müssen uns Mühe geben, um sie überhaupt noch zu sehen. Aus den stark gefleckten Jungvögeln sind nun fast erwachsene Amseln geworden – allerdings fehlt den jungen Amselmännern noch der gelbe Schnabel – und die Altvögel sind plötzlich wieder da. Die Zeit der Mauser ist vorüber und sie präsentieren sich im frischen Federkleid. Manchmal tauchen im Herbst im Garten „neue Amseln“ auf, sie sind scheuer und wenn wir genau beobachten, sehen wir, dass sie Fremde sind, denn sie kennen die Flugwege nicht so sicher wie „unsere“ Amseln und meist flüchten sie eher und halten mehr Distanz zu Menschen als „unsere“ Amseln. Es sind Durchzügler auf dem Weg ins Winterquartier, denn während unsere Gartenamseln den Winter fast vollständig bei uns verbringen, ziehen nördliche und östliche Amselpopulationen durchaus noch nach Süden.

Diese Amsel mausert jetzt im Sommer vom Jugendkleid (juv.) ins erste Winterkleid, dann fehlt nur noch die Gelbfärbung von Augenring und Schnabel für das Adult-Kleid.

Ein junges Amselmännchen in seinem ersten Herbst. Die Flügelfedern stammen noch aus dem Jugendkleid, der Schnabel ist noch nicht gelb.

Im Winter weichen die Reviergrenzen sichtbar auf, Streitigkeiten wie im Frühling sind selten und meist entbrennen sie an den Äpfeln, die wir den Vögeln bei Frost auf die Wiese legen. Je kälter es wird, desto erbitterter werden einzelne Äpfel von einzelnen Amseln bewacht und verteidigt. Die Schnäbel der jungen Amselmänner werden langsam gelb und irgendwann Ende Januar erklingt vom Dachgiebel der vertraute Gesang „unserer“ Amsel.

So können wir vom Zimmerfenster aus Verhaltensstudien treiben und durch diese „Seifenoper im Vorgarten“ am Alltag der Vögel teilhaben. Besonders interessant ist dies, wenn wir einzelne Vögel individuell erkennen können. Bei dem Weibchen steht vielleicht eine Schwanzfeder etwas schief oder der Schnabel ist besonders gelb. Männchen haben bei genauerem Hinsehen keinen rein gelben Schnabel. Fast alle zeigen schwarze Flecken, meist an der Schnabelbasis, die sie individuell erkennbar machen. Notiert man sich diese Schnabelmarken, kann man die erstaunliche Entdeckung machen, dass nicht ein Männchen, sondern drei, vier oder sogar fünf regelmäßig den Garten besuchen. Jetzt wird es interessant! Wer brütet mit wem, wer muss wem weichen und wie könnte eine Rangfolge aussehen? Da es nicht nur Amseln im Garten gibt, weiten wir unsere Beobachtungen aus und versuchen, auch Elstern, Heckenbraunellen, Blau- und Kohlmeisen, Zaunkönig und Rotkehlchen „persönlich" kennenzulernen.

Vor allem wenn wir Vögel individuell erkennen können, wie hier durch eine abstehende Feder, die das Licht anders reflektiert, können wir an ihrem Leben teilhaben.

Je mehr wir über das Verhalten der Vögel in unserer Umgebung lernen, desto lebendiger erscheint uns unsere Umwelt. Wir werden vertraut mit den Gefiederten, erkennen alte Bekannte wieder und lernen, dass verschiedene Arten auch verschiedenes Verhalten zeigen. Rotkehlchen singen nicht vom Hausdach, Amseln erbeuten keine Beute im Flug, Kohlmeisen hüpfen mitunter im alten Laub umher, Blaumeisen machen so etwas nicht. Je vertrauter wir mit den Vogelarten unseres vogelkundlichen Alltags werden, desto schneller werden wir sie erkennen. Wir kennen sie einfach – von „Bestimmung" kann keine Rede mehr sein. Wir müssen nicht mehr lange überlegen, sondern wissen: „Das ist eine Singdrossel".

Sonnenbaden: Fast reflexhaft verharren Vögel (oft Amseln) in der Sonne und nehmen ein Sonnenbad, das minutenlang dauern kann.

Vogelflug: In Keilen, Ketten, Bändern, Haufen

Besonders bei fliegenden Vögeln haben Einsteiger Probleme, sie mithilfe eines Bestimmungsbuches sicher zu bestimmen. Die Bewegung eines Vogels, seine Geschwindigkeit und Flügelschlagfrequenz, die Kurve oder der Bogen seines Fluges wird in kaum einem Buch erschöpfend bearbeitet und lässt sich auch kaum in wenigen Worten beschreiben oder mit ein paar Strichen abbilden. Dennoch sind manche Flugbilder so charakteristisch, dass es sich lohnt, sie sich zu notieren und zu merken.

Immer wieder werden von Einsteigern frühe oder späte Kraniche gemeldet, manchmal sogar aus Gegenden, die nicht zum Zugkorridor der Kraniche auf ihrem Weg nach Südwesten oder zurück nach Nordosten gehören. Bei Nachfragen stellt sich

Vor allem große, gesellige Vögel – hier Weißwangengänse – nutzen die Keilformation bei Streckenflügen, um Energie zu sparen.

Große Scharen von Kranichen fliegen häufig in Bändern und Keilen, die sich ineinander verschachteln.

dann bisweilen heraus, dass man die Vögel anhand ihrer Flugformation „bestimmt" hat. Aber längst nicht alle Vögel, die in einer V-Figur am Firmament entlangeilen, sind Kraniche. Viel öfter sehen wir seit einigen Jahren Kormorane auf dem Weg zum oder vom Schlafplatz in dieser Formation fliegen. Es lohnt sich also, eine Tabelle anzulegen oder sich Notizen in das Bestimmungsbuch zu machen, um auffällige Gesellschaftsflugweisen bestimmten Vogelarten zuweisen zu können.

	Keile, „1" oder „V"	**Ketten, Bänder, Linien**	**dichte Trupps**	**Mischformen/ Bemerkungen**
Schwäne	X	X		
Gänse	X	X auch Brand- und Rostgänse		
Enten	manchmal: Säger	manchmal: Spieß-, Pfeif-, Samtenten	Eider-, Trauerenten: „Kaulquappentrupp" – mit langem Schwanz	
Flamingos	X	X		
Pelikane	X	X		Thermiksegler
Kormorane	X	X		Thermiksegler
Ibisse	Waldrapp X Sichler X Löffler X	X X X		Thermiksegler
Reiher	vor allem die großen Arten	X		selten Thermiksegler
Störche	nie!	nie!		Thermiksegler
Kraniche	typisch!			Thermiksegler
Trappen	nie!	nie!		
Watvögel	seltener; typisch für große Arten Pfuhlschnepfen, Brachvögel	Austernfischer Goldregenpfeifer Pfuhlschnepfen Brachvögel	Knutts	
Möwen	X	X		Thermiksegler

Natürlich erkennen Experten auch viele Kleinvögel an ihrer spezifischen Truppbildung beim Fliegen, aber kann man hier wohl nicht von Formationen sprechen. Es sind vor allem große Vögel, die in klar strukturierten und über mehrere Minuten konstanten Schwarmfiguren fliegen. Offenbar wird erst ab einer gewissen Größe, die zwischen Lachmöwe und Goldregenpfeifer beginnt, durch das Fliegen in Formationen ein Energie- oder Sicherheitsgewinn erzielt.

Wer auf diese Formationen achtet, kann, ohne weitere Details zu sehen, oft schon auf große Entfernung eine recht sichere Artdiagnose stellen.

Kiebitze: Kiebitze sind an der Flugweise und an der Schwarmform oft auf weite Entfernung zu erkennen.

Knutts und andere kleinere Limikolen fliegen meist in „Haufen", aber relativ dicht beieinander.

Gelegentlich können wir Pfuhlschnepfen und andere große Limikolen erleben, die ebenfalls in Bändern oder Keilformationen ziehen.

Erfahrene Vogelzugbeobachter können fast bei allen am Tag ziehenden Arten durch die Beobachtung der Geschwindigkeit, der Truppgröße und -form sowie der Flugbewegung der Individuen sichere Artdiagnosen stellen, ohne die Stimme zu hören oder Gefiedermerkmale zu sehen. Bislang helfen uns Bestimmungsbücher, wenn wir erst beim Aufbau eines solchen langjährigen Erfahrungsschatzes stehen, kaum weiter. Hier hilft es Einsteigern „alte Hasen", auch wenn sie in Lebensjahren deutlich jünger sind, zu begleiten und den Mut zu haben, immer wieder zu fragen.

Auffälliges Verhalten

Ein kleiner Greifvogel, der über einer Wiese oder einem Feld rüttelt, wird in unseren Breiten fast immer ein Turmfalke sein. Es gibt noch sehr viel Vögel, die typische Verhaltensweisen zeigen, an denen man sie auf Artniveau bestimmen oder zumindest die Zahl der infrage kommenden Arten stark einschränken kann.

Die folgende Übersicht ist keineswegs abschließend, sondern soll dazu anregen, sich selbst Notizen zu machen und beim Beobachten der Vögel auf stereotype Bewegungsabfolgen zu achten.

Schau: Balzflüge und Singflüge

Natürlich werden Verhaltensweisen, die die Aufmerksamkeit der Geschlechtspartner von Vögeln erregen sollen, auch uns Menschen nicht verborgen bleiben. Kein Wunder also, dass die meisten auffälligen Verhaltensweisen der Balz und Revierabgrenzung zuzuschreiben sind.

Auch hier sind die Bewegungsabläufe oft so typisch, dass sich häufig die Vogelarten daran sicher bestimmen lassen. Während bei den sogenannten Balzflügen der optische Eindruck überwiegt, weshalb man besser von Schauflügen sprechen sollte, kommt bei den Singflügen noch der akustische Ausdruck hinzu.

Typische **Schauflüge** vollführen die flügelklatschenden Ringeltauber. Auch die anderen heimischen Taubenarten zeigen allesamt Balzflüge, auch wenn sie bei Turteltauben weit weniger häufig zu beobachten sind, als bei Türken- oder auch Hohltauben. Gemeinsam ist diesen Flugdemonstrationen, dass sie körperliche Kondition oder menschlich interpretiert „Mut" demonstrieren. Die waghalsigen Flugmanöver der Kiebitze, die kraftmeierischen Ruderflüge mancher Greifvögel, wie des Wespenbussards oder des Steinadlers, bei denen die Flügel betont langsam und mit hoher Amplitude geschlagen werden, die waghalsigen seitlichen Überschläge der Blauracke, die ihr den englischen Namen „Roller" eingebracht haben, sind allesamt typisch. Sie sollten bei der Bestimmung von Vogelarten sehr viel mehr ins Kalkül gezogen werden, als dass dies die gängigen Bestimmungsbücher nahelegen.

An ihrem Singflug lassen sich Lerchen zumindest bis auf Familienebene gut bestimmen. Dann wird es komplizierter. Im Bild eine Feldlerche.

Auch Greifvögel zeigen bei der Balz oder Reviergrenzung Schauflüge, wie hier eine Rohrweihe über dem potenziellen Brutplatz.

Es lohnt sich, bei der Suche nach bestimmten Vogelarten vorher diese typischen Verhaltensweisen zu recherchieren, sie werden oft schneller zum Ziel führen als das mühsame Merken von subtilen Gefiedermerkmalen, die unter widrigen Umständen im Zweifelsfall dann doch nicht zu erkennen sind. Schauflüge sind nicht nur darauf ausgerichtet, das andere Geschlecht zu beeindrucken oder innerartliche Konkurrenz auszuschalten. Sie demonstrieren Kraft, Kondition, Entschlossenheit auch gegenüber anderen Vogelarten oder Lebewesen überhaupt. So demonstrieren Steinadler den revieranzeigenden auf- und abführenden „Girlandenflug" und den Kraft kostenden übertriebenen Ruderflug durchaus auch bei Grenzverletzungen ihrer Reviere durch „Paragleiter" und andere Fluggeräte.

Wir Alltags-Vogelgucker können ein ähnliches Verhalten, da Steinadler nicht unbedingt zu den täglichen Anblicken gehören, bei Krähen beobachten, wenn sie "mutig" und manchmal akrobatisch den harmlosen Mäusebussard verjagen oder sich sogar an einen Habicht heranwagen. Oder wenn ein Höckerschwan mit der gleichen Körperhaltung (gebogener „dicker" Hals, abgewinkelte Flügel, Bugwelle)

Sperber, Habicht, aber auch Bussarde und manche Adler zeigen wellenförmige „Girlandenflüge" zur Revieranzeige.

seiner potenziellen Partnerin imponieren will, wie er auch einen Rivalen verjagt oder einen vorwitzigen Dackel vom Teichrand vertreibt.

Bei **Singflügen** kommt, wie der Name es sagt, der Gesang hinzu. Streng genommen ist der oben erwähnte Balzflug des Kiebitzes, der nie stumm erfolgt, auch ein Singflug. Singflüge sind für viele Singvogelarten typisch, aber meist nur während der Gesangsperiode im Frühjahr zu beobachten. Das ist übrigens ein weiterer Unterschied gegenüber den Balzflügen, die meist einen breiteren Bedeutungshorizont haben und nicht nur dem Fortpflanzungsgeschäft dienen.

Bekannt sind die auffälligen Singflüge der Lerchen und Pieper, die ihre Kondition damit unter Beweis stellen, dass sie im anstrengenden Steigflug sogar noch aus voller Kehle singen können. In ihren Lebensräumen fehlen meist gute Singwarten und so steigen sie über Acker, Steppe, Wiese, Sumpf, Moor oder Kahlschlag auf. Übergänge zu mehr „vertikal strukturierten Lebensräumen", sprich Wald, zeigen die Pieper (s. S. 537). In unseren Breiten singen Baum- und Bergpieper durchaus auch in Bäumen – aber auf den Steigflug verzichten sie dennoch nicht und gleiten zum Entzücken der Beobachter fallschirmartig, wie es im Buche steht, zurück auf eine Singwarte oder auf den Boden. Selbst mitten im Wald können wir Singflüge beobachten. Waldlaubsänger zeigen sie, wenn sie niedrig über den Boden im unterholzarmen Buchen-Hallenwald von Zweig zu Zweig schweben und dabei ihr schneller werdendes Schwirren („Waldschwirrvogel") hören lassen. In den Übergangsbereichen mit höherer Vegetation freuen wir uns über Singflüge von Schilfrohrsänger und Sperbergrasmücke, Girlitz und Grünfink sowie der Dorngrasmücke und auch die Klappergrasmücke kann das, allerdings mehr geradeaus und nicht nach oben. Sogar die Blaumeise zeigt in hoher Erregung einen kraftmeierischen "Fledermausflug" mit langsamen Flügelschlägen, der sehr an den Singflug des Girlitzes erinnert.

Doch zurück zu den offenen Landschaften, in denen Schau- und Singflüge sicher am lohnendsten sind und weithin wirken können. Sumpfohreulen klatschen bei ihrem Schauflug bisweilen mit den Flügeln und fast alle Limikolenarten, die in den Wiesen und Sumpflandschaften ihre „Brutadresse" haben, erfreuen uns mit eindrucksvollen Singflügen. Manchmal hört man „singfliegende" Limikolen, die gar nicht bei uns brüten und ist verwirrt. Das kann zum Beispiel bei Bruchwasserläufern oder Alpenstrandläufern auf dem Frühlingsdurchzug bei schönem Wetter passieren. Bei der Bekassine erleben wir eine Besonderheit, denn sie singt nicht beim Balzflug, wenngleich sie Töne äußert! Mehr dazu in Kapitel 8 („Mit den Ohren sehen"). Rohr-, Wiesen- und Kornweihen zeigen auffällige Flugspiele mit ausgedehnten Schauflügen, meist des Weihenmannes. Und fast alle anderen Greifvögel zeigen teilweise sehr beeindruckende Revierflüge. Zu diesem Zweck kommen auch Habicht und Sperber aus der Deckung und man könnte stundenlang den Girlandenflügen und atemberaubenden Verfolgungsflügen zusehen.

Manche Vögel „singfliegen" auch nachts, was merkwürdig anmutet, den gesehen werden sie dann kaum. Deshalb sind ihre Flüge auch immer mit Geräuschen verbunden, wie das „Puitzen und Quorren" der Waldschnepfe oder das Schnurren mit Peitschenknall des Ziegenmelkers. Dazu kommt das selten zu hörende und wohl wenig erforschte nächtliche „Herumfliegen" des Teichhuhns mit Rufen oder das im nächtlichen Flug vorgetragene „Pickwerdick" der Wachtel. Beide Arten sind keine guten Flieger und meiden bei Tage den Luftraum.

Sprinten, rütteln, luftwarten...

Auch Beuteflüge können artspezifisch sein und bei der Bestimmung entscheidend helfen. Den Turmfalken hatten wir bereits angeführt. Mit seinen oft lange andauernden Rüttelflügen ist er in Mitteleuropa fast hundertprozentig sicher zu bestimmen. Aber auch der kleinere Raubwürger ist ein talentierter Rüttler und Falken, besonders, wenn sie niedrig über dem Boden rütteln, könnten es auch Rotfußfalken sein. Aber ich habe auch schon in der ungarischen Puszta Würgfalken sehr langsam rüttelnd beim Anwarten im Gegenwind gesehen. Das sind aber Ausnahmen, die das Beobachten spannend machen können.

Ein rüttelnder Turmfalke ist in Mitteleuropa kaum mit einer anderen Vogelart zu verwechseln.

Das langsame Kreisen mit wenigen Flügelschlägen und leicht V-förmig gehaltenen Flügeln ist das Kennzeichen eines Bussards. Der, entgegen Laienmeinung, sehr viel leichter mit einem Steinadler zu verwechseln ist, als mit Habichten, Milanen oder Weihen. Ein Bussard, der rüttelt, sollte immer einen zweiten Blick wert sein. Auf jeden Fall im Winter, wenn die nordischen Raufußbussarde aus der Tundra und den Fjell-Landschaften des Nordens bei uns zu Gast sind.

Auch viele Singvögel rütteln: Hausrotschwanz, Gartenrotschwanz, alle Fliegenschnäpper, die beiden Goldhähnchen sehr ausgeprägt wie auch die seltenen Irrgäste Goldhähnchen- und Gelbbrauenlaubsänger. Auch Zilpzalpe und Fitisse rütteln gelegentlich. Generell lässt sich sagen, dass das Rütteln bei der Nahrungssuche bei den kleineren Vögeln nicht selten ist. Schließlich kommt es auch bei sehr vielen Vogelarten vor, die stoßtauchend im Wasser nach Fischen jagen. Möwen, Seeschwalben, Fisch- und selbst der Seeadler zeigen es wie auch die Eisvogelarten; Sturmtaucher und Tölpel dagegen nicht.

Manche Vögel verfolgen ihre Beute im Fluge und durchjagen dabei den offenen Luftraum. Wer sich etwas „einsieht", wird schon in der ersten Saison die drei verbreitetsten Luftjäger an der Flugweise unterscheiden können: Mauersegler, Mehlschwalbe, Rauchschwalbe. Wanderfalken bei der Jagd sind ebenso wie Sperber und Habicht meist ein kurzes Vergnügen. Sie fliegen einfach zu schnell und nur selten kann man den rasenden Sturzflug eines Wanderfalken über viele Kilometer, was vorkommt, verfolgen, da die Sicht meist schnell durch Bäume, Gebäude oder Hügel und Berge verstellt ist. Baumfalken bieten uns den ganz besonderen Genuss, ihre Flugakrobatik bewundern zu können, wenn sie über Gewässern nach Libellen jagen. Rast ein Greifvogel wie ein von der Sehne geschnellter Pfeil hinter einem Vogel her, handelt es sich meist um einen Sperber. Sehen wir dieses Schauspiel aber in der offenen Landschaft, etwa über einem Acker oder einer Wiese, kann es sich auch um einen Merlin handeln. Die beiden Arten werden gerade von Einsteigenden leicht verwechselt.

Andere Greifvögel und andere große Vögel halten aus der Luft Ausschau nach Nahrung. Beim Segeln und Gleiten legen sie große Entfernungen zurück und können so riesige Flächen kontrollieren. Bekannt ist das von Geiern, aber auch Adler, Bussarde und Milane regieren ihr Reich häufig aus der Luft. Nicht nur wegen des

Genusses empfiehlt es sich, kreisende Greifvogel so häufig und so lange wie möglich zu beobachten. Je vertrauter Einsteiger mit den häufigen Vögeln werden, desto eher sind sie gewappnet, auch seltene Arten zu erkennen. Diesen Zusammenhang haben wir schon besprochen. Es ist wichtig, Referenzarten für Vergleiche im Kopf gespeichert zu haben. Das geht nur über Erfahrung. Je häufiger und länger man typische Vögel beobachtet und so „abspeichern" kann, desto schneller und sicherer kann man Unterschiede zu ähnlichen Arten feststellen.

Jemand, der als Einsteiger einen Raufußbussard sicher bestimmt haben will und noch keine hundert Mäusebussarde bestimmt hat, wird auf manche Nachfragen keine Antworten finden.

Aber nicht nur große und kleine Greifvögel kreisen am Firmament. Störche, Möwen, Pelikane, selbst Kraniche, Löffler, Saatkrähen und Reiher tun das. Sie verschaffen sich so einen Überblick über die Ressourcen ihres Reviers und vielleicht macht es auch einfach "Spaß"...

Wo immer es geht, nutzen große Vögel, wie Pelikane – hier Rosapelikan – und Störche, die Thermik, um Kraft beim Überwinden von großen Distanzen zu sparen.

Aber nicht nur das Warten, Ansitzen, Lauern, Kontrollieren in der Luft kann arttypisch sein. Auch mit ruhenden Flügeln im Stehen auf Bäumen, Zaunpfählen, Kabelleitungen, Hausfirsten oder Felsbrocken kann das Revier energiesparend kontrolliert werden. Und auch dabei haben sich arttypische Verhaltensweisen entwickelt, die wir zur Vogelbestimmung gut gebrauchen können.

Ein typischer Pfahlhocker ist der Turmfalke, hier ein männlicher Vogel. Energiesparend hält er von der Sitzwarte aus Ausschau nach Beute.

Grauschnäpper und andere Insektenfänger nutzen oft trockene Äste als Ansitzwarte. Hier haben sie gute Sicht und freien An- und Abflug.

Singende Goldammern können wir im oberen Drittel von Bäumen und Sträuchern erwarten, manchmal sind sie auch ganz frei in der Spitze zu sehen.

Sicher gehören Sie auch dazu. Zu den Menschen, die selbst beim Autofahren Zäune, Hecken, Baumspitzen, Strommasten oder Kabelleitungen nach Klumpen, Punkten und Silhouetten absuchen. Manchen Raubwürger, manches Schwarzkehlchen, manchen Kauz und manche Blauracke habe ich nur gesehen, weil mir dieses Suchverhalten in Fleisch und Blut übergegangen ist.

Auf Zaunpfählen stehen, wir sind es gewohnt "sitzen" zu sagen, nicht nur Mäusebussarde und Turmfalken, sondern auch Braun- und Schwarzkehlchen, Steinschmätzer, Steinkäuze, Neuntöter und andere. Etwas höhere Etagen bevorzugen Blauracken, viele Würgerarten, Blauelstern, Gleitaare, Würgfalken, Rotfußfalken, Schlangenadler sowie Adlerbussarde, die offensichtlich einen etwas größeren Überblick bevorzugen.

In der obersten Etage von Hecken singen die Goldammern, mittendrin im Busch dagegen der Feldschwirl. Rohrammern kann man im letzten Fünftel von Schilfstängeln erwarten, Rohrsänger meist darunter und nur, wenn sie in Fahrt kommen, klettern sie peu-à-peu höher. Girlitze singen typischerweise von Antennen oder trockenen Ästen, Buchfinken mehr aus der Deckung und Grünfinken, wenn nicht im Singflug (siehe oben), dann von der Spitze eines halbhohen Baumes. Sicher gibt es überall Ausnahmen, aber im Laufe der Zeit erkennen wir Muster und erwarten keine Heckenbraunelle auf dem

Leicht zu übersehen: Ein Steinkauz genießt die warme Morgensonne auf dem First einer Scheunenruine. In den mediterranen Ländern kein ungewöhnlicher Anblick.

Dorngrasmücken, und noch mehr ihre Verwandten, verbringen die meiste Zeit verborgen im Strauchwerk. Nur selten sind sie – und dann beim Reviergesang – frei sitzend zu bestaunen.

Dachfirst und keinen Hausrotschwanz im Staudendickicht am Graben, keine Feldlerche im Wald und keinen Zaunkönig in der Wiese.

Rollen, Stolzieren, Latschen...

Endlich sind wir auf dem Boden angekommen. Fluss- und Sandregenpfeifer rollen über den Boden; so schnell bewegen sie die Beine, das können auch sehr gut die Sanderlinge. „Wie der Storch im Salat" schreiten viele Schreitvögel, also Ibisse, Reiher oder Störche mit ihren langen Beinen durch Sumpf und Seichtwasser. Wir Menschen tun das auch, wenn wir nicht wissen, in was wir uns ansonsten beim Füße nachziehen verheddern könnten.

Bachstelzen bewegen sich sehr typisch kopfnickend, was Menschen häufig als „eifrig" interpretieren.

Alle Pieper, hier ein Wiesenpieper, sind sehr behände Läufer, die im Laufen Fliegen fangen können.

Mit kräftigen Sprüngen kann die Misteldrossel erstaunlich schnell über die Wiese hüpfen.

Der Sanderling rennt so schnell an der Wasserkante entlang, dass man den Eindruck von „rollen" haben kann.

Bedächtig schreitend kontrolliert der Graureiher auf Wiesen und im Seichtwasser den Untergrund, um dann schnell zustoßen zu können.

Amseln hüpfen, Stare gehen, Bachstelzen rennen, Rotschenkel schreiten, Heckenbraunellen zucken mit einer Mischung aus Hüpfen und fußversetzendem Gehen („Springprozession") über das Gras. Rotkehlchen dagegen hüpfen, Trappen haben was von Joggern, Kraniche von vorsichtigen Prozessionsanführern. Auch bei Vögeln auf dem Boden lohnt es sich, genau hinzusehen und sich die Bewegungsmuster einzuprägen.

Gemeinsamkeiten wie etwa bei allen Regenpfeifern und dem Kiebitz stellen sich heraus, Pieper und Stelzen können ihre Verwandtschaft nicht verleugnen, Gänse latschen, Enten auch.

Mit den großen Flossen watscheln Graugänse über Wiesen und durchs Seichtwasser am Ufer. Ihre multifunktionalen Füße müssen auch zum Schwimmen geeignet sein.

Zu guter Letzt noch ein Blick auf das Wasser. Da schwimmen, kreiseln, dümpeln, gründeln, tauchen sie, korkenleicht oder halb versunken wie ein U-Boot, Kopf nach oben, unten oder geradeaus? Sie sehen, auch hier lassen sich schnell anhand der Bewegung und der Haltung „Bestimmungsbilder" bilden und wertvolle Zeit durch das Ausschließen einer Fülle von Arten gewinnen, wenn es gut läuft und man Erfahrungen vorweisen kann. Glücklicherweise ist die Artenzahl der offen auf dem Wasser schwimmenden Vögel überschaubar.

Seetaucher liegen meist tief im Wasser, oft schauen sie nach Beute und stecken den Kopf ins Wasser (fischluken), sie tauchen wie ein U-Boot einfach nach vorne unter und bleiben manchmal beängstigend lange verschwunden. An der Kopfhaltung

Versuchen Sie mal die folgende Matrix auszufüllen:

BEWEGUNG	WO?	BEISPIEL
Hüpfen	Wald	Rotkehlchen
....		
....		
Laufen	Wiese	Bachstelze
...		
...		
Schreiten	Ufer	Graureiher
...		
...		
Rollen	Strand	Sanderling
...		
...		
Watscheln/ Latschen	Wiese/Feld	Graugans
...		
...		
Stop and go	Acker/Brache/Heide	Kiebitz
....		
...		

kann man Pracht-/Sterntaucher und Eis-/Gelbschnabeltaucher zumindest voraussagen. Siehe dazu Kapitel 13 dieses Buches.

Zwerge unter sich. Schon anhand der Form lassen sich Zwergtaucher und Zwergsäger auf weite Entfernung sicher unterscheiden.

Lappentaucher liegen höher auf dem Wasser, der Haubentaucher von allen am niedrigsten. Die kleinen Arten verschwinden plötzlich und gleiten nicht wie Haubentaucher ins Wasser, sondern sind nach einer heftigen Kopf-Hals-Bewegung wie bei einer Rolle vorwärts verschwunden. Zwergtaucher bleiben manchmal „verschwunden“, weil sie in dichter Schwimmvegetation auftauchen und nur den Schnabel herausstrecken, daher der Spitzname „Zwergund-weg-Taucher".

Kormorane liegen ähnlich tief im Wasser wie Seetaucher. Mitunter sind nur Hals und Kopf zu sehen. Manchmal wird geschrieben, man könne Krähenscharben und Kormorane am Tauchvorgang unterscheiden: Sprungtauchen bei der Krähenscharbe, Gleittauchen beim Kormoran. Meine eigenen Erfahrungen können das nicht bestätigen. Beide Arten können „sprungtauchen".

Gänsesäger sind Fischjäger. Sie liegen wie Kormorane und Seetaucher wie ein U-Boot im Wasser. Die links schwimmende Sägerfrau schaut nach Beute im Wasser – „fischluken" wird das genannt.

Die anderen Fischfresser, **Mittel- und Gänsesäger**, liegen manchmal ebenfalls tief im Wasser und zeigen auch das Verhalten, den Kopf ins Wasser zu stecken, um nach Beute zu schauen.

Zwergsäger ähneln im Verhalten mehr den **Tauchenten** und sind ihnen gestaltlich auch ähnlich. Tauchenten tauchen komplett unter, nur selten sieht man sie schnatternd das Wasser durchseihen. Bergenten halten sich manchmal in typischen dichten bandförmigen Schwärmen vor der Küste auf. Zwergsäger können zu mehreren Hundert im dichten Trupp auf Fischfang gehen.

Tauchenten wie die Reiherente zeigen kein deutliches Heck wie die Schwimmenten und sie sind kompakter, runder gebaut.

Gründelenten (Schwimmenten) dagegen zeigen das im Kinderlied beschriebene Verhalten "Köpfchen in das Wasser, Schwänzchen in die Höh", schnattern das Oberflächenwasser durch oder stecken nur wie Schwäne den Hals in Wasser und weiden Wasserpflanzen ab. Enten, die in Trupps in schnellen Bewegungen auf Wiesen in Ufernähe weiden, sind meist Pfeifenten. Krickenten durchschnattern (wie auch Brandgänse) oft Schlamm in Ufernähe.

Als typische Gründelente zeigt die Schnatterente ein hohes Heck und einen gestreckteren Körperbau als Tauchenten.

Mit so langen Zehen lässt sich über Seerosenblätter laufen, aber nicht schnell schwimmen. Typisch: Teichhühner nicken beim Schwimmen angestrengt mit dem Kopf.

Zum typischen Schwarmverhalten der **Meeresenten** (Eider-, Trauer-, Samtente) wurde oben schon etwas geschrieben. Eisenten, die auch dazu gehören, sind mit ihren dunklen, einfarbigen Flügeln nahezu unverkennbar, wenn sie fliegen. Sie kommen in riesigen Trupps vor, allerdings nicht da, wo wir sie am liebsten sehen: im Binnenland. Da sind sie selten und meist allein.

Wenn kleine Vögel hastig auf dem Wasser schwimmen und wie Korken wirken, sollte man an **Wassertreter** denken, vor allem Odinshühnchen fallen dadurch auf.

Nur wenige **Rallenarten** schwimmen längere Strecken durchs offene Wasser. Ähnlich korkenleicht wie Wassertreter können Blässhühner wirken, die sich offensichtlich anstrengen müssen, um überhaupt mit einem Sprung unter Wasser zu kommen. Am Ende des kurzen Tauchgangs schießen sie wie ein Korken an die Oberfläche. Noch auffälliger als sie nicken Teichhühner beim Schwimmen mit dem Kopf.

Beim Beobachten von rätselhaften schwimmenden Vögeln sollten Einsteiger immer daran denken, dass im seichten Wasser auch Grünschenkel und Dunkler Wasserläufer regelmäßig schwimmen gehen.

6 Ordnung muss sein: Systematik und Taxonomie

Warum stehen im Bestimmungsbuch die Taucher ganz vorne und Ammern hinten? Warum finden sich Eulen und Greifvögel nicht nebeneinander, obwohl sie sich ähneln? Das sind Fragen der Systematik – ein Fachgebiet der Biologie, das Tieren, Pflanzen sowie Pilzen ihren Namen gibt, sie eindeutig identifiziert und ordnet. Das Grundsystem der Benennung der Arten anhand eines wissenschaftlichen zweiteiligen Namens mit Gattungs- und Artnamen geht zurück auf den schwedischen Naturwissenschaftler Carl von Linné, der das bis heute im Grundsatz gültige System im Jahr 1753 für Pflanzen und 1759 für Tiere erstmals veröffentlichte.

Das Blässhuhn ist kein Huhn, sondern eine Ralle. Wer bei den Hühnern (Ordnung Galliformes) nach ihm sucht, wird nicht fündig!

Ein Beispiel aus der Vogelwelt verdanken wir Viktor Wember, der sich um die Erforschung der Vogelnamen verdient gemacht hat („Die Namen der Vögel Europas", AULA-Verlag). Der Mittelsäger *Mergus serrator* hieß zuvor *Anas longirostra* (wörtlich = langschnäblige Ente) und *Mergus cirrhatus fuscus* (wörtlich = kraushaariger dunkler Taucher).

Rauch- und Mehlschwalben sind Schwalben und zählen zur Familie der Schwalben (Hirundinidae). Die Raubseeschwalbe (Bild) ist dagegen eine Seeschwalbe, kein Singvogel, und gehört zur großen Ordnung der Wat- und Möwenvögel (Charadriiformes).

Namen leiteten sich häufig von einer rein äußerlichen Beschreibung ab, in die man möglichst viele Merkmale packte. Arten wurden immer wieder doppelt beschrieben, weil die Benennungen nicht eindeutig waren, und jeder konnte einen Artnamen jederzeit verändern. Erst Linnés Erfindung lichtete das Chaos der Namensgebung, wie es der schwedische Biologe vorfand. Dadurch entstand nach und nach eine international gültige Ordnung, die die Kommunikation über biologische Merkmale eindeutig machte.

Was ist eine Art?

Die **Art** oder Spezies (von lat. „species" = die Art) ist die Grundeinheit der biologischen Systematik. Eine allgemeine Definition der Art oder Spezies, die die theoretischen und praktischen Anforderungen aller biologischen Teildisziplinen gleichermaßen erfüllt, ist bislang nicht gelungen. Vielmehr existieren in der Biologie verschiedene Art-Konzepte, die sich überschneiden, aber nicht zu identischen Klassifikationen führen. Es ist wichtig, sich klar zu machen, dass eine Art ein vom Menschen erdachtes Konzept ist, mit dem Ziel, sie in seine Umwelt einzuordnen.

Bevor eine Vogelart benannt werden kann, muss geklärt werden, ob es sich tatsächlich um etwas Eigenständiges handelt. Das klingt einfacher, als es in Wirklichkeit ist: So stimmt wohl jeder zu, dass Mäusebussard, Grünspecht und Amsel so unterschiedlich aussehen, rufen und sich verhalten, dass sie jeweils eine selbstständige Art bilden. Wie sieht es aber mit Ringdrossel und Amsel, Mäuse- und Raufußbussard oder Fitis und Zilpzalp aus? Sie ähneln sich stark und es ist manchmal schwierig, sie alleine am äußeren Erscheinungsbild zu unterscheiden.

Erst in jüngster Zeit wurden viele frühere Unterarten der Schafstelze zu echten Arten „geadelt". Die frühere Schafstelze, Motacilla flava, heißt nun Wiesenschafstelze.

Die Art ist jedoch die **grundlegende Einheit der Systematik** und viele biologische Erkenntnisse von der Evolution bis zum Naturschutz hängen von ihrer exakten Bestimmung ab. Früher benannte man neue Spezies meist nach dem Aussehen der Tiere: Grenzten sie sich in Farbe oder Form von anderen ab, erhielten sie den Status einer Art. Doch das führte bisweilen in die Irre, wie bei den Edelpapageien: Die leuchtend grünen Männchen und die tiefroten Weibchen wurden bis zum gegenteiligen Beweis jeweils einer einzelnen Art zugerechnet.

Mit zunehmendem Wissen erweiterte sich daher das Regelwerk: Um als Art zu gelten, dürfen sich ihre Mitglieder unter natürlichen Bedingungen nur untereinander fortpflanzen und fruchtbaren Nachwuchs zeugen – zum Beispiel, weil sie biologisch oder geografisch vollständig isoliert sind oder sich unterschiedlich spezialisieren. Diesen Artbegriff, der eine Art als eine Fortpflanzungsgemeinschaft versteht, hat Ernst Mayr (1904–2005) geprägt. Dieser Artbegriff erklärt jedoch unzureichend, warum bestimmte Formen innerhalb einer Art sich nicht vollständig vermischen und auflösen, zum Beispiel Raben- und Nebelkrähen, die oft miteinander hybridisieren. Seit den 1970er-Jahren wird daher ein ganzes Merkmalspaket betrachtet:

Genetik, Morphologie (Struktur und Form), Physiologie (physikalische und biochemische Funktionen), Ethologie (Verhalten). Auf dieser Basis wird versucht, eine Abstammungsgemeinschaft zu rekonstruieren. Mit der **Genetik** haben die Systematiker unter den Zoologen heute ein sehr wirkungsvolles Werkzeug in die Hand bekommen. Anhand markanter Unterschiede im Erbgut lassen sich Arten eindeutig ausweisen und trennen – selbst wenn sie bislang nicht als solche erkannt worden waren, weil sie für das menschliche Auge nahezu identisch sind. Mit ihrer Hilfe lassen sich Verwandtschaftsverhältnisse und die stammesgeschichtliche Entwicklung – die Evolution – besser verstehen und aufschlüsseln.

„Unser" Bussard kommt nicht nur in zahlreichen Farbvarianten („Morphen") sowie Jugend- und Alterskleid vor, sondern kann in Mitteleuropa auch in zwei Unterarten beobachtet werden. Die „Nominatform" Mäusebussard (*B. buteo buteo*) brütet bei uns und der Falken- oder Steppenbussard (*B. b. vulpinus*) aus dem Osten des Kontinents (Foto) ist ein seltener Durchzügler.

Die Nebelkrähe bildet mit der Rabenkrähe eine klassische, relativ schmale Hybridzone, die eine deutliche Genflussbarriere anzeigt. Raben- und Nebelkrähe werden deshalb als Semi-Spezies behandelt und nicht mehr unter dem Begriff Aaskrähe als Art bezeichnet.

Gebirge, Wüsten oder das Meer spalten Bestände auf, sodass diese sich auseinanderentwickeln. Dauert die Trennung lange genug an, vermischen sich die Gruppen im Idealfall auch dann nicht mehr, wenn die Barriere wieder verschwindet: Aus ursprünglich einer sind dann zwei Arten geworden. Bei den Mönchsgrasmücken sind wir gerade Zeugen, wie eine Veränderung des Gengutes durch das Klima und mensch-

Erst gelbfüßige Silbermöwe, dann Mittelmeer-Silbermöwe, dann Weißkopfmöwe und jetzt Mittelmeermöwe, Larus michahellis. Bei der Einordnung der Großmöwen ist noch immer vieles im Fluss.

liches Zutun passiert, wie Forschende unter anderem des Max-Planck-Instituts für Evolutionsbiologie herausfanden. Bis vor wenigen Jahrzehnten überwinterten sie alle am Mittelmeer, doch zieht ein Teil der kleinen Singvögel nun aus Mitteleuropa nach Großbritannien, um den milden Winter dort zu nutzen. Vorteil: Der Zugweg ist kürzer und ungefährlicher, so kehren sie im Schnitt zehn Tage früher im März nach Deutschland zurück und vermählen sich mit Mönchsgrasmücken, die ebenfalls von der Insel kommen oder versucht haben, den Winter in Mitteleuropa zu verbringen. Die Grasmücken, die den längeren und gefährlicheren Weg an das westliche Mittelmeer unternommen haben, kommen später zurück und paaren sich überwiegend untereinander. Ihre Nachkommen erben das Zugverhalten jeweils von den Eltern – beide Populationen entfernen sich voneinander. Das hat Folgen für äußere Erscheinung, schon jetzt sind die Schwungfedern vieler Grasmücken mit dem kürzeren Weg kürzer, als die von Vögeln mit dem langen Weg nach Spanien. Möglicherweise sind wir Zeugen der Entwicklung einer Unterart der Mönchsgrasmücke.

Dazu ein weiteres Beispiel: Vogelbestände, die durch die Gletscher einer Eiszeit getrennt wurden, kommen in der Warmzeit wieder in Kontakt. Halsband- und Trauerschnäpper sind so ein Beispiel: Ihr Gefieder unterscheidet sich bereits, sie bringen aber auch noch gesunden und fruchtbaren gemeinsamen Nachwuchs hervor. Treten wie in diesem Fall die Mischlinge nur in einer engen Übergangszone auf und bleiben eine seltene Ausnahme, gelten beide Elternarten dennoch als eigenständig – die beiden Schnäpper etwa pflanzen sich nur in einem schmalen Band in Mitteleuropa miteinander fort.

Ein Italiensperling, Passer italiae, unterscheidet sich vom Haussperling durch den kastanienbraunen Scheitel und meistens auch einen dickeren Schnabel. Der Status dieses hauptsächlich auf Italien beschränkten Taxons ist unklar. Unterart des Haussperlings, des Weidensperlings oder „stabile" Mischform aus beiden?

Der Mittelmeerraubwürger, hier die Unterart aucheri mit schwarzer Stirn, wurde lange Zeit zum Raubwürger gezählt. Erst in neuerer Zeit fasst man die südlichen Populationen zu einer eigenen Art zusammen. Ein bequemer Listen-Neuzugang („Armchair Tick") für viele, die dieses Taxon zuvor im Süden beobachten konnten.

Greifvögel
Eulen
Spechte u. Racken
Falkenartige
Papageien
Sperlingsvögel
Ruderfüßer
Reiher
Seetaucher
Störche
Regenpfeiferartige
Flughühner
Taubenvögel
Flamingos
Lappentaucher
Kranichvögel
Segler
Nachtschwalben
Trappen
Hühnervögel u. Enten
Laufvögel u. Steißhühner

Anders sieht es innerhalb einer einzelnen Art aus, in der Farbe und Gesang ebenfalls beträchtlich abweichen können. Ihre Mitglieder verpaaren sich trotzdem alle weiterhin problemlos. Sie gelten im biologischen Sinne nur als sogenannte **Unterarten**, die kleinere regionale Differenzen zeigen.

Wer heißt wie und warum?

Linnés Revolution bestand darin, jeder dieser Arten eine latinisierte wissenschaftliche Bezeichnung zuzuweisen, die weltweit gültig ist. Sie kann überall sicher identifiziert werden. Das illustriert trefflich *Pyrrhula pyrrhula:* Schon in Deutschland gibt es womöglich Verwirrung, wenn sich drei Vogelbeobachter über diesen hübschen Finken unterhalten. Je nach Ort heißt er Gimpel, Dompfaff oder auch Blutfink. Blickt man über die Grenzen, wird es noch komplizierter: Im Englischen nennt man ihn Bullfinch (Bullenfink), im Spanischen Camachuelo Común (Gewöhnlicher Gimpel) und im Französischen Bouvreuil Pivoine, was den Ausdruck „Pfingstrose" (pivoine) enthält. *Pyrrhula pyrrhula* ist dagegen eindeutig und führt in jedem Bestimmungsbuch zum Ziel. Beachte: *Pyrrhula pyrrhula* ist nicht der lateinische Name des Gimpels, sondern der wissenschaftliche, das wird häufig verwechselt.

Der erste Teil des Namens bezeichnet die **Gattung**, er beginnt immer mit einem Großbuchstaben. In einer Gattung werden die nächsten Verwandten einer Art zusammengefasst – im Falle des Dompfaffs zum Beispiel noch der Azorengimpel (*Pyrrhula murina*) von der Azoreninsel São Miguel sowie sieben weitere asiatische Arten. Sie heben sich durch den zweiten Teil des Namens voneinander ab – den eigentlichen **Artnamen**, der beim Dompfaff *pyrrhula* lautet und beim Azorengimpel *murina*. Er wird stets klein- und wie der Gattungsname kursiv geschrieben.

Unterarten kennzeichnet man mit einem weiteren Namenszusatz. Unser Dompfaff heißt vollständig *Pyrrhula pyrrhula europaea*, der aus Skandinavien *Pyrrhula pyrrhula pyrrhula*. Die Doppelung des Artnamens bei dieser Unterart kommt daher, dass diese als erste beschrieben worden ist. Man spricht von der Nominatform. Je nach Standpunkt unterscheiden die Biologen zwischen Spanien und Ostasien sieben bis neun Unterarten. Das zeigt, wie wenig sich manche Dompfaff-Populationen unterscheiden und wie vage die Einteilung auf der Unterartenebene ist.

Einfacher ist es dagegen auf der nächsthöheren Verwandtschaftsstufe, in der man einander nahestehende Gattungen zu **Familien** zusammenfasst: In unserem Beispiel die Gimpel unter anderem mit den Kreuzschnäbeln, Zeisigen und Finken zu den Finken – auf Lateinisch Fringillidae. Diese höheren Hierarchien schreibt man nicht mehr kursiv. Die Vogelarten in einem Bestimmungsbuch sind nach Familien geordnet. Darum werden die Vogelfamilien Mitteleuropas im zweiten Teil des Buches, 13. Kapitel, eingehender vorgestellt.

Die Familie Fringillidae gehört wiederum zur **Ordnung** der Singvögel, den Passeriformes, die rund die Hälfte aller Arten der **Klasse** Aves (Vögel) ausmachen. Die andere Hälfte verteilt sich auf die Nichtsingvögel, die Nonpasseriformes – mit etwa 30 weiteren Ordnungen (zum Beispiel Greifvögel – Accipitriformes oder Spechte – Piciformes). Zusammen mit den Säugetieren, Amphibien, Insekten oder Würmern gehören die Vögel zum **Reich** der Tiere – der obersten Stufe.

Wer steht wo?

Die Verwandtschaftsverhältnisse und Entstehungsgeschichte der einzelnen Vogelarten und -familien geben schließlich vor, in welcher Reihenfolge sie in üblichen Bestimmungsbüchern auftauchen – etwa im „Kosmos Vogelführer“ von Lars Svensson und seinen Kollegen. Sie orientieren sich an der **phylogenetischen Systematik**. Wie bereits kurz erwähnt, teilen sich die Vögel grob in zwei Hälften: die Singvögel und die Nichtsingvögel, mit denen klassische Vogelbücher stets beginnen. Auf den ersten Seiten finden sich deshalb die stammesgeschichtlich „alten“ Familien dieser Ordnung, wie Entenvögel, Hühnervögel, Taucher, Röhrennasen (Albatrosse, Sturmvögel), Ruderfüßer (zum Beispiel Pelikane, Kormorane) sowie Reiher, Ibisse und Störche. Diese Ordnungen entstanden früh in der Entwicklungsgeschichte der Vögel und haben bis heute überdauert. Ihnen folgen dann immer „jüngere“ Nichtsingvogelfamilien bis hin zu den Seglern, Racken und Spechten, die als modernste und am höchsten entwickelte Nichtsingvögel angesehen werden können.

Dieses Muster gilt ebenso für die Singvögel. Ihr Reigen beginnt mit den ursprünglicheren Pirolen, Würgern und Rabenvögeln und endet bei den Stelzen, Finken und Ammern. Verwandte Arten, Gattungen und Familien stehen in der Regel eng zusammen – je weiter auseinander die Familien präsentiert werden, desto geringer ist auch ihre stammesgeschichtliche Beziehung. Vorsicht ist allerdings geboten: Um Bücher übersichtlicher und sich ähnelnde Arten leichter vergleichbar zu machen, ergeben sich bisweilen leichte Verschiebungen, die nichts mit der Verwandtschaft der Tiere zu tun haben.

Warum ist das wichtig?

Viele Vogelbeobachtende tun die Systematik mit einer Handbewegung ab und glauben, diese mehr theoretische Arbeit der Systematiker hätte nichts mit der Beobachtung draußen zu tun. Das ist aber zu kurz gedacht. Wer sich grundsätzlich mit der Verwandtschaft der Vögel beschäftigt, wird draußen eher gleiches Verhalten und

Aussehen erkennen und so im Zweifel viel schneller einen Vogel einer Art zuschreiben können.

Die Vogelvielfalt auch in Europa ist staunenswert groß und für Einsteiger kaum zu überblicken! Deshalb ist es wichtig, sich eine Übersicht zu verschaffen. Denn so kann man die Suche nach dem richtigen Namen für einen beobachteten Vogel stark abkürzen. Die Amerikanerin Phoebe Snetsinger (1931-1999), die von allen Menschen als erste über 8.000 Vogelarten gesehen hat, hat immer betont, dass die Kenntnis der Vogelfamilien der entscheidende Punkt bei der schnellen und sicheren Bestimmung von allen Vogelarten ist. Das können alle erfahrenen Vogelbeobachter bestätigen: Es kommt für Einsteiger darauf an, sich mit den Merkmalen der Vogelfamilien vertraut zu machen, denn der Überblick über Familien, Gattungen und Ordnungen erlaubt es, einen unbekannten Vogel sehr schnell einordnen zu können.

Wer sich in der Systematik grundlegend auskennt, wird schnell erkennen, dass alle Drosseln oft entspannt die Flügel schleifen lassen und dabei den Schwanz stelzen. Eine Körperhaltung, die Nachtigallen und Rotkehlchen auch zeigen – kein Wunder, Drosseln und Schnäpperverwandte sind verwandt. Steinschmätzer und Fliegenschnäpper gehören auch in die Verwandtschaft und teilen die aufrechte Körperhaltung. Und so geht es weiter.

Nur durch die Kenntnis der Vogelfamilien, also der Systematik der Vogelwelt, ist der Gebrauch eines Bestimmungsbuches wirklich effizient. Und deshalb der dringende Rat an alle Einsteigenden, Vögel nicht im Schlagwortregister eines Bestimmungsbuches zu suchen, sondern beim Durchblättern. So bekommt man viel schneller einen Überblick über die Verwandtschaftsverhältnisse im Vogelreich!

Und dann werden wir auch schnell lernen, dass eine Wasseramsel keine Amsel ist, ein Flughuhn kein Huhn, ebenso wenig wie ein Teichhuhn ein Huhn oder ein Laufhühnchen ein kleines Huhn ist. Auch ist der Wespenbussard kein Bussard und eine Seeschwalbe keine Schwalbe, ein Schlangenadler kein Adler und weder Schwanz-, Bart- noch Beutelmeisen sind Meisen. Ein Zaunkönig ist ja auch kein König...

7 Hören lernen: Vogelgesang und Vogelrufe

Dass es sich wohl um Rabenvögel handelt, erkennen wir sofort. Die großen schwarzen Vögel, die in einem kleinen Trupp im Oktober durch die Flussaue ziehen, sind deutlich größer als Stare oder Drosseln. Aber zu welcher Art mögen sie zählen? Theoretisch kommen eigentlich nur vier Arten in Betracht: Dohlen, Raben-, Saatkrähen und Kolkraben. Wenn wir genauer hinsehen, erkennen wir in den bandförmigen Schwärmen der vorbeiziehenden Vögel auch kleinere Individuen, die schneller mit den Flügeln schlagen. Sie scheinen auch eher geradeaus zu fliegen, während der Flug der anderen größeren Vögel ein Auf und Ab nachzeichnet, ein Fallen und Hochgleiten. Erfahrene Vogelbeobachter müssen gar nicht das Fernglas heben, um die Vögel zu bestimmen, sie erkennen schon an der Kombination von Schwarmgröße, Jahreszeit und Flugweise die beiden Arten. „Die Kleinen sind Dohlen und die Großen sind Saatkrähen!", sagt der Führer der kleinen Beobachtergruppe. „Wieso denn das?", bekommt er zur Antwort. „Man kann doch den unbefiederten Schnabelgrund gar nicht erkennen!" Das stimmt, aber auch Einsteiger können diese Vögel erkennen, ohne Gefiederdetails sehen zu können, denn „wer Ohren hat zu hören, der höre!"

Dohlen kann man sehr häufig schon am Ruf bestimmen.

Nur selten komme ich in die Verlegenheit, Saatkrähen tatsächlich an ihrem kennzeichnenden „unbefiederten Schnabelgrund" bestimmen zu müssen. Meist reicht es schon, das weiche „grah, grah" zu hören, das sie begleitet. Die Dohlen sind ebenfalls alles andere als mundfaul: „kjak" rufen sie oft im Flug und hell „kju, kju" manchmal gereiht. Das klingt ganz anders als das härtere „krah" der Raben- und Nebelkrähen und das „kropp, kropp, kropp" der Kolkraben.

Viele Einsteigende in die Vogelbeobachtung denken bei Vogelgesang und Vogelrufen an einen warmen Maimorgen. Von den Giebeln flöten Amseln und von den Baumwipfeln Singdrosseln, aus den Bäumen schmettern Buchfink und Fitis, leiern Zilpzalpe, schmieden Kohlmeisen mit feinen Hämmerchen auf kleinen Ambossen das Eisen, träumen perlend Rotkehlchen dem Tag entgegen, hasten Heckenbraunellen durch die Vogel-Tonleiter, klirren Girlitze von den Antennen und quetscht mühsam der Hausrotschwanz seine einfache Weise in die Welt.

Allgemein gilt die Nachtigall als bester Sänger in der heimischen Vogelwelt. Nachtigallen beherrschen bis zu 300 verschiedene Strophentypen, die sie auswendig kennen und in wechselnder Reihenfolge wiederholen.

Man denkt an Vogelstimmenwanderungen, die morgens um vier schon helfen wollen, dem staunenden Naturfreund die Kakofonie der singenden Vögel zu entwirren.

So berechtigt diese Assoziationen sind, so wenig werden sie der Wirklichkeit gerecht, denn Vogelstimmen sind immer und überall.

Bei uns in Mitteleuropa ist die Zeit des Vogelgesangs recht begrenzt. Manche Vögel singen nur wenige Wochen. Kaum hat man sich in den „schwierigen Gesang" von Gelb-

Vogelstimmenführungen sind eine gute Gelegenheit, eine begrenzte Zahl der lokalen Sänger und Rufer kennenzulernen und eine Grundlage für eigene Erkundungsgänge zu legen.

spötter und Sumpfrohrsänger hineingehört, sind sie schon wieder verstummt. Manchmal hat man nur rund drei Wochen, ihren spottenden Vortrag zu genießen. Doch auch im langen Winterhalbjahr hört man Vögel und kann sie bestimmen.

Gut 50 Prozent der Vögel, die ich feststelle, höre ich zuerst oder ausschließlich und bei denen, die ich auch sehe, spielt bei sehr vielen Arten die Akustik bei der Artdiagnose eine wichtige Rolle. Das mag erklären, warum wir davon sprechen, dass „Vogelbeobachter mit den Ohren sehen". Ein befreundeter Vogelkartierer hatte mal erst nach einer halben Stunde Vogelkartierung festgestellt, dass er sein Fernglas vergessen hatte. Bis dahin hat er alles hörend registriert.

Schon jetzt haben wir über Vogelstimmen gelernt,
- dass man sie zur zuverlässigen Bestimmung der Vogelarten gut gebrauchen kann.
- dass es schwierig ist, sie zu beschreiben, denn „grah" und „krah" hören sich deutlich unterschiedlich an, aber unterscheiden sich in der Schreibweise nur durch einen Buchstaben.
- dass sie Emotionen, meist angenehme, bei Menschen auslösen.
- dass es mitunter schwierig ist, sie auseinanderzuhalten.
- dass es nicht nur Frühlingsgesänge gibt, sondern eine Vielzahl von Rufen und Lauten.

Rufe und Gesänge

Vielleicht ist es hilfreich, sich nochmals über die Begrifflichkeiten klar zu werden. Viele Menschen meinen, ausschließlich Singvögel sängen und der Rest der Vogelwelt sei stumm, zu Krächzen und Schnattern fähig und würde ansonsten „rufen".

Wir reden hier von Gesang und unterscheiden ihn nicht anhand ästhetischer Kriterien vom Ruf, sondern schauen auf die Funktion. Sicher werden wir dabei Überschneidungen feststellen, aber hilfreich ist eine Unterscheidung auf jeden Fall. So sind das einfache kurze „hu" der Waldohreule oder die tiefen, dumpfen Töne der Rohrdommel keine Rufe, sondern Gesänge.

Gesänge haben meist etwas mit der Fortpflanzung zu tun, denn sie dienen der Revierabgrenzung, der Demonstration von (genetischer) Fitness und können so Geschlechtspartner anlocken, Nebenbuhler abschrecken und die Partnerbindung (Duettgesang) festigen. Sie können aber auch Fortpflanzungsgemeinschaften (Arten) voneinander abgrenzen und so zur Bildung neuer Arten beitragen. Neuerdings gewinnt der Demonstrationscharakter des Vogelgesangs in der Wahrnehmung der Wissenschaft an Bedeutung. Die menschlich gefärbte Interpretation der „Revierverteidigung" tritt etwas in den Hintergrund (siehe Handicap-Prinzip), zumal viele Vögel keine Reviere abgrenzen und dennoch singen.

Handicap-Prinzip

Das Handicap-Prinzip ist eine von den israelischen Biologen Amotz und Avishag Zahavi in den 70er-Jahren aufgestellte Theorie, die sich in der Verhaltens- und Evolutionsbiologie weitgehend durchgesetzt hat, allerdings in der praktischen Vogelkunde bislang wenig angewandt wird. Die beiden Forscher verbanden Überlegungen aus der Evolutionsforschung und empirische Befunde aus der Verhaltensforschung zu einem faszinierenden Erklärungsansatz für manche bislang den Menschen „unsinnig" erscheinende Verhaltensweise oder körperliche Erscheinung. Als Paradebeispiel kann der männliche Pfau herangezogen werden.

Anhand des fast monströsen Pfauenschwanzes lässt sich das Handicap-Prinzip gut erklären.

Anhand des fast monströsen Pfauenschwanzes lässt sich das Handicap-Prinzip gut erklären. Da die langen Schwanzfedern den männlichen Pfau offenbar stark beim Fliegen oder Flüchten zu Fuß behindern, galt die Entwicklung des Pfauenschwanzes lange als Indiz für die sogenannte Sackgassen-Theorie. Man ging davon aus, dass die Art keine große Zukunft mehr habe, weil irgendwann der Wettbewerb um die längsten Schwanzfedern die Pfauen in eine Sackgasse der Evolution führen würde. Pfauenweibchen bevorzugen Männchen mit schillernden und langen Schwanzfedern und die Männchen tun alles, vor allem „Rad schlagen", damit diese Pracht auch zur Geltung kommt. Nach der Handicap-Theorie ist es gerade dieser augenfällige Nachteil, das Handicap, der die Eignung als Sexualpartner für das umworbene Weibchen glaubwürdig macht.

Die Botschaft könnte in Menschensprache so lauten: „Sieh her, ich bin so fit, dass ich diese wunderschönen Schwanzfedern produzieren kann. Zudem bin ich so stark, dass ich trotz dieser Behinderung bisher allen Feinden entkommen bin und meine Rivalen in die Flucht schlagen kann!"

Vergleiche mit Hirschen (Geweih behindert bei der Flucht im Wald), Rauchschwalben (lange Schwanzfedern machen attraktiv), aber auch singenden Vögeln liegen auf der Hand.

Zahavi schreibt: „Das Handicap-Prinzip beschreibt den Umstand, dass derjenige, der sich ein Handicap (einen Nachteil) leisten kann und dennoch den Wettbewerb mit seinen Artgenossen (und Konkurrenten) erfolgreich übersteht, von seiner Umwelt als besonders lebenstüchtig, potent und insofern (vor allem auch sexuell) attraktiv wahrgenommen wird."

Nach Amotz und Avishag Zahavi bemessen viele Lebewesen die Ernsthaftigkeit und Zuverlässigkeit von sozialen Signalen an den Kosten, die sie dem Sender verursachen. So lässt sich Fitness zum Beispiel dadurch demonstrieren, dass man Kraft und Energie verschwendet.

Auf unser Thema Gesang bezogen heißt dies, dass eine Lerche mit stundenlangem, aufwendigem Fluggesang eine Verschwendung von Energie demonstriert oder Spötter mit dem Nachahmen anderer Vögel demonstrieren, dass sie es nicht nötig haben, mit einfachen Weisen ihre Fitness unter Beweis zu stellen, sondern stundenlang Energie mit fremden Strophen verschwenden. Auch das manchmal nervtötende, stundenlange Vortragen einer Buchfinkenstrophe im Garten, bei der wir uns fragen, ob der Buchfink denn nie ausruhen und was essen muss, findet hier seine Erklärung. Wer so fit ist, über Stunden Gesang vorzutragen, ohne zu trinken, ohne zu essen und das Ganze noch leicht angreifbar auf der Fichtenspitze zelebriert, muss ein idealer Geschlechtspartner sein.

Gesänge können sehr differenziert gegliedert sein. Man spricht von Elementen, die sich zu Phrasen gruppieren, die wiederum Strophen formen. Das hört sich einfach an, wird aber komplizierter, wenn man weiß, dass Vögel durchaus mehrere (bis zu hundert) verschiedene Strophentypen beherrschen können, dass es regionale Dialekte gibt und dass nicht wenige Vögel den Gesang und die Rufe anderer Vögel nachahmen.

Wenn wir darauf achten, werden wir auch bei der Ringeltaube eine Vielfalt von Rufen und Variationen des Gesangs hören können. Übrigens singen beide Geschlechter.

Die demonstrative Funktion des Vogelgesangs erleben wir nicht nur bei Singvögeln. Wenngleich diese bedingt durch den Bau eines komplizierten Stimmapparates in der Lage sind, für Menschenohren besonders eindrucksvolle und komplexe Gesänge vorzutragen. Der Grünspecht macht durch Gesang auf sich aufmerksam, der Waldkauz singt seine heulende Strophe in der

Weit zu hören ist der – meist abendliche oder nächtliche – Gesang des Triels, der auch seinen deutschen Namen begründet.

Fitis und Zilpzalp gelten als Zwillingsarten und lassen sich am besten unterscheiden, wenn sie singen. Der Fitis auf dem Foto zeigt aber auch typische Merkmale, wie helle Beine und einen ausgeprägten Überaugenstreif.

Auch Möwen lassen sich an ihren Rufen und ihren jauchzenden Äußerungen der Art nach bestimmen! Hier landet eine laut rufende Mittelmeermöwe.

Nacht und auch das rhythmische Schnarren des Wachtelkönigs, das man einer Maschine zuschreiben könnte, ist Gesang. Leichter fällt es uns sicher, das „guugu" des Kuckucks, das Trillern des Brachvogels oder die im Balzflug vorgetragene Strophe mancher Watvögel als Gesang zu bezeichnen.

Wenn der Gesang unter anderem dafür sorgt, dass sich Vögel nahe verwandter Arten unterscheiden können und nicht „miteinander sprechen", so nutzen wir Vogelbeobachter dieses Unterscheidungsmerkmal erst recht. Gerade bei den sogenannten Zwillingsarten spielt die Kenntnis von Rufen und Gesängen eine entscheidende Rolle.

Beispiele für „Zwillingsarten"		
Zilpzalp	Fitis	**Gesang**
Gartenbaumläufer	Waldbaumläufer	**Gesang**
Weidenmeise	Sumpfmeise	**Gesang, Ruf**
Sumpfrohrsänger	Teichrohrsänger	**Gesang**
Feldrohrsänger	Sumpfrohrsänger	**Gesang, Ruf**
Buschrohrsänger	Sumpfrohrsänger	**Gesang**
und andere Rohrsänger		
Wintergoldhähnchen	Sommergoldhähnchen	**Gesang**
Sprosser	Nachtigall	**Gesang, Ruf**
Trauerschnäpper	Halsbandschnäpper	**Gesang, Ruf**
Gelbspötter	Orpheusspötter	**Gesang**
Grünspecht	Grauspecht	**Gesang**

Wenn das Handy aus der Fichte klingelt …

Als ob es nicht schwierig genug wäre, die Gesänge auch der häufigeren Arten auseinanderzuhalten, kommen zur weiteren Verwirrung noch die Imitationstalente der gefiederten Welt hinzu. Da glaubt man, die Sumpfmeise endlich per Ohr bestimmt zu haben, schon entpuppt sie sich als spottende (spotten = imitieren) Kohlmeise. Das Mühsame ist, dass sehr viel mehr Vögel andere Vögel nachahmen, als das die gängigen Bestimmungsbücher uns ahnen lassen.

Ein hervorragender Spötter ist der Gelbspötter, der nicht nur Vogelstimmen, sondern auch Umgebungsgeräusche imitiert.

Zu den häufigen und ausdauernden Spottvögeln gehören in unseren Breiten der Gelbspötter, der Sumpfrohrsänger und der Star. Sie imitieren längst nicht nur andere Vogelstimmen, die sie oft verfremdet, nämlich schneller, tiefer oder höher, wiedergeben, sondern sie ahmen auch technische Geräusche, wie Martinshörner, Fabriksirenen, Handy-Klingeltöne oder den nach seinem Hund pfeifenden Nachbarn, nach.

Ein Star auf unserem Hausgiebel überraschte mich mit Pferdegewieher und Hahnengeschrei. Ob es eine abschließende Liste von spottenden Vogelarten Mitteleuropas gibt? Ich glaube nicht. Die folgende Liste mag Anhaltspunkte geben und die Fähigkeit zur Selbstkritik der „Ohrbestimmer" steigern.

Spottvögel in Mitteleuropa:		
Neuntöter	Eichelhäher	Kohlmeise
Feld- und Haubenlerche	Gelb- und Orpheusspötter	Sumpfrohrsänger
Mönchsgrasmücke	Star	Singdrossel
Blaukehlchen	Braunkehlchen	Schwarzkehlchen
Gartenrotschwanz	Baumpieper	Amsel

Wer ruft?

Rufe haben in der Welt der Vögel eine andere Funktion als Gesänge. Sie sind sehr viel weniger komplex und bestehen in der Regel aus einem Element oder wenigen. Ihre andere Funktion erklärt auch, dass sie das ganze Jahr über, also auch außerhalb der Fortpflanzungszeit, zu vernehmen sind. Ihre geringere Komplexität macht sie zu idealen Kurzbotschaften. Das heißt aber nicht, dass es uns die Rufe leichter machen als die Gesänge, denn manche Vögel haben eine Vielzahl verschiedener Rufe auf Lager, mit denen sie uns verwirren können, und auch Rufe werden imitiert.

Von ihrer Botschaft her können wir Alarm-, Lock-, Kontakt- (Bindungs-) und Drohrufe unterscheiden. Manche Rufe hören wir nur oder vor allem im Flug, wie das „düb" des Buchfinken, das „psiiii" des Rotkehlpiepers, das „zii" der Rotdrossel, das sie von der Singdrossel, die kurz „zip" ruft, unterscheidet. Es ließen sich noch viele Beispiele aufführen.

Für uns ist sehr interessant, dass manche Rufe interspezifisch, also zwischen den Arten, verstanden werden. Ein Beispiel ist das Rätschen des Eichelhähers. Wenn der „Markward", so benennt ihn ein alter volkstümlicher Name, rätscht, weiß angeblich der ganze Wald, dass der Jäger kommt. Auch das hohe, kaum zu verortende „siih" der Drosseln und Meisen, das Zetern der Amseln und das Alarmtrillern der Blaumeise werden von anderen Vogelarten durch Aufmerken oder Flucht gedeutet.

Eichelhäher alarmieren mit ihrem Warnruf den ganzen Wald – so lautet jedenfalls eine gängige Volksweisheit.

Wer nicht nur die Vögel an ihren Rufen und Gesängen unterscheiden will, sondern die Sprache der Vögel verstehen möchte, wird versuchen, den Rufen eine Bedeutung zuzuordnen. Bald schon wird er einige Sätze der Vogelsprache verstehen lernen und impulsiv zum Himmel schauen, wenn der Habichtsruf der Rabenkrähen zu hören ist oder das „duk, duk" der Amseln eine Katze oder einen Marder ankündigt.

Manchmal findet sich eine kopfstarke zeternde Meute von Kleinvögeln zusammen, die aus vielen verschiedenen Arten bestehen kann. Gerade zur Brutzeit kann eine einzelne „suchende" Elster, eine Katze oder eine im Tagesversteck entdeckte Eule Kleinvögel von weither anlocken. Mit lauten Warnlauten „mobben" sie den Feind oder das Tier, das sie dafür halten, und machen ein unbemerktes Anschleichen damit unmöglich. Natürlich kann das auch der Vogelbeobachter ausnutzen: So manche Eule im Tagesversteck habe ich entdeckt, indem ich dem Alarmgeschrei der Kleinvögel nachging.

Der Naturgenuss wird durch das Verstehenlernen der Vogelsprache ungemein gesteigert. Wer durch das beständige und aufgeregte Warnen der Rauch- und Mehlschwalben über dem Dorf auf den jagenden Baumfalken oder den „harmlos" lauernden Sperber aufmerksam gemacht wird, fühlt sich ein bisschen in die Gemeinschaft der Gefiederten aufgenommen.

Auch das noch: Dialekte

Wer nun meint es reiche, sich mit den Vogelgesängen seiner Heimat vertraut zu machen, um überall im Verbreitungsgebiet einer Vogelart diese zuverlässig erkennen zu können, hat noch nichts von den Dialekten gehört.

Dialekte beim Singen und Rufen sind mittlerweile von über 60 Singvogelarten bekannt. Schon Ferdinand Adam Freiherr von Pernau (1660 – 1733), ein Klassiker in der Erforschung der Vogelgesänge, schrieb im Jahre 1702: „Merckwürdig ist, dass fast alle 5. und 6. Meilen die Gesänger der Fincken in denen Wäldern und Gärten sich verändern, so, dass wann man reiset, die Gesänge, die man einen Tag zuvor gehöret, theils gantz und gar aufhören und sich hingegen neue hören lassen."

Gut untersucht sind Dialekte bei Goldammer, Ortolan und Buchfink. Hans-Heiner Bergmann hat in der Nachfolge Pernaus sehr kleinräumig die Dialektbildung beim Buchfink am sogenannten „Regenruf" untersucht. Der Regenruf, so genannt, weil eine seiner Varianten wie „trüb" klingt, wird nur von den männlichen Finken während der Brutzeit vorgetragen. Buchfinken lernen vom Gesang ihrer Väter – eine Voraussetzung für die Ausbildung von Dialekten. Bergmann fand heraus, dass im Stadtzentrum der Ruf wie „huit" klingt. Im Osten Osnabrücks klang es „wrüd", im Süden „flip", im Westen und Norden „dschäd" und im Südwesten auf einer kleinen Fläche „hiid" – fünf verschiedene Regenrufdialekte im Umkreis weniger Kilometer. Der Schweizer Ornithologe Schwarz stellte sogar das Aussterben eines Dialektes fest. Das „digitt" aus dem Baseler Raum verschwand Ende der 30er-Jahre, man könnte auch sagen: Es kam aus der Mode. Untersuchungen aus Amerika an der Dachsammer scheinen nämlich zu belegen, dass deren Weibchen die jeweils neuesten Gesangsvarianten, und damit auch die Sänger, attraktiver fanden als Minnesänger mit alten Weisen.

Den vielen lokalen Dialekten der Goldammer ist sogar eine eigene Webseite gewidmet: www.goldammerdialekt.de

Wie differenziert die Lautäußerungen der Vögel sein können und wie wenig wir Vogelbeobachter darüber wissen, wenn wir nur die knappen Angaben in den Bestimmungsbüchern zugrunde legen und nicht zu Handbüchern und anderer weiterführender Literatur greifen, macht das Beispiel Kolkrabe klar. Dieser „gefiederte Primat" verfügt nach einer Analyse in der Region Bern neben etlichen lokalen Dialekten über achtzig verschiedene Rufe, die eine differenzierte Kommunikation unter den Raben erlauben. Paare verfügen über ein eigenes Repertoire; eine Geheimsprache, mit der sie sich erkennen und verständigen.

Die differenzierte Form der akustischen Kommunikation vieler Vogelarten, die sich zum großen Teil im Hörbereich des Menschen abspielt, macht sie uns neben ihrer weitgehend optischen Orientierung so „wesensverwandt" und erklärt auch ihre Popularität.

Wie lernt man Vogelstimmen?

Führer von Vogelstimmenwanderungen erreichen manchmal nach den vielen Jahren ihrer frühmorgendlichen Frühlingsaktivitäten fast einen Guru-Status. Sie kennen die Geheimnisse der Vogelsprache, heben die Hand und wenn daraufhin alle Menschen verstummen, sezieren sie mit sicherem Ohr die morgendliche Kakofonie der Gefiederten im frühlingsgrünen Wald. Sie können etwas, was zumindest den Zuhörern, die zwar immerhin alljährlich, aber immer nur einmal pro Jahr mitlaufen und mitgenießen, wie eine hohe, möglicherweise geheime Kunst erscheinen muss. Dabei ist es beim Erkennen der Vogelstimmen mit dem Ohr ähnlich wie beim schnellen Erkennen der Vögel im Vorbeiflug mit dem Auge: Übung macht den Meister!

Anfänger werden im ersten Jahr ihrer Bemühungen noch überrollt von einer Woge unterschiedlichster Töne und sind vielleicht nach dem ersten Frühjahr in der Lage,

Eine gute Gelegenheit zum Erlernen von Vogelstimmen bieten organisierte vogelkundliche Exkursionen von Naturschutzvereinen oder Volkshochschulen.

zwei Handvoll Sänger zu unterscheiden. Im nächsten Frühjahr müssen diese Kenntnisse allerdings erst wieder aufgefrischt werden und dann kommen die schwierigen Arten wie unsere Grasmücken, Rohrsänger, Pieper und manche Laubsänger hinzu. Nach vier oder fünf erlebten Frühlingen sollte man die meisten dieser Standardsänger kennen und in der Lage sein, seltenere Sänger oder für das Lernrevier außergewöhnliche Gesänge wahrzunehmen. Wer das Standardrepertoire schließlich kennt, wird stutzen, wenn er ein Blaukehlchen hört. Er wird sehr viel besser in der Lage sein, den neu wahrgenommenen Gesang beschreiben und zu Hause nachschlagen oder nachhören zu können. „Irgendwie zwischen Nachtigall und Rotkehlchen, viele Imitationen, merkwürdiges Zirpen und tiefes Schnarren …" (siehe auch Referenzarten S. 79). Auf der Grundlage eigener Erfahrungen ergeben sich Vergleichsmöglichkeiten und Strukturierungen, die die Einordnung leichter machen.

An jahrelanger Übung führt also kein Weg vorbei. Da viele Vögel bei uns nur kurze Zeit singen, wie Gartengrasmücke, Sumpfrohrsänger und andere ausgesprochene Sommervögel, muss man sich jedes Jahr vergewissern, dass man richtig liegt mit der Erinnerung an den Gesang im vorigen Jahr.

Wer die Rufreihen der Limikolen kennt, hat es mitunter sehr viel leichter, die Art zu bestimmen. Gerade bei den Schnepfen, Regenpfeifern und Wasserläufern sind oft charakteristische Rufreihen zu hören! Hier ein Dunkler Wasserläufer im beginnenden Schlichtkleid.

Wie kann man nun als Anfänger Vogelstimmen „lernen"? Unsere Überzeugung ist es, dass dies nur durch eigenes Erleben gelingen kann. Wenn man eine unbekannte Vogelstimme hört, muss man ihr nachgehen oder verweilen, um den Sänger zu sehen. Wenn man ihn bestimmt, ist es leichter, sich die Kombination aus Gesang und Sänger zu merken.

Sehr viel schneller und leichter geht es, wenn man geübte Vogelbeobachter begleiten darf und zudem das Glück hat, dass diese geduldig und gesprächig zugleich sind.

Gibt es Hilfsmittel?

Eine sehr häufig gestellte Frage lautet: „Was ist von Vogelstimmen-CDs zu halten?" Allerdings ist das eine Frage, die sich nicht lapidar mit „empfehlenswert" oder „abzulehnen" beantworten lässt. Es ist sicher so, dass man CDs und auch DVDs gut nutzen kann, um sich auf bislang unbekannte Vogelstimmen in neuen Reisegebieten vorzubereiten. Man kann jedoch nicht grundsätzlich Vogelstimmen alleine von Tonträgern lernen. Das gilt natürlich auch für die diversen Apps, die auf immer mehr Smartphones von „Vogelmenschen" zu finden sind. „Stimmerkennung" können nicht nur Alexa, Google und Siri im Wohnzimmer, sondern auch intelligente Software zum Erkennen von Vogelstimmen für das Smartphone. Dann sagt uns das Smartphone (vielleicht), wer da singt. Aber was nützt uns das? Vermutlich hält uns das eher vom Lernen ab, als dass wir es lernen würden und dabei unser geistiges und ästhetisches Potenzial nutzen lernen und genießen. Dennoch können Apps wie BirdNET dabei helfen, unsere eigene Bestimmung zu prüfen, denn welcher Anfänger hat schon immer einen Experten neben sich? Zugleich können wir uns Gesänge als Sonagramme visualisiert einprägen und bekommen zu dem akustischen noch einen optischen Eindruck.

Auf der Grundlage eigener Erfahrungen lassen sich sowohl Literatur als auch Tonträger nutzen, um seine Bestimmung abzusichern. Tonträger können dazu beitragen, mehr Übung zu erlangen; es gibt sogar einen „Vogelstimmentrainer", mit dem man sich testen kann. Um die eigene Praxis kommt man nicht herum – aber wer will das schon?

Uralt, aber trotzdem ein heißer Tipp: Volksmundverse

Viele Führer von Vogelstimmenwanderungen begeistern ihr Publikum mit Sprüchen wie: „‚Spinne dick, Spinne dick' – so ruft die Kohlmeise da im Busch!" oder „‚He da, Sie da! Gehen Sie mal weg!' – hören Sie die Dorngrasmücke in der Brombeere?" oder „‚Ich schwitz, ich schwitz', ruft die Tannenmeise aus der Fichte". Es gibt Hunderte dieser Volksmundverse, die die Hunderttausende Jahre lange Nachbarschaft von Menschen und Vögeln hervorgebracht hat.

Wenn man diese Verse mit dem einen Ohr hört, während man mit dem anderen Ohr dem Vogel lauscht, so kann sich eine sehr hilfreiche und lang andauernde Verbindung im Gehirn ergeben. Diese Verse helfen vor allem, die Rhythmik der Gesänge in Erinnerung zu behalten. Es kann durchaus sinnvoll sein, sich zu unbekannten Gesängen eigene Verse zu bilden, um sich beim Nachlesen so besser an den Gesang draußen in der Natur erinnern zu können.

Es gibt ein sehr hilfreiches Büchlein, das sich mit den Volksmundversen beschäftigt und auch sonst viele Hinweise gibt, die den Studierenden der Vogelstimmen hilfreich sein können: Klaus Philipp (2004): Vogelstimmen nach Volksmundversen erkannt. 3. veränd. Aufl. Fauna Verlag, Karlsfeld.

8 Vögel finden ... Stadt, Land, Fluss

Vögel haben den großen Vorzug, dass sie fast immer und fast überall zu sehen sind. Trotzdem wird sicher gerade der Einsteiger nach kurzer Zeit der Einarbeitung überlegen, wo man mehr und andere Vogelarten sehen kann. Wenn im häuslichen Umfeld Amsel und Kohlmeise, Mauersegler und Ringeltaube zu vertrauten Erscheinungen geworden sind, reizt es natürlich, seinen Erfahrungshorizont auszudehnen und neue Arten kennenzulernen. Eine besondere Herausforderung stellen dabei Reisen dar. Vor allem, wenn sie uns in noch unbekannte Regionen führen und Lebensgemeinschaften präsentieren, die mit den unsrigen nur wenig gemein haben. Aber dazu mehr in Kapitel 9.

Hier soll es darum gehen, Tipps und Hinweise zu geben, was vogelkundliche Einsteiger in den verschiedenen Lebensräumen, die wir grob zusammenfassen wollen, beachten sollten und wie man seinen Vogelbeobachter-Alltag sinn- und reizvoll gestalten kann.

Wo und wann am besten?

Analysiert man die Beobachtungsmeldungen, die wir zum Beispiel im Internet in den verschiedenen ornithologischen Portalen finden (siehe Kap. 3.2), so können wir Rückschlüsse auf die bevorzugten Landschaftstypen und Zeiten ziehen, die von

In Wäldern zu beobachten ist – zumindest im Gebirge und Mittelgebirge – oft anstrengend. Das Beobachten selbst ist wegen der dichten Vegetation nicht einfach und viele Gebirgswälder sind zudem arten- und individuenarm.

Vogelfreunden zur Vogelbeobachtung genutzt werden. Wir schätzen, dass rund 80 Prozent der Beobachtungen in Wasserlebensräumen gemacht werden. Seen, Flüsse, Staubecken, Sümpfe, Moore, auch wenn sie nicht intakt sind, Rieselfelder oder die Meeresküste üben eine große Faszination aus und bieten tatsächlich allerhand. Was die Beobachtungszeiten betrifft, schätzen wir, dass gut 60 Prozent der Beobachtungen am Wochenende erfolgen. Das ist kein Wunder und früher, als der Rentneranteil noch geringer war, war dies sicher noch ausgeprägter. Seltenheiten werden meist an Wochenenden und Feiertagen nachgewiesen und das liegt sicher nicht daran, dass sie „Sonntagsvögel" sind.

Wälder, vor allem in Gebirgen, gehören wohl zu den Landschaftstypen, die von Vogelbeobachtern am wenigsten aufgesucht werden. Hat man alle Waldvögel kennengelernt oder abgehakt, widmet man sich eher dem komfortablen Beobachten in der sumpfigen Ebene – so das Vorurteil. Tatsächlich ist es aber so, dass die Vogelgemeinschaften Mitteleuropas ihre höchste Vielfalt eben nicht in den bei uns vorkommenden, forstlich genutzten Wäldern zeigen, sondern in vielfältig genutzten, offenen Landschaftstypen.

Im Mai „boomt" die Vogelwelt! Jetzt sind fast alle Zugvögel wieder zurück und viele Vogelarten sind jetzt sehr aktiv und auffallend mit Balz und Brut beschäftigt.

Eine Auswertung nach Monaten ergibt einen Aktivitätsgipfel zu den beiden Zugzeiten im Herbst und im Frühjahr. April/Mai und Oktober sind die attraktivsten Monate mit den meisten Meldungen. Im Mai treffen durchziehende Langstreckenzieher auf die bereits seit Wochen anwesenden und singenden Standvögel und Kurzstreckenzieher. Die Fülle ist enorm und für Einsteiger vielleicht sogar zu verwirrend. Im Oktober ist es ähnlich. Große Schwärme von Wintergästen vereinigen sich mit den durchziehenden Langstreckenziehern und den durch die sommerliche Jungenaufzucht vermehrten Standvögeln zu einem interessanten Angebot, das oftmals die gesuchten Besonderheiten einschließt. Die größte Fülle an Individuen und Arten trifft man von Mitte April bis Mitte Mai und von Mitte September bis Mitte Oktober an. Die vom Dachverband Deutscher Avifaunisten organisierten „Birdraces", bei denen die Mannschaft gewinnt, die innerhalb von 24 Stunden die meisten Brutvogelarten feststellt, finden nicht zufällig am ersten Maiwochenende statt. Der „World Birdwatch Day" wird international am ersten Wochenende im Oktober begangen.

Die Empfehlung für Einsteiger ist, gerade nicht an diesen Wochenenden voller Vorfreude, aber wenig Erfahrung ins Grüne zu schwärmen. Die Vielfalt kann verwirrend sein, allein der Chor der Vogelstimmen ist zum Beispiel im Mai kaum zu sortieren und im Oktober mausern viele Vögel bereits in das Winterkleid und zeigen möglicherweise Federkleider, die das Bestimmungsbuch nicht kennt. Wer also die Zeit der Entfaltung seiner vogelkundlichen Praxis wählen kann, sollte andere Monate wählen. Am besten geeignet ist der Winter. Das mag sich paradox anhören, gilt doch der Winter als die Jahreszeit der Stille, des Rückzugs der Natur, ja vielleicht sogar der Eintönigkeit. Aber es spricht tatsächlich einiges dafür.

In naturnahen Kulturlandschaften, wo sich eine Vielzahl von Kleinstlebensräumen auf kleinem Raum abwechseln, sind viele Vögel meist auf kurzen Distanzen zu beobachten.

Auf „Vogelrouten" wie dieser kann man eine gute Artendichte erwarten. Wer nicht das Glück hat, am Dorfrand zu wohnen, wird in Gartensiedlungen oder in städtischen Parkanlagen auch viele Vögel – und das meist nah – beobachten können.

Im Winter ist die Zahl der Vogelarten für vogelkundliche Anfänger überschaubar. Die Zeit der Mauser ist vorbei und bei gutem Wetter beginnen etwa ab Januar schon viele Standvögel mit Gesang, Partnersuche und Reviergründung. Die Bäume haben ihr Blätterkleid verloren, die Vögel sind leichter zu entdecken. Gerade die Wasservögel sind jetzt zahlreich und leicht zu beobachten. Vermehrt durch viele Wintergäste aus dem Norden bevölkern jetzt große Scharen an Enten, Schwänen und Gänsen die Flussauen oder Seen. Alle Enten haben im Winter in ihr Prachtkleid gemausert und lassen sich auf den offenen Wasserflächen, vor allem mit einem Spektiv, gut beobachten.

Meine Vogelroute

Vogelbeobachtende im Heimatland des Birdwatching haben zwei schöne Bezeichnungen gefunden: „local patch" und „home range". Mit „home range" wird nicht nur das Vogelrevier bezeichnet, sondern auch das Revier des Vogelbeobachters rund um seine Wohnung. Mit „local patch" bezeichnen sie die alltägliche oder regelmäßig begangene Route, auf der man Vögel beobachtet, und das tun wir Vogelgucker ja eigentlich immer.

Beobachtungen im „Hausgebiet" und auf der „persönlichen Vogelroute", um zwei deutsche Begriffe zu verwenden, können für Einsteiger, aber auch fortgeschrittene Vogelbeobachter eine Quelle von Freude und Erkenntnis sein. Vor allem,

Wer tagein, tagaus dieselben Beobachtungsgebiete aufsucht, kann im Laufe der Zeit auswertbare Beobachtungsdaten sammeln, wenn er sie denn notiert.

wenn die Beobachtungsergebnisse systematisch aufgezeichnet und möglicherweise ausgewertet werden. So weiß man nach kurzer Zeit Bescheid in „seiner persönlichen Vogelwelt". Über die Jahre ergeben sich Muster des jahreszeitlichen Auftretens, ein kleiner Blick in die Populationsdynamik wird möglich, wenn Reviere oder Brutpaare gezählt oder einfach nur Beobachtungszahlen festgehalten werden. Es kann interessant sein, bei jedem Gang die Zahl der Elstern oder Rabenkrähen festzuhalten oder die Sänger im Vogelchor zu bestimmen. Sind die Hausrotschwänze schon da? Haben die Amseln schon Junge? Gibt es noch Zilpzalpe im Dezember zu sehen? Wann kommen die Möwen wieder in die Stadt? Die Zahl der Fragestellungen scheint unendlich. Ihre Beantwortung führt nicht nur zu mehr avifaunistischem Wissen, sondern bringt automatisch eine bessere Vertrautheit mit den beobachteten Arten mit sich. Wer auf jede Amsel achtet, weil er sie zählen will, wird mehr Amseln und überhaupt mehr Vögel sehen und hören, als der Beobachter, der ohne diese Aufmerksamkeit in seinem Wohnbereich beobachtet oder seine regelmäßige Vogelroute begeht. Für diese Aufzeichnungen bieten sich wegen der Möglichkeiten der Auswertung und des Vergleichs Internetdatenbanken wie naturgucker.de, ornitho.de oder eBird.org an (siehe Kapitel 3.2).

Ähnliche Wirkungen hat ein Dokumentieren der Beobachtungen an Lieblingsplätzen, die nicht regelmäßig aufgesucht werden. Die Bergspitze auf Mallorca, die Mole im Wattenmeer, die große Lichtung mit der einzelnen Eiche, der Ausguck am Stausee – auch wenn Jahre bis zum nächsten Besuch vergehen, geben sie Orientierung und lassen uns an Entwicklungen der Natur teilhaben.

In der Stadt

Städte sind mittlerweile oft bessere und artenreichere Beobachtungsgebiete als die sie umgebenden landwirtschaftlich genutzten Flächen. Manche Vogelarten haben in den Städten ihre Hauptverbreitung. Besonders gute Plätze zur Vogelbeobachtung sind Friedhöfe, Parkanlagen, Gartensiedlungen, Uferpromenaden und in den vorgelagerten Industriezonen auch Kläranlagen, Abfalldeponien und Industriebrachen.

Hausrotschwänze sind typisch fürs Hochgebirge und für Städte. Hier gelingt es ihnen oft auch zu überwintern.

Teichhühner können in der „freien Natur" ausgesprochen heimlich sein. An Parkteichen werden sie dagegen sehr schnell zutraulich, lassen sich füttern und beim Familienleben beobachten.

Friedhöfe und Parkanlagen sind wegen der großen Rasen- und Wiesenflächen sowie der alten Bäume interessant. Viele Waldvögel lassen sich hier beobachten, das geht lokal sehr unterschiedlich bis hin zu Uhu und Schwarzspecht, Habicht und Halsbandschnäpper. Die Beobachtungsbedingungen sind meist erstklassig. Ein dichtes Wegenetz hat die meisten Vögel recht vertraut mit den menschlichen Besuchern werden lassen und erlaubt es den Vogelguckern, ohne zu stören aus der Nähe zu beobachten. Parkteiche können gute Beobachtungsstellen sein, wenn die Vögel sie zum Baden und Trinken aufsuchen, außerdem trifft man hier oft eine bunte Schar an Wassergeflügel. Wenngleich es leider noch nicht überall solche Seltenheiten zu sehen gibt, wie die seit 2005 am Max-Eyth-See in Stuttgart brütenden Nachtreiher. Diese brüten übrigens am Rande einer Graureiherkolonie, die wahrscheinlich die Ansiedlung von Kormoranen ermöglicht hat, denn Koloniebrüter wie Kormorane oder Nachtreiher schätzen die Sicherheit, die das Brüten in einer Kolonie bietet.

In den Gartensiedlungen entscheidet das Alter der Anlagen über die Vielfalt der Vogelwelt. Je älter und je größer, desto mehr Vögel, könnte die Faustformel lauten. Seit 2005 veranstaltet der NABU in Deutschland jeweils im Mai die Aktion „Die Stunde der Gartenvögel". Eine Stunde lang zählen Natur- und Vogelfreunde alle Vögel, die sich im Garten aufhalten oder ihn überfliegen. 2020 meldeten in Deutschland fast 160.000 Menschen Daten von 3,2 Millionen Vögeln aus fast 110.000 Gärten an den NABU. Im Corona-Winter 2021 waren es sogar 185.000 Meldende, die in rund 130.000 Gärten 4,4 Millionen Vögel registrierten. Dabei ist für uns interessant, dass die Artenzahl zwischen 40 und 50 Vogelarten liegt. Das ist eine ganze Menge und unterstreicht die Bedeutung, die innerstädtische Grünzonen mittlerweile haben.

Laienwissenschaft

Für alle, die mehr als nur den Namen der Vögel wissen wollen, die sie im Garten beobachten, haben Anita und Norbert Schäffer ein schönes Buch geschrieben. In ihrem Buch „Gartenvögel rund ums Jahr" aus dem AULA-Verlag gehen sie auch auf die Fragestellungen ein, die sich durch intensives und methodisches Beobachten vor der Haustür oder durch das Wohnzimmerfenster beantworten lassen. Die Aktion „Die Stunde der Gartenvögel" bemüht sich ebenfalls durch „Citizen Science", die wissenschaftlich auswertbare Beobachtungstätigkeit von Laien, grundsätzliche Erkenntnisse zu gewinnen. Ein Blick auf die Webseite ww.nabu.de/tiere-und-pflanzen/aktionen-und-projekte/stunde-der-gartenvoegel/index.html zeigt eindrucksvoll, dass dies tatsächlich gelingt.

Zu den typischen Gartenvögeln können auch Sperber und Waldkauz gehören, im Winter kommen nicht nur wegen der Vogelfütterungen Wintergäste oder Durchzügler wie Bergfinken, Erlenzeisige, Wacholderdrosseln oder sogar Seidenschwänze dazu. Die Beobachtungsmöglichkeiten sind allerdings sehr eingeschränkt. Privatgrundstücke, die durch Zäune, Hecken oder Mauern eingefriedet sind, wollen respektiert werden und es kann vorkommen, dass ein aufmerksam beobachtender Fernglasträger nicht überall willkommen ist.

Anders ist das bei Uferpromenaden, überhaupt Flussläufen oder Seen in der Stadt. Sie sind vor allem zur Zugzeit gute Beobachtungsorte. Selbst in großen Städten lassen sich zum Beispiel durchziehende Möwen, manchmal sogar Limikolen, sehen. Schwalben und Segler sind ebenfalls regelmäßig auf dem Zug zu beobachten; Enten, Kormorane, Milane oder der Fischadler ziehen die Flussläufe entlang.

Industriebrachflächen können Flussregenpfeifer als Brutvögel bieten. Leider gilt das für Steinschmätzer und Schwarzkehlchen nur selten, mit denen ist jedoch als Durchzügler noch überall zu rechnen. Dazu können als Brutvögel an Gebäuden Hausrotschwänze, Dohlen und Turmfalken, bei Nistkastenangebot auch Wanderfalken kommen, Stelzen suchen die freien Flächen zur Nahrungssuche auf.

Industriegebiete, vor allem wenn sie außerhalb liegen, können für ein paar Jahre interessant für Pionierarten wie Flussregenpfeifer, Dorngrasmücke oder Mehlschwalbe sein.

An hohen Gebäuden und Industriebauten – hier ein Kamin – brüten, falls Nistkästen angeboten werden, immer mehr Wanderfalken. Hier drei juvenile Vögel.

Viele Neobionten haben ihren Verbreitungsschwerpunkt in der Stadt, wie auch diese Halsbandsittiche, die die ausgefaulten Astlöcher von Platanen in einer Parkanlage zum Nisten erkoren haben.

In bebauten Gewerbeparks lassen sich mitunter sogar im Winter Seidenschwänze beobachten, die dort die Beeren abernten. Die typische dichte, heckenartige Bepflanzung vieler Grundstücksgrenzen ist auch für Grasmücken attraktiv, in den westlichen Bundesländern Deutschlands lohnt sich genau hier ein offenes Ohr für den Orpheusspötter zu haben, wie Beobachtungen zum Beispiel aus dem Saarland, Baden-Württemberg und Hessen zeigen.

Flüsse und Seen

Wasserflächen sind bevorzugte Tummelfelder der Vogelbeobachter. Die offenen Wasserflächen bieten sehr gute Beobachtungsbedingungen und sind gerade im Winter, wegen der dort überwinternden Wasservögel, attraktive Beobachtungsorte. Manche Entenarten, wie Krick-, Pfeif- oder Spießenten, die man kaum jemals am Brutplatz beobachten kann, sind im Winter wenig heimlich und leicht zu studieren. Anders ist die Lage an schilfgesäumten Wasserflächen, ohne Beobachtungsturm oder -hügel ist der Vogelbeobachter hier aufgeschmissen und muss sich mit Rohrsängern und Weihen „begnügen". Sehr frühe Morgenstunden und die Abenddämmerung können Chancen auf Rohrdommeln bieten und eignen sich für Fortgeschrittene zum Hören von heimlichen Sumpfhühnern.

Gerade für Einsteiger haben die vogelreichen Wasserflächen mancher Seen viel zu bieten. Wasservögel lassen sich in aller Ruhe beobachten und bestimmen.

Im Mai werden an vielen Seen durchziehende Seeschwalben gesehen, manchmal tauchen die sonst seltenen Weißflügel- und Weißbartseeschwalben geradezu invasionsartig auf. Durch das Studium der entsprechenden Internetquellen kann man sich auf solche Einflüge vorbereiten.

Beobachter an Seen erhöhen ihren Genuss deutlich, wenn sie ein Spektiv einsetzen. Die oft weiten Entfernungen und die großen, gut einsehbaren Wasserflächen sind ideale Einsatzgebiete für die Spektive.

Durchziehende Möwen sollten immer einen prüfenden Blick wert sein. Im Bild eine Steppenmöwe.

Vor allem an den Flüssen lohnt es sich, zu den Zugzeiten Position zu beziehen und längere Zeit an günstigen Übersichtspunkten den Himmel im Auge zu behalten. Diese Art von Beobachtung kann sehr spannend sein, was Einsteiger wahrscheinlich nicht vermuten. Aber vorbeifliegende Vögel zu bestimmen ist erstens nicht ganz einfach und zweitens manchmal eine Sache weniger

Es gibt kaum noch unbefestigte Flussläufe, auch die Ruhr ist nicht mehr „wild". Dennoch spielt sie als „Zugstraße" für Wasservögel und Winterquartier eine wichtige Rolle.

Sekunden. Einsteiger sollten also nicht zu schnell aufgeben, sondern sich erfahreneren Beobachtern anschließen. Für Möwenfreunde können große Ströme (Rhein, Elbe, Oder) gerade nach Stürmen auf dem Atlantik eine Menge Überraschungen bieten, wie beispielsweise Dreizehenmöwen, die den Fluss aufwärts fliegen, oder sogar Raubmöwen sowie Sturmschwalben in den Ästuaren.

Immer interessant sind Flüsse und Seen für die Beobachtung von Möwen und Seeschwalben. Gerade die Möwen erfreuen sich zunehmenden Interesses, seitdem Binnenlandnachweise attraktiver Großmöwen stark zugenommen haben und die Bestimmungsmöglichkeiten durch eine bessere Ausstattung mit Literatur „etwas einfacher" geworden sind. In Ballungsräumen wie dem Ruhrgebiet oder großen Städten an den Flüssen (Frankfurt) kann man oft auf sechs oder mehr Möwenarten bei einem Beobachtungsgang kommen.

Gewitter bringen Vögel

Manche Vögel, darunter viele Wasservögel, ziehen in großer Höhe von ihren nordeuropäischen oder nordasiatischen Brutgebieten über das mitteleuropäische Binnenland. Man bekommt sie deshalb nur selten zu sehen. Raubmöwen, Heringsmöwen oder Küstenseeschwalben sind Beispiele für diese Arten. Gewittern weichen die Zugvögel aus oder sie warten die Unwetter am Boden ab. Erfahrene Vogelbeobachter suchen nach ergiebigen Gewittern die Wasserflächen nach seltenen Zugvögeln ab.

Sümpfe und Moore

Wer zum ersten Mal ein lebendiges Hochmoor besucht und dort Vögel beobachten will, wird enttäuscht sein. Es gibt einen scheinbaren Widerspruch zwischen der oft von Naturschutzseite betonten ökologischen Hochwertigkeit dieses Lebensraumes

Ein wiedervernässtes Moor in Nordwestdeutschland. Im Frühsommer blüht wieder das Wollgras und Blau- und Schwarzkehlchen, Feldschwirl sowie Krickente sind als Brutvögel zurückgekehrt.

Bei Exkursionen in Mooren gilt es unbedingt das Wegegebot zu beachten! Nicht nur wegen der eigenen Sicherheit, sondern auch wegen der teilweise sehr trittempfindlichen Vegetation.

Flachwasserbereiche an Mündungen oder an Lagunen sind wichtige Rastplätze für Limikolen und Möwen – fast ganzjährig bieten sie abwechslungsreiche Beobachtungen.

und der festzustellenden Vogelarmut. Tatsächlich sind die wenigen Hochmoorreste meist zu klein, als dass sie typische Moor-Vogelgemeinschaften beherbergen könnten. Goldregenpfeifer, Birkhühner, Kraniche, selbst Raubwürger sucht man in ihnen oft vergeblich. Niedermoore, die weniger durch Nährstoffarmut geprägt sind, sind oft fruchtbarere Beobachtungsorte und „Sümpfe", wie Verlandungszonen und Feuchtwiesenbereiche, erst recht.

In Mooren, Niedermooren und Sümpfen kann man viele Insekten erwarten. Dies kann einerseits zu schönen Beobachtungen von insektenfressenden Offenlandvögeln wie Braun- und Schwarzkehlchen, Steinschmätzer, Heidelerche, Wiesenpieper und auch Baumfalken führen, macht andererseits aber auch meist einen Mückenschutz nötig. Das Betreten der Flächen in den meist geschützten Landschaftsteilen ist verboten und sollte auch dort unterbleiben, wo es das nicht ist. Bodenbrüter reagieren empfindlich auf Störungen und meist sieht man von den Wegen und Beobachtungstürmen sowieso mehr.

An der Küste

Natürlich kann man an unseren Küsten vor allem Seevögel beobachten. Viele Küsten bilden zudem Leitlinien für den Zug vieler anderer Vögel. An den Küsten wie im Hochgebirge spielt das Wetter eine entscheidende Rolle. Während schlechtes

Am Meer Seevögel zu beobachten, ist nicht einfach und manchmal frustrierend. Mit etwas Übung und guten Wetterbedingungen kann es aber ein unvergessliches Erlebnis werden. Nur schade, dass die Beobachtungschancen dann besser werden, wenn die Windstärke zunimmt. Windschutz ist also wichtig.

Die Chance auf seltene Seevögel hat Dutzende von Birdwatchern an die irische Westküste gelockt. Die erste Reihe ist schnell gefüllt…

Wetter im Gebirge für die Beobachter gefährlich werden kann, spielen Windrichtung und Großwetterlagen an der Küste entscheidende Rollen. Wer schon mal hoffnungsvoll zur Beobachtung von ziehenden Meeresvögeln einen berühmten Beobachtungspunkt aufgesucht und sonnenverwöhnte, windstille Herbsttage erlebt hat, jedoch von den erhofften Meeresvögeln so gut wie keine beobachten konnte, weiß um den Einfluss von bestimmten Wetterlagen. Stürme sind, vor allem kurz nachdem sie abgeebbt haben, gute Wetterlagen! Manchmal auch, wenn sie weit weg

Beobachtungen am Meer können faszinieren, sind aber auch anstrengend, wenn jeder Vogel bestimmt werden soll. Das Erlebnis der Naturgewalt Wasser ist immer beeindruckend.

Besonders zu den Zugzeiten von April bis Oktober wird Vogelbeobachtung im Wattenmeer mit beeindruckend großen Schwärmen belohnt. Geduld und ein Spektiv sowie möglichst wenig Wind sind hilfreich.

stattgefunden haben. Wirbelstürme in der Karibik können an deutschen Küsten verdriftete Meeresvögel „anspülen", die dort sichtbar erschöpft einige Tage rasten und neue Kräfte sammeln müssen. Nicht jeder Vogel, dessen Schicksal als Seltenheit und Bereicherung der Lifelist die Twitcher erfreut, überlebt diese Naturgewalt.

Tagelanger, am besten schwacher Ostwind im Oktober kann auf Helgoland und an anderen Stellen an der Küste hervorragende Beobachtungsbedingungen mit Tausenden Drosseln, Rotkehlchen, Goldhähnchen, Piepern und weiteren Zugvögeln bringen. Kommt der Wind steif aus dem Westen, besteht die Gefahr, dass die wertvollen Urlaubstage an der Küste zur großen Enttäuschung werden. Aber dieser Wechsel von Euphorie auslösender Fülle und frustrierender Vogelarmut gehört eben dazu und macht die Augenblicke der erfüllenden Beobachtung erst recht wertvoll.

Meeresbeobachtung

Eine Spezialität der Küste ist die Meeresbeobachtung („Seawatching"). Was für manchen Vogelbeobachter die hohe Kunst der Vogelbestimmung und eine spannende und erfüllende Beobachtungsweise darstellt, kann für Einsteiger (siehe auch unter „*Fluss*", S. 133) eine Riesenfrustration sein. Die Vorstellung, von einem bequemen Campingstuhl am Meeresstrand aus vorbeifliegende oder gar verweilende seltene Meeresvögel zu sehen, mag reizvoll sein, hat aber leider mit der Wirklichkeit nichts zu tun. Wenn diese Vorstellung regelmäßig eintreffen würde, hätte die Meeresbeobachtung auch viel von ihrem Reiz verloren.

Die Wirklichkeit kann vielleicht so aussehen: Kalter, böiger Wind aus Nordwest, manchmal von Schauern begleitet, bewegte See, statt Campingstuhl nur ein Seezeichen zum Anlehnen oder ein Sitzkissen auf dem Strand. Und die Vögel? Weit draußen, meist mehr als einige Hundert Meter entfernt, ziehen sie vorbei und sind nur sekundenlang zu sehen, bevor sie in das nächste Wellental eintauchen. Wie soll man da die Zeichnung der Schirmfedern erkennen können, um junge Möwen zu unterscheiden? Ehrlich gesagt, manchmal ist es noch schrecklicher und Einsteiger schaffen es nicht, Lummen von Enten, Möwen von Basstölpeln, Raubmöwen und Sturmtauchern zu trennen. Kein Wunder!

Meeresbeobachtung kann absolut spannend und euphorisierend sein. Meeresbeobachtung kann aber auch zu einer nervtötenden, mühevollen Angelegenheit werden. Manchmal ist es einfach nur langweilig, wenn die spiegelglatte See in einer Stunde nur von einer Handvoll Silbermöwen und einer vorbeifliegenden Stockente belebt wird.

Ein paar Hinweise, die es Einsteigern vielleicht leichter machen, in Gesellschaft das Meer und seine Vögel zu beobachten:

– Grundsätzlich hat man etwas mehr von einem entdeckten Vogel, wenn man ihn so früh wie möglich, das heißt an der Küste so weit wie möglich entfernt,

Problem: Wie beschreibe ich den Aufenthaltsort eines vorbeifliegenden Vogels, wenn es keine Bezugspunkte gibt?

entdeckt. Dazu ist es hilfreich, mit dem Spektiv entgegen der Zugrichtung zu schwenken. Man schwenkt auf die Vögel zu und nicht hinter ihnen her. Wenn man sie erfasst hat, schwenkt man mit ihnen mit.

- Obschon es Beobachter gibt, die mit großem Erfolg nur mit einem zehnfachen Fernglas entspannt aufgestützt beobachten, ist es ratsam und verbreitete Praxis, mit einem Spektiv zu beobachten. Dabei nutzt man nicht die größtmögliche Vergrößerung, sondern eher eine geringe oder maximal mittlere. Sehr gut geeignet sind Weitwinkelokulare, sie sind meist lichtstärker und ihr größeres Sehfeld ermöglicht besser das Wiederfinden von ziehenden Vögeln, die gerade in einem Wellental verschwunden sind.
- Windstille Tage sind keine guten Zugtage für Hochseevögel. Erst ab Windstärke 6 wird es richtig interessant. Das bedeutet, dass starker Wind oder sogar Sturm das Beobachten erschwert. Der Winddruck bringt das Stativ und damit auch das Spektiv zum Zittern. Manchmal kann man besser mit dem Fernglas beobachten, sofern man sich aufstützen kann. Um den Winddruck geringer zu halten, sollte man in der Hocke oder im Sitzen beobachten oder im Windschatten stehen. Davon gibt es allerdings am Strand nicht viel, was die Beliebtheit von Strandpromenaden, etwa auf Wangerooge oder die Kurpromenade von Westerland auf Sylt, erklärt.

- Wenn man in einer Gruppe beobachtet, was unbedingt empfehlenswert ist, kommt es darauf an, sehr schnell den Vogel zu finden, den ein anderer sieht. Deshalb ist es sinnvoll, sich auf absolute Orientierungshilfen zu einigen. Absolute Punkte sind alle Seezeichen oder andere unbewegliche Punkte, wie Leuchttürme, Halbinseln, Klippen oder vor Anker liegende Schiffe. Das „reportierende Beobachten" ist hier, wie auch bei Ortsbeschreibungen an Land, sehr hilfreich (siehe in Kapitel 4, „Reportieren und Lokalisieren lernen"). Sind keine unbeweglichen Bezugspunkte vorhanden, nimmt man ein imaginäres Ziffernblatt, bei dem die Zeigerstellung 12 Uhr direkt vor dem Beobachter ist. Allerdings kann das zu Ungenauigkeiten führen, wenn man in einer Reihe beobachtet und das 12 Uhr des einen das 14:15 Uhr des anderen ist. Im Auto oder im Schiff ist das leichter, weil alle in die gleiche Richtung, nach vorne, schauen und dort 12 Uhr ist. Man sollte sich also einigen, wo 12 Uhr ist.
- Der frühe Morgen ist die beste Zeit für Vogelzugbeobachtungen. Das gilt auch für Meeresbeobachtungen. Gegen 10 Uhr lässt der Zug meist spürbar nach, was aber nicht heißt, dass es nicht doch noch ziehende Vögel gibt. Am späten Nachmittag frischt das Zuggeschehen wieder etwas auf. Sturm bietet jedoch zu jeder Tageszeit die Option auf Hochseevögel.
- Den eigenen Standort sollte man nicht zu hoch wählen, da man sonst nur einen kleinen Teil der Meeresoberfläche sieht. Steht man zu niedrig, sind Vögel mehr in Wellentälern als zu sehen. Höhen von zwei bis acht Metern sind ideal.

Wo denn?

Meeresbeobachtungen können außerordentlich ergiebig sein. Es kann passieren, dass an einem Tag mehr als zehntausend Seetaucher eine Zählstelle passieren, wie vor einigen Jahren den holländischen „Trektelpost Camperduin" nicht weit von Alkmaar in Nordholland. In Deutschland gibt es berühmte Meeresbeobachtungsstellen an der Kugelbake in Cuxhaven westlich der Hafenmole, an den bereits erwähnten Sonderstandorten, wie der Strandpromenade auf Wangerooge, der Kurpromenade von Westerland auf Sylt und Punkten in der Wesermündung, und auf den anderen ostfriesischen Inseln (Seeseite!).

Auch Helgoland bietet immer wieder Beobachtungen von vorbeiziehenden Hochseevögeln (Pelagen). Am besten ist es jedoch, die dort brütenden Hochseevögel zu beobachten: Eissturmvogel, Dreizehenmöwe, Tordalk, Trottellumme und Basstölpel sind sensationell gut von Mitte April bis Mitte Juli an ihren Brutfelsen zu sehen.

Erfahrene Meeresbeobachter folgen den Vögeln auf das Wasser. Von Fähren und Fischerbooten oder auf eigens dafür konzipierten Schifffahrten („boat trips" oder „pleagic trips") an dafür geeigneten Küstenabschnitten, wo sehr schnell der

Festlandsockel verlassen wird, versuchen sie, Hochseevögel wie Sturmschwalben, Sturmtaucher, Sturmvögel, Tölpel und Albatrosse zu beobachten. Für Einsteiger ist das nur bedingt zu empfehlen.

Pelagisch lebende Vögel sind meist draußen auf dem offenen Meer und lassen sich nur gelegentlich und mühsam von der Küste aus beobachten. An manchen gut geeigneten Küstenabschnitten werden Ausfahrten mit kleinen Booten zum Beobachten von Raubmöwen, Sturmtauchern und Sturmschwalben angeboten, wie hier an der Algarve. Seefest sollte man aber sein …

Oft folgen Basstölpel, Sturmtaucher und Möwen den Trawlern in der Hoffnung auf über Bord gehenden Beifang.

Im Wald

Auch im Wald sollte man früh am Morgen, wenn die Vögel am aktivsten sind, sein Glück versuchen. Ganz anders als am Meer ist es im Wald sehr viel mehr das Ohr als das Auge, das das bestimmende Wahrnehmungsorgan ist. Da sich die Waldvögel untereinander sehr viel mehr akustisch als durch visuelle Reize (Balzflüge, aufwendige Farbtrachten) verständigen, ist es gut, die Vogelstimmen der Waldvögel zu kennen (siehe in Kapitel 7, „Wie lernt man Vogelstimmen?"). Hinzu kommt die simple Erfahrung, dass man im Blättermeer des Waldes einen singenden Vogel einfacher finden wird, als einen futtersuchenden. Da die Vögel am Morgen mehr singen und mehr mit der Revierabgrenzung und mit der Balz beschäftigt sind, ist das die Zeit für die Vogelbeobachtung. Singende Vögel sind nicht nur besser zu orten, sondern viele Sänger bevorzugen es, von einer Singwarte ihr Lied vorzutragen, sind also zumindest einige Minuten an einem Ort zu finden. Das erleichtert die Beobachtung sehr. Wenn man den Sänger nicht sofort zu Gesicht bekommt, kann es lohnend sein, bevorzugte Singwarten abzusuchen. Man sucht also mit dem Fernglas die Baumwipfel, die höchsten oder trockenen Äste ab.

Trockene Zweige, die aus der Krone herausragen, werden häufig von singenden Vögeln genutzt. Wenn man sie sucht, sollte man solche exponierten Singwarten zuerst absuchen.

Wälder können zu bestimmten Zeiten regelrecht vogelleer wirken. Spätsommerliche Beobachtungsgänge können sehr frustrierend sein, wenn man nur ein paar junge Meisen vor das Fernglas bekommt. Das ist umso verblüffender, als dass der Wald jetzt voller Vögel ist! Die Zahl der Frühlingsvögel hat sich mindestens verdoppelt, wenn nicht sogar verdreifacht, weil zu der Zahl der Altvögel die Zahl der Jungvögel kommt. Warum sieht man trotzdem kaum etwas? Die Jungvögel sind sehr diskret, Reviere haben sie nicht zu verteidigen, balzen kommt auch noch nicht in Betracht und zudem müssen sie vorsichtig sein, um die ersten Wochen zu überleben. Die Altvögel dagegen haben die anstrengende Zeit der Reproduktion hinter sich und viele Arten nutzen den Nahrungsreichtum und die Tatsache, „dass die Kinder aus dem Haus sind" zur Mauser, um mit einem frischen Federkleid in den Süden zu fliegen.

Aber gleichgültig zu welcher Jahreszeit ist der frühe Morgen für Waldbeobachter die beste Zeit. Vogelbeobachtung im Wald eignet sich nicht für große Gruppen. Noch mehr als im Offenland können Nebengeräusche wie scharrende Füße, schabende Regenjacken, Schnaufen und Plappern das „hörende Beobachten" unmöglich machen. Dazu kommt der Platz. Waldpfade sind meist eng; wenn man hintereinander läuft, kann eine Gruppe von zehn Leuten gut 15 bis 20 Meter lang sein. Was die beiden Ersten noch sehen, ist beim Letzten möglicherweise schon weggeflogen. Trotzdem sind morgendliche Vogelstimmenexkursionen fast überall der Hit und oft überlaufen. Da ist es oft sinnvoll, sie nicht im Wald, sondern im Park zu veranstalten.

Beobachtungen im Wald eignen sich nicht für große Gruppen und man sollte Gruppenanschluss suchen, um nichts zu verpassen.

Wie denn? Zwei Taktiken…

Im Wald bieten sich vor allem zwei Beobachtungstaktiken an: das Pirschen und das Ansitzen.

Pirschen heißt, sich mit wachen Sinnen langsam durch den Wald zu bewegen, ab und zu stehenzubleiben, zu lauschen, die Umgebung auch mit den Augen abzusuchen und an lohnenden Plätzen vielleicht etwas zu verweilen. Dabei ist ein Spektiv meist nicht nur unnötig, sondern auch lästig. Ein Fernglas mit einer guten Naheinstellungsdistanz, vier Meter ist das mindeste, sollte uns begleiten.

Durch Ansitzen, ebenfalls eine Jägertaktik, kann man sehr gute Ergebnisse erzielen, vor allem was den Genuss von Beobachtungen angeht. In einem versteckten Ansitz verschmilzt man mit dem Wald und kann, wenn man sich vorsichtig bewegt und optimalerweise sein Gesicht verdeckt, intimste Beobachtungen machen.

In Mitteleuropa finden wir eine Vielzahl von Waldtypen. Im Flachland können lichte Heidewälder eine ganz andere Vogelwelt bieten als dichte Eichen-Buchenwälder im Mittelgebirge.

Eichen-Buchenwälder sind für Vogelbeobachtende dann besonders interessant, wenn sie alt und vielfältig sind. In jungen Wäldern gibt es sehr viel weniger Spechte, die Nisthöhlen bauen, und daher auch weniger große Höhlenbrüter wie Eulen, Tauben, Dohlen und andere.

Im Gebirge

Vögel beobachten im Gebirge kann sehr anstrengend sein, weil es mehr mit Klettern und Wandern zu tun hat als mit Beobachten. Grundsätzlich bieten sich auch hier die beiden für den Wald beschriebenen Methoden, Pirschen und Ansitzen, an. Hat man die Baumgrenze hinter sich gelassen, sollte man regelmäßig und oft den Horizont mit dem Fernglas absuchen. So hat man gute Chancen Adler, Raben und Geier zu entdecken, die sonst als kleine Punkte dem Auge entgangen wären. Auch lohnt es sich, analog zum Offenland exponierte Sitzwarten abzusuchen. Kein kahler Baum, keine Felsnase, keine Klippe sollte unkontrolliert bleiben. Beobachtungen von Weißrücken- und Dreizehenspecht, Steinrötel, Ringdrossel, Bergpieper, Steinschmätzer, Rotschwanz, Alpenbraunelle und von Greifvögeln könnten die Belohnung sein.

Außerhalb des Waldes können Beobachtungen in der Kulisse hoher Alpenberge eindrucksvolle Erlebnisse sein.

Wer Zeit sparen will, sollte nicht den Ehrgeiz haben, unbedingt durch die Bergwälder zu Fuß aufzusteigen. Die Arten, die Bergwälder zu attraktiven Vogelbeobachtungsplätzen machen, sind beim anstrengenden Aufstieg, beim zügigen Wandern kaum zu entdecken, sondern müssen gezielt angegangen und „ersessen" werden. Gemeint sind Haselhühner, Dreizehen- und Weißrückenspecht oder Zwergschnäpper, Auerhuhn und Sperlingskauz. Manche guten Beobachtungsgebiete sind leicht mit einem Lift zu erreichen.

Gerade scheint noch die Sonne, doch in wenigen Minuten kann man unter Umständen kaum noch den Wandersteig erkennen! Das Wetter kann sich in den Bergen innerhalb weniger Augenblicke ändern.

Vogelzug lässt sich nicht nur am Meer beobachten, sondern auch im Gebirge, denn nicht wenige Zugvögel überqueren die Alpen. Deshalb kann es sehr fruchtbar sein, an günstigen Plätzen, wie Pässen, auf die Täler in Nord-Süd-Richtung zu laufen, um speziell Zugvogelbeobachtungen zu machen. Es gibt in den Alpen eine sehr bekannte Forschungsstation am Col de Bretolet, die belegt, wie stark der Zug über die Alpen ist. Hier in den Walliser Alpen werden durch die schweizerische Vogelwarte Sempach seit 1958 langfristige Studien über den herbstlichen Vogelzug über die Alpen angestellt. Jährlich werden auf dem Col de Bretolet 10 000–20 000 Vögel von mehr als 100 Arten beringt. Bei ungünstigem Wetter stauen sich die Zugvögel vor den Alpen und können dann sehr gut aus der Nähe beobachtet werden, wenn man Gärten, Heckenstrukturen und Waldränder absucht.

Bei Beobachtungen im Gebirge ist abzuwägen, ob sich ein Spektiv lohnt. Bei stationären Vogelzugbeobachtungen ist sicher ein Fernrohr hilfreich, wie bei allen Beobachtungszielen, bei denen hauptsächlich die Taktik „Ansitzen" angewandt wird. Bei längeren Wanderungen indes wird man Spektiv und Stativ schnell verfluchen. Eine Lösung könnte sein, auf das Stativ zu verzichten und das Spektiv im Rucksack mitzuführen. Gerade im Gebirge wird man oft „Anstrichmöglichkeiten" finden. „Anstreichen" kommt aus der Jägersprache und meint das Auflegen oder

Anlehnen des Gewehres beziehungsweise Fernrohrs an Bäumen, Felsen oder einfach auf den auf dem Boden stehenden Rucksack, vor dem der Beobachter auf dem Bauch liegt. Heutzutage scheint aber ein gutes Fernglas diese Umstände, außer bei speziellen Anlässen wie dem Zählen von Birkhähnen, überflüssig zu machen.

Oberhalb der Baumgrenze lockt die gute Übersicht mit Chancen auf die großen Segler, wie Adler und Geier, und zudem ganz andere Vogelarten als eine Etage tiefer, wie Alpendohlen, Schneehuhn, Steinrötel.

Höhenrisiko

Jeder Aufenthalt im Gebirge bringt Risiken mit sich. Diese lapidare Feststellung unterscheidet das Vogelbeobachten in den Alpen zum Beispiel gewaltig von den vogelkundlichen Spaziergängen im Flachland oder dem Meeresbeobachten.

Stolpern und Umknicken sowie Herz-Kreislauf-Erkrankungen sind nach Erkenntnissen des Deutschen Alpenvereins die häufigsten Unfallursachen beim Bergwandern. Unabhängig von der aktuellen Wetterlage gehört warme Kleidung in jeden Rucksack. Dabei gilt der „Zwiebel-Grundsatz" – viele dünnere Häute schützen besser als eine dicke und machen eine Anpassung an die jeweilige Wetterlage möglich. Mit zunehmender Höhe steigt die Belastung des Organismus durch UV-Strahlung. Sonnenschutz mit hohem Lichtschutzfaktor sowie Kopfbedeckung und Sonnenbrille sind nötig, erst recht, wenn man Schneefelder überquert. Bergschuhe, die die Gelenke stützen und vor Regen und Kälte schützen, sind ein Muss.

Grashänge und Schneefelder sehen harmlos aus und haben schon viele Bergwanderer zu Abkürzungen verführt. Aber die steilen Grashänge sind rutschig und bei Nässe lebensgefährlich und deshalb unbedingt zu meiden! Abkürzungen sind verführerisch, aber meistens sind sie keine und können gefährlich sein. Viele Unfälle passieren, weil trotzdem weitergegangen wird, auch wenn das Gelände schwierig wird. Meistens kommt dann die Situation, in der es kein Vor und kein Zurück gibt. Es gibt gute Gründe für ausgewiesene Wanderwege!

Vor Beginn einer Bergtour muss man sich eingehend über die lokale (!) Wettervorhersage, insbesondere die Gewittergefahr, informieren. Von einem Gewitter überrascht, gilt: weg von Bäumen, weg vom Wasser und weg von allen metallischen Gegenständen, die beispielsweise im Rucksack mitgeführt werden oder als Stativ dabei sind. Blitzen sollte man möglichst wenig Angriffsfläche bieten und sich so klein wie möglich machen. Also: Auf dem Boden zusammenkauern, Arme über den Kopf. Um im Notfall Hilfe rufen zu können, gehört ein geladenes Handy zur Grundausrüstung.

9 Über den Tellerrand: Vogelbeobachtung auf Reisen

„Die beste Bildung findet ein gescheiter Mensch auf Reisen", soll Johann Wolfgang von Goethe geschrieben haben. Der Volksmund kann es kürzer: „Reisen bildet!" Zitate zum Thema Reisen gibt es viele, auch welche, die das Gegenteil ausdrücken. Aber wie sieht es mit dem Reisen beim Thema Vogelbeobachtung aus? Ist das Reisen zu den Vögeln auch für Einsteigende in die Vogelbeobachtung ratsam? Was sollte man beachten? Soll man sein Glück alleine versuchen oder sich einer Gruppe anschließen? Wo findet man Informationen über Reiseziele?

Grundsätzlich gilt sicher, dass „reisen bildet". Das heißt aber im Umkehrschluss nicht, dass alle diejenigen, die nicht reisen, aus welchem Grund auch immer, ungebildet seien. Hier folgt immer der Hinweis auf den Philosophen Immanuel Kant, der seine Heimatstadt Königsberg angeblich nie verlassen hat und dennoch als weiser Mann in die Geschichte eingegangen ist. Die Frage nach dem Pro und Kontra zum Reisen stellen sich sicher nur wenige, die Frage nach dem „Wie" schon viel mehr Menschen.

Wer den afrikanischen Habichtsadler gut gesehen hat, wird sich bei der Bestimmung des europäischen leichter tun – und umgekehrt.

Wer einmal in Afrika einen Zwergstrandläufer im Winterkleid gesehen hat, wird ihn vermutlich auf den ersten Blick für einen anderen Vogel gehalten haben. In Mitteleuropa erleben wir den kleinen Strandläufer nur sehr selten im durchgefärbten Winterkleid. Das legt er erst auf dem Weg in den Süden an und nicht auf der Rast im Wattenmeer. Wer einmal an der Mittelmeerküste den Massenzug von Schwalben über das Meer beobachten durfte, in Südschweden den beeindruckenden Durchzug von Wespenbussarden und Mäusebussarden oder den von Rotdrosseln auf Helgoland, kann ermessen, welche Macht und Faszination hinter dem Phänomen Vogelzug steckt. Mit solchen Bildern in der Erinnerung werden wir sicher den kleinen Zugvogeltrupp in unserem heimatlichen Beobachtungsgebiet mit anderen Augen sehen. Wer weiter reist und in Gebiete kommt, in denen Vogelfamilien vorkommen, die in Europa nicht vertreten sind, wird manche Analogie erkennen, etwa die sehr ähnliche Jagdweise unserer Würger und der amerikanischen Tyrannen oder die fast gleichen Bewegungsmuster bei den afrikanischen Halmsängern und unseren Grasmücken und Rohrsängern. Reisen erweitert den Horizont der Vogelbeobachter ganz erheblich, und wer seinen Horizont erweitert, sieht die Welt mit anderen Augen. Manches relativiert sich

Wer den Kanaren-Zilpzalp sehen möchte, muss die Inseln im Atlantik besuchen. Dort ist es nicht schwer, den kleinen Vogel zu finden.

und manches Problem, das man weit weg wähnte, erscheint plötzlich dringender und näher.

Ganz pragmatisch gesehen ist es sicher so, dass die Wahrscheinlichkeit, einen seltenen oder besonderen Vogel im heimatlichen Beobachtungsgebiet zu sehen, mit der Erfahrung aus den Auslandsbeobachtungen steigt. Insgesamt nimmt durch das Beobachten zunächst unbekannter Arten die Artenkenntnis generell zu. Weniger durch den Effekt der größeren Zahl auf der „Lifelist", sondern eher durch das Bewusstsein der Fülle und Vielfalt, die die Vogelwelt noch immer auszeichnet.

Was haben Einsteiger davon? „Gründeln" wir auf der Suche nach der Antwort etwas tiefer: Ohne Zweifel profitieren nicht nur Einsteiger von einer gut geführ-

Die großen Säugetierherden im Ngorogoro-Krater und in der benachbarten Serengeti sind jährlich das Ziel von Millionen Touristen. Nicht alle schauen sich Vogelarten so gründlich an wie diese Vogelbeobachterguppe von birdingtours.

ten ornithologischen Exkursion oder einem vogelkundlichen Spaziergang, wie es zutreffender heißen sollte. Man sieht nicht nur in einer Gruppe mehr, sondern man bekommt die Vogelarten gezeigt und erhält Hinweise zu ihrer Bestimmung, zu ihrer Lebensweise und zu ihrem Vorkommen in der besuchten Region. Manche Vogelarten, die man in seiner Heimat kaum sieht, weil sie dort nicht brüten und auf dem Zug nicht rasten, kann man in anderen Gegenden zu Tausenden beobachten.

Mit Krähenscharben fast auf Tuchfühlung. An einigen Vogelfelsen am Nordmeer kann das gelingen. In Mitteleuropa ist so etwas nicht zu erleben.

Süddeutsche Vogelbeobachter haben allgemein das Problem, dass sie wenig Chancen haben, sich die Referenzart Alpenstrandläufer einzuprägen. Dazu kommt diese Limikole dort einfach zu wenig vor und die Lebensräume, in denen sie regelmäßig zu beobachten sein könnte, sind zu selten. Eine Fahrt an das Wattenmeer schafft hier

Die berühmten Geierfelsen im Nationalpark Monfragüe in der Region Extremadura (Südwestspanien). Hier können wir in Ruhe, ohne die großen Vögel zu stören, beobachten und die „guten Stellen" sind einfach zu finden.

Die nordischen Wälder, hier in Nordfinnland, sind erstaunlich vogelarm. Es empfiehlt sich deshalb, heimische Vogelbeobachtende zu fragen oder eine spezielle Reise zu buchen, wenn man wenig Zeit hat und bestimmte Zielarten sehen möchte.

Abhilfe. Norddeutsche Beobachter werden, um eine Zaunammer sehen zu können, dagegen nach Süden fahren müssen. Bei Zippammer und Orpheusspötter, Alpensegler und Steinadler sieht es ähnlich aus. Horizonterweiterung durch Reisen – so verkehrt ist diese Aussage nicht!

Informationen finden

Erste Hinweise darauf, wohin sich Reisen lohnen oder welche Vogelarten in einer bestimmten Region zu sehen sein könnten, geben uns die Verbreitungskarten in den Bestimmungsbüchern. Wahrscheinlich wird die erste Reise von Einsteigern zunächst zu einem Ziel in Mitteleuropa führen oder der Familienurlaub wird um den Aspekt Vogelbeobachtung erweitert. Doch Vorsicht! Das stundenlange Gekurve durch Mallorcas Berge auf der Suche nach Mönchsgeiern muss nicht die Vorstellung von Urlaub sein, die der Rest der Familie teilt. Das Geheimnis könnte „Zeitmanagement“ heißen, auch wenn dieser Begriff aus dem Berufsalltag nicht zu einem Erholungsurlaub passen mag. Wir verraten hier das Erfolgsrezept von Bill Oddie, dem bekannten britischen Vogelbeobachter und Autor. Er verlässt die Familie im Urlaub an manchen Tagen frühmorgens zu einem Vogelbeobachtungsgang, was sich in südlichen Ländern wegen der im Tagesverlauf ansteigenden Hitze ohnehin empfiehlt, und ist zum späten Frühstück wieder am Familientisch im Hotel oder in der Ferienwohnung. Auch der späte Nachmittag nach der Siesta eignet sich gut für eine Familienabstinenz und nach ein paar Tagen, ist sicher auch ein Tagesausflug zu den Vögeln möglich. Wenn jemand, wie die Ehefrau in Oddies Beispiel, etwas anderes Ähnliches vorhat oder sich einen gemeinsamen ganzen Tag wünscht, sei es nur fair, das möglich zu machen. Bill Oddie schreibt: „Ich habe eine Riesenmenge Vögel bei Familienurlauben nebenbei gesehen, und ich bin immer noch glücklich verheiratet. Es kann funktionieren." (Introduction to Birdwatching, London 2002).

Doch zurück zu den Vorbereitungen. Neben den Verbreitungskarten in Büchern (siehe Kapitel 10) und Multimedia-Angeboten gibt es eine ganze Menge weiterer Informationsquellen. Sie lassen sich in zwei Kategorien teilen: Reiseführer und Reiseberichte – manchmal auch kombiniert.

Leider haben wir im deutschsprachigen Raum noch nicht die Fülle an gedruckten Reiseführern, wie sie englischsprechenden Vogelbeobachtenden zur Verfügung steht. Es fing dort in den sechziger Jahren mit dem ersten „Where to watch Birds in Britain and Europe" von John Gooders an und endet heute noch lange nicht. Es gibt wohl kaum ein Land auf der Erde, das nicht mittlerweile mit einem „Where to watch birds" versehen wurde. Und in manchen Ländern, wie zum Beispiel in Großbritannien, hat man schon längst die Provinz- und Stadträume erreicht. John Gooders wurde abgelöst von Dave Gosney, der eine reiche Reihe an Broschüren mit dem

Für das Beobachten von Vögeln in Afrika oder sonst wo auf der Welt gelten grundsätzlich die gleichen Regeln: Ohren und Augen auf!

Titel „Finding birds in …" herausbringt, die Hefte werden regelmäßig auf den neuesten Stand gebracht und neue Daten können im Internet heruntergeladen werden. Daneben gibt es eine attraktive Reihe von Filmen, die alle mit dem Titel „Birding in …" anfangen. Diese Angebote finden sich unter www.birdguides.com.
Alle Vogelbeobachter, die lieber Reisehinweise in deutscher Sprache lesen wollen, sind – zumindest was die Papierform angeht – benachteiligt. Allerdings nicht, was Deutschland selbst betrifft! Im folgenden Kapitel gibt es speziell Tipps zu Deutschland.

Für die Schweiz gibt es einen Führer „Vögel beobachten in der Schweiz". Und in einer 2020 erschienenen 4. Auflage den reich bebilderten Band „Vögel beobachten in der Schweiz" (Ott-Verlag). Darüber finden wir eine Fülle von Informationen im Internet.

Vergleichbares über Österreich existiert leider noch nicht. Leander Khil hat das Bestimmungsbuch „Vögel Österreichs" (Kosmos) herausgebracht, in dem wir eine Karte mit den Birding-Hotspots des Landes finden. Zwei Vogelführer von Christoph Roland behandeln Vogelbeobachtungspunkte am Neusiedler See und in der Stadt Wien (letzterer zusammen mit Leander Khil). BirdLife Österreich gibt auf seiner Webseite einige Informationen, man findet dort auch viele Reiseberichte aus vielen Ländern – nicht jedoch über Österreich. Ähnlich sind die Informationen bei der Plattform für Ornis in Österreich: www.bird.at.

Nur erfahrene oder sehr gut vorbereitete Beobachter sehen alleine mehr als mit einem lokalen Führer. Die Vorteile der Beobachtung in der Gruppe gelten in unbekannten Ländern erst recht: Man sieht mehr.

Hilfreich können, besonders was Europa angeht, zwei bemerkenswerte Internetangebote sein: zum einen birdmap.ch mit dem Schwerpunkt auf Westeuropa und zum anderen die seit 2020 wachsende Plattform birdingplaces.eu (noch) mit dem Schwerpunkt Europa. Bei beiden Webauftritten werden die Beobachtungsgebiete von den Birdern selbst gemeldet. birdinplaces.eu bietet die tiefgehendsten Informationen mit einer Gebietsauswahl per Karte und einer Karte des jeweiligen Gebietes, Hinweise zu den besten Punkten und Beobachtungshütten (Vogelgucks) und Artenlisten mit saisonalen Infos. Vermutlich ist diese Plattform im Moment die zukunftsfähigste Quelle – erste Eintragungen aus Übersee lassen großes Interesse und eine wachsende Zahl von Zutragenden erkennen.

Auch die Möglichkeit, unter ebird.org/hotspots Beobachtungsgebiete nach Arten und anderen Details zu durchforsten, bietet eine reiche Informationsquelle.

Zum Thema Reiseberichte bietet das Internet eine Fülle von Recherchemöglichkeiten. Grundsätzlich ist es empfehlenswert, sich diese Webseite einmal anzuschauen: fatbirder.com. Hier lassen sich unter „trip reports" Hunderte von Reiseberichten auf anderen Webseiten einsehen, die sowohl alle bekannten Urlaubsgebiete als auch die berühmten „birdingsites" erfassen. Eine unglaubliche Fülle von Informationen, darunter auch tausende Trip-Reports, finden wir bei avibase (Avibase - The World Bird Database) und cloudbirders.com im Internet. Diese sind ein Informations-Pool, den alle Vogelbeobachtenden kennen sollten, auch wegen der vielen Check-Listen, die nahezu alle Länder des Planeten abdecken. Fotos, Videos sowie Artenlisten in allen verbreiteten Sprachen und in verschiedenen taxonomischen Konzepten können hier entdeckt werden.

Über viele Länder, die man besuchen will, gibt es Übersichten im Internet, die weitere Informationen geben. Oft findet man den Link auf den nationalen Club300-Seiten und sucht zum Beispiel nach „club300 poland", um die entsprechenden polnischen Angaben zu finden. Vielfach hat hier allerdings der nicht sprachkundige Vogelbeobachter Pech, denn nur wenige Webseiten nationaler Organisationen sind auf Englisch zu lesen.

Es lohnt sich meist auch, die bekannten spezialisierten Reiseunternehmen anzusteuern und dort nach Reiseberichten und Reisebeschreibungen zu suchen. Sie enthalten eine Vielzahl von Tipps und Hinweisen.

Alleine oder organisiert?

Wer als Einsteiger nicht den Familienurlaub fürs Vogelbeobachten nutzen will, sondern eine eigenständige Vogel-Reise plant, der ist am besten bedient, wenn er eine Reise bei einem der Spezialanbieter bucht. Eine geführte Gruppenreise ist sicher der rationellste und vergleichsweise preiswerteste Weg, möglichst gut und viel zu beobachten. Man verschwendet keine Zeit mit Suchen nach Quartier, Transport und schließlich den Vögeln, sondern hat in den ortskundigen Guides meist hervorragende Vogelbeobachtende, die gerne Tricks und „Profi-Hinweise" zum Bestimmen und Beobachten von Vögeln geben. Auch Mitreisende können wertvolle Informationen beisteuern, sie kennen möglicherweise Pflanzen und Insekten, geben Tipps zum Fotografieren oder sind selbst gute Beobachter, die helfen und unterstützen können. Schließlich sieht man in einer engagierten Gruppe immer mehr als alleine oder zu zweit.

Den Beobachtern raubt nicht nur der Aufstieg auf die Binnendüne in der Wüste Namib und der überwältigende landschaftliche Anblick den Atem. Dutzende neue Vogelarten kommen noch hinzu.

Es gibt natürlich Ausnahmen, wo eine Gruppenreise nicht geeignet ist. Wer in einer bestimmten Region nur wenige oder sogar nur eine bestimmte Vogelart sehen will, sollte dieses Ansinnen einer Gruppe nicht antun. Nicht jeder versteht unter genussvoller Vogelbeobachtung das Abhaken von Seltenheiten oder die Befriedigung seiner „Fotografiersucht". Solche Interessen können in einer Gruppe zu Ärger und manchmal zu Enttäuschungen auf beiden Seiten führen. Gute Reiseleiterinnen und Reiseleiter wissen mit solchen Konstellationen umzugehen und dafür zu sorgen, dass alle zu guten Beobachtungsergebnissen kommen. Für Einsteigende sind Gruppenreisen unbedingt empfehlenswert, der Lerneffekt ist enorm.

In geführten Gruppenreisen kommen wir am schnellsten ans Ziel und können uns aufwändige Organisationsarbeit sparen. Wer aber viel Zeit hat und nebenbei Land und Leute kennenlernen will, ist als Einzelreisender sicher besser bedient.

Es gibt einige Reiseziele, die man kaum alleine bereisen kann. Die Polargebiete – hier Spitzbergen – gehören sicher dazu. Der Organisationsaufwand ist immens und Fehler oder Versäumnisse können nicht nur teuer, sondern auch gefährlich werden.

Am meisten profitieren diejenigen von geführten Gruppenreisen ins Ausland, die bereits einige Erfahrungen mit den Vogelarten ihrer Heimat sammeln konnten. Gänzlich unerfahrene Beobachterinnen und Beobachter werden nicht nur oft von der Fülle des gefiederten Angebotes erschlagen, sondern finden sich schnell immer an einer bestimmten Stelle der Gruppe wieder: in der letzten Reihe. Oft halten sie die Gruppe auf mit Beobachtungen von Vogelarten, die sie ebenso gut zu Hause hätten sehen können. Mancher, der viel Geld ausgibt, um Vogelarten zu sehen, die er hierzulande nicht vor das Fernglas bekommt, hat wenig Verständnis, für Allerweltsarten kostbare Tageszeit zu „verschwenden".

Wenn Sie sich über die Angebote von Spezialreiseanbietern informiert haben, schauen Sie auch nach, ob es schon Reiseberichte über das gewünschte Ziel zu lesen gibt. Tauchen die Arten, die Sie sehen wollen, dort auf? Machen die Berichte einen ehrlichen Eindruck? Werden auch Fehlanzeigen angegeben, wenn eine der typischen Arten nicht gesehen wurde? Trauen Sie sich, mit dem Unternehmen oder vielleicht dem Reiseleiter direkt in Kontakt zu treten und Ihre Wünsche zu äußern!

Das Reisedilemma

Wenn wir davon ausgehen können, dass nahezu alle Vogelbeobachtenden sich im Naturschutz engagieren oder ihn zumindest befürworten, kann sie das Reisen in ein schmerzhaftes Dilemma stürzen. Damit sind vor allem die Reisen nach Übersee gemeint, aber auch Flugreisen innerhalb Europas können das Potenzial für ein Dilemma in sich bergen. Sogar das Reisen innerhalb Mitteleuropas will bedacht werden.

Das Dilemma besteht aus dem Wunsch zu reisen und den daraus zwangsläufig folgenden Umweltschäden, es besteht also zwischen Naturschutz und Umweltschädigung.

Mit dem Reisen selbst sind fast unvermeidbar Umweltbelastungen verbunden, wir verbrauchen Unmengen an Wasser und produzieren Müll. Dazu kommen nicht zuletzt die Umweltschädigungen bei der An- und Abreise in das Zielland, mit der wir CO_2 und andere Schadstoffe erzeugen. Man rechnet mit mehr als einer Milliarde Tonnen Klimagasen, das sind gut fünf Prozent aller klimaschädlichen Emissionen weltweit, die durch Tourismus entstehen. Auf einen anderen Kontinent reisten 2018 rund 21 Millionen Deutsche. Die Zahlen nehmen seit vielen Jahren beständig zu, obwohl die Klimakatastrophe die Schlagzeilen beherrscht. Vorausgesetzt alle Fernreisen würden gestrichen und nur noch Bahnfahren als Massentransportmittel wäre erlaubt. Dann würde das Dilemma der Naturschützenden offenbar: Die Reisebeschränkungen, die durch die Corona-Pandemie Anfang der zwanziger Jahre nötig wurden, ließen uns nicht nur einen blauen, kondensstreifenfreien Himmel über Mitteleuropa genießen, sondern brachten auch alarmierende Nachrichten aus den Nationalparks dieser Welt.

Das Ausbleiben der Touristen schlug sich nach wenigen Wochen in rasant steigenden Arbeitslosenzahlen nieder. Und zwar nicht nur im Hotelgewerbe, sondern auch unter den Guides und den Wächtern der Nationalparks und Naturreservate. Auch in privaten Schutzgebieten wurde weltweit das Geld knapp, um Wasserstellen zu versorgen, Zäune zu reparieren und Wilderer abzuwehren.

Prompt wurden vermehrte Wilderei und „illegales" Beweiden der den Wildtieren vorbehaltenen Flächen gemeldet.

Nationalparks und private Schutzgebiete werden hart getroffen. Mit den Einnahmen aus dem Natur-Tourismus wird auch der Schutz gegen Wilderer finanziert. „Der Öko-Tourismus ist für den langfristigen Artenschutz gefährdeter Tiere enorm wichtig", betont die African Conservation Foundation im Herbst 2020. Was Afrika betrifft, gilt für fast alle Schutzgebiete auf dem Globus. Da auch die Kompensationen der Schäden durch Flugreisen zunehmend in Kritik geraten, ist keine Lösung in Sicht. Diskutiert werden Finanztransaktionen aus den wohlhabenden Ländern in die finanzschwachen Länder, die das Naturerbe des Planeten ohne Milliardeneinnahmen aus dem Tourismusgeschäft unterhalten sollen.

10 Wenn nicht hier, wo sonst: Wie findet man Orte, an denen es gute Chancen auf Vögel gibt?

Bücher und Zeitschriften

Im Vergleich zu den zum Beispiel britischen und niederländischen Vogelbeobachtenden haben wir es in Deutschland nicht ganz so bequem, eine Übersicht über die „guten" Vogelbeobachtungsorte zu gewinnen. Sind in einigen anderen Ländern sogar einzelne Landstriche und Großlandschaften mit Reiseführern zur Vogelbeobachtung bedacht, so müssen wir zwischen Alpen und Nordsee etwas mehr recherchieren. Aber die Lage hat sich in den vergangenen Jahren deutlich verbessert.

Klassiker sind die drei Bände vom Kosmos-Verlag **„Vögel beobachten in …"** von Christoph Moning und Christian Wagner beziehungsweise Felix Weiss geworden. In den drei Titeln, einige bereits in aktualisierten Neuauflagen, sind die besten Beobachtungsgebiete Nord-, Süd- und Ostdeutschlands vorbildlich beschrieben. Sie weisen, mit Karten und Landschaftsbeschreibungen bis hin zu Angaben über Bushaltestellen, den Weg zu den Karmingimpeln am Steinhuder Meer, den über-

Das wünscht man sich überall; doch so gut wie in Holland haben es noch längst nicht alle Vogelbeobachter in Mitteleuropa.

winternden Zwergsägern im Ruhrtal, den Säbelschnäblern im Watt, den Adlern in Mecklenburg-Vorpommern oder den Mauerläufern im Karwendel. Der Reichtum an Detailwissen lässt erkennen, dass die Autoren genau wissen, über was sie schreiben und sich vor Ort kundig gemacht haben.

Es gibt einige weitere Literatur, die aber verstreut und deshalb schwieriger zu recherchieren ist. Alle Nationalparks und viele Naturparks bringen Artenlisten, Wanderführer mit naturkundlichen Tipps und Ähnliches heraus. Ob aber passionierte „Vogelmenschen" damit glücklich werden, ist zweifelhaft. Auch die regionalen Avifaunen, die die Vogelwelt eines bestimmten Gebietes beschreiben und meist auf Brutvögel abheben, sind Informationsquellen. Aber genaue Ortsangaben wird man hier nicht finden.

Neben Reiseführern über das Zielgebiet geben auch viele Bestimmungsbücher Hinweise auf gute Beobachtungsgebiete und Bestimmungsbücher für das ferne Reiseziel muss man sich ohnehin anschaffen.

Da ist es gut, dass es mindestens drei Zeitschriften gibt, die regelmäßig mit Gebietsbeschreibungen Tipps zur Vogelbeobachtung geben. **„Der Falke"** und **„Vögel"** bieten in eigenen Rubriken Informationen über gute Beobachtungsgebiete an. Die Informationen sind meist ähnlich detailliert wie in den beschriebenen Büchern. Auch das Magazin „naturgucker" gibt Tipps für gute Plätze, beschränkt sich dabei nicht auf die Vogelbeobachtung, sondern informiert meist über Fauna und Flora insgesamt oder über bestimmte Aspekte aus dem Reich der Biologie.

Zu vielen Ländern gibt es (englischsprachige) ornithologische Reiseführer. Einen Überblick kann man sich im Internet bei Lynx beschaffen oder bei den sehr schönen und detailreichen Büchern der Crossbill Guides Foundation recherchieren.

Das Internet

Die schon beschriebenen Beobachtungsplattformen wie ornitho.de, naturgucker.de und eBird.org (s. S. 46 f.) lassen sich auch gut nutzen, um ergiebige Orte zu suchen. Welche Arten sind in einem bestimmten Landstrich tatsächlich zu erwarten? Hier helfen Beobachtungen, die andere schon gemacht und eingetragen haben. Sehr

Beobachtungsorte in Spanien, gefunden auf birdingplaces.eu (Stand 2021). Die Dichte der Beobachtungsorte für Mitteleuropa ist noch um ein Vielfaches dichter und die Zahl der „birdingplaces" weltweit wächst täglich, dank der Zuarbeit von passionierten Vogelbeobachtenden.

komfortabel können wir diese Erfahrungen bei naturgucker.de nutzen, wo wir Artenlisten von Beobachtungsgebieten in unserer Nähe oder dem Zielort finden. Und nicht nur das: Sehr hilfreich ist es, den Kontakt zu anderen Vogelbeobachtenden aufzunehmen und nach deren konkreten Tipps zu fragen, was bei *naturgucker.de* datengeschützt möglich ist. Fotos, Artenlisten und Diagramme über die jahreszeitliche Verteilung der Beobachtungen machen die Planung der eigenen Reise bei vielen Zielen einfacher. Immerhin sind hier schon mehr als 54.000 Gebiete (Stand Anfang 2021) eingetragen und das rund um die Welt. Urlaubsorte, die noch keine Eintragung in der Nähe haben, wird es kaum geben. Das Suchen von attraktiven Beobachtungsorten ist auch auf ornitho.de möglich, aber mit erheblich mehr Aufwand verbunden.

Nicht vernachlässigen sollten wir Informationen aus erster Hand, neben der Kontaktaufnahme über naturgucker.de bietet sich auch die Möglichkeit an, über birdnet-forum.de den mehr als 3.000 eingeschriebenen Mitgliedern Informationen zu bestimmten Orten zu bekommen. Die Mitgliedschaft ist kostenfrei.

Und schließlich bieten sich die unendlichen Informationstiefen des World Wide Web an. Vor allem Europa wird immer besser erfasst von den niederländischen Kollegen, die die Plattform birdingplaces.eu im Jahr 2020 gegründet haben. Schon nach wenigen Wochen war die Dichte der gemeldeten Beobachtungsplätze auf der Übersichtskarte zu einem dichten Teppich von roten Punkten geworden. Ein ähnliches Ziel verfolgt die schweizerische Seite birdmap.ch, allerdings ist sie wenig detailliert, aber möglicherweise bieten einige der auf den Karteneinträgen angebotenen Links weitere Informationen wie Artenlisten oder Beschreibungen zu den Beobachtungsbedingungen.

Vogelgucks: Verstecke, Türme, Ansitze

In vielen Naturschutzgebieten, Nationalparks aber auch „normalen" attraktiven Landschaften, oft an Gewässern, stehen Beobachtungshütten, -türme, offene Stände, Schirme oder Plattformen. Meist finden wir sie an touristisch interessanten Punkten. Nur wenige von ihnen sind allerdings mit Sachverstand im Sinne von Vogelbeobachtung gebaut worden, sondern dienen eher

Eine Beobachtungsstation am Lauwersmeer in Holland. Holländer, Briten und Schweden sind führend im Schaffen und Einrichten von Beobachtungspunkten. Das können Hütten, Türme, Hügel oder einfach Schilfwände sein.

als touristische Infrastruktur. So sind meistens die Beobachtungsluken für die Benutzung von Spektiven nicht brauchbar und nur auf Zehenspitzen oder in gebückter Haltung zu nutzen. Man merkt sofort, wo vogelkundliches Sachwissen eingebracht worden ist oder wo ein ahnungsloser Architekt freie Hand hatte. Während es die kleineren Niederlande zu einer gut gepflegten Webseite gebracht haben, in der alle „Vogelkijks" (Vogelgucks) mit den neuesten Beobachtungen samt Karte und Routing aufgeführt werden (vogelkijkhut.nl), ist so etwas in Deutschland noch Utopie.

Freie Sicht in die Natur – das bieten längst nicht alle Vogelgucks im Lande! Einige scheinen von ahnungslosen Architekten entworfen zu sein und dienen eher der Frustration als der entspannten Naturbeobachtung.

Gut gelöst – und schlecht gelöst. Wer Aussichtshütten und Türme baut, sollte vorher die Nutzer fragen …

Allerdings lassen sich mit etwas Recherche im Web Beobachtungstürme und Aussichtspunkte finden, wenn sie pfiffige Touristiker oder Infozentren in „ihrem" Naturpark, Nationalpark oder Ausflugsziel im Internet eingestellt haben.

Gute Idee: Beobachtungshügel bieten Übersicht an Stellen, wo es um weite Flächen geht und nicht darum, den Gefiederten möglichst nahe zu kommen.

Auskünfte unterschiedlicher Qualität kann man in den Informationszentren der Nationalparks erhalten. Ein Netz von Naturschutzzentren betreibt der NABU. Sie sind über die Web-Suche „Nabu-Zentren" zu finden. Hat man sich für ein Ziel entschieden, lohnt es sich auf alle Fälle, vorher im Internet Erkundigungen zu Öffnungszeiten und der vorhandenen Infrastruktur einzuholen.

Schutzgebiete = Guckgebiete?

Die qualitativ unterschiedliche Informationsarbeit der verschiedenen Schutzgebiete in Deutschland spiegelt sich auch in der Qualität des tatsächlichen Schutzes der natürlichen Lebensgemeinschaften wider. Zwar ist das Land überzogen mit einem lückigen Netz von Schutzgebieten wie Nationalparks, Naturschutzgebieten, Biosphärenreservaten und anderen Zonen mit unterschiedlich strikter Auslegung des Natur- und Landschaftsschutzes. Aber längst nicht alle haben als erstes Ziel, die darin lebenden Vögel zu bewahren. Wer nicht enttäuscht werden möchte, sollte vor dem Besuch Informationen darüber einholen, wie die Beobachtungsbedingungen sind und was realistisch zu erwarten ist. Auch können die Jahreszeiten eine entscheidende Rolle dabei spielen, ob ich die erwünschte Vogelart tatsächlich finden kann.

Wenn man als Gruppe einen Beobachtungsturm benutzt, sollte man die Rucksäcke ablegen, so gewinnt man Platz. Außerdem gilt: Behutsam auftreten, sonst wackelt das Bild in den Spektiven.

Einen guten Überblick über die großen Schutzgebiete Deutschlands liefert die Seite www.nationale-naturlandschaften.de, die alle Naturparks, Biosphärenreservate und Nationalparks der Republik kurz vorstellt. Neben den bereits erwähnten NABU-Zentren sind auch die Gebiete der Heinz-Sielmann-Stiftung erwähnenswert (sielmann-stiftung.de). Dort lockt beispielsweise das Naturparkzentrum Wanninchen südöstlich von Luckau in Brandenburg, wo sich im Herbst zahlreiche rastende Kraniche oder im Frühling der Wiedehopf beobachten lassen. Weitere bedeutende Reservate, die der Stiftung gehören, sind die Döberitzer Heide und die Groß Schauener Seen – in allen darf sich Wildnis neu entfalten, Tourismus steht nicht im Vordergrund und es gibt „Vogelgucks".

Zusammengefasst sind meist die besten Informationsquellen das persönliche Gespräch oder der persönliche Rat eines Vogelbeobachters oder einer Vogelbeobachterin, die über das Netzwerk – siehe oben – angesprochen wurden oder die Infos auf Plattformen, die Birder selbst angelegt haben.

Wer kann, sollte geführte natur- oder vogelkundliche Wanderungen in den Schutzgebieten buchen, um einen Überblick zu bekommen. Dann können wir immer noch, mit dem Basiswissen im Gepäck, selbst losziehen.

In niederländischen Schutzgebieten ist die Information durch Tafeln und Kartenausschnitte meistens vorbildlich. Für Besucher und Besuchte gleichermaßen wichtig, denn störendes Suchen kann so vermieden werden.

11 Gefiederte Jahreszeiten – das Vogeljahr und seine Chancen

Die „richtige" Jahreszeit für den Einstieg in die Vogelbeobachtung haben wir bereits empfohlen (siehe Kapitel 8). Es wurde klar, dass sich die Zusammensetzung der Vogelwelt eines Gebietes im Jahresverlauf erheblich ändert. Das ist im Gebirge vielleicht weniger drastisch als im Wattenmeer. Vögel fliegen nach Süden, um den Winter zu verbringen, sie fliegen nach Norden, um zu brüten, sie leben versteckter, wenn sie mausern, und sind nicht zu übersehen, wenn sie singen und balzen. Wer aber meint, das finde jeweils zu bestimmten Jahreszeiten statt, wird irgendwann merken, dass wir es uns nicht so leicht machen können. Manche Arten ziehen schon wieder weg, wenn andere gerade ankommen, um zu brüten. So sind weibliche Waldwasserläufer schon wieder auf dem Weg nach Süden, wenn Neuntöter und Ziegenmelker gerade ihre Brutreviere beziehen.

Während einige Arten noch im Winterquartier Speck ansetzen, sind andere schon über sie hinweg nach Norden zum Brüten gezogen. Wenn Waldkauz und Mäusebussard balzen, jagt der Baumfalke Heuschrecken in der afrikanischen Savanne oder lauert der Steppen-Mäusebussard (*B. b. vulpinus*) noch in der Kalahari auf Eidechsen.

Wenn die Sumpfrohrsänger angekommen sind, ist der Frühlingszug fast vorbei.

Es gibt Orte, die im Sommer fast überquellen von Vögeln und im Winter gespenstisch verlassen wirken. Ebenso gibt es Beobachtungspunkte, an denen sind in allen Monaten Dutzende Vogelarten zu sehen, allerdings in den Jahreszeiten mit wechselnd starken Anteilen.

Im Folgenden geben wir jeweils zu den einzelnen Jahreszeiten Tipps und Hinweise für Einsteiger. Dabei ist klar, dass „Mitte März" in der „deutschen Arktis" in Nordost-Deutschland nicht zu vergleichen ist mit „Mitte März" am Bodensee. Zwischen West, atlantisch geprägt, und Ost, mehr kontinental gefärbt, gibt es ebenso große Unterschiede. Und was in zehn Jahren die „Klimakatastrophe " aus jahreszeitlichen Festlegungen machen wird, kann kein Mensch verlässlich vorhersagen.

Frühjahr

In den Monaten März, April und Mai ist das Hauptereignis das Eintreffen der Sommervögel aus den Winterquartieren im Süden Europas oder in Afrika. Die emotionale Betroffenheit der Vogelbeobachter macht sich jedes Jahr mit einer Flut von E-Mails und Datenbankeintragungen bemerkbar: „Die erste Rauchschwalbe am Oberrhein", „Erster Kuckuck am Dümmer" oder „Weißflügelseeschwalbe in Sachsen". Zilpzalp, Schwarzkehlchen und Rauchschwalbe gehören zu den Ersten; sie sind schon da, wenn die Äste der Bäume noch kahl sind. Dann kommen fast täglich neue Vogelarten an: Kuckuck, Fitis und Mehlschwalben und ab Mitte April die Mauersegler. Die über den Balkan anreisenden Störche kommen erst an, wenn die Spanien-Heimkehrer schon brüten.

Futtertragende Vögel sind ein sicheres Indiz für eine erfolgreiche Brut. Das Amselmännchen bringt gleich mehrere Regenwürmer zum Nest.

Viele Schwarzkehlchen sind schon früh im März wieder bei uns zu beobachten. Als erstes kommen die männlichen Vögel und besetzen die Reviere, wobei sie gut zu beobachten sind.

Das Einreiseaufkommen mit Arten wie dem Wespenbussard steigert sich bis in die erste Maiwoche und klingt dann mit dem Eintreffen von Neuntöter, Gelbspötter, Turteltaube und Bienenfresser aus. Als Letzter trudelt der Karmingimpel ein – es ist ein langer Weg von Indien zum Steinhuder Meer.

Der besondere Reiz des deutschen Frühlings ist das Nebeneinander von Wintergästen, die noch ausharren, Durchzüglern, die nach Norden stürmen, ersten Sommervögeln, die zu uns kommen und den Standvögeln, die den Winter bei uns verbracht haben und meist schon die erste Brut bettelnd durch die Bäume führen, wenn andere erst beginnen, Reviere aufzubauen.

Und dann noch die Seltenheiten! Die Mailingsysteme laufen heiß, wenn WFSS und WBSS über den Seen gaukeln – mit den Abkürzungen sind Weißflügelseeschwalbe und Weißbartseeschwalbe gemeint. Oder wenn es ein „Update" für den Schlangenadler bei Köln und die Zwergohreule in der Pfalz gibt. Besondere Wetterbedingungen bringen oft Seltenheiten aus dem Süden zu uns, während es im Herbst

Blässgänse. Die Wintergäste aus dem hohen Norden sind im März noch bei uns, wenn wir schon längst Zilpzalp und Mönchsgrasmücke als Rückkehrer freudig begrüßen.

Bei den Schauflügen der Kiebitze, bei denen oft mehrere männliche Vögel eine Kiebitzfrau beeindrucken wollen, können wir die Geschlechter mit etwas Übung an der Flügelbreite unterscheiden. Hier fliegt eine Kiebitzfrau vorne.

Im April führen schon viele Graugänse ihre Kinder aus, wenn die nordischen Gänse noch auf dem langen Heimweg sind.

In den Feuchtwiesen-Reservaten ziehen jetzt merkwürdig gefleckte Kampfläufer durch. Sie legen auf dem Weg zu den Balzarenen im Norden ihr buntes Prachtkleid an.

Erst sehr spät kehren die Neuntöter zurück. In Norddeutschland sind sie meist erst Mitte Mai am Brutplatz zu erwarten.

eher die Raritäten aus dem Osten und Nordosten sind, die die Herzen höherschlagen lassen. Drängt sich ein Hochdruckgebiet zur richtigen Zeit von Süden oder Südwesten nach Mitteleuropa, bringt es mitunter südliche Grasmücken, Schlangenadler, Alpensegler und andere Südländer zu uns. Sie schießen über ihr eigentliches Ziel in Spanien, Frankreich oder Italien hinaus und fliegen mit den mediterranen Strömungen zu uns. Bei ähnlichen Wetterlagen aus dem Südosten kann es Sprosser, Buschrohrsänger oder Schlagschwirle nach Westen verschlagen.

Gerade der Mai ist ein wahrer Wonnemonat für alle Vogelbeobachter.

Abgesehen vom Zuggeschehen bietet sich der Frühling für eigene Untersuchungen der Vogelwelt an. Reviere lassen sich jetzt bei vielen Vogelarten relativ leicht feststellen und kartieren. Die revieranzeigenden Sänger, futtertragenden Eltern und bettelnden Vogelkinder sind untrügliche Beweise für Brutversuche und erfolgreiche Bruten. Zählen Sie doch mal die singenden Amselmännchen in Ihrem Viertel!

Sommer

Im Juni, Juli und halben August verebbt der Strom der Zugvögel und im Juli wird auch die Zahl der Sänger spürbar kleiner. Im Juni ist „Familienzeit". Überall sind jetzt Vogelfamilien unterwegs. Junge Amseln hopsen über den Rasen und lassen sich füttern. Wer ganzjährig eine Futterstelle beschickt, hat das Vergnügen, dass nun zum Beispiel Grünfinken, Spatzen und Kohlmeisen ihre flügge Brut an den von Menschenhand gedeckten Tisch mitbringen.

Fünf normale und zwei „Immutabilis"-Jungvögel hat diese Schwanenfamilie. Wenn sie erwachsen sind, fällt die weiße Farbe natürlich nicht mehr auf, dann muss man auf die Füße sehen.

Höckerschwäne mit den grauen Wollknäueln im Schlepptau schwimmen über den Teich. Achten Sie auf die Farbe der Jungen! Immer öfter sieht man unter den grauen auch schneeweiße Jungvögel. Dann sollte man auf die Fußfarbe der Altvögel achten. Denn das weiße juvenile Kleid ist verbunden mit fleischfarbenen bzw. rosa Füßen. Immutabilis (unveränderlich) heißt, dass diese Schwanenkinder gleich weiß aus dem Ei schlüpfen und sich nicht wie die anderen Küken ohne diese genetische Mutation vom „hässlichen Entlein" zum schneeweißen Schwan verwandeln. Aus einem Gelege können sowohl normal gefärbte graue als auch helle Immutabilis-Geschwisterküken hervorgehen. Auch die weißen Altvögel sind gut als Immutabilis-Typ zu erkennen, wenn sie statt dunkelgrauen Füßen rosafarbene zeigen. Im Mittelalter wurden Schwanenhäute zum Beispiel zu vornehmen Damenhandschuhen verarbeitet und die eine helle Farbe des Schwanenleders war begehrter. Der Immutabilis-Typ wurde entsprechend durch Zucht gefördert.

Manche Vögel, die jetzt schon erwachsene Junge haben, wie etwa Kiebitze, Brachvögel, Stare oder Graureiher, formieren sich zu Trupps. Bei den Staren sind Jungstar-Trupps, die heiser rufend und nervös die frisch gemähten Wiesen nach Nahrung absuchen, typisch für Ende Juni.

Wer Federn sammeln will, wird jetzt vor allem an Parkteichen fündig, an denen Grau- und Kanadagänse vorkommen und ihre großen, attraktiven Schwungfedern verlieren. Auch die Enten mausern jetzt heftig, die bunten Erpel der Stockente verwandeln sich im Laufe des Julis in tarnfarbene Vögel, deren Kleid sehr den weiblichen Enten ähnelt. Aber sie behalten ihren gelben Schnabel, woran der Kenner sie weiterhin als Erpel bestimmen kann. Abenteuerlich sehen manche männlichen Löffelenten aus, die weiß-braun gescheckt umherschwimmen. Gänse und Enten werden, wenn sie die Handschwingen komplett mausern, für ein paar Wochen flugunfähig und ziehen sich an geschützte Orte zurück. Das Leben auf den Wasserflächen wird also ruhiger, aber dafür tauchen die Möwen und Seeschwalben auf, deren Brutkolonien sich bereits wieder auflösen.

Wespenbussarde sind bei uns Sommervögel und meist noch im Juni mit Balz und Nestbau beschäftigt. Die drei Schwanzbinden unterscheiden sie zuverlässig vom ähnlichen Mäusebussard.

Im Juli setzt bereits wieder der Vogelzug ein. Limikolen, wie der Sichelstrandläufer, kommen aus der Tundra zu uns und zeigen noch deutliche Reste des Prachtkleides.

Im Juli/August mausern die Entenvögel ihre Schwungfedern und sehen dann sehr schlicht aus. Die Erpel sind trotzdem gut zu erkennen, denn der gelbe Schnabel macht sie kenntlich.

Der Sommer ist die große Zeit des Federwechsels. Manche Jungvögel mausern jetzt bereits einige Federpartien ins Erwachsenenkleid und vor allem junge Stare sehen dann richtig gescheckt aus. Die meisten Kleinvögel machen vor dem Flug ins Winterquartier und nach den Strapazen der Jungenaufzucht eine Sommerpause, in der sie sehr zurückgezogen leben und nur selten zu sehen sind.

Während im Juni kaum Vogelzug zu bemerken ist, frischt das Geschehen im Juli deutlich auf. Ende des Monats ziehen bereits Mauersegler ab, die ihre Brut beendet haben. Besonders an den Küsten sind jetzt Watvögel aus dem hohen Norden zu sehen, die bereits den Herbstzug begonnen haben. Meist handelt es sich um Altvögel, die entweder ihre Brut verloren haben und keine Zeit mehr in der Tundra „verschwenden" wollen, oder um weibliche Vögel der Arten, bei denen allein die Vogelmänner die Jungvögel führen. Dunkler Wasserläufer, Sichelstrandläufer und Kampfläufer bilden jetzt schon große Trupps. Erst im August folgen die Jungen der Watvögel, die entgegen einer weit verbreiteten Annahme ihren Weg nach Süden nicht von den Altvögeln lernen müssen.

Kann es Schöneres geben? Eine leichte Brise weht, der Blick schweift weit in das sommerlich blühende Land...

Frühherbst

August und September unterscheiden sich in vielen Phänomenen so stark vom Juli einerseits und Oktober andererseits, dass es berechtigt erscheint, sie zu einer „Zwischen-Jahreszeit" zusammenzufassen.

Der August ist vielerorts der stillste Vogelmonat. Selbst das „srie"-Geschrei der Mauersegler in den Städten ist jetzt verstummt und die meisten der schnellen Vögel sind bereits auf dem Weg nach Südafrika. Auch andere Weitstreckenzieher, die über den Äquator hinaus nach Süden wandern, sind jetzt auf dem Weg, selbst wenn es viel weniger spektakulär erscheint und weniger auffällt als das Fehlen der hell schrillenden Mauersegler über den Städten. So sind Pirol und Gelbspötter, Fitis und Waldlaubsänger Ende des Monats schon weitgehend abgezogen.

Die Schwärme mancher Vogelarten des offenen Landes, wie Kiebitze und Stare, haben nochmals zugelegt. Spektakulär sind die Schlafplatzflüge der Stare, die in dichten, sich ständig verändernden Wolken über dem Schlafplatz wogen. Auch Schwalben sammeln sich zu Tausenden zum Beispiel über Schilfgebieten, um gemeinsam zu übernachten. Bachstelzen tun es ihnen gleich.

Auf den abgeernteten Feldern, vor allem, wenn sie noch nicht geeggt sind, kann man mit sehr viel Glück neben den Kiebitzschwärmen auch mancherorts Mornellregenpfeifer sehen, die die übersichtlichen Flächen zur Rast aufsuchen, manch-

An den Küsten wird es schon wieder voll: Zugvögel wie die nordischen Watvögel ziehen jetzt bereits in Massen wieder ins Wattenmeer zum Fettwerden für den langen Flug ins Winterquartier.

Das kurze Gastspiel der Mauersegler in Mitteleuropa ist spätestens Mitte August zu Ende.

mal auch in Trupps von 20 bis 30 Vögeln! Überhaupt ist jetzt in den Ackerwüsten mehr zu sehen, als zur eigentlichen Brutzeit. Steinschmätzer aus dem Norden ziehen durch, Braunkehlchen wandern am Rand der Maisfelder entlang, Distelfinken besuchen die fruchtenden Kratzdisteln, Bluthänflinge und Girlitze kann man am Ackerrain nach Samen suchen sehen. Mit sehr viel Glück sehen wir eine der letzten Rebhuhnfamilien über den Feldweg huschen. Durchziehende Wiesenweihen (aufgepasst auf junge Steppenweihen!) und die ersten Merline können für Aufregung sorgen. Im August tauchen regelmäßig irgendwo in Mitteleuropa Rotfußfalken, meist Jungvögel, auf.

Massen von Schnepfenvögeln, Möwen, Löfflern, Enten und Gänsen versammeln sich jetzt im Frühherbst in manchen küstennahen Feuchtgebieten.

Im September zieht das Zuggeschehen nochmals stark an. Jetzt sind die Watvogelschwärme am größten. Limikolen-Jungvögel ziehen nun ebenfalls durch oder machen Rast, um sich den nötigen „Treibstoff" für den langen Flug nach Afrika anzufressen.

Holunder, Weißdorn, Liguster, Heckenkirschen und viele andere Sträucher locken mit Beeren die Kleinvögel an. Auch Insektenfresser werden nun zu Vegetariern! Es macht Spaß, an einem Traubenholunder anzusitzen und zu beobachten, wie Mönchs-, Klapper-, Dorn- und Gartengrasmücken ganze Beeren herunterwürgen. Auch Ringeltauben balancieren auf den dünnen Zweigen und machen die Hälse lang, um an die Energiebatterien zu kommen. Am Meer überraschen uns blaue und rote Kleckse neben den weißen Kotflecken und entlarven Möwen als weitere Beerenköstler. In den Siedlungen erleben wir diese Farbkleckse auch, ihre Quelle sind Ringeltauben, die als Fruchtfresser große Mengen an Beeren vertilgen.

Hecken sind jetzt ideale Beobachtungsorte, die manchmal Überraschungen bereithalten. Denn wasserliebende Kleinvögel wie Schwirle und Rohrsänger, aber auch Gartenrotschwanz und Trauerschnäpper ziehen durchs Binnenland. Sie nutzen die bandförmigen Hecken als Raststätten, in denen diese Nachtzieher sich auch tagsüber oft weiter in Zugrichtung bewegen können. Viele der jetzt zahlreich durchzie-

Kampfläufer und viele andere Schnepfenvögel schaffen sich Fettpolster an, um den kräftezehrenden Flug in das Winterquartier meistern zu können.

Holunderbeeren locken viele Vögel an. Vogelbeobachter sollten die wichtigsten beerentragenden Bäume und Sträucher kennen.

Viele kleine Singvögel mausern jetzt. Der männliche Gartenrotschwanz ist jetzt unauffälliger und macht sich auf den Weg nach Afrika.

Ein junger Star im Sanddorn. Teile des Kleingefieders, Bauch und Brust, sind schon vermausert, während der Rest noch das braune Jugendkleid zeigt.

henden Laubsänger und Grasmücken haben schon ins Schlichtkleid gemausert oder befinden sich, was für vogelkundlich Einsteigende noch schwieriger ist, in einem Zwischenstadium mit bereits vermauserten und alten Federn. Deshalb ist es wichtig, auch auf die Färbung der unbefiederten Körperteile zu achten und sich das Verhalten zu merken. Schwanzzucken, Schwanzstelzen, Rufe, Flügelzucken und Flügelschlagen können wichtige Hinweise für die Artbestimmung geben.

Spätherbst und Frühwinter

Der Oktober ist der Monat, dem viele leidenschaftliche Birder und Twitcher (siehe Kapitel 1) entgegenfiebern. Wenn man jetzt keine Urlaubstage aufgespart hat, verpasst man mit Sicherheit neue Arten für die „Lifelist". Der Oktober ist DER Monat des Vogelzugs, er ist auch der Monat der Seltenheiten und der ausgebuchten Hotels und Pensionen auf Helgoland.

Für Einsteigende ist es der Monat des Herbstgesangs. Durchziehende Zilpzalpe lassen bei gutem Wetter ihr „zip-zap" erklingen, Goldammern singen noch, Rotkehlchen, Zaunkönig und Hausrotschwanz wieder. Jetzt schlägt die Stunde der großen Schwärme. Während die Mehrheit der Nachtzieher schon im Frühherbst das Land verlassen hat, ziehen nun die Tagzieher über den Herbsthimmel. An manchen Tagen und bei bestimmten Wettersituationen können wir einen überwältigenden Vogelzug erleben, vor allem an der Küste, dort besonders auf Inseln und am besten auf der einzigen deutschen Hochseeinsel, auf Helgoland.

Eine der regelmäßig auftretenden Seltenheiten auf Helgoland ist der Goldhähnchen-Laubsänger aus dem fernen Sibirien.

Rotdrosseln, die letzten Schwalbenschwärme, Wacholderdrosseln, Buchfinken, Stare, Pieper, Krähen, Gänse, Ringeltauben – es ist überwältigend! Es lohnt unbedingt, sich im Oktober auf den Weg zu machen

Helgoland ist eines der bekanntesten vogelkundlichen Ziele in Deutschland. Tatsächlich kann man hier im Herbst bei entsprechender Wetterlage (Wind aus Ost) erstaunliche Beobachtungen machen.

und ein paar Tage an der Ostsee (Fehmarn, Fischland, Müritz) oder an der Nordsee (besonders alle Inseln, die Köge in Schleswig-Holstein) zu verbringen. Der Vogelzug ist ein gigantisches Schauspiel und eine machtvolle Demonstration wie eine Naturgewalt.

Immer wieder erscheinen im Oktober auch Seltenheiten aus den Weiten Sibiriens an der deutschen Küste und werden sehr oft nur auf Helgoland gesehen, weil die Insel übersichtlich ist und sich dann dort traditionell viele, vielleicht Hunderte Vogelbeobachter aufhalten. Allerdings ist die Jagd nach seltenen kleinen Vögeln nicht jedermanns Sache und mancher hat kopfschüttelnd das Eiland verlassen. Mit etwas weniger Seltenheiten und weniger Mitbeobachtenden lässt sich die Wucht des Vogelzugs auch andernorts erleben.

Die ersten Schwärme der nordischen Gänse fliegen wieder ein, Blässgänse sind schon im Oktober wieder in den Wiesenlandschaften der großen Stromtäler zu erwarten.

Im November kommen, vor allem wenn der erste Bodenfrost in den

Weibchenfarbene Trauerenten sind nicht leicht in den Scharen der überwinternden Enten auf Binnenseen zu entdecken.

seichten Boddengewässern für kalte Füße sorgt, die Kraniche in Wellen durch Deutschland gezogen. Wer das Pech hat, außerhalb der Zugschneise zu wohnen, sollte unbedingt einen der großen Rastplätze (Darß/Zingst, Havelland, Linum/Rhinluch, Müritz, Diepholzer Moorniederung) besuchen. Es ist grandios!

Auf der westeuropäischen Route ziehen inzwischen etwa mindestens 150 000 Kraniche nach Südwesten. Der Zugkorridor der westziehenden Population ist nur rund 300 Kilometer breit. Von den ostdeutschen Rastplätzen ziehen die trompetenden Keile meistens über das Rhein-Main-Gebiet zunächst bis Frankreich. Es kann bei günstiger Witterung zu ungewöhnlichen Massen kommen. An manchen Tagen ziehen mehrere Zehntausend Kraniche durch Westdeutschland.

Massendurchzug der Kraniche! In manchen Jahren konzentriert sich der Durchzug auf nur wenige Tage und ist grandios und unvergesslich!

Steinschmätzer ziehen jetzt durch und tauchen auch in Gegenden auf, wo sie als Brutvögel längst verschwunden sind.

Im November fällt in unseren Breiten das meiste Laub von den Bäumen und Kleinvögel sind nun wieder besser zu sehen. Meisen bilden gemischte Trupps, oft begleitet sie ein Bunt- oder Kleinspecht durch den Wald oder es schließen sich Kleiber an. Die Krähenschlafplätze werden wieder gut besucht.

Auf den Gewässern stellen sich Wintergäste wie Gänse- und Zwergsäger ein. Manchmal überraschen Samt- und seltener Trauerenten die Vogelbeobachter. Seetaucher sind ab November an großen Binnenseen oder tiefen Kiesgruben zu erwarten und auch die kleineren Lappentaucher verdienen jetzt einen zweiten Blick. Ob nicht doch mal ein Rothalstaucher oder gar ein Ohrentaucher darunter ist? Oft kündigen sich Seidenschwanzeinflüge bereits im

Wenn Herbststürme das letzte Laub aus den Bäumen fegen und das Spektiv zum Vibrieren bringen, müssen wir Bodennähe suchen …

November an. In der Feldflur können Raufußbussarde, vor allem im Osten oder in Küstennähe, oder auch Kornweihen auftauchen.

Der Dezember ist ein relativ ruhiger Monat. Jetzt sind die Tage am kürzesten. Der Vogelzug der großen Zahlen ist vorbei. Je nach Witterung tauchen in den Städten Möwen auf. Bei Kälte an der Küste können im Binnenland auch seltenere Arten wie Mantel-, Mittelmeer-, Steppen-, Silber- oder Sturmmöwen nach Futter suchen. An der Küste kann man sich das Vergnügen machen und auf Eis- und Polarmöwen achten. Mit den Kleinvögeln, die die Futterstellen in den Gärten bevölkern, kommen Sperber in die Stadt und lassen sich jetzt am besten beobachten.

Winter

Die bei uns kältesten Monate Januar, Februar und der frühe März werden hier als Winter behandelt.

Schon werden die Tage wieder länger und wahrscheinlich haben wir in der Stadt bereits die erste Amsel singen gehört. Aber der Frühling ist noch nicht in Sicht!

Wenn wir bibbernd das Fernglas hochhalten, können wir uns kaum vorstellen, dass der deutsche Winter für viele nordische Vögel das ist, was für viele deutsche Senioren und Seniorinnen im Winter Mallorca bedeutet: eine angenehm milde Veranstaltung.

Bläss-, Saat-, Weißwangen- und Ringelgänse verbringen bei uns den frostigen Teil des Winters. Vor allem die weiten Wiesenlandschaften an der Küste, haupt-

Weißwangengänse, auch Nonnengänse genannt, sind vor allem in küstennahen Gebieten wie in Friesland zu sehen. Ihre Schwärme sind oft spektakulär.

Es kann sehr spannend sein, markierte Gänse und andere Vögel an die zuständigen Stellen zu melden, da man meist mit der Lebensgeschichte des Vogels belohnt wird. Manche Vogelbeobachter machen sich im Winter daraus ein richtiges Hobby und suchen gezielt nach markierten Wasservögeln.

Ist der Winter auch im Nordosten Europas kalt genug, können wir mit Zwergschwänen im Binnenland rechnen. Auch bei diesen (siehe links) können wir mit der Meldung der Kennzeichnung helfen, ihre Wege zu erforschen.

Immer wieder verstecken sich in den winterlichen Trupps der arktischen Gänse – hier Ringelgänse – auch solche raren Schönheiten wie die Rothalsgans.

sächlich in den Flusstälern und am Niederrhein, an der Elbe und an der Oder, sind gut gefüllte Winterquartiere für die Grasesser. Spannend kann es sein, die riesigen Schwärme nach Seltenheiten wie Zwerg-, Rothals- oder Kurzschnabelgänsen zu durchsuchen. Bei dieser Gelegenheit kann man etwas für die Wissenschaft tun und Markierungen ablesen. Bei den Markierungen kann es sich um farbige Fußringe, Halsmanschetten oder Flügelmarken handeln. Sie abzulesen und zu melden ist ein wichtiger Beitrag zur Erforschung und vielleicht zum Schutz der Zugwege von Gänsen und nordischen Sing- und Zwergschwänen. Die Markierungen oder besser die abgelesenen Ziffern und Buchstaben-Kombinationen, meldet man entweder an spezielle Webseiten (zum Beispiel geese.org, euring.org) oder man meldet sie einfach der nächsten Vogelwarte (s. S. 576 f.). Meist wird man mit der Mitteilung belohnt, wo und wann der Vogel von anderen Beobachtern bereits festgestellt wurde oder kann diese Angaben mit Karte direkt am Computer ablesen.

Im Februar werden die Tage schon spürbar länger, man kann bis abends beobachten und muss nicht schon um vier Uhr nachmittags das Fernglas einpacken. Die Waldkäuze, die bereits im Januar mit schaurigem Heulen geheiratet haben, sitzen im Flachland jetzt schon auf den Eiern. Aus den Parks und Gehölzen kann man die ersten Buntspechte trommeln hören. Doch der Frühling hat noch nicht gewonnen!

In Nordwestdeutschland sind die ersten Singdrosseln schon im Februar zu sehen und zu hören. Der Frühling kündigt sich an!

Die Zahl der Vogelarten ist noch gering. Lohnenswert sind jetzt Besuche von Brachflächen, zum Beispiel in Industriegebieten oder am Rande von Großbaustellen, in der Kommunalpolitik „Gewerbeparks" genannt. Wo viele samentragende Stauden stehen, kann man nach überwinternden Bluthänflingen und Stieglitzen suchen. Gewerbeparks haben in den Ballungsgebieten die Rolle von Heckenlandschaften übernommen. Feuerdorn, Kartoffelrose und Kirschlorbeer sind vielen Naturschützern ein Dorn im Auge, bieten dennoch zumindest einige Beeren für hungrige Vögel.

Samentragende Birken, Lärchen und Erlen können Schwärme von Erlenzeisigen ernähren und mit Glück entdeckt man auch Birkenzeisige in den Bäumen.

Obstgärten, in denen Äpfel und Birnen „am Stamm geblieben" sind, lohnen ebenfalls einen Blick. Mitunter sammeln sich hier Wacholderdrosseln in Schwärmen, eine überwinternde Misteldrossel pickt an einem faulen Apfel oder es fallen gar Seidenschwänze über das Fallobst her.

Erlenzeisige kann man bei uns am besten im Winter sehen. Im Sommerhalbjahr sind die unsteten kleinen Finken kaum irgendwo verlässlich zu sehen.

Die laublose Zeit in Wäldchen, Parks und Forsten kann der ambitionierte Vogelbeobachter nutzen, um sich einen Überblick über die Greifvögel seines Reviers zu machen. Jetzt lassen sich deren Nester, von Jägern „Horste" genannt, gut entdecken. Wenn man sie kartiert, möglichst über Jahre, kann man einen Einblick in die Bestandsdynamik der Greifvögel gewinnen. Viele ornithologische Gesellschaften haben spezielle Arbeitsgemeinschaften, die sich mit Greifvögeln beschäftigen, Anleitung geben und dankbar Ergebnisse abnehmen.

Spätestens Anfang März kann man mit Kranichen rechnen, die wieder „nach Hause" ziehen. Manche kleinen Schwärme versuchen den Heimzug sogar schon im Januar. Die ersten Kurzstreckenzieher finden wieder zurück, die Zahl der Sänger vermehrt sich hörbar. Amsel, Misteldrossel, in Nordwestdeutschland auch Singdrossel, Rotkehlchen, Heckenbraunelle, Zaunkönig und der erste Zilpzalp, singen in günstigen Regionen, während an der Ostsee noch bittere Kälte herrscht und das „auulie" der Eisenten zu hören ist.

Wenn die erste Rauchschwalbe den Oberrhein passiert, ist das Vogeljahr einmal herum. Jetzt können auch Realisten wieder von Vogelkonzerten und bettelnden Amselküken träumen.

12 Naturschutz in Deutschland – ein dramatisches Trauerspiel?

Die Vogelkunde und mit ihr natürlich die Vogelbeobachtung war und ist in Deutschland und vielen anderen Ländern die treibende Kraft im Naturschutz. Es ist kein Zufall, dass der Naturschutzbund Deutschland (NABU) als „Bund für Vogelschutz" 1899 durch Lina Hähnle (Vorsitzende bis 1938) gegründet wurde. Eines der Motive war die hemmungslose Jagd auf bunte oder besonders elegante Vögel wie Paradiesvögel einerseits und Silberreiher („Edelreiher") andererseits. Ihre Federn und Bälge dienten als wichtiger Bestandteil von Accessoires der Damenmode in Form von besonders teuren Hüten. Aber schon damals erkannte man abseits der direkten Verfolgung die tieferen Gründe für den Rückgang der Vogelarten, denn schon drei Jahre später wurde das erste betreute Schutzgebiet, die Vogelinsel bei Giengen an der Brenz, gekauft. Heute ist der NABU die deutsche Vertretung bei BirdLife International – vormals Internationaler Rat für Vogelschutz. Mit mehr als 820.000 Mitgliedern ist der NABU die größte deutsche Naturschutzvereinigung (Stand 2021). Auch wenn aus dem Deutschen Bund für Vogelschutz (DBV) seit der deutschen Wiedervereinigung der NABU wurde und so der Vogelschutz aus dem Namen verschwunden ist, so nutzt der NABU nach wie vor die große Popularität der Gefiederten. Aktionen wie die „Stunde der Gartenvögel" oder die „Stunde der Wintervögel" und Aktionen zum EuroBirdwatch zur Beobachtung des Vogelzuges mobilisieren zehntausende. So hatte die Stunde der Wintervögel im Jahr Januar 2021 immerhin 150.000 Teilnehmende.

Aber auch so starke Verbände wie NABU, BUND, Deutsche Umwelthilfe oder publikumswirksame Aktionen und Statements von weniger mitgliederstarken Gruppen wie Greenpeace, Zoologische Gesellschaft Frankfurt und anderen konnten die längst fällige umfassende Wende in der Natur- und Umweltschutzpolitik in Deutschland nicht erreichen. Der politische Widerstand gegen nachhaltige Änderungen eines Wirtschaftskurses, der auf die möglichst effiziente Ausbeutung der Natur zielt, ist nicht schwächer, sondern eher raffinierter und wirkungsvoller geworden. So lässt sich die Naturschutzpolitik in Teilen als ein Trauerspiel bezeichnen. Viele sehr engagierte Mitarbeitende in der staatlichen Naturschutzverwaltung kämpfen gegen Windmühlenräder, solange die grundsätzlichen politischen Fragen nicht geklärt sind.

Seit Mitte des 19. Jahrhunderts und nochmals verstärkt vor allem seit den 1980er-Jahren gehen die Bestände einer überwiegenden Zahl von Vogelarten zum Teil dramatisch zurück. Teilweise können besonders „empfindliche" Arten nur noch durch spezielle Schutzmaßnahmen, die mit Naturschutz im Sinne von Biotopschutz nichts mehr zu tun haben, am Leben erhalten werden. Tragisch ist die Situation, weil die Menschheit jetzt nicht nur der drohenden biologischen Katastrophe gegenübersteht, sondern eine zweite dazu kommt: die Klimakatastrophe. Und beide sind unselig ineinander verwoben. Die Herausforderungen werden also nicht geringer!

Die bereits erkennbaren und in den nächsten Jahrhunderten nicht mehr rückgängig zu machenden ersten Vorboten in Gestalt von Dürresommern, sterbenden Wäldern oder schmelzendem Arktiseis führen zu einer Beschleunigung des Artensterbens. Jede einzelne der „Zwillingskatastrophen" reicht, das Überleben der Menschheit auf diesem Planeten oder die Existenz eines „blauen Planeten" mit seiner Biosphäre überhaupt infrage zu stellen.

Und es kommt noch hinzu – und das wäre zusätzlich zu „dramatisch" ein weiteres Adjektiv – dass es deprimierend erscheinen muss, dass alle Vorhersagen und wissenschaftlichen Untersuchungen – auch die von Ornithologen und Bürgerwissenschaftlerinnen – es nicht vermocht haben, einen Richtungswechsel oder zumindest ein wesentliches Problembewusstsein zu schaffen, um wenigstens die Zunahme von Schädigungen des blauen Planeten bewusst zu machen. Das Gegenteil ist der Fall, die Schädigungen nehmen genauso zu wie die Aussterberate und die weltweite Klimaveränderung.

In den Tagen, in denen die dritte Auflage dieses Buches erarbeitet wurde, werden von der EU in Brüssel etwa 20 Vertragsverletzungsverfahren gegen die Bundesrepublik Deutschland geführt, die direkt Umwelt und Natur betreffen. Solche Verfahren werden eingeleitet, wenn ein EU-Land die Umsetzung einer Richtlinie nicht durchführt oder gegen EU-Recht verstößt. Ein besonders plakatives Verfahren ist für uns von besonderem Interesse: 2021 reicht die Europäische Kommission beim Europäischen Gerichtshof gegen Deutschland wegen unzureichender Umsetzung der Fauna-Flora-Habitat(FFH)-Richtlinie Klage ein. Die FFH-Richtlinie soll eine wichtige Grundlage für die Einrichtung eines europaweiten Netzes von Schutzgebieten bilden. Der Naturschutzbund Deutschland dazu in einer Stellungnahme: „Es ist ein Unding, dass dies [die Umsetzung] auch sieben Jahre nach Einleitung dieses Vertragsverletzungsverfahrens und fast drei Jahrzehnte nach Inkrafttreten der Fauna-Flora-Habitat-Richtlinie noch erstritten werden muss. Dabei geht es hier um das Umsetzen von Vorgaben, zu denen sich Deutschland bereits 1992 verpflichtet hat, und nicht etwa um das Ausweisen neuer Schutzgebiete."

30 Jahre lassen Politik und Verwaltung verstreichen, ohne ausreichend tätig zu werden. Während Vogelschützende verzweifelt versuchen, die Neststandorte der letzten Kiebitze zu kartieren, wird von der großen Politik die Einrichtung von ausreichend großen Schutzgebieten sabotiert. Pläne und Geld sind vorhanden, aber der Wille nicht. Die Bundesregierung hat ihr selbst gestecktes Ziel, bis 2020 auf zwei Prozent der Landesfläche große Wildnisgebiete auszuweisen, deutlich verfehlt.

Gerade einmal 0,6 Prozent (Stand 2021) sind bislang erreicht. Dabei kommt den Wildnisgebieten und anderen großen Schutzgebieten eine ganz besondere Bedeutung zu.

Wildnis muss wachsen

Wattenmeer, Bayerischer Wald, die Müritz – das sind vielleicht die drei berühmtesten deutschen Nationalparks. Sie haben sowohl „normalen" Urlaubsreisenden als auch Naturbeobachtenden viel zu bieten: von riesigen Watvogelschwärmen über seltene Spechte und Eulen unzugänglicher Wälder in den Gebirgsregionen bis zu den Adlern, Hirschen und Wölfen im Osten. Ebenso selten wie die Tiere und Pflanzen sind aber strikte Schutzgebiete selbst. Sie sind Raritäten so wie Schreiadler, Grünlaubsänger oder Sumpfohreule auch. Die vielleicht beeindruckende Zahl von 16 Nationalparks täuscht einen Schutz der Natur vor, der in der Realität nicht vorhanden ist. Denn die meisten Schutzgebiete sind viel zu klein. So klein, dass man den Verdacht haben muss, sie seien Feigenblätter und dienten eher der touristischen Attraktivierung strukturschwacher Landesteile als dem Schutz der Biodiversität. Das gilt erst recht für die kleinen Naturschutzgebiete, die über die Fläche verstreut und verinselt ihre Funktion als Überlebensoasen nicht erfüllen können.

Manche Naturschutzgebiete in Deutschland sind das Blech nicht wert, mit dem auf sie hingewiesen wird.

Die Mehrheit dieser Gebiete unterschreitet eine Größe, die sie ausreichend gegen Einflüsse von außen schützen könnte. Vielfach sind sogar innerhalb der Nationalparks noch Nutzungsformen wie Wald- und Landwirtschaft oder Jagd erlaubt, was ihrem Zweck zuwiderläuft. Mit Fug und Recht lässt sich also behaupten, dass der Naturschutz in Deutschland immer noch ein stiefmütterliches Dasein führt.

Lippenbekenntnisse sind die Bundes- und Landesprogramme, gerne publikumswirksam unterzeichnete Willenserklärungen auf internationalen Konferenzen, denn die Roten Listen sprechen eine deutlichere und realistische Sprache. Fast die Hälfte aller Brutvögel in Deutschland steht auf der Roten Liste, viele weitere Vogelarten auf der Vorwarnliste. Vor allem die ganz gewöhnlichen, früher weit verbreiteten Vögel der einstigen Kulturlandschaft verschwinden. In Europa verloren wir bereits die

Der private Naturschutz leistet Erstaunliches. Aber er allein wird es nicht schaffen können, zumindest einen Rest von „Wildnis" in Deutschland zu erhalten.

Hälfte der Individuen der Feldvögel. Feldlerchen werden mancherorts zu Raritäten. Nur noch maximal zehn Prozent des Rebhuhnbestandes der 1980er-Jahre werden 40 Jahre später geschätzt. Und dabei war die Welt schon in den 1980er-Jahren bei weitem nicht in Ordnung.

Einladen statt aussperren. Wenn Natur mehr Freunde gewinnen soll, darf sie nicht zur Unberührbaren mutieren.

Zwar nahmen dank umfangreicher Schutzmaßnahmen, Jagdverboten oder der Entschärfung von tödlichen Strommasten und auch privaten Engagements die Bestände von Wanderfalken, See- und Fischadlern, Schwarzstörchen und anderen Großvögeln wieder zu, sodass diese „Flaggschiffarten" nicht mehr vom Aussterben bedroht sind. Dagegen geht es den heimischen Vögeln der Kulturlandschaft zunehmend schlechter: Ihre Zahlen sind vielerorts im freien Fall, weil die industrialisierte Landwirtschaft ihnen Nahrung, Deckung und Brutplätze raubt. Artenreiche Hecken und Raine verschwinden in den „Industrieflächen" der

Agrarwirtschaft. Übrigens verschwindet (kein Zufall) in fast gleichem Maße die bäuerliche Landwirtschaft. Kleine Betriebe werden ebenso Opfer der auf Fläche ausgerichteten Subventionen der europäischen Landwirtschaftspolitik wie Lebensräume und mit ihnen die Hoffnung auf einen Wandel der klimaschädigenden Massentierhaltung. Wenn wir es nicht schaffen, in unserer verarmten Kulturlandschaft einen Mehrwert für die Natur zu schaffen, dann bleiben nur noch artenarme kleine Inseln naturnäherer Flächen, die den nächsten Generationen keine Chance mehr lässt, die wunderbare Vielfalt unserer Vogelwelt zu erleben. In der früheren mühsamen Landwirtschaft entstanden solche Flächen von alleine, doch heute müssen wir uns bewusst für sie entscheiden. Das kostet Geld! Es ist an der Zeit, einen neuen Gesellschaftsvertrag zwischen Landnutzern und Gesellschaft zu formulieren, der nur naturverträgliches Handeln honoriert.

Warum ist Wildnis auf großen Flächen so wichtig?

Wildnis als von direkten menschlichen Eingriffen (fast) unberührte Landschaft bewahrt nicht nur die biologische Vielfalt, mindert Effekte des Klimawandels und kann zur CO_2-Minderung beitragen. Sie wirkt auch vorbeugend gegen Hochwasserschäden und ist wegen ihrer Attraktivität für den sanften Tourismus ein positiver Faktor der Regionalentwicklung. Nur in ausreichend großen Wildnisgebieten können die Einwirkungen der nicht geschützten Umgebung „gepuffert" werden und nur in großen Gebieten können Tiere, Pilze und Pflanzen so aufeinander einwirken, dass natürliche Prozesse die Landschaft „von alleine" gestalten. Ein Beispiel sind Bäche und Flüsse. Nur wo sie mäandern und von Bibern gestaut werden können, werden sich naturnahe Auenlandschaften entwickeln und wo Wälder alt werden und auch flächig absterben, können sich auf natürlichem Wege junge Waldstadien durch Selbstaussaat begründen.

Die Rolle der großen Graser, der Rinder, Pferde und Hirsche, darf dabei nicht vernachlässigt werden. Statt große Flächen durch die Mahd mit Maschinen langfristig weiter zu verarmen, werden in immer mehr Schutzgebieten Konik-Pferde, Auerochsen und andere eingesetzt. Sie wiederbeleben die jahrtausendealte Co-Evolution von großen Weidetieren mit allen anderen Lebewesen. Ihnen kommt bei der Gestaltung von artenreichen Lebensräumen eine Schlüsselrolle zu. Durch diese Art der Beweidung entsteht durch unterschiedlich intensive Weidetätigkeit, durch Kotstellen, Suhlen, Samentransport, Gehölzverbiss etc. eine große Fülle von unterschiedlichsten Kleinstlebensräumen, die durch ihre Vielfalt die Stabilität der Vielfalt gewährleisten.

Der gefühlte Widerspruch von Stabilität durch Flexibilität ist keiner. Die einzelnen Wildnisgebiete müssen miteinander vernetzt werden, damit der genetische Austausch der Populationen gewährleistet werden kann. Die Forderungen des Bündnisses „Wildnis in Deutschland“ beschränken sich nicht nur auf die zwei Prozent der Landesfläche für Wildnisgebiete, sondern sie fordern konsequent auch die Planung eines zusammenhängenden Schutzgebietssystems. Dieses muss über Länder- und Staatsgrenzen hinausgehen. Die dafür notwendigen Mittel sind auch schon gefunden: Mindestens ein Prozent des Budgets für den Bundesfernstraßenbau soll in die Vernetzung von Kernflächen des Naturschutzes investiert werden, fordern die Verbände.

Naturschutz ist Politik

Schaut man sich die Bemühungen des organisierten Naturschutzes, die vielen Petitionen, aufwändigen Analysen und Bestandserhebungen an, muss man dann deprimiert sein, weil sich gegen alle Vernunft die Unvernunft, die Gier nach mehr Produktion, mehr versiegelter Fläche, mehr Konsum durchgesetzt hat? Was kann die Naturschutzbewegung aus dem Ignorieren ihre Argumente lernen? Schauen wir genauer hin, so können wir Lernprozesse durchaus erkennen. Sie bestehen darin, dass der Naturschutz politischer wird. Und dass er emotionaler wird. Es geht nicht darum, die „Biodiversität“ zu retten. Darunter kann sich kaum jemand etwas vorstellen. Es geht darum, Bilder in den Köpfen der Menschen zu erzeugen, die Schönheit der Natur der hässlichen Seite der Zivilisation entgegenzuhalten. Und damit zu zeigen, welche Schätze wir gewinnen können, wenn wir unsere Gier nach immer

Der Trend zur Natur, als Ort von Sport und Erlebnis, wird noch stark zunehmen. Man könnte ihn nutzen für mehr Naturschutz, wenn man die touristischen Einnahmequellen mit Ausgaben für Tabuzonen und gute Touristenlenkung nutzt.

mehr zügeln lernen. Dazu muss Natur aber wirklich erlebbar werden. Hier können Naturschützende und die Bewegung der vogelbegeisterten Menschen erheblich mitwirken.

Vögel als Sympathieträger und leicht zu beobachtende Lebewesen sind hervorragende „Werbeträger" für wirksamen Naturschutz. Und wir können von den vielen jungen Menschen lernen, die fantasievoll für den Schutz der Erdatmosphäre auf die Straßen gehen und den Mächtigen den Spiegel vorhalten. Die Zeit für Beschwichtigungen und faule Kompromisse ist vorbei. Das Volksbegehren „Artenvielfalt & Naturschönheit in Bayern" mit starkem Engagement des Landesbundes für Vogelschutz in Bayern (LBV) wurde 2019 von 1,741 Millionen (von 9,493 Millionen berechtigten Bürgern und Bürgerinnen!) unterschrieben. Ein Mut machender Erfolg, der sich bei ähnlichen Projekten in anderen Bundesländern wiederholte. Offensichtlich sind auch zur Überraschung der Naturschutzverbände die Menschen schon weiter als die Funktionäre in der Politik.

Zu den früher „vom Aussterben bedrohten" Vogelarten zählte auch der Schwarzstorch. Die Art konnte sich weiter nach Westen ausbreiten und hat regional zugenommen. Gefährdungen bestehen durch Windkraftanlagen und Abschuss auf dem Zug.

Die Bestände des Wanderfalken haben sich seit dem Bestandstief in den 1970er-Jahren gut erholt. Dank des Nistkastenangebots in den Städten und Industriegebieten kommt die Art nun in früher nicht besiedelten Regionen vor.

Natur muss erlebbar sein

Das Naturbild, dass uns Fernsehfilme präsentieren, ist meist kitschig. Nur selten werden Störungen, wie sie in der wirklichen Natur allenthalben vorkommen, ja, die die Evolution erst richtig befeuern, gezeigt und nicht ausgeblendet. Zu oft propagieren auch Naturschutzverbände eine Art „heile Naturwelt", in der „Wunden" wie Borkenkäferbefall, Windwürfe, Dürreschäden an Bäumen sofort verarztet werden müssen. Lichtungen durch Borkenkäferbefall sind die Chance für den Wald, sich selbst neu zu erschaffen. Sie öffnen den schattigen Wald und schaffen

Wärmeinseln, auf denen sich Blumen, Insekten und Reptilien einfinden. In großen Ökosystemen entstehen solche Störstellen ganz von alleine durch Erdrutsche, Uferabbrüche, Überschwemmungen, Flussbettverlagerungen, Stürme, Frost und Schnee sowie Insektenkalamitäten. Die „heile Natur", die in manchen Köpfen von Naturschützern in ihrer Gleichmäßigkeit noch eine Idealvorstellung zu sein scheint, gibt es so nicht. Genauso wenig wie irgendeine Form von „Gleichgewicht", das es „wiederherzustellen" gilt.

Wie gut die Natur mit Störstellen aus zweiter Hand, also von Menschen gemachten, zurechtkommt und wie sehr diese zur Vielfalt beitragen, lässt sich etwa in den aufgegebenen ostdeutschen Braunkohlegruben beobachten, die von der Heinz-Sielmann-Stiftung aufgekauft wurden und sich nun natürlich entwickeln: Sie bilden ein Refugium für seltene Vögel wie Wiedehopf, Steinschmätzer oder Braun- und Schwarzkehlchen.

Es kommt nicht von ungefähr, dass sich die ersten Wölfe Deutschlands nicht etwa in Großschutzgebieten, sondern auf den großen, relativ ungestörten Truppenübungsplätzen der Lausitz wieder angesiedelt haben. Die bundesweit höchsten Ziegenmelkerdichten werden auf Bombenabwurf- und Artillerieplätzen erreicht.

Kein Wunder, dass Kinder keinen natürlichen Umgang mit der Natur finden können, wenn ihre Neugier durch das Verbot, Vogelfedern zu sammeln oder Frösche zu fangen, verkümmern muss. So wird Natur zur unberührbaren Außenwelt, mit der man besser nichts zu tun hat. Wie in anderen Lebensbereichen auch, bringt in manchen Fällen eine überbordende Bürokratie genau das Gegenteil von dem zustande, was eigentlich ihr Ziel sein sollte.

Vorbild: Wildnisgebiete

Ein Blick über die Grenze in die Niederlande zeigt, wie man es besser machen könnte: Im Großschutzgebiet Oostvaardersplassen zählte man bislang rund 250 Vogelarten, die sich in der jetzt strukturierten Landschaft angesiedelt haben. Großtiere wie Rothirsche, Koniks – eine urtümliche Pferderasse – und „Auerochsen" halten das Gelände offen. Sie werden nicht gefüttert, kennen keinen Tierarzt. Sie gestalten den kleinen Nationalpark nach ihren Bedürfnissen und schaffen dabei eine beeindruckende Artenvielfalt, die bei „Safaris" erlebt werden kann. Seeadler sind ganzjährig zu sehen und selbst die drei großen Geierarten sind als gelegentliche Besucher registriert. Für Naturfreundinnen gibt es Beobachtungshütten, Aussichtshügel und Wanderwege, Führungen und ein Naturzentrum. Die „Wildnisgebiete", so heißen die großen Schutzgebiete bei unseren Nachbarn, zeigen deutlich, wie erfolgreich Naturschutz sein kann, wenn man den Mut hat, auch punktuelle Zerstörungen durch Verbiss und intensive ungelenkte Beweidung zuzulassen.

Auch in Deutschland gibt es gute Beispiele für diese Form des dynamischen Naturschutzes. Die Webseite https://wildnisindeutschland.de informiert über

In vielen Naturschutzgebieten Hollands haben große Säugetiere, hier „Wildpferde" (Koniks) die Pflege übernommen. Artenreiche Wildnis stellt sich ein.

Naturschutz auf großen Flächen funktioniert gut mit robusten großen Weidetieren, die die Landschaft formen. Im Bild ein Schottisches Hochland und ein Silberreiher im Nationalpark „Lauwersmeer" in den Niederlanden.

Im international bekannten Nationalpark „Oostvaardersplassen" in den Niederlanden sorgen Konik-Pferde, Auerochsen und tausende Hirsche für eine erstaunliche Artenvielfalt. Das Gebiet wird deshalb auch „Serengeti hinter den Deichen" genannt.

Von Robust-Rindern und Konik-Pferden gestaltetes Gebiet im niederländischen Nationalpark „Lauwersmeer". Von Seeadler über Löffler bis zum Blaukehlchen sind hier seltene Vogelarten zu sehen.

So vielfältig kann eine Naturschutzfläche aussehen, die hauptsächlich von Pferden gestaltet wird. Niederlande am Nederrijn.

Naturnahe Kulturlandschaft wie diese finden wir fast nur noch in Schutzgebieten, aus der Fläche sind sie verschwunden. Naturschutzgebiet Dingdener Heide im Münsterland.

Wie ein Bild aus dem vorigen Jahrhundert: Eine Mischung von verschieden bewirtschafteten Wiesen, teilweise von Wasserbüffeln beweidet, im Münsterland.

Gebiete und Strategien. Beispielhaft zu nennen sind die „Wilden Weiden" im NABU-Schutzgebiet Katinger Watt in Schleswig-Holstein, „Sielmanns Naturlandschaft Döberitzer Heide" unweit Berlin, wo sich Wisente, Przewalskipferde und Rothirsche um die Gestaltung der Landschaft kümmern. Dazu kommen viele kleine Projekte, wie etwa die durch die Sielmann-Stiftung initiierten Biotopverbünde unter dem Titel „Jeder Gemeinde ihr Biotop".

Der Start erfolgte mit dem Biotopverbund Bodensee. Dort im nördlichen Bodenseeraum entstanden in wenigen Jahren über 100 Biotope neu oder bestehende wurden aufgewertet. Die Weiher, Tümpel, Feuchtgebiete, Viehweiden, Obstwiesen und Trockenrasen belegen, dass es noch möglich ist, die Artenvielfalt wieder zu beleben. Aber deutlich wird auch: Es bleibt nicht mehr viel Zeit.

So sollte es sein: Von großen Weidetieren gestaltete und deshalb artenreiche „Wildnis“.

Anstandsregeln

Das Beobachten von Vögeln ist ein Hobby, von dem Mensch und Natur profitieren: Man ist viel draußen, bewegt sich, trifft Gleichgesinnte und zeigt, dass einem eine vielfältige Umwelt am Herzen liegt. Wie bei jeder Aktivität gilt aber, auf seine Mitmenschen und gerade auch auf die Natur Rücksicht zu nehmen – andere wollen schließlich ebenso in deren Genuss kommen. Einige wenige Regeln sollten Sie daher stets beachten:

An erster Stelle steht das Leben der Vögel: Ihr Wohlergehen geht über die Befriedigung unseres Interesses. Vermeiden Sie daher, ihren Lebensraum zu zerstören, sie am Nest, an Ruheplätzen oder bei der Nahrungsaufnahme aufzuschrecken.

Schweigen ist manchmal Gold: So schön es ist, sein Wissen mit Gleichgesinnten zu teilen – der letzte Brutplatz des Rotstirnwürgers in Deutschland sollte dennoch nicht unbedingt mit exakten Koordinaten ins Internet gestellt werden. Je mehr Menschen davon wissen, desto größer ist die Gefahr, dass die Tiere für immer vertrieben werden. Naturschutzverbände sind für diese Tipps jedoch dankbar, da sie mitunter für passende Schutzmaßnahmen sorgen können.

Vermeiden Sie unnötige Störungen: Die großen Gänseschwärme, die am Niederrhein überwintern, lassen sich am besten aus dem Auto beobachten – Aussteigen ist unnötig und könnte die Tiere aufschrecken. Auch Vögel benötigen Ruhe für sich und ihren Nachwuchs.

Respektieren Sie die Gesetze und Regeln: Auch wenn die Rohrdommel lockt – fahren Sie bitte nicht mit dem Boot ins Schilf und bleiben Sie in Schutzgebieten auf den ausgewiesenen Wegen. Selbstredend sollte gelten: Wir lassen in der Natur nichts zurück außer unseren Fußabdrücken.

Auf den Wegen bleiben! Das gilt natürlich auch für Vogelbeobachter.

Hier bilden Vogelbeobachtende abseits von Wegen eine Reihe, um möglichst wenig Schaden anzurichten.

Respektieren Sie Privateigentum: Niemand möchte, dass plötzlich eine wildfremde Person im eigenen Garten auf der eigenen Liege ruht. Berücksichtigen Sie also bitte die Interessen von Landwirten, Förstern oder Teichbesitzern, wenn Sie im Gelände unterwegs sind.

Stecken Sie andere mit Ihrer Begeisterung an: Vogelbeobachter stoßen hierzulande immer noch oft auf Erstaunen und werden von Spaziergängern bisweilen mit Fragen bestürmt. Seien Sie freundlich, antworten Sie auch auf vielleicht banale Fragen und teilen Sie, wenn nötig, ihr Fernglas mit anderen. Schon mancher hat dadurch plötzlich sein Interesse an der Vogelwelt entdeckt. Und das hilft uns, unserem Hobby und den Vögeln.

Teilen Sie Ihre Daten: Naturschutzverbände und Wissenschaftler freuen sich immer über akkurate Informationen – Hobby-Ornithologen haben schon häufig die Forschung vorangebracht und liefern wichtige Daten, etwa zum Vogelzug, oder Bestandszahlen. Es gibt bequem zu bedienende Datenbanken im Internet (s. S. 43 ff.).

Im Ausland: Beachten Sie bitte gerade auch dort diese wenigen und einfachen Regeln! Gehen Sie mit gutem Beispiel voran – damit Vögel und Vogelgucker dort weiterhin willkommen sind.

Geben Sie Ihr Wissen weiter! Viele Schulen und Kindergärten sind dankbar für diese wichtige Unterstützung.

Praktischer Vogelschutz für alle

Früher oder später fragt sich wohl jeder Vogelbeobachtende, was er oder sie selbst tun kann, um das Leben der Tiere zu verbessern – das ist nicht wenig! Diese Eigeninitiative zahlt sich meist nicht nur mit einem guten Gewissen, sondern oft ebenso mit guten Beobachtungen aus.

Gestalten Sie Ihren Garten vogelfreundlich: Pflanzen Sie einheimische Blumen, Sträucher und Bäume, die Deckung bieten, Insekten anlocken oder mit Beeren den Tieren über den Winter helfen. Ein Gartenteich bietet eine willkommene Vogeltränke und ein erfrischendes Bad. Mangelt es an Platz, hilft auch eine flache Tonschale. Torf gehört dagegen nicht in den Garten, da dafür wertvolle Moore zerstört werden. Auch Pestizide sollten tabu sein. Hervorragende Tipps gibt es unter www.wildvogelhilfe.org/garten/garten.html.

Hängen Sie Nistkästen auf: Selbst gebaut oder im Handel erworben – mittlerweile gibt es eine Vielzahl unterschiedlicher Bruthilfen, die für Meisen, Gartenrotschwänze oder gar Eulen keine Wünsche offenlassen. Gute Tipps und Bauanleitungen bietet das Buch „Nisthilfen für Vögel" von Klaus Richarz und Martin Hormann.

Füttern erlaubt: Selbstverständlich dürfen Sie Vögel (nicht nur) im Winter füttern. Achten Sie aber bitte auf eine ausgewogene Futtermischung (im Fachhandel oder bei Naturschutzorganisationen erhältlich), saubere Futterplätze und vermeiden Sie Risiken wie Vogelschlag oder Attacken durch Katzen. Das Futterhäuschen sollte frei stehen, sodass sich Räuber nicht anschleichen können und die Vögel nicht in Panik gegen Glasscheiben fliegen.
Das vogelsichere Haus: Große Glasfassaden haben schon viele Vögel das Leben gekostet, dabei lässt sich dies einfach durch Vorhänge vermeiden. Schwarze Greifvogelsilhouetten nützen dagegen wenig. Besser wirken Muster, die mit Sonnencreme auf die Fensterscheiben gestrichen werden: Dies reflektiert kurzwelliges Sonnenlicht, das Vögel gut erkennen. Es gibt dafür im Handel auch spezielle für uns Menschen nahezu unsichtbare Mittel (birdpen).
Busse, Bahn und Fahrrad: Nutzen Sie öffentliche Verkehrsmittel oder das Fahrrad, wenn Sie zum Vogelbeobachten wollen und die Ziele damit erreichbar sind. Bücher wie „Vögel beobachten in …" von Christoph Moning, Christian Wagner und Felix Weiß bieten Hinweise für eine autofreie Anfahrt zu ausgewählten Gebieten.
Kaufen Sie, wenn möglich, Bioware: Fleisch von Weiderindern, Saft von Streuobst oder Wein aus ökologischem Anbau – Lebensmittel wie diese helfen, eine vielfältig strukturierte Landschaft mit ihrem Artenreichtum zu erhalten. Auch bei importierten Genussmitteln wie Kaffee oder Bananen können Sie der Vogelwelt helfen: Der Landesbund für Vogelschutz bietet einen „vogelfreundlichen" Kaffee an, der umweltfreundlich unter Schattenbäumen wächst und Zugvögeln zumindest eine Ersatzheimat bietet.
Vogelschutzorganisationen: Werden Sie Mitglied beim NABU, dem Landesbund für Vogelschutz (LBV), dem BUND oder einer anderen Gruppe, die sich aktiv für den Schutz der Vögel einsetzt. Mit Ihrem Mitgliedsbeitrag können sie Biotope kaufen, gegen den Vogelfang kämpfen oder Artenschutzprogramme finanzieren. Mitgliedszeitschriften halten Sie über die Aktivitäten auf dem Laufenden und in Ortsgruppen können Sie Gleichgesinnte treffen.

Wer hilft, wenn …

Immer wieder kommt es vor, dass Vögel in Not geraten. Wir sagen Ihnen wie Sie helfen können oder professionelle Hilfe finden.
Ein Jungvogel ist aus dem Nest gefallen: Es ist ein Märchen, dass Vögel ihre Jungen nicht mehr annehmen, wenn Menschen sie berührt haben. Ein Küken, das aus dem Nest gefallen ist – und keine schweren Verletzungen aufweist – kann also vorsichtig wieder ins Nest zurückgesetzt werden. Oft handelt es sich bei den vermeintlichen Waisen allerdings um fast flugfähige Jungvögel, die noch von den Eltern versorgt werden. Diese Tiere sollte man in Ruhe lassen oder allenfalls an einen geschützten Ort in der Nähe bringen.

Ein Vogel hat sich verletzt: Vögel, die gegen eine Fensterscheibe geflogen sind und keine sichtbaren Verletzungen aufweisen, sollten in Ruhe gelassen oder an einem sicheren Platz in eine gepolsterte Schachtel gesetzt werden. Bisweilen erholen sie sich wieder. Finden Sie tatsächlich einen Vogel mit gebrochenem Flügel oder Fuß, sollten Sie ihn in professionelle Obhut übergeben. Eine Liste mit Auffangstationen für Wildvögel finden Sie im Internet unter www.wildvogelhilfe.org/aufzucht/auffangstationen.html. Auskunft geben können Ihnen auch lokale Tierheime oder Naturschutzgruppen.

Ein toter Vogel mit Ring wird gefunden: Ringfunde leisten einen wertvollen Beitrag zur Forschung. Sie sollten also die Ringe von toten Vögeln entfernen und diese an eine Beringungszentrale senden. Neben der Ringnummer befindet sich dazu auf jedem Ring eine Kurzanschrift. Befindet sich die Beringungszentrale im Ausland, genügt es, den Ring an eine deutsche Vogelwarte zu senden. Über die Internetseite www.ring.ac kann man Funde auch komfortabel online melden. Der NABU listet die deutschen Vogelwarten im Internet auf.

Ein toter Greifvogel liegt neben seiner Beute oder in einer Falle: Viel spricht für ein Verbrechen, denn die Bejagung von Greifvögeln ist illegal. Sie sollten also die Polizei informieren oder zumindest das Bonner Komitee gegen Vogelmord einschalten (www.komitee.de, Telefon: 0228-665521).

Ein toter Großvogel liegt unter einer Stromleitung: Immer wieder sterben unnötig Seeadler oder Störche an Masten. Informieren Sie also die Ortsgruppe von LBV oder NABU oder das Komitee gegen Vogelmord. Diese wenden sich dann meist an die Stromversorger und dringen auf die Sicherung der Masten und Leitungen.

Auf einem Gewässer schwimmen mehrere tote Enten: Es könnte sich um Vogelgrippe oder das Botulinumtoxin handeln – eine Vergiftung durch Algen. Verständigen Sie in diesem Fall die Polizei, Feuerwehr (aber bitte nicht über die Telefonnummer „112“) oder das örtliche Veterinäramt bei der Kreis- oder Stadtverwaltung. Sie kümmern sich um die Entsorgung und Analyse der Kadaver.

Sie beobachten illegale Aktivitäten wie wilde Müllentsorgung, Klettern an gesperrten Brutfelsen oder Singvogeljagd: Schreiten Sie nicht selbst ein, sondern beobachten Sie die Tat nur. Anschließend sollten Sie die Polizei sowie lokale Naturschutzgruppen informieren. Wenn Sie Fallen finden, die der Jagd auf Vögel dienen, machen Sie bitte auch Meldung an das Komitee gegen Vogelmord.

Sie beobachten eine absolute Seltenheit: Der Traum eines jeden Vogelguckers – er oder sie entdeckt eine Rarität. Dokumentieren Sie diese möglichst genau: Wo und wann gesehen, Gefiederdetails, welche Aktivitäten etc., am besten mit Foto. Melden können Sie diese Funde zum einen den Naturschutzorganisationen, den Vogelwarten und dem Dachverband Deutscher Avifaunisten, die verschiedene Monitoring-Programme unterhalten (www.dda-web.de). Extreme Raritäten müssen zudem von der Deutschen Seltenheitenkommission bestätigt werden – ent-

sprechende Informationen finden Sie bei den Avifaunistischen Kommissionen und Ornithologischen Gesellschaften der einzelnen Bundesländer.
Allgemeine Frage: Eine sehr gute Informationsseite unterhält die Wildvogelhilfe unter www.wildvogelhilfe.org. Ansprechpartner vor Ort können die beiden großen Naturschutzorganisationen NABU (www.nabu.de) und Landesbund für Vogelschutz in Bayern (www.lbv.de) nennen.

13 Einführung in die mitteleuropäischen Vogelfamilien und ihre Vertreter

Gerade für Einsteiger in die Vogelbeobachtung ist die Vielfalt der Vogelwelt erstaunlich, aber auch ein erstes Hindernis bei der Bestimmung der Vogelarten. Wer entschlossen ist, sich intensiver mit der Vogelwelt Mitteleuropas zu beschäftigen, wird schnell feststellen, dass es nicht immer einfach ist, eine beobachtete Art richtig „anzusprechen", wie der Fachmann sagt. So wird er bei seiner Suche in einem Bestimmungsbuch beispielsweise feststellen, dass es nicht nur einen graugrün gefärbten Laubsänger gibt, sondern unter Umständen bis zu fünf Arten infrage kommen können. Zuvor ist die Hürde zu nehmen, den Laubsänger von den ähnlich aussehenden Spöttern, Rohrsängern, Schwirlen und Grasmücken zu unterscheiden!

Ein Blick in ein gängiges Bestimmungsbuch der Vögel Europas macht das Dilemma deutlich: Eine überwältigende Zahl von Arten und Kleidern, Unterarten und Mauserzuständen macht das Bild sehr unübersichtlich. In den Standardwerken werden bis zu 750 Vogelarten Europas, Nordafrikas und Vorderasiens mit all ihren Variationen vorgestellt. So manche der dargestellten Vogelarten wird ein Einsteiger in der Regel nicht zu sehen bekommen. Oft ist es hilfreich, einen Blick auf die Verbreitungskarte zu werfen, um abzuschätzen, ob es sich tatsächlich um den gleichen Vogel wie im Bestimmungsbuch handeln kann: Wie wahrscheinlich ist es zum Beispiel, einen Vogel, der in den Wäldern des Balkans brütet, an der Nordsee zu beobachten? Weitere Hinweise und Tipps zum Umgang mit Bestimmungsbüchern finden Sie im Kapitel 3.

Ein entscheidender erster Schritt zur erfolgreichen Bestimmung ist es, sich zunächst mit der Systematik der Vogelwelt vertraut zu machen und einen Überblick über Familien und Gruppen zu gewinnen. So erhalten wir nicht nur eine Übersicht über die Vielfalt der Vogelformen, sondern lernen schon, den beobachteten Vogel grob einzuordnen.

Wenn wir anhand von familientypischen Merkmalen eine gute „Vorsortierung" erreichen, reduziert sich die große Palette der infrage kommenden Arten im Bestimmungsbuch auf eine mehr oder weniger kleine Auswahl. Jetzt ist der Blick in das Bestimmungsbuch sehr viel gezielter: Aus einem ahnungslosen Blättern wird ein Aufsuchen der vermuteten Familie und meistens, wenn wir den Vogel gut beobachten konnten, eine schlüssige Artbestimmung. Nur so kann ein Bestimmungsbuch wirklich effizient eingesetzt werden.

Oft genügen wenige beobachtete Merkmale, um einen Vogel in eine Familie einordnen zu können. Experten konzentrieren sich bei der Bestimmung oft einzig auf die sogenannten Trennmerkmale, also solche Merkmale, die eine Art von ähnlichen Arten unterscheiden. Bei diesem ersten Schritt, der sehr schnell zu Erfolgen führt, geht es darum, einen „Blick" für Vögel zu bekommen. Es gilt, ein Gefühl für Proportionen, Gestalt und Gesamteindruck zu entwickeln.

Die folgenden Kapitel stellen die heimischen Vogelfamilien vor, zeigen ihre wichtigsten Merkmale auf und weisen auf solche Unterschiede zu anderen Familien und Vogelgruppen hin, die für die Einordnung besonders bedeutsam sind. Dabei werden auch handfeste Lösungen für regelmäßige Bestimmungsprobleme und Verwechslungsmöglichkeiten gegeben. Im Rahmen dieses Buches ist es nicht das Ziel, alle in Mitteleuropa vorkommenden Arten vorzustellen. Wir konzentrieren uns auf Vögel, die häufig bis regelmäßig bei uns beobachtet werden können und die auch dem Einsteiger auffallen könnten. Es handelt sich also um eine Auswahl „exemplarischer" Arten, die man in Zukunft sicherer und schneller bestimmen können sollte. „Nebenbei" wollen wir den Blick für Unterschiede zwischen den Artengruppen schärfen, sodass sie als Nutzer dieses Buches danach mit größerer Freude ein anspruchsvolles Bestimmungsbuch einsetzen werden.

Der Reiz der Vogelbeobachtung liegt auch darin, dass man nie weiß, was einen genau erwartet. Lassen Sie sich von der Natur überraschen!

Fasanenverwandte – *Phasanidae*

sehr kleine bis große Hühnervögel – Glattfußhühner vor allem in offener Landschaft, einzelne Raufußhuhnarten auch in Wäldern – Fußsporn typisch für einige männliche Glattfußhühner – Schwanz kurz bis ausgesprochen lang wie beim Fasan – geschwollene nackte farbige Hautpartien wichtig für die Balz

Ein **Fasan** (links) ist der klassische Prototyp eines Hühnervogels. Als Bodenbewohner hat er kräftige Beine. Der Schnabel ist kurz, derb und leicht hakenförmig. Damit pickt er Samen und Pflanzenteile auf. Für die Küken sind Insekten eine wichtige Nahrungsquelle. Nackte Gesichtspartien sind ganz typisch, besonders für männliche Hühnervögel, und haben eine wichtige Funktion bei der Balz. Fasane sind wie die meisten Hühnervögel ausgesprochene Standvögel.

Links: Hühnergelege sind oft recht groß, was sich der Mensch schon früh zunutze gemacht hat. Ein Fasanengelege kann acht bis zwölf Eier enthalten. Die Jungen sind typische Nestflüchter und können dank eines raschen Schwingenwachstums nach ein bis zwei Wochen kurze Strecken fliegen. Sie werden vom Weibchen betreut. Im Bild ein **Fasanenküken**.

Rechts: Glatt- und Raufußhühner sind in einer Hühnerfamilie, den *Phasianiden*, zusammengefasst. In ihr sind nahezu alle mitteleuropäischen Vertreter der Hühnervögel vertreten. Namensgebend für die beiden Unterfamilien ist der Unterschied in der Befiederung der Beine. Raufußhühner, hier durch einen **jungen Birkhahn** dargestellt, haben als Anpassung an Kälte und Schnee vollständig befiederte Beine. Die Zehenseiten sind mit Reihen stiftartiger Hornausbildungen („Balzstifte") verbreitert und fungieren zusammen mit den Federn als Schneeschuhe. Zudem fehlt ihnen der für Glattfußhühner typische Sporn.

Eine weitere Anpassung an ihren im Winter unwirtlichen Lebensraum sind die befiederten Nasenlöcher der Raufußhühner. Die besonders bei den Männchen während der Balz geschwollenen, nackten, roten Hautpartien über den Augen werden „Rosen" genannt und sind bei dem hier abgebildeten **Auerhahn** gut zu erkennen.

Viele Hühnerarten sind ausgesprochen dimorph, das heißt, die Geschlechter sind sich sehr unähnlich, wobei die Männchen oft sehr auffällig gefärbt sind, während die Weibchen eher tarnfarben sind. Dies ist besonders bei Arten der Fall, die entweder polygam leben, also ein Männchen paart sich mit mehreren Weibchen, oder bei Arten, die auf dem Balzplatz um die Weibchen buhlen. Zu den Ersteren zählen Fasane und zu den Letzteren das hier abgebildete **Auerhuhn** mit deutlichen Unterschieden zwischen Hahn (links) und Henne (rechts). Dimorphismus ist besonders wahrscheinlich, wenn ein Geschlecht mehrere Paarungsoptionen hat und zugleich der Zugang zur Paarung eingeschränkt werden kann. Bei Hühnervögeln wählen die Weibchen die Männchen, die wiederum den Zugang zur Paarung beispielsweise über Balzplätze gegen Geschlechtsgenossen verteidigen. So balzen Raufußhühner in auffälliger, ritualisierter Weise, was die Menschen schon immer fasziniert hat. Birk- und Auerhühner versammeln sich auf traditionellen Balzplätzen, wo die Männchen in einer Gruppenbalz durch auffälliges Gehabe und eigentümliche Laute um die Weibchen werben. Der Balztanz der Birkhähne soll als Vorbild für den bayrischen Schuhplattler gedient haben.

Schneehühner leben zwar polygam, vertrauen aber dennoch auf ihr perfekt tarnendes Gefieder, weshalb sich die Geschlechter stark ähneln. Die Männchen der **Alpenschneehühner** (hier abgebildet) tragen im Sommer ein schiefergraues und die Weibchen ein warm braun-meliertes Gefieder. Im Winter legen beide Geschlechter ein reinweißes Gefieder an. Die Männchen unterscheiden sich dann durch den schwarzen Zügelstreif von den Weibchen. Alpenschneehühner sind vollkommen an ihre lebensfeindliche Umwelt, die alpinen Hochlagen, angepasst. Im Winter graben sie sich im Schnee eine Schlafmulde oder gar eine Schlafhöhle. Ab März lassen die Hähne ein karrendes, weittragendes Balzgeräusch hören. Der alpine Wanderer wird die Art meistens nur vor seinen Füßen abfliegend beobachten können.

Kaum eine Art verhält sich derart kryptisch wie das **Haselhuhn**, weshalb es bei vielen Beobachtern ganz oben auf der Wunschliste steht. Es kommt in unterholzreichen, strukturreichen Wäldern, die sich aus vielen Gehölzarten zusammensetzen, in den Mittelgebirgen und im Alpenraum vor. Gerne sucht es sandige Wege und Böschungen zum Staubbad auf. Leider fliegt es oft lange bevor man es sieht ab, was man dann an dem burrenden Flügelgeräusch bemerkt. Haselhühner lassen sich gerne in einer erhöhten Position beispielsweise auf einem Querast nieder, wo sie dann geschickt balancierend auf den ahnungslosen Wanderer herabschauen. Der abgebildete Vogel lässt sich durch seine schwarze Kehle leicht als ein Männchen bestimmen. Weibchen haben eine braungrau gebänderte Kehle.

Neben dem Fasan ist das **Rebhuhn** der Hühnervogel, dem man am häufigsten in der strukturreichen Feldflur begegnen wird, trotz dramatischer Bestandseinbrüche in den letzten Jahrzehnten. Rebhühner sind Einzelgänger oder leben in einer Partnerschaft und sind sehr territorial. Dieses kontaktscheue Verhalten hat in der deckungsarmen, ausgeräumten Agrarlandschaft dazu geführt, dass die Abstände zwischen den einzelnen Familiengruppen sehr viel größer und somit die Siedlungsdichte niedriger wurden. Hinzu kommt das Verschwinden von Kleinstrukturen, die totale Ernte von großen Ackerflächen in wenigen Tagen, die maschinelle Bearbeitung des Bodens und viele andere Folgen der modernen Landwirtschaft, die das Nahrungsangebot schmälern und Möglichkeiten für eine gut geschützte Anlage des Nestes verringern. In vielen Gegenden ist dieser einstmals häufige Vogel nun selten geworden oder gar verschwunden. Außerhalb der Brutzeit finden sich Rebhühner in zum Teil größeren Gruppen zusammen.

Wachteln sind die einzigen Zugvögel unter unseren Hühnervögeln. Die Männchen machen durch ihren schlagenden Ruf, der wie „pick-werwick" (erste Silbe am stärksten betont) klingt, meist vier bis sieben Mal wiederholt wird und von Weitem an einen tropfenden Wasserhahn erinnert, auf sich aufmerksam. Das ist oft alles, was man von Wachteln mitbekommt, die Vögel selbst sieht man nur äußerst selten. Wachteln lassen Menschen gelegentlich sehr nahe an sich heran und fliegen nur auf, wenn es keinen Ausweg mehr gibt. Im Normalfall schleichen sich Wachteln geduckt durch die Vegetation davon. Man findet die kleinen Hühnervögel auf Feld- und Wiesenflächen mit hoher, Deckung gebender Krautschicht, in Wintergetreide, Brachen, Luzerne- und Kleefeldern, auch in Wiesen und auf Hackfruchtäckern, auf die sich die Wachteln im Laufe des Sommers gerne verlagern.

Entenverwandte – *Anseriformes*

Wasservögel mit breitem Körper, kurzen Beinen, Füßen mit Schwimmhäuten
Schwäne: große, langhalsige, weißliche Entenvögel – Geschlechter gleich gefärbt – vegetarische Nahrung wird gründelnd oder an Land zupfend aufgenommen
Gänse: langer dicker Hals – kräftiger, hoher Schnabel – Geschlechter gleich gefärbt – vegetarische Nahrung wird an Land zupfend aufgenommen – besonders außerhalb der Brutzeit gesellig – in Gruppen meistens in V-Formation fliegend
Enten und Halbgänse: breiter, flacher, vorne abgerundeter Schnabel – meist Bodennest in Gewässernähe, einzelne Arten in Baum- oder Bodenhöhlen – Gründelenten gründeln im Wasser: Kopf unter Wasser, Schwanz in der Höh – Gründelenten mit auffällig farbigem Flügelspiegel im Armflügel – Tauchenten suchen tauchend nach Nahrung und brauchen Anlauf von der Wasseroberfläche, im Gegensatz zu Gründelenten, die von der Stelle auffliegen – bei vielen Arten Männchen und Weibchen ausgesprochen unterschiedlich (Dimorphismus)
Säger: gestreckte Gestalt – Schnabel lang und schlank – Fischfresser – Geschlechter ausgesprochen dimorph

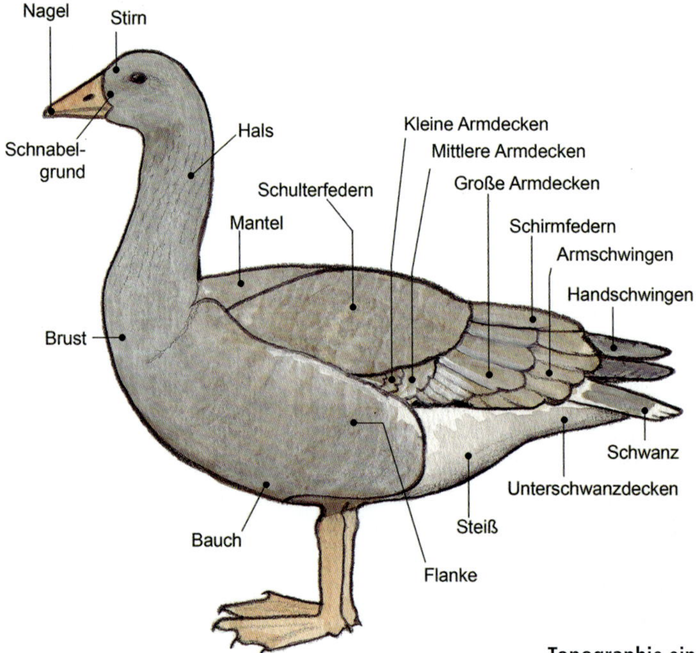

Topographie einer Gans

Die Vertreter dieser nur aus der Familie der Entenvögel bestehenden Ordnung sind der Inbegriff des Wasservogels. Die Arten haben recht kurze Beine, was das typische Bild der watschelnden Ente verursacht. Zwischen den Vorderzehen befinden sich Schwimmhäute. Bei uns trifft man vor allem auf zwei Unterfamilien: die Schwäne und Gänse (*Anserinae*) und die Enten (*Anatinae*).

Die Schnäbel der Entenvögel, hier eine **Graugans**, sind meistens kurz und kräftig, aber auch breit und abgeflacht. Die Basis des Gänseschnabels ist hoch, um entsprechenden Druck für das Abzupfen der pflanzlichen Nahrung erzeugen zu können. Die Oberschnabelspitze besteht aus einem hornigen Nagel, dessen Färbung bei Gänsen das Alter verrät. Alte graue Gänse wie dieser Vogel haben einen hellen Nagel, junge Gänse hingegen einen dunklen. Ober- und Unterschnabel sind mit je zwei Lamellenreihen besetzt. Diese funktionieren bei Enten in Verbindung mit der zu einem Saugstempel ausgebildeten Zunge wie ein Seihapparat zum Ausfiltern von Nahrungsteilchen aus dem Wasser. Bei Gänsen ist die äußere Lamellenreihe so grob, dass sie beim Gras abzupfen hilfreich ist.

Besonders Gänse und Schwäne, hier im Bild eine **Graugans**, werden oft beringt, da sie im Freiland leicht abgelesen werden können. Große, gut ablesbare, farbige Plastikringe weisen auf Forschungsprojekte hin. Aluminiumringe werden von Züchtern verwendet, aber auch zu Forschungszwecken. Wenn man seine Beobachtung an die entsprechende Stelle weiterleitet, erfährt man oft Faszinierendes über den beobachteten Vogel. Bei Entenvögeln wird auch der lange Hals zur Anbringung von Farbringen genutzt.

Bei männlichen Enten der Gattung *Aythya* verrät die Färbung des Nagels und des umgebenden Schnabels die Artzugehörigkeit. So besitzt die hier abgebildete **Reiherente** einen an der Spitze breit schwarz gefärbten Schnabel. Dies ist bei der Bestimmung von Hybriden wichtig, die in dieser Gattung mannigfaltig entstehen.

Links: **Schwäne** sind ausgesprochen langhalsig, was ihnen ermöglicht, tiefer wachsende Wasserpflanzen energiesparender abzuweiden als es Enten und Rallen tun.

Oben rechts: Schwäne, Gänse und Enten ernähren sich überwiegend vegetarisch, nicht jedoch die Säger, wie dieser **Gänsesäger**. Gänsesäger ernähren sich von Fischen, Krebsen und Wirbellosen, wie etwa Wasserinsekten, nach denen sie tauchend jagen. Dazu machen sie geschickt von ihrem schlanken langen Schnabel Gebrauch, an dem die Lamellenreihen zu Hornzähnen umgebildet sind, um die Beute besser packen zu können.

Die meisten Entenarten sind gesellig und auf der Rast oder dem Zug oft in großen Ansammlungen versammelt. Dabei lohnt es sich, die Trupps genau durchzumustern, regelmäßig befinden sich seltenere Arten in den Ansammlungen.

Einige Entenvogelarten, wie die aus Fernost stammenden **Mandarinenten**, wurden als Zier- und Parkvögel eingeführt und haben sich bei uns fest etabliert. Diese Arten, die auch unabsichtlich verbreitet worden sein können, bezeichnet man als Neozoen. Gelegentlich trifft man auf nicht etablierte, scheinbare Ausnahmegäste, die oftmals aus Gefangenschaft stammen. Mandarinenten gehören zu der bei uns ursprünglich nicht heimischen Gruppe der Baumenten und brüten, wie auch Schellenten oder der Gänsesäger, in Baumhöhlen. Die Jungen verlassen kurze Zeit nach dem Schlüpfen ihre Behausung durch einen Sprung aus der Höhe, denn fliegen können sie noch nicht. Dann folgen sie der Mutter auf das nächstgelegene Gewässer.

Die meisten Entenvögel sind Bodenbrüter. Das Nest wird mit dem Bauchgefieder des Weibchens ausgepolstert. Besonders Eiderenten haben gut ausgepolsterte Nester. Ihre Dunen werden mancherorts abgesammelt, um damit sehr teure Kissen zu füllen. Die meisten Gelege sind sehr groß, ebenso sind die oft ungezeichneten Eier verhältnismäßig groß. Hier das Gelege einer **Stockente**.

Die Jungen der Anatidae sind Nestflüchter und Dunenjunge führende Weibchen ein typischer Frühjahrsanblick. Manche Arten, wie Brandgänse, neigen dazu, fremde Junge zu adoptieren, sodass man im Sommer regelrechte Kindergärten mit Jungen verschiedenen Alters bei einem Altvogel findet. Im Bild ein **Stockentenküken**.

Nahezu alle Arten der Entenverwandten verlieren im Sommerhalbjahr während einer Vollmauser das komplette Großgefieder gleichzeitig. Je nach Größe werden sie dreieinhalb bis sieben Wochen flugunfähig. Die meisten Arten suchen bei dieser Gelegenheit in einem Mauserzug ein Mauserquartier auf. Bei der hier abgebildeten **Kanadagans** sieht man im Handflügel deutlich, wie die neuen Federn aus den Federscheiden, die auch Blutkiele genannt werden, heraustreten.

Die Gattungsgruppe der Ruderenten ist im südlichen Europa durch die weltweit gefährdete Weißkopfruderente vertreten. Bei uns trifft man gelegentlich die in den 1950er-Jahren in England eingebürgerte und hier abgebildete **Schwarzkopfruderenten**. Die Art stammt ursprünglich aus Nordamerika und hat sich in kleinerer Zahl auch in Mitteleuropa ausgebreitet. Durch die Gefahr der Hybridisierung und Verdrängung stellt sie eine ernsthafte Bedrohung für die nahverwandten Weißkopfruderenten dar. Zum Schutz dieser in Europa ursprünglich einzigen Ruderentenart werden daher in Portugal, Spanien, Frankreich und Großbritannien Maßnahmen zur Bestandsregulierung beziehungsweise -eliminierung wild lebender Schwarzkopfruderenten durchgeführt („Culling“). In Großbritannien hat dieses drastische Vorgehen zu einer umfangreichen öffentlichen Debatte über Tier- und Naturschutz geführt. Durch den eigentümlichen, an der Wurzel breiten und hohen sowie vorn schaufelförmig nach oben gebogenen Schnabel, an dem der Nagel an der Schnabelspitze hakenförmig nach unten gekrümmt ist, sind Ruderenten kaum mit anderen Entenvögeln zu verwechseln. Charakteristisch ist der keilförmige, aus achtzehn stiftförmigen Federn bestehende Schwanz, der beim Schwimmen oft nahezu senkrecht aufgestellt wird. Männchen und Weibchen sind bei den meisten Arten unterschiedlich gefärbt. Ruderenten sind ausgesprochen gute Taucher.

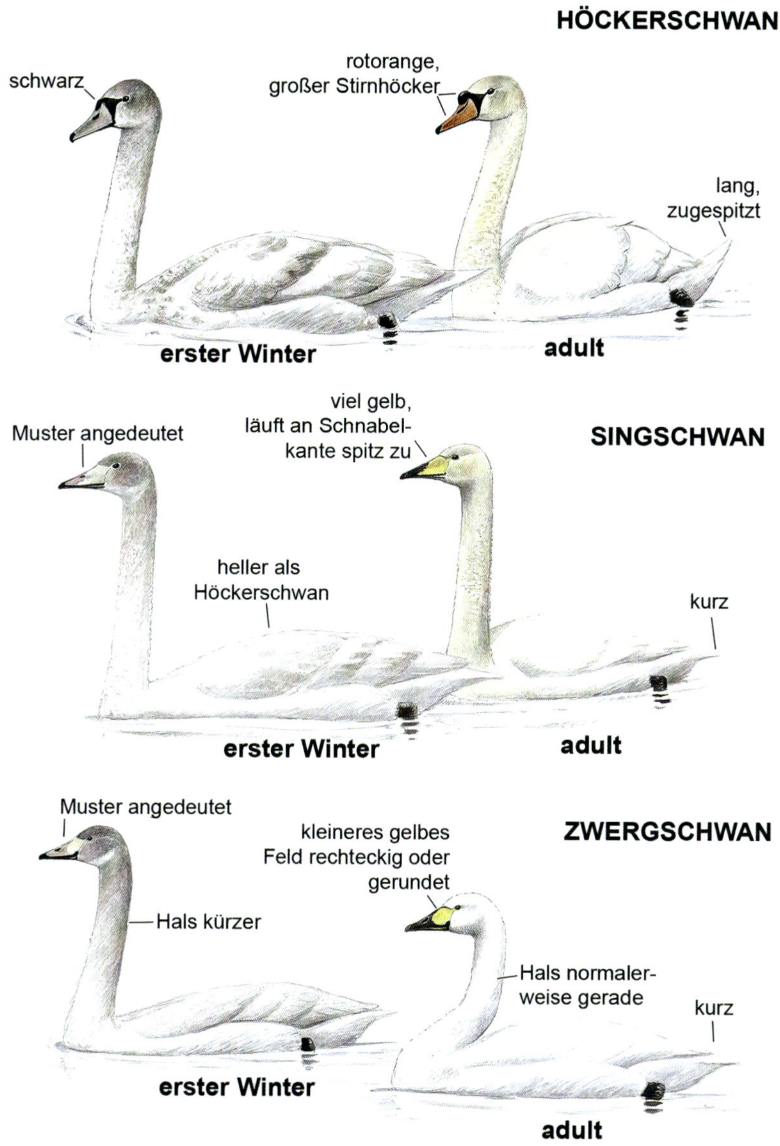

Bei den gelbschnabeligen Schwanenarten ist es wichtig, auf den Schnabel zu sehen, um die Arten zu bestimmen. Zwerg- und Singschwäne sind in der Regel nicht häufige Wintergäste in Mitteleuropa. Singschwäne brüten in kleiner aber wachsender

Zahl, beispielsweise in Brandenburg. Beide Arten ernähren sich gerne von Raps, sodass es sich in der Norddeutschen Tiefebene lohnen kann, im Winter die großen weißen Vögel auf Rapsfeldern nach gelben Schnäbeln abzumustern.

Bei den Schwänen sehen die Geschlechter nahezu gleich aus. Nur bei den Männchen der **Höckerschwäne** lässt sich ein gegenüber den Weibchen stärkerer Schnabelhöcker ausmachen.

Schwäne, hier ein adulter **Höckerschwan**, gehören zu den schwersten flugfähigen Vögeln. Ein adultes Männchen bringt es auf bis zu 15 kg! Sie benötigen lange Anlaufstrecken, um sich in die Luft zu erheben. Durch den enormen, auf den Schwingen lastenden Druck entsteht ein typisches pfeifendes Fluggeräusch.

Die aus Nordamerika bei uns eingeführte **Kanadagans** (links) und die **Weißwangengans** (rechts) gehören zur Gattung *Branta*, zu der auch Ringelgänse und die Rothalsgänse zählen. Kanada- und Weißwangengänse sehen sich oberflächlich ähnlich. Neben den bedeutenden strukturellen Unterschieden – Kanadagänse sind im Gegensatz zu den zarteren Weißwangengänsen groß, kräftig und langhalsig – ergeben sich mannigfaltige Färbungsunterschiede. Betrachten Sie die Bilder und achten Sie auf die Schnabel-, Gesicht-, Brust-, Rücken- und Grundfärbung. Kanadagänse besiedeln ganzjährig viele Parks, aber auch größere Stillgewässer im Freiland, während Weißwangengänse in großer Zahl an der Küste überwintern. Im Sommer brüten Weißwangengänse in der Tundra. In den letzten Jahrzehnten etablierte sich eine kontinuierlich zunehmende Population im Ostseeraum, und auch an der Küste Schleswig-Holsteins und in den Niederlanden nimmt der Brutbestand stetig zu.

Nordische Weitstreckenzieher (rechts) neben einem Kurzstreckenzieher (oben links). Die in der Tundra brütenden **Blässgänse**, hier die bei uns überwinternde Unterart *albifrons*, haben als Altvogel einen zartrosa Schnabel, der neben dem dicken „Karottenschnabel" der bei uns brütenden **Graugans**-Unterart *anser* sehr zierlich wirkt. Auch Saatgänse und die bei uns viel selteneren Kurzschnabelgänse brüten im hohen Norden und ziehen im Herbst zu uns in den aus ihrer Sicht milden Süden.

Nordische Gänse, hier **Weißwangengänse**, bevölkern im Winter die Agrar- und Feuchtgebiete der Norddeutschen Tiefebene in teils dichten Scharen. Dabei rasten sie in traditionellen Gebieten, wie dem Gülper See in Brandenburg oder am Niederrhein in Nordrhein-Westfalen. Im Streckenflug nehmen die Trupps die typische Keilformation ein.

Gar nicht mal so auffällig: Eine **Rothalsgans** zwischen **Weißwangengänsen**. Die farbenprächtig gefärbte Rothalsgans ist bei uns ein alljährlich in kleiner Zahl erscheinender Ausnahmegast. Besonders in den großen Gänserastgebieten Nord- und Ostdeutschlands hat man Chancen, eine Rothalsgans zu entdecken. Die meisten Rothalsgänse überwintern am Schwarzen Meer und weiter östlich. Zuweilen schließen sich einzelne Tiere anderen Gänsearten, insbesondere Bläss- und Weißwangengänsen, an, die sie in die weiter westlich gelegenen Überwinterungsgebiete führen. Trotz der auffälligen Färbung ist es nicht immer einfach, Rothalsgänse in einem Gänseschwarm, wie hier zwischen Weißwangengänsen, auszumachen. Es lohnt sich daher immer, Gänseschwärme mehrfach durchzumustern.

Praxistipp: Altersbestimmung bei grauen Gänsen

Zu Beginn der Überwinterung lassen sich junge von alten Gänsen im Freiland noch recht gut unterscheiden. So kann der aufmerksame Beobachter am Anteil der jungen Gänse feststellen, ob es ein gutes oder ein eher schlechtes Gänsejahr war. Der Familienverband bleibt anfangs noch erhalten, sodass man oft zwei Altvögel zusammen mit einem oder mehreren Jungvögeln sieht. Durch das genaue Beobachten wird man die begehrten selteneren Arten auch sehr viel leichter aus dem Gewimmel herausfinden können. Die Jungvögel durchlaufen im Winterquartier eine Mauser des Kleingefieders. Auch einige Schwungfedern werden gewechselt. Dadurch lassen sie sich zum Winterende hin kaum noch von den Altvögeln unterscheiden.

Bei adulten Graugänsen sind die breiten dunklen Flankenfedern breit hell gerandet, sodass sich ein sanft geschwungenes Wellenmuster ergibt. Jungvögel zeigen hier durch schmalere, stark gerundete Federn eine eng geschuppt wirkende Textur. Die Armdecken, Schulter- und Mantelfedern haben gerade abgeschnittene Spitzen. Deren helle Ränder ziehen sich als regelmäßige Linien über den Rücken. Bei Jungvögeln ist dieses Muster dichter, wellenförmig und

unscharf. Die Federn am Hals sind lanzettförmig und in Längsrichtung angeordnet, wodurch ein auffälliges Riffelmuster entsteht. Diese Struktur ist bei Jungvögeln viel schwächer ausgeprägt. Schließlich ist der Nagel der Altvögel weißlich, während der der Jungvögel schwärzlich ist.

Mit geübtem Blick lassen sich Familienverbände wie auf der nächsten Seite bei **Blässgänsen** gut erkennen. Bei den Altvögeln ist die starke Stirnblässe und die weiße Schnabelgrundbefiederung ebenso wie die breite schwarze Bauchfleckung gut zu erkennen. Ein Jungvogel (links) zeigt seine typischen Merkmale: fehlende Stirnblässe und Bauchbänderung, dunkle Schnabelspitze (Nagel), vergleichsweise heller Kopf und Hals, dazu kontrastierend die dunkle Schnabelgrundbefiederung. Das letztgenannte Merkmal unterscheidet ihn von gleichaltrigen Saatgänsen.

Die Unterscheidung der grauen Gänse bereitet Anfängern oft Schwierigkeiten. Hinzu kommt, dass die Schnabel- und Beinfarbe mitunter schwer einschätzbar sein können. Die Bestimmung anhand der Größe ist keinesfalls ausreichend. Folgende Tabelle soll eine Übersicht über die drei bei uns am häufigsten zu beobachtenden Arten beziehungsweise Unterarten geben: Blässgans (Unterart *albifrons*), Saatgans (Unterart *rossicus*) und Graugans (Unterarten *anser* und *rubrirostris*). Daneben erscheinen in Deutschland als Ausnahmegäste die weltweit bedrohten Zwerggänse, die den Blässgänsen sehr ähneln und Kurzschnabelgänse, die auf dem Zug nur in Küstennähe regelmäßig zu beobachten sind.

Unterscheidung der häufigsten grauen Gänse

Merkmale	**Blässgans (Unterart *albifrons*)**	**Saatgans (Unterart *rossicus*)**	**Graugans (*anser* und *rubrirostris*)**
Gestalt	mittelgroß und kompakt	mittelgroß bis groß, eher kurzhalsig, langflügelig	groß, massig, dickhalsig, großer Kopf mit großem-keilförmigen Schnabel, breitflügelig
Grund-färbung	Kontrast zwischen dunklem Kopf und Hals zu heller Brust und Bauch	sehr dunkel, Kontrast zwischen dunklem Kopf und Hals zu heller Brust und Bauch	einfarbig graubraun, Kopf und Hals recht hell

Merkmale	Blässgans (Unterart *albifrons*)	Saatgans (Unterart *rossicus*)	Graugans (*anser* und *rubrirostris*)
Schnabel	rosa, schlank, mittelkräftig	kurz, durch dicken Unterschnabel an der Basis recht hoch und kräftig; dunkel mit meistens schmaler, aber immer orangener Schnabelbinde	dick und keilförmig, rosa (rubrirostris) bis orange (anser)
Kopffärbung	ab erstem Winter auffälliges weißes Feld am Schnabelgrund, das bis auf die Stirn reicht	adulte regelmäßig mit schmaler weißer Schnabelbasis	nur vereinzelt weiße Federn am Schnabelgrund
Flügelfärbung	ober- und unterseits ± einheitlich dunkel	ober- und unterseits ± einheitlich dunkel	ober- und unterseits deutlich zweifarbig; große Teile der Flügeldecken hellgrau mit starkem Kontrast zum dunklen Mantel; unterseits hellgraue kleine Decken und Achselfedern kontrastieren zum schwärzlichen Restflügel
Schirmfedern	einfarbig	hell gerandet	hell gerandet
Bauchfärbung	bei adulten auffällig quer gefleckt	einfarbig	bei adulten meistens kleine schwarze Bauchflecken
Beinfarbe	orange	orange	rosa
Schwanzfärbung	breit weiße Endbinde	schmale weiße Endbinde	sehr breite weiße Endbinde und hellgraue Bürzelregion

SAATGANS, *rossicus*

BLÄSSGANS, *albifrons*

Praxistipp: Gänsebeobachtung im Freiland

Gänse, wie die hier abgebildeten **Saat- und Blässgänse**, sind durch die Bejagung in vielen Teilen Europas sehr scheu geworden, was sie gegenüber Störungen sehr empfindlich macht. Individuen, die oft aufgescheucht werden, haben nicht genügend Zeit zum Fressen. Sie kehren in schlechter Verfassung in die Brutgebiete zurück, was sich negativ auf den Bruterfolg auswirkt. Zum Wohl der Gänse und für gute Beobachtungen – wer beobachtet schon gerne abfliegende Gänse – sollte man einige Hinweise beachten. Wenn möglich, sollte man sich den Vögeln nicht zu Fuß oder mit dem Fahrrad nähern. Die geringste Scheu besteht vor Autos oder Beobachtungshütten. Gerade das Auto ist ideal zur Gänsebeobachtung, denn Autos werden nicht als Gefahr wahrgenommen. Wenn die Vögel die Köpfe vermehrt in die Höhe strecken und weggehen, ist man zu nah. Die Fensterscheiben sollte man schon vor der Annäherung herunterlassen, den Motor lässt man am besten noch eine Weile laufen, bis sich die Tiere an das Auto gewöhnt haben. Auf keinen Fall darf man aussteigen oder sich aus dem Fenster lehnen. An regelmäßig befahrenen Straßen haben sich die Gänse an vorüberfahrende Fahrzeuge gewöhnt und kommen zum Teil nahe an den Verkehr heran. Hält man jedoch unmittelbar bei diesen Trupps an, fliehen sie meistens sofort. In solch einer Situation empfiehlt es sich, zunächst die Gänse zu passieren, in gebührendem Abstand zu wenden und sie aus größerer Distanz zu beobachten.

Graue Gänse im Flug: Im Flug sind **Graugänse** von ihren nahen Verwandten leicht zu unterscheiden. Kurzschnabel-, Bläss- und Saatgänse zeigen im Gegensatz zu Graugänsen einen ganz einfarbig dunklen Unterflügel. Auch der Kontrast zwischen hellem Bauch und dunklem Kopf und Hals bei Saat-, Kurzschnabel- und Blässgänsen ist gut zu erkennen. Graugänse weisen hingegen eine einheitliche Grundfärbung des Körpergefieders auf.

Tafelenten – hier ein Männchen im Prachtkleid – gehören in die vielfarbige Gruppe der Enten (Gattung *Anas*). Die Art verdankt ihren Namen tatsächlich dem Umstand, dass ihr wohlschmeckendes Fleisch so manche Tafel bereicherte. Die Geschlechter der meisten Entenarten sind deutlich verschieden. Die Männchen im Prachtkleid gehören zu den schönsten Erscheinungen in der Vogelwelt. Zur Mauserzeit zwischen Sommer und Herbst tragen bei den meisten Arten die Männchen ein Schlichtkleid, das dem der Weibchen sehr ähnelt. Diese, sowie Enten im Jugendkleid und weibchenfarbene Enten, führen immer wieder zu Bestimmungsproblemen.

Die meisten Enten lassen sich der Art ihres Nahrungserwerbs entweder den Gründelenten oder den Tauchenten zuordnen. Die hier abgebildete **Spießente** gehört offensichtlich in die Gruppe der Gründelenten: „Köpfchen in das Wasser, Schwänzchen in die Höh'!". Gründelenten gründeln im Flachwasser, seihen an der Wasseroberfläche oder zupfen Gras am Ufer und tauchen mit Ausnahme von Löffelenten nur im äußersten Notfall.

Gründelenten starten von der Wasseroberfläche direkt und steil nach oben. Tauchenten wie die hier abgebildete **Eiderente** benötigen hierfür aufgrund ihres im Vergleich zur Flügeloberfläche größeren Gewichts einen längeren und im Wasser platschenden Anlauf.

Viele Gattungen der Entenvögel und besonders die Gründelenten, wie die hier abgebildete **Stockente**, besitzen eine auffällige Armflügelzeichnung, die man aufgrund der oft glänzenden Färbungsanteile als „Spiegel" bezeichnet. Der Spiegel ist bei jeder Art anders und wird aus einem meistens weißlichen Flügelhinterrand, einem oft farbig glänzenden Basisteil der Armschwingen und hellen großen Armdecken gebildet. Anders als bei den meisten Tauchenten ist er bei Gründelenten auch beim schwimmenden oder stehenden Vogel zu erkennen und dient als Bestimmungsmerkmal. Die Spiegelfärbung ändert sich auch im Schlichtkleid nicht.

Die **Brandgans** gehört in die Gruppe der Halbgänse, deren Vertreter eine gänseartige Gestalt besitzen, durch bunte Färbung und ihr Verhalten jedoch an Enten erinnern. In der Tat handelt es sich um sehr große, gänseartige Enten. Brandgänse brüten in Erdhöhlen und sind hauptsächlich entlang der Küsten verbreitet, nehmen aber stetig im Binnenland entlang großer Flüsse zu. Der hier abgebildete Vogel ist an dem schwachen Schnabelhöcker leicht als ein Weibchen zu erkennen.

Rost- und Nilgänse sind bei uns eingebürgert und stellenweise häufig. Rostgänse haben einen zentralasiatischen Verbreitungsschwerpunkt und Nilgänse stammen ursprünglich aus Afrika. **Brand-, Rost- und Nilgänse** zeigen im Flug ein ähnliches Flügelmuster mit schwarzen Schwungfedern und weißen Flügeldecken auf Flügelober- und -unterseite. Während Brandgänse dank des schwarzweißen Körpers und des in allen Kleidern dunklen Kopfes recht leicht zu unterscheiden sind, ähneln sich Rost- und Nilgänse stärker. Nilgänse weisen eine dünne schwarze Linie durch das weiße Feld am Oberflügel auf.

Die sehr hübschen **Kolbenenten**, hier abgebildet ein Männchen, kann man bei uns vor allem am Bodensee, in Südbayern und auf Fehmarn beobachten. Nahrungsökologisch stehen sie den Gründelenten näher als den Tauchenten, obwohl sie sehr gut tauchen können. Kolbenenten lassen sich nur schwer einer der beiden Gruppen zuordnen. Sie ernähren sich hauptsächlich von Armleuchteralgen (Characeen), die nur im klaren Wasser gedeihen. Aufgrund effizienterer Abwasseraufbereitung nehmen sie derzeit in Mitteleuropa zu.

Reiherente x Tafelenten-Hybriden sind typische Tauchentenhybriden, die stets in gleicher Weise Merkmale beider Elternarten zeigen. Hier beispielsweise der helle Rücken von Tafelenten und die hellen Flanken und der angedeutete Schopf der Reiherenten. Die Merkmale entstehen also nicht zufällig neu.

Haus- x Stockentenhybrid

Welche Entenart ist das denn? So möchte man denken. Derartige Hybriden resultieren aus der Verpaarung von **Hausentenrassen** mit Stockenten und treten im Freiland regelmäßig auf.

Zum Verwechseln ähnlich: Gründelentenweibchen

Während Männchen im Prachtkleid zu den am einfachsten zu bestimmenden Vögeln überhaupt gehören, sollte man Männchen im Schlichtkleid und weibchenfarbene Gründelenten sorgfältig betrachten. Um hier schnell bestimmen zu können, muss man viel Erfahrung haben. Doch lassen Sie sich nicht abschrecken! Die Gefiedermuster der Weibchen sind oft viel komplexer als die der Männchen und faszinieren erst auf den zweiten Blick. Gerade hier kommt man über das einfache Bestimmen nach Farbmustern hinaus und kann viel über Struktur und „gizz" (s. S. 80) lernen.

Neben den schlicht erscheinenden heimischen Schwimmentenweibchen wechseln auch Männchen wie dieser **Stockentenerpel** im Sommer in ein Schlichtkleid, das dem Weibchenkleid sehr ähnlich ist. Sie tragen es zu der Zeit, in der sie ihre Schwungfedern mausern, somit kurzfristig flugunfähig sind und besonderer Tarnung bedürfen.

Schnatterente (links) und **Stockente** (rechts) sind ein häufig verwechseltes Artenpaar. Neben den allgegenwärtigen Stockenten sind Schnatterenten bei uns spärlich bis mäßig häufig (im Süden) Brutvögel und können auf der Rast nahezu auf jedem Süßgewässer erwartet werden. Folgende Tabelle zeigt die wichtigsten Unterschiede auf:

Merkmale	Schnatterente	Stockente
Gestalt	klein und schlank, eckiges Kopfprofil, Schnabel kurz und schmal, Stirn steil	schwere Gründelente, Kopf rundlich, langer Schnabel geht weich in Kopfprofil über
Schnabel	orange entlang der Schneidekante, First schwarz, sauber abgesetzt	variabel, meistens vor der Spitze und an der Basis orange, etwas unsauberes Muster
Färbung	insgesamt grauer als Stockente, Kopf auffällig grau abgesetzt, Kehle weißlich	bräunlicher als Schnatterente, oft leicht abgesetzte Kopffärbung, Kehle beige
Spiegel (oft sichtbar)	weiß	blau schimmernd
Schwanz	nur Schwanzseiten weißlich	insgesamt sehr hell
Schirmfedern	dunkel	heller

Schwimmentenweibchen bestimmen:

Spießenten sind bei uns regelmäßige bis häufige Durchzügler. Ihre Gestalt ist schlank, lang und spitz. Auch bei Weibchen überragt der spitze Schwanz die Flügel deutlich. Der Hals ist lang und schlank. Auch der Schnabel wirkt lang, der kleine Kopf hingegen wohlgeformt rundlich.
Die den Stockentenweibchen ähnlichen Weibchen unterscheiden sich neben der charakteristischen Gestalt unter anderem durch einen einfarbig grauen Schnabel und einen fast einfarbig hellbraunen Kopf, der sich vom grauen Körper absetzt.

	Die eher plump und kurzhalsig wirkenden **Löffelenten** sind etwa um ein Viertel kleiner als Stockenten. Die an Land orange leuchtenden Beine dienen im Wasser nicht als Bestimmungsmerkmal. Sie sind aber in allen Kleidern an ihrem löffelartig verbreiterten langen Schnabel zu erkennen. Mit ihm durchseihen sie das Oberflächenwasser nach kleinen Nahrungspartikeln. Durch den oft eingezogenen Hals liegt der schwere Schnabel scheinbar auf der Brust, was den kompakten Eindruck verstärkt.
	**Krickenten** sind kleine, kurzhalsige Gründelenten mit einem zierlichen, schmalen Schnabel. Man findet sie lebhaft und hektisch oft nahe dichter Ufervegetation schwimmend. Im rasenden Flug sehen sie mit ihrem schnellen und agilen Flug auf schmalen, spitzen Flügeln Limikolen (s. S. 271 ff.) ähnlich. Von Weitem gehören sie zu den Vogelarten, die man aufgrund fehlender Merkmale erkennt. Sie wirken sehr einfarbig graubraun, auch am Kopf. Nur die den Knäkenten fehlenden weißen Streifen auf den äußeren Unterschwanzdecken scheinen heraus. Der grüne Spiegel ist nicht immer so gut zu erkennen wie auf dem Bild.
	**Knäkenten** sind wenig größer als die ähnlichen Krickenten. Sie wirken schwerer, länger und langschnäbeliger als die Krickenten. Der Schnabel zeigt kein Orange, wie es regelmäßig bei Krickenten vorkommt. Die Kopfseiten wirken durch den dunklen Wangen- und Augenstreif und hellen Zügelfleck stärker gezeichnet und gestreift. Der helle Längsstrich an der Schwanzbasis fehlt. Der Armflügelhinterrand ist deutlich weiß. Knäkenten überwintern in Afrika und sind somit die einzigen Langstreckenzieher unter unseren Enten.

Stockenten, hier ein Weibchen, haben knallig orangene Beine; ein Merkmal, das sie nur mit den Löffelenten teilen.

Nur auf den ersten Blick zum Verwechseln ähnlich: Reiher- und Bergente

Reiherenten sind besonders im Binnenland oftmals die häufigsten Tauchenten. Bergenten überwintern hingegen an unseren Küsten und hier besonders an der Ostsee. Nur selten verschlägt es sie ins Binnenland. Im Winter können beide Arten zuweilen nebeneinander beobachtet werden.

Männchen im Prachtkleid können bei beiden Arten leicht bestimmt werden. Der Silberrücken enttarnt die **Bergente** links sofort. Sie wirkt deutlich größer und massiger als die **Reiherente** rechts. Der Schnabel ist lang und breit. Insbesondere der Hinterkopf ist wohl gerundet und ohne den Ansatz des für die Reiherenten so typischen Schopfes. Reiherenten wirken hingegen deutlich gedrungener, mit schlankem Hals, dem namensgebenden Federschopf, der an einem zugespitzten Scheitel ansetzt, sowie mit hoher, steiler Stirn und kürzerem Schnabel.

Die Weibchen der beiden Arten sind deutlich ähnlicher gefärbt als die Männchen. Zwar zeigen **Bergentenweibchen** (links) auch einen fein hell melierten Rücken, jedoch nicht so auffällig wie die Männchen. Typisch sind hingegen der breite weiße Schnabelgrund und der helle Ohrseitenfleck. Vorsicht ist bei **Reiherentenweibchen** (rechts) geboten, die wie auf dem Foto ebenfalls einen breiten weißen Schnabelgrund zeigen können. Ihnen fehlt jedoch der helle Ohrseitenfleck, die typisch rundliche Kopfform sowie der hell überhauchte Rücken der Bergentenweibchen. Dafür besitzen sie immer zumindest den Ansatz eines Federschopfes.

Weit draußen: Meeresenten

Das Spektivbild verwackelt unter der frischen Brise und die 30-fache Vergrößerung ist das höchste der Gefühle. Über der grauen, aufgewühlten Nordsee fliegt ein Schwarm schwärzlicher Vögel in unordentlicher Formation knapp über der Wasseroberfläche am Horizont entlang. An ihrer Spitze bildet sich ein Knäuel, dem eine Kette weiterer Vögel folgt. Dem ambitionierten Beobachter fällt die Eingrenzung auf die Gruppe leicht: Meeresenten. Doch dann fangen die Schwierigkeiten mit der Artbestimmung an. Dieses Bild zeigt fliegende **Eiderenten** in steifer winterlicher Brise.

In der recht inhomogenen Gruppe der Meeresenten sind einige kleine bis große tauchende Entenarten zusammengefasst, die sich zumindest außerhalb der Brutzeit überwiegend auf dem Meer aufhalten. Ihre typischsten und weitaus häufigsten Vertreter sind bei uns Eiderenten und Eisenten, die man hierzulande vor allem im Winterhalbjahr auf der Ostsee findet, sowie Trauer- und Samtenten. Letztere sind mittelgroße schwärzliche Enten, von denen die meisten die Brutzeit in Skandinavien verbringen und außerhalb der Brutzeit unsere Küsten aufsuchen. Diese beiden Arten, aber auch Eiderenten, bilden die anfangs beschriebene Flugformation. Auf die große Entfernung bleiben nicht viele Merkmale, die eine Bestimmung auf Artniveau ermöglichen.

Samtenten können aus der Entfernung recht schmalflügelig wirken. Ein Eindruck, der durch die weißen Armschwingen entsteht, die im Gegenlicht stark mit dem Hintergrund verschwimmen können.

Rastende Meeresententrupps enthüllen dem geduldigen Beobachter ihre Artzusammensetzung auch auf große Distanz. Immer wieder verschwinden die Tiere in den Wellentälern, weshalb man sich bei der Meeresentenbeobachtung nicht zu tief stellen sollte. Einige Tiere putzen sich, worauf regelmäßig Flügelschlagen folgt. Dabei verbeugen sich Trauerenten, während Samtenten den Kopf aufrecht halten. Samtenten tauchen im Gegensatz zu Trauerenten ohne Sprung und mit leicht geöffneten Flügeln. So muss man keine wesentlichen Gefiedermerkmale erkannt haben, um die Arten auf große Distanz zu unterscheiden.

Eiderenten, hier ein Männchen im Schlichtkleid, können im Jugendkleid, Weibchenkleid oder als Männchen im Schlichtkleid sehr düster wirken. Ihr Körperbau ist sehr grob mit dickem, kurzem Hals und großem Kopf sowie dem markant keilförmigen Kopfprofil. Im schnellen Flug mit kräftigen tiefen Flügelschlägen blitzen zuweilen die hellen Unterflügeldecken auf, was sie von den nahezu ganz schwarz erscheinenden Trauerenten unterscheidet.

Gänsesäger versus Mittelsäger

Gänsesäger- (links) und **Mittelsägermännchen** (rechts) im Prachtkleid zählen zu den herrlichsten Anblicken, die unsere Vogelwelt zu bieten hat. Männchen im Schlichtkleid und weibchenfarbene Vögel hingegen bieten ein gutes Beispiel, wie man Vogelarten an ihrer Struktur unterscheidet.

Vergleicht man **Mittelsäger** (links) mit **Gänsesägern** (rechts, beide weibchenfarben immatur), so wirkt die Kopfpartie der größeren und schwereren Gänsesäger deutlich massiger, was vor allem durch den fülligen Schopf und den dicken Hals unterstrichen wird. Mittelsäger wirken hingegen kleiner, schlanker und dünnhalsiger. Ihr dünner, struppiger Schopf bildet meistens zwei Büschel am Hinterkopf. Der Schnabel der Mittelsäger ist proportional länger und hauptsächlich an der Basis dünner. Ein Blick auf den Hals deckt weitere Unterschiede auf: Der rotbraune Hals der Gänsesäger ist von der weißen Brust scharf abgegrenzt. Bei Mittelsägern ist der mattere Braunton nur unscharf gegen die Brust abgesetzt, sodass der Hals eher einfarbig erscheint. Zudem zeigen Gänsesäger einen klar abgegrenzten weißen Kehlfleck, der bei ihren Vettern verwaschen bräunlich wirkt. Die Gefiedergrundfärbung der Gänsesäger ist rein grau, die der Mittelsäger braun überhaucht.

Nachtschwalben – *Caprimulgidae*

langschwänzige und schlankflügelige dämmerungs- und nachtaktive Insektenjäger – Schnabel und Beine sehr kurz – Gefieder tarnfarben mit braunen und dunklen Tönen – tagsüber perfekt getarnt am Boden oder auf Ästen sitzend – Bodenbrüter: Nesthocker – Zugvögel: Weitstreckenzieher

Nachtschwalben, gelegentlich auch Schwalmvögel genannt, weisen eine eigentümliche Gestalt auf, die man aufgrund ihrer nächtlichen Lebensweise leider viel zu selten zu Gesicht bekommt. Es handelt sich um mittelgroße, insektenfressende Vögel. Der kleine Schnabel vor dem flachen, aber breiten Kopf umschließt einen sehr weiten Rachen, der wie ein Kescher zur Insektenjagd genutzt wird. Steife Borsten am Schnabelwinkel vergrößern den „Insektenkescher", der durch einen speziellen Mechanismus sowohl horizontal als auch vertikal geöffnet werden kann. Die seitlich ansetzenden Augen und Ohren sind in Anpassung an die nächtliche Lebensweise sehr groß. Die Augen sind sogar mit einer reflektierenden Oberfläche zur verbesserten Lichtaufnahme ausgestattet, einer Retina mit „Tapetum". Kein Wunder, dass Nachtschwalben tagsüber aufgrund des blendenden Tageslichtes die Augen nicht öffnen, was demnach nichts mit Langschläferei zu tun hat. Typisch sind der lange Schwanz sowie die langen spitzen Flügel. Alle Nachtschwalben haben ein vorwiegend grau oder braun gefärbtes, weiches Gefieder mit kräftiger Maserung. Es tarnt sie tagsüber perfekt und macht es fast unmöglich, eine Nachtschwalbe tagsüber zu entdecken. Nachtschwalben rasten am Tag in Bodennähe auf Ästen oder auf dem Boden sitzend. Sie haben weit hinten ansetzende Beine, die kaum zum Gehen geeignet sind. Sie bewegen sich meist nur fliegend. Insgesamt sind Nachtschwalben nicht sehr gesellig, aber während des Zuges oft in kleinen Trupps unterwegs.

In Mitteleuropa kommt nur eine Nachtschwalbenart vor: die neuerlich **Nachtschwalbe** genannte Art, die den urigen alten Namen Ziegenmelker hatte, der auch immer noch gebräuchlich ist. Da sie sich von größeren Fluginsekten, in erster Linie Nachtfaltern, ernährt, zieht sie im Winter bis ins südliche Afrika und kehrt erst im Mai zurück. Der merkwürdige Name Ziegenmelker geht auf Plinius den Älteren zurück, der die Ziegenmelker als nächtliche Räuber bezeichnete, die an Ziegeneutern die Milch absaugen, wodurch die Ziegen erblinden und sterben würden. Die Anwesenheit der Vögel hat jedoch nichts mit der Milch des Weideviehs zu tun, sondern mit den blutsaugenden Insekten, die von dem Vieh angelockt werden.

Oft beginnen **Nachtschwalben** schon zu Beginn der Dämmerung mit der Jagd und Balz. Dann lassen sich die weißen Abzeichen des Männchens in Schwanz und Flügeln innerhalb der sonst schwarzen schlanken Kontur erkennen. Das Flugbild erinnert wie bei allen Nachtschwalben an das eines kleinen, langschwänzigen Falken, die elegante Flugweise mit den steifen Flügelschlägen, die mit langsamen, fast schwebenden Gleitphasen und Wendungen wechselt, jedoch eher an eine Weihe. Dieser Eindruck wird noch durch die leicht V-förmig gehaltenen Flügel verstärkt. Der Flug ist völlig lautlos, leicht, sehr agil und die Nachtschwalbe folgt dabei ihrer Beute mit abrupten Drehungen.

Eine Verwechslung mit anderen Vögeln ist unwahrscheinlich, jedoch kann beim Aufscheuchen am Tage durch den schnellen, wendigen Flug der Eindruck eines Sperbers entstehen.

Eine **Nachtschwalbe** (Ziegenmelker) im Bruthabitat. Nachtschwalben bauen keine aufwändigen Nester. Sie vertrauen auf die Tarnung der Eier und ihres Gefieders.

Nachtschwalben bewohnen trockene, wärmebegünstigte, offene Landschaften mit einem ausreichenden Angebot an Nachtfluginsekten. In

Europa sind ihre bevorzugten Lebensräume Heiden und entwässerte Moore sowie lichte, sandige Kiefernwälder mit großen Freiflächen, Kahlschläge und Windbruchgebiete. Ebenso besiedeln sie, insbesondere in Süd- und Südosteuropa, steinige und sandige Freiflächen von Macchien, gelegentlich auch wenig bewachsene Dünenabschnitte. In Mitteleuropa zeigen Sekundärlebensräume wie Truppenübungsplätze oder stillgelegte Tagebauflächen die größten Bestandsdichten. Geschlossene Waldgebiete werden gemieden, reine, weitgehend vegetationslose Wüsten ebenso. Sofern die grundlegenden Anforderungen an den Brutstandort erfüllt sind, meiden Nachtschwalben die Nähe von Menschen nicht. Randgebiete kleiner Siedlungen scheinen sogar, wahrscheinlich durch die von Tierhaltung und Lichtquellen angezogenen Insekten, eine besondere Attraktivität zu besitzen.

Der charakteristische Balzgesang, den man besonders in windstillen und milden Nächten im Mai und in der ersten Junihälfte hören kann, ist das markanteste Lebenszeichen des nächtlichen Jägers. Auf einer Singwarte, einem Baumstamm oder einer erhöhten Stelle auf einer Waldlichtung lässt das Männchen sein anhaltendes Schnurren hören. Einzelne Strophen können bis zu neun Minuten andauern. Mitunter hält das Schnurren über eine Stunde an. Lassen sich Weibchen sehen, verfolgen die Männchen die potenziellen Partnerinnen fliegend mit Rufen und auffälligem Flügelklatschen. Dabei wird ein Stück gleitend, mit hochgestellten Flügeln und aufgespreiztem Schwanz zurückgelegt, sodass die weißen Abzeichen in der Abenddämmerung aufleuchten.

Segler – *Apodidae*

schwalbenähnlich: lange, sichelförmige Flügel, kurzer breiter Schnabel, kurze Beine – dunkle Färbungen dominieren – kraftvoller, rasanter Flug – permanent in der Luft – Insektenjäger – Gebäude- und Felsbrüter: Nesthocker – Zugvögel: Weitstreckenzieher

Die schrillen Schreie der **Mauerseglergruppen**, die im Sommer durch Städte und Dörfer hallen, sind für viele Vogelfreunde untrennbar mit der heißen Jahreszeit verbunden. Mauersegler sind typische Vertreter der Segler, die sich als schnelle Dauerflieger durch sehr lange, spitze Flügel auszeichnen. Oberflächlich ähneln sie den Schwalben, mit denen sie aber nicht näher verwandt sind. Man nennt das ähnliche Aussehen einer Tiergruppe trotz fehlender Verwandtschaft „konvergente Evolution"; wobei sich das Aussehen aus der Anpassung an die Lebensumstände ergibt.

Weiterhin typisch für Segler sind ein kurzer, meist gegabelter Schwanz und ein oft dunkles Gefieder. Der sehr kurze, breite Schnabel umrahmt einen weiten Rachen, der wie ein Kescher zur Aufnahme der fliegenden Beute dient. Segler besitzen kurze, kräftige Klammerfüße und sehr kurze Beine, die dem Halt an glatten Wänden dienen. Die Beine setzen so weit hinten an, dass die Vögel auf ebenem Grund mehr rutschen als laufen. Einmal, zuweilen geschwächt, auf der Erde gelandet, können sie sich nicht mehr aus eigener Kraft in die Luft schwingen. Man kann die Tiere leicht aus ihrer misslichen Lage befreien, indem man sie in die Luft wirft.

Alle Arten weisen eine stark entwickelte Speicheldrüse auf, die unter anderem zum Nestbau dient: Feste Materialien, wie Halme, Blätter, Samen, Fasern und andere leicht schwebende Materialien, die aus der Luft aufgenommen werden, werden

mit klebrigem, rasch erhärtendem Speichel überzogen. Die nackt schlüpfenden Jungen sind extreme Nesthocker und werden mit Nahrungsballen versorgt. Bei Schlechtwetterperioden weichen die Altvögel teilweise Hunderte Kilometer aus und lassen die Nestlinge einstweilen zurück. In großen Scharen findet man sie dann über Wasserflächen nach Nahrung suchend. Ältere Nestlinge können bis zu zwei Wochen nahrungslos überbrücken, indem sie die Körpertemperatur nachts auf 1 bis 5 °C über die Umgebungstemperatur herabsenken und die Atmungsfrequenz verringern.

Mauersegler übernachten während der Brutzeit am Nest, aber auch an Felswänden und bei ungünstiger Witterung im Laub von Bäumen, mitunter fliegend in hohen Luftschichten. Dies geschieht meistens in Gruppen. Zum Schlafen fliegen die Vögel laut rufend in engen Kreisen aufwärts und legen dann schlafend lange Gleitphasen ein.

Links: Ein **Alpensegler** zeigt seine typischen weißen Gefiederpartien. Dieser Vogel mausert seine innersten Handschwingen. Da die Flugfähigkeit permanent erhalten werden muss, werden die Schwingen einzeln gemausert. Durch Besenderung ist von Alpenseglern bekannt, dass sie, nachdem sie das Nest verlassen haben, zunächst nach Afrika ziehen, dort das zweite Kalenderjahr verbringen und erst im dritten Kalenderjahr zur Brut nach Europa zurückkehren. Segler sind die einzigen heimischen Vögel, die monatelang ausschließlich in der Luft verbringen. Sogar die Paarung erfolgt in der Luft.

Elegante Flitzer aus dem Süden

Eine Besonderheit unserer Vogelwelt ist das lokale Vorkommen der baumfalkengroßen Alpensegler im Süden Deutschlands. Alpensegler brüteten 1955 erstmals an der Kirche St. Martin in Freiburg im Breisgau. Danach stieg der Bestand, auch dank intensiver Schutzbemühungen, kontinuierlich an. 2019 waren es deutschlandweit über 300 Paare. Die Vögel treffen schon Ende März ein und bleiben bis Anfang Oktober.

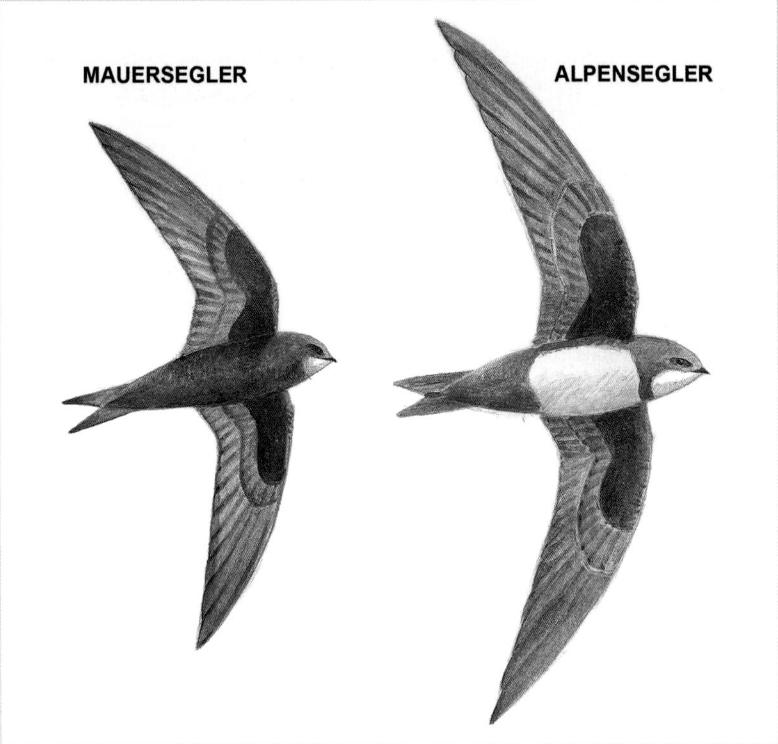

Alpensegler sind deutlich größer als Mauersegler, sie erinnern fast schon an kleine Falken. Im Gegensatz zum sehr auffälligen und weithin sichtbaren Bauchfleck fällt das braunere Gefieder des Alpenseglers als Unterscheidungsmerkmal zum Mauersegler kaum ins Gewicht. Im Brutgebiet wird man gelegentlich durch das weittragende Trillern auf Alpensegler aufmerksam. Es unterscheidet sich deutlich von den schrillen Schreien des Mauerseglers.

Die größten deutschen Alpenseglerkolonien liegen in Freiburg. Aber auch in Waldshut, Emmendingen, Lörrach, Tuttlingen und in Achern haben sich Brutvorkommen etabliert. Daneben kommt es stetig zu neuen Brutansiedlungen, beispielsweise in Landau am Bodensee oder in Sonthofen im Allgäu.

Trappen – *Otidae*

mittelgroße bis sehr große, stämmige Bodenvögel – lange, kräftige Beine – scheue Offenlandbewohner – Männchen mit spektakulärer Balz

Trappen sind mittelgroße bis sehr große Bodenvögel offener, trockener Landschaften. Ihre Färbung ist meistens unauffällig. Die Männchen der meisten Arten haben Schmuckfedern an Scheitel, Nacken, Wangen, Kehle oder Hals. Rumpf, Hals und Beine sind kräftig. Charakteristisch sind kräftige Füße mit jeweils drei dicken, relativ kurzen Zehen, die hohle breite Krallen zieren. Die Hinterzehe fehlt. Trappen besitzen keine Bürzeldrüse, verfügen jedoch über rosa gefärbte Puderdunen und auch die Basen der Konturfedern sind rosa und sondern Puder ab. Dieser Puder ersetzt den Talg der Bürzeldrüse.

Der Hals ist bei allen Arten lang, beim Männchen oft verdickt. Viele Arten zeigen eine spektakuläre Balz. Während der Paarungszeit verschaffen sich die Männchen, zumindest bei der Balz, durch Aufpumpen eines Teils der Speiseröhre oder zusätzlich noch eines Kehlsacks weiteres Halsvolumen. Die Männchen sind oft deutlich größer als die Weibchen, bei den großen Arten zum Teil doppelt oder dreimal so schwer wie die Weibchen. In der Regel ziehen die Weibchen die Jungen alleine groß. Die größte Trappenvielfalt, die Familie umfasst insgesamt 26 Arten, findet sich in Afrika.

Die Großtrappe

Der „märkische Strauß“ ist ursprünglich ein Bewohner offener Steppen und wanderte im Mittelalter nach Deutschland ein. Zu dieser Zeit rodeten Menschen die Wälder und bewirtschafteten die Flächen in Dreifelderwirtschaft. Die vielen ruhigen Brachen sagten den Großtrappen zu und so breitete sich die Art über weite Teile Europas bis nach England und Südschweden aus. Großtrappen sind Kulturfolger. 1753 erhielten die Bauern von Friedrich II. sogar zeitweilig die Genehmigung zur Jagd auf die Großtrappe. Um 1940 lebten vor allem in Brandenburg, Mecklenburg, Sachsen-Anhalt und Sachsen etwa 4.000 Großtrappen. Während des Zweiten Weltkriegs verringerten sich die Bestände auf rund 2.000 Tiere und in der zweiten Hälfte des 20. Jahrhunderts ver-

Balzendes Großtrappenmännchen

schwanden in Deutschland die meisten Großtrappengruppen. 1997/98 wurden nur noch 50 bis 55 Individuen erfasst. Mittlerweile (2020) sind es wieder knapp 340 Tiere. Aktuell gibt es drei Gebiete mit regelmäßiger Fortpflanzung: das Havelländische Luch, die Belziger Landschaftswiesen und der Fiener Bruch.

Nach bisherigen Erfahrungen ist für die Beobachtung von Großtrappen das Havelländische Luch besonders gut geeignet. Seit 1979 wurden hier von Menschenhand großgezogene Trappen ausgewildert und stützten die Population. Zur Balzzeit von Mitte März bis Mitte Mai konzentrieren sich die scheuen Tiere im Zentrum des Gebiets. Dann sind sie sehr gut von den Beobachtungstürmen aus zu sehen. Um die spektakuläre Balz genießen zu können, sollte man ein Spektiv nutzen und morgens oder abends beobachten. Die Sommermonate sind zur Großtrappenbeobachtung ungünstig, weil die Tiere dann sehr heimlich leben und trotz ihrer Größe in der hohen Vegetation kaum zu sehen sind. Im Winter halten sich die Trappen in kleinen Gruppen vor allem auf Rapsäckern auf.

Mit bis zu 15 kg Körpergewicht sind männliche **Großtrappen** die schwersten heimischen flugfähigen Vögel. Zum Vergleich: Ein ausgewachsenes Reh wiegt 10–35 kg. Das hohe Körpergewicht geht zulasten einer geringen Manövrierfähigkeit und die Kollision mit Hochspannungsleitungen bei Winterfluchten ist eine der bedeutendsten Todesursachen bei den stark gefährdeten Großtrappen.

Kuckucke – *Cuculidae*

schlank und langschwänzig – kurze Beine – Brutschmarotzer an verschiedenen Singvogelarten: Nesthocker – Zugvögel: Weitstreckenzieher

Kuckucke sind eine weltweit verbreitete Familie, die man bei uns mit der einzigen heimischen Art, dem Kuckuck, assoziiert. Allgemein handelt es sich um meist mittelgroße Vögel mit leicht gebogenem, schwachem Schnabel, kurzen Beinen und relativ langem, breitem, gestuftem Schwanz. Die meisten Arten sind ausgeprägte Zugvögel, die sich als Insektenfresser hauptsächlich von behaarten Raupen ernähren. Alle Arten haben typische Lautäußerungen, die nur während der Brutzeit zu hören sind. Vor allem beim Singen sitzen Kuckucke auffällig auf Leitungsdrähten, auf toten Ästen in Baumkronen oder in Büschen.

Unser Kuckuck gehört zu der Gattung *Cuculus*, deren Vertreter ihre Eier wie die der Gattung *Clamator* (Häherkuckuck) meist einzeln in die Nester von Singvögeln legen. Wie Greifvögel und Eulen werden Kuckucke gelegentlich von anderen Vögeln angegriffen, man spricht auch von „hassen".

Bei unserem heimischen **Kuckuck** sind die Geschlechter einander sehr ähnlich, zudem gibt es keine jahreszeitliche Variation, Jungvögel sind von den Altvögeln stets unterscheidbar. Kuckucke erinnern in Körperbau und Färbung an einen Sperber, haben jedoch spitzere Flügel und einen kleineren Kopf mit einem dünnen, nicht hakenförmigen Schnabel (siehe auch Abb. S. 254).

Das Kuckucksnest …

… gibt es nicht. Das ist allgemein bekannt, denn der Kuckuck ist die einzige Art unserer Fauna, der als Brutparasit bei der Aufzucht der Jungen auf die Hilfe anderer Vogelarten angewiesen ist. Weibchen postieren sich in die Nähe potenzieller Wirtsvögel und beobachten deren Verhalten. Noch bevor die Bebrütung des Geleges begonnen hat, lenken die Männchen die Wirtsvögel ab, denn Kuckucke werden von ihren Wirtsvögeln tätlich angegriffen, während das Weibchen innerhalb weniger Sekunden ein Ei aus dem Gelege entfernt und ein eigenes hinzufügt. Das entführte Ei verzehrt es nach dem Tausch oder wirft es weg. So kann das Kuckucksweibchen bei Bedarf Nährstoffe für die eigene Eibildung zu sich nehmen. Kuckuckseier sind auffällig klein, aber sehr dickschalig. In der Färbung sind sie extrem variabel und gleichen denen der Wirtsvögel. Ein Kuckucksweibchen legt sein Leben lang nur einen Eiertyp. Die Entwicklungsdauer der Kuckucksküken ist auffällig kurz. Dies wird dadurch erreicht, dass die Entwicklung des Embryos bereits im Körper der Weibchen beginnt. Auf diese Weise schlüpfen Kuckucke als Erste im Wirtsnest. Schon im Alter von acht bis zehn Stunden fangen die noch blinden Jungkuckucke an, Eier und kleine, bereits geschlüpfte Nestgeschwister an den Nestrand zu drängen. Zu diesem Zweck besitzen sie auf dem Rücken eine besonders tastempfindliche Grube. Eier werden darauf mithilfe der nach oben gereckten Flügelstummel ausbalanciert und an den Nestrand gestemmt, wo sie sich ihrer mit einer ruckartigen Stoßbewegung entledigen. Diese Arbeit muss in drei bis vier Tagen abgeschlossen sein, denn sonst steht ihr eigenes Überleben infrage. Die Konkurrenz um das Futter, das die Pflegeeltern herbeibringen, wäre zu groß: Schon nach kurzer Zeit sind die Jungkuckucke deutlich größer als ihre Zieheltern, sodass sie die gesamte herbeigeschaffte Nahrung benötigen.

Ein Grauschnäpper füttert einen jungen Kuckuck.

Die Wirtsvögel der Kuckucke dürfen nicht zu selten sein und müssen für die Kuckucksweibchen gut auffindbar sein. Boden-, Gebüsch-, Röhricht- und Gebäudebrüter sind daher besonders prädestiniert. Höhlenbrüter kommen wegen des unzugänglichen Neststandortes nicht infrage. Weiterhin müssen die Wirte relativ unempfindlich gegenüber dem Austausch von Eiern sein und schließlich sollten sie eine für die Jungkuckucke verdauliche Nahrung füttern. Bei mehr als hundert europäischen Vogelarten hat man schon Kuckuckseier gefunden. Allerdings konnte bei nur rund 45 Arten eine erfolgreiche Aufzucht beobachtet werden und nur bei 23 Arten fand man herangewachsene Nestlinge. Typische Kuckuckswirte sind Teichrohrsänger, Bachstelzen, Rotkehlchen, Heckenbraunellen und Hausrotschwänze.

Tauben – *Columbidae*

mittelgroß, kräftig mit proportional kleinem Kopf – Flug schnell und geradlinig, ausdauernd mit klatschenden Flügelgeräuschen im Abflug und bei der Balz – vegetarische Nahrung wird vom Boden aufgenommen – Junge sind Nesthocker und werden mit Kropfmilch ernährt – außerhalb der Brutzeit in Gruppen und Schwärmen – Kurz- und Langstreckenzieher

Tauben sind vielen Menschen ein vertrauter Anblick. Zum einen, weil Straßentauben unsere Städte bevölkern und zum anderen, weil Ringel- und Türkentauben sich gerne in unseren Gärten zur Brut einfinden. Generell sind Tauben kompakte Vögel mit kräftiger Flugmuskulatur, die sich in der charakteristisch gewölbten Brust und einem schnellen, geradlinigen Flug ausdrückt. Beobachtet man Tauben beim Trinken, erkennt man, dass der gesamte Schnabel ins Wasser getaucht wird. Tauben trinken saugend. Eine Eigenschaft, die sie mit Flughühnern und dem Pirol gemeinsam haben, sie jedoch von anderen Vögeln unterscheidet. Tauben ziehen ihre Jungen anfangs mit einer Kropfmilch groß, wobei der Jungvogelkopf fast vollständig im Schlund des Altvogels verschwindet.

Viele Arten fliegen mit lautem Flügelklatschen davon, das bei einigen auch Teil der Flugbalz ist. Die Geschlechter sind bei den meisten Arten gleich gefärbt.

Vergessene Wilde? Straßentauben

Der Ursprung unserer heutigen **Straßentaube** liegt in Ägypten vor 3.000 Jahren. Damals begann die Domestizierung der Felsentauben. Tauben, von jeher wegen ihres Fleisches geschätzt, waren wegen ihrer Ortstreue leicht in Schlägen zu halten. Bereits die Römer nutzten ihr „Heimfindevermögen". Die Verwendung als Brieftaube und letztlich als Sporttaube nahm hier ihren Anfang. Stadttauben gingen und gehen aus domestizierten Tauben hervor, die sich aus den Taubenschlägen in die Städte verirren oder sich hier anderen Tauben anschließen. In den Metropolen, wo sich die mühsam herausgezüchteten

Formen wild miteinander mischen und zu dem vielfältigen Erscheinungsbild der Stadt beitragen, bangt so manche Stadtverwaltung wegen der „Taubenplage" um den Erhalt ihrer Kulturgüter – und will so manchem Rentner das Taubenfüttern mit Geldbußen abgewöhnen. Doch nicht zuletzt sind die Straßentauben die Basis für den Vormarsch der Wanderfalken in unseren Städten, denen sie als wichtige Nahrung dienen.

Die Gattung *Columba* ist durch größere, gedrungen gebaute Arten gekennzeichnet. Sie ist bei uns durch die Ringeltaube (oben) und die Hohltaube (nächste Seite) vertreten. Ringeltauben bilden außerhalb der Brutzeit oft große Schwärme, wie man sie beispielsweise in Westfalen regelmäßig beobachten kann. Darunter lassen sich gelegentlich auch Hohltauben finden. Diese treten im Binnenland vor allem dort als Brutvögel auf, wo sie ein entsprechendes Höhlenangebot finden. Beispielsweise in alten Buchenwäldern, wo sie Schwarzspechthöhlen nutzen, oder in alten Parks, wo sie in Astlöchern alter Bäume, wie z. B. Platanen, brüten. Ringeltauben errichten eine unordentliche Nestplattform in allen möglichen Gebüschen, Hecken und Bäumen. Auf diese Nestplattform legen sie ihre zwei Eier, die von unten oft durchscheinen. Ringeltauben sind bei uns deutlich häufiger als Hohltauben.

RINGELTAUBE
adult

HOHLTAUBE
adult

Hohltauben wirken im Vergleich zu den großen, schweren, relativ langschwänzigen Ringeltauben deutlich kleiner, kompakter und gedrungener. Ringeltauben zeigen im Flug stets weiße Abzeichen im Flügel, die den Hohltauben fehlen. Zudem zeigen die kompakteren Hohltauben im Armflügel eine kurze schwarze Armbinde. Das Grau auf dem Flügel reicht bei Hohltauben weiter in den Handflügel, die dunklen Schwingen bilden im Gegensatz zu Ringeltauben einen gleichmäßigen schwarzen Flügelrand.

Türkentaube (oben) und Turteltaube (unten) sind Vertreter der Gattung *Streptopelia*. Es handelt sich um mittelgroße, eher zierlich gebaute, langschwänzige Tauben. Türkentauben sind erst im Laufe des letzten Jahrhunderts bei uns aus Südosteuropa eingewandert. Allerdings hat sich das exponentielle Populationswachstum der letzten Jahrzehnte mittlerweile erheblich verlangsamt. In Gebieten mit harten Wintern und ungünstigen Nahrungsbedingungen geht der Bestand sogar leicht zurück. Man findet Türkentauben ganzjährig in der Nähe menschlicher Siedlungen, in Dörfern und Stadtgebieten.

Turteltauben sind Langstreckenzieher und überwintern südlich der Sahara. Sie kommen daher erst im Mai zurück. Man findet sie bei uns vorzugsweise in Tiefländern, wo sie in der halboffenen Kulturlandschaft in warmen und trockenen Gebieten brüten. Leider gehören Turteltauben vor allem bedingt durch ihre Bejagung im Mittelmeerraum zu den Arten mit den stärksten Bestandseinbrüchen aller heimischen Vogelarten.

Kuckuck, Sperber und die langschwänzigen Türkentauben sehen sich im Flug bei oberflächlicher Betrachtung recht ähnlich, insbesondere wenn man sie im rasanten Flug sieht. Diese Ähnlichkeit führt nicht nur zu Fehlbestimmungen durch den unbedarften Beobachter, sondern auch dazu, dass Singvögel oftmals Alarmlaute äußern und in den Büschen verschwinden, wenn eine Türkentaube vorbeifliegt.

Rallen – *Rallidae*

klein bis mittelgroß – lange Zehen bei einzelnen Arten mit Schwimmlappen – viele Arten versteckt in Feuchtgebieten lebend – einzelne Arten zeigen ausgesprochenes Schwimmverhalten – Bodenbrüter: bleiben in der Umgebung des Nestes, aber Junge verlassen dieses schon früh – Standvögel, Kurzstreckenzieher und Langstreckenzieher

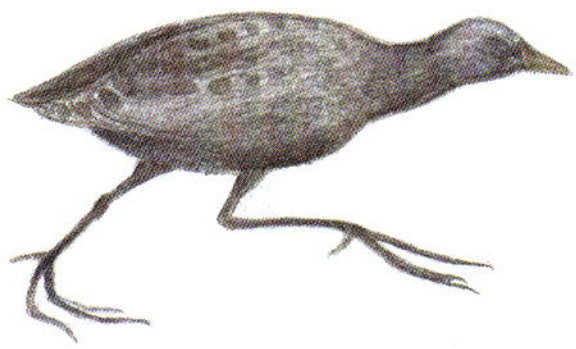

Rallen sind Uferbewohner in Sümpfen und an Seen. Die meisten Arten laufen bei der Nahrungssuche über das schlammige Ufer oder auf der schwimmenden Pflanzendecke. Alle Rallen haben recht lange Beine und Zehen. Die Zehen sind ohne Schwimmhäute und dienen dem Umklammern von Halmbüscheln beim Umherklettern. Der Schwanz ist kurz und unauffällig und wird beim Laufen oder Schwimmen meist gestelzt, wobei die auffälligen Unterschwanzdecken zur Geltung kommen.

Rallen bewegen sich geschickt durch ihre aquatische Umgebung. Wendig schlüpfen sie durch eng stehende Halme, bewegen sich dabei oft geduckt und recht vorsichtig. Alle Rallen sind gute Schwimmer, auch wenn man dies außer bei Teich- und **Blässhühnern** kaum einmal zu Gesicht bekommt.

Die meisten Rallen können aufgrund ihrer kurzen Flügel nicht auf Anhieb aus dem Wasser starten, sie benötigen Anlauf, wie das links abgebildete **Blässhuhn**. Bei dieser Gelegenheit sieht man bei Blässhühnern den weißlichen Flügelhinterrand, der beim schwimmenden Vogel kaum auffällt. Rallen haben recht breite, runde Flügel, die Flugweise wirkt flatternd und angestrengt. Der Streckenflug, den man nur selten beobachten kann, ist hingegen zügig und ausdauernd, wobei die Zehen weit über den kurzen Schwanz ragen.

Die meisten Rallen sind Allesfresser und nehmen verschiedene Wirbellose, Pflanzenteile und Aas zu sich. Einige größere Arten, wie Blässhühner, ernähren sich überwiegend vegetarisch. Die hier abgebildete **Wasserralle** erbeutet hingegen regelmäßig Amphibien, kleine Nagetiere und sogar Kleinvögel.

Die Lautäußerungen von Rallen sind häufig quiekend, pfeifend, trillernd, ratternd oder grunzend. Der Ruf der Wasserrallen ähnelt dem eines quietschenden Schweins. Bläss- und Teichhühner äußern laute, oft hohl oder metallisch klingende, krächzende, trompetende oder brummende Laute.

Die meisten Rallenarten sind Einzelgänger. Allerdings bilden **Blässhühner**, wie hier rechts abgebildet, außerhalb der Brutzeit oft größere Trupps.

Hühner, die keine sind

Der Name Blässhuhn kann irreführend sein, da es sich nicht um ein Huhn, sondern um eine Ralle handelt. Auch für die zierlicheren Teichhühner trifft dies zu. Neben dem gelb-roten Schnabel unterscheiden sie sich durch einen braunen Rücken von den grauschwarz befiederten Blässhühnern.

Teichhuhn

Blässhuhn

Weiterhin haben die heimlicheren Teichhühner eine gebrochene weiße Flankenlinie. Die weißen Seiten des Unterschwanzes verraten sie in der dichten Vegetation, wo sie ständig mit dem aufgestellten Schwanz zucken. Beide Arten sind gut an das Leben im Wasser angepasst. Man sieht sie meistens schwimmend, weshalb man sie auch als „Schwimmrallen" bezeichnen könnte. Dies zeichnet übrigens alle Rallen aus, von dem aber nur Bläss- und Teichhuhn ausgiebig Gebrauch machen. Blässhühner haben sogar regelrechte Schwimmlappen an den Füßen.

Links: Das Nest der meisten Rallenarten befindet sich am Boden, auf schwimmenden, an Wasserpflanzen befestigten Pflanzenhügeln, wie hier beim **Blässhuhn**.

Rechts: Rallenküken verlassen nach wenigen Tagen das Nest und werden auch dann noch ausdauernd gefüttert. Die auffällige Gesichtszeichnung des Kükens löst das Fütterverhalten des Altvogels aus.

Zumindest zur Brutzeit sind Rallen ausgesprochen territorial. Revierkämpfe werden durch Drohverhalten und nicht selten durch handfeste Auseinandersetzungen ausgetragen. Im Bild Blässhühner.

Einige Rallenarten, wie das hier abgebildete **Tüpfelsumpfhuhn** und Zwerg- und Kleines Sumpfhuhn, sind sehr schwer zu beobachten. Zwergsumpfhühner sind sehr selten und Kleine Sumpfhühner nur spärlich meist im Nordosten bei uns verbreitet. Diese Rallen sind am frühen Morgen und Abend am aktivsten und am ehesten auf dem Durchzug zu entdecken. Am leichtesten findet man die Sommergäste durch geduldiges Absuchen offener Schlammflächen an Schilfrändern. Als kleine unauffällig gefärbte Vögel sind sie leicht zu übersehen, wenn sie kurz über die freie Fläche zur nächsten Deckung rennen.

Vom amphibischen Lebensraum der Verlandungszone haben Rallen Vorstöße sowohl in Richtung Wasser (Bläss- und Teichhuhn) als auch in Richtung Land unternommen. Der hier abgebildete **Wachtelkönig** ist die für das Land bestimmende Anpassungsform der Rallen. Trotz des wachtelähnlichen Aussehens hat diese auch mit dem wenig gebräuchlichen Namen „Wiesenralle" bezeichnete Ralle die Eigenschaften der Rallen bewahrt. Wachtelkönigmännchen sind sehr territorial und äußern ihre krächzenden Strophen im Mai und Juni vorwiegend in der Dämmerung und Dunkelheit. Allerdings wird man Wachtelkönige in den dichten Feuchtwiesen, die sie besiedeln, kaum zu Gesicht bekommen. Selbst wenn man den Vogel unmittelbar vor sich rufend glaubt, kann man kaum einen Grashalm wackeln sehen, so geschickt bewegen sich Wachtelkönige durch das Gras. In weiten Teilen Europas ist der Bestand dieser hübschen Ralle unter anderem durch die Intensivierung der Landwirtschaft stark zurückgegangen.

Kraniche – *Gruidae*

ähnlich zu Störchen und Reihern aber mit kurzen Schnäbeln – groß – in Feuchtgebieten und Offenländern – geordnete Flugformationen ähnlich Gänsen aber mit gestreckten Hälsen und weit überstehenden Beinen – ruffreudig – Bodenbrüter: Nestflüchter – Zugvögel

Die elegante Gestalt der Kranichvögel ist vielen vertraut. Ihr kurzer, wenn auch kräftiger Schnabel unterscheidet sie von den Störchen, denen sie im Habitus ähneln. Kraniche besitzen zu Schmuckfedern umgewandelte Schirmfedern. Die langbeinigen und langhalsigen Bodenvögel bewohnen in erster Linie Sümpfe und Steppen. Bei den meisten Arten werden die Bodennester in nassen Gebieten angelegt. Die Altvögel sind äußerlich kaum zu unterscheiden, die Männchen sind oft etwas größer. Die Küken sind Nestflüchter und werden in der Regel von beiden Elternteilen, die meistens lebenslang zusammenbleiben, über Wochen betreut. Die Familienverbände ziehen sogar gemeinsam in die Winterquartiere. Weltweit gibt es fünfzehn Arten, von denen in Mitteleuropa die Kranich genannte Art stellenweise verbreitet ist. Die Nahrung ist vielseitig und besteht im Sommer zu einem großen Anteil aus tierischer Nahrung. Im Winter hingegen konzentrieren sich Kraniche dort, wo sie Erntereste, Oliven oder Eicheln finden.

Große Maisäcker angrenzend zu ungestörten Feuchtgebieten bieten **Kranichen** günstige Rastmöglichkeiten, wie hier im Bild in der Diepholzer Moorniederung.

Kraniche überwinden große Distanzen im Formationsflug. Charakteristisch sind die lang gestreckten Hälse und die den Schwanz weit überragenden Füße. Diese Flugweise spart Energie, da der Flügelschlag Luftwirbel erzeugt, die folgende Vögel ausnutzen können. Diese legen längere Gleitphasen ein. Innerhalb einer Kette wird die kraftraubende Führungsposition regelmäßig gewechselt. Der Formationsflug ermöglicht zudem Sichtkontakt, die Vögel können lautstark miteinander kommunizieren und so die optimale Reisegeschwindigkeit für die Gruppe finden. Kraniche fliegen im Gegensatz zu Störchen und Greifvögeln im aktiven Flug, oft auch nachts. Deutlich sind die braunköpfigen Jungvögel rechts auf dem Bild zu erkennen. Kraniche ziehen im Familienverband, der sich erst im Frühjahr auflöst. Die Jungvögel können im Flug durch ihre hell fiependen Rufe von den trompetenden Altvögeln unterschieden werden.

Die verlängerte Luftröhre in Verbindung mit luftgefüllten Hohlräumen im Brustbein ist Grundlage für den schmetternden, weittragenden Klang der **Kranichrufe**.

Kraniche beobachten

In Europa brüten über 130.000 Kranichpaare, 9.000 davon in Deutschland, Tendenz steigend. Die größten Populationen liegen in Mecklenburg-Vorpommern und Brandenburg. Ab Mitte Februar kehren die einheimischen Kraniche aus den Winterquartieren an die Brutplätze zurück. Bis zum Brutbeginn im März/Anfang April lassen sie sich auf den Äsungsflächen bei ihren fantastischen Balztänzen beobachten. In der Regel bleibt ein Kranichpaar lebenslang zusammen. Die Jungvögel, die Anfang/Mitte Mai schlüpfen, sind Nestflüchter und ab Ende Juli flügge. Anfang August füllen sich die Sammelplätze zuerst mit einheimischen und ab September mit nordischen und weiter östlich brütenden Kranichen.

Kranichflüge an den Schlafplätzen wie hier bei Linum zu beobachten, gehört zum Stimmungsvollsten, was unsere heimische Vogelwelt zu bieten hat.

Ein sehr bedeutender Kranichrastplatz in Mitteleuropa befindet sich in der Rügen-Bock-Region. Von September bis Ende November fliegen Zehntausende Kraniche die drei Hauptschlafplätze Werder-Inseln, Insel Kirr und Udarser Wiek an. Auch die Diepholzer Moorniederung in Niedersachsen hat große Bedeutung erlangt. Die abendlichen und morgendlichen Schlafplatzflüge, an denen sich Mitte Oktober zehntausende Individuen an diesen Orten beteiligen, sind eines der eindrucksvollsten Naturschauspiele Mitteleuropas. Tagsüber suchen die Kraniche in kleineren Gruppen in einem Umkreis von bis zu 30 km Ernterückstände auf Mais- und Getreidefeldern. Bei gutem Nahrungsangebot versammeln sich auch tagsüber Hunderte bis Tausende Kraniche auf den Äckern. Um landwirtschaftliche Schäden zu verhindern, wurde ein System von Ablenkfütterungen geschaffen. Auf diesen wird zusätzlich zu den Ernterückständen Getreide aufgebracht. Im November zieht ein Großteil der Kraniche nach Westspanien in die Extremadura. Im Frühjahr kehren sie ab Mitte Februar zurück. Da der Heimzug Mitte März zielstrebiger ist als der Herbstzug, liegen die maximalen Bestände niedriger als auf dem Herbstzug.

Kraniche sind scheue Vögel, die Fluchtdistanzen liegen bei mehr als 200 m. Man beobachtet sie deswegen am besten aus dem Auto heraus. Die Fluchtdistanzen verringern sich dadurch deutlich. Wenn die Kraniche ihre Köpfe heben, zeigen sie, dass sie sich stark gestört fühlen. Bei weiterer Annäherung werden sie auffliegen. Freilaufende Hunde lösen Panik aus.

Kraniche haben sich inzwischen in ganz Nordostdeutschland zu einem Besuchermagneten entwickelt. Sie sind nicht nur Gegenstand des Naturschutzes, sondern auch wichtiger Wirtschaftsfaktor. Für die Tourismusbetriebe der Region ermöglichen die Kraniche eine Saisonverlängerung um mehrere Wochen. Neben Groß Mohrdorf südlich der Halbinsel Zingst existieren bedeutende Kranichrastplätze auch in den Bereichen Darß und Zingst, Rügen, Müritz, Linumer Teiche und Oberes Rhinluch, Unteres Odertal, Gülper See, Helmestausee Berga-Kelbra und seit wenigen Jahrzehnten besonders auch in der Diepholzer Moorniederung.

Lappentaucher – *Podicipedidae*

etwa entengroße Tauchvögel – langer schlanker spitzer Schnabel – weit hinten ansetzende Beine – Zehen mit Schwimmlappen – dichtes, fellartiges, wasserabweisendes Gefieder – sehr kurzer Schwanz – gestreiftes Jugendkleid – Brut vor allem an Stillgewässern: Bodenbrüter, Nestflüchter – Standvögel oder Kurzstreckenzieher

Lappentaucher sind kleine bis entengroße Schwimmvögel mit weit hinten ansetzenden Beinen. Die schmalen, mittellangen Schnäbel sind nicht übermäßig kräftig. Ihre kleinen Schwanzfedern bleiben unter oft flauschig aufgebauschten Schwanzdecken verborgen, sodass sie schwanzlos erscheinen, was ihrem Hinterende häufig ein gerundetes Aussehen gibt.

Lappentaucher tauchen im Gegensatz zu Alken (s. S. 353) mit geschlossenen Flügeln und im Gegensatz zu Seetauchern (s. S. 358) mit einem kleinen Tauchsprung – nicht jedoch Haubentaucher! Mit Ausnahme der Zwergtaucher sind Lappentaucher außerhalb der Brutzeit allgemein schweigsam.

Haubentaucher sind typische Lappentaucher. Sie zeigen wie alle Lappentaucher ein elegantes Prachtkleid und ein auffälliges Balzverhalten, bei dem unter auffälligen Rufen viel Zeit in die Synchronisation von Bewegungsabläufen investiert wird.

Lappentaucher bauen schwimmende Nester aus Pflanzenmaterial, die sich mit wechselnden Wasserständen heben und senken. Dies bietet Schutz vor Fressfeinden und macht die Brut gegenüber Hochwasserereignissen unabhängig. Ganz anders als bei den Enten, bei denen durch Hochwasser viele Gelege verloren gehen.

Junge Lappentaucher zeigen ein auffälliges Streifenmuster, dass das Fütterverhalten bei den Altvögeln auslöst und das den Altvögeln signalisiert, dass es sich um keine Konkurrenz handelt, auch wenn die Jungvögel wie im folgenden Bild schon die Altvögel in der Größe eingeholt haben. Fisch als Nahrung bietet weiterhin die Option, bis weit in den Herbst Junge aufzuziehen, sodass man zuweilen noch bettelnde Jungvögel auf den Stillgewässern sieht, während andere Vögel längst auf dem Zug ins Winterquartier sind.

Links: Fünf Lappentaucherarten kommen bei uns regelmäßig vor. **Zwergtaucher** sind wie **Haubentaucher** häufig. Man findet sie regelmäßig an vegetationsreichen Gewässern.

Rechts: Die den Ohrentauchern im Schlichtkleid recht ähnlichen **Schwarzhalstaucher** brüten bei uns oft in Lachmöwenkolonien. Das hier abgebildete Prachtkleid ist durch haarähnliche goldgelbe Federbüschel an den Kopfseiten charakterisiert. Die aggressiven Möwen liefern ihnen Unterstützung bei ihrer eigenen Feindabwehr.

Ohrentaucher, hier im Schlichtkleid, erscheinen bei uns als Wintergast ab Oktober in geringer Zahl an der Küste, vor allem der Ostseeküste und selten im Binnenland. Vögel im Prachtkleid, die ab April/Mai beobachtet werden können, sind meistens Durchzügler.

Rechts: Ein **Rothalstaucher** im Schlichtkleid. Rothalstaucher sind Haubentauchern im Schlichtkleid ähnlich. Jedoch sind sie kleiner, kurz- und dickhalsiger, kompakter und wirken insgesamt düsterer gefärbt. Ein gutes Unterscheidungsmerkmal zu Haubentauchern ist der kürzere und dolchförmigere, an der Basis gelbe Schnabel. Besonders im Jugend- und ersten Winterkleid ist der Unterschnabel bei Rothalstauchern fast bis zur Spitze gelb. Vereinzelt überwintern Rothalstaucher sowohl im Binnenland als auch an der Küste. Rothalstaucher findet man brütend vor allem im Nordosten Deutschlands auf vegetationsreichen Gewässern. Diese Art, wie auch Schwarzhalstaucher, ist regelmäßiger Durchzügler im April/Mai und August/September.

Im Prachtkleid sind Lappentaucher leicht zu identifizieren und gehören mit zu den schönsten unserer heimischen Vögel. Schwieriger wird es im Schlichtkleid. Während Hauben-, Ohren-, Schwarzhals- und Rothalstaucher im Winter ein mehr oder weniger schwarz-weiß oder dunkelgrau-hellgrau gefärbtes Gefieder aufweisen, zeigen sich Zwergtaucher in einem braun-beige getönten Schlichtkleid. So sind sie leicht von den krickentengroßen Ohren- und den etwas kleineren Schwarzhalstauchern zu unterscheiden. Die beiden letztgenannten Arten sind sich im Schlichtkleid hingegen sehr ähnlich. Bei diesem Artenpaar helfen vor allem Gestalt, Form von Kopf und Schnabel sowie die Schwarz-Weiß-Verteilung bei der Bestimmung.

Haubentaucher haben im Schlichtkleid einen rosa Schnabel. Typisch ist eine klar abgesetzte schwarze Kappe, die einen weißen Bereich über dem Zügel „freilässt", der Rothalstauchern fehlt. Einen wichtigen Hinweis gibt der Hals: Bei Rothalstauchern ist der Hals rundherum dunkelgrau, während er bei Haubentauchern mit Ausnahme eines Streifens auf der Rückseite hell ist.

Lappentaucher fliegen nicht so kräftig wie Seetaucher, sondern wirken eher angestrengt. Der Kopf wird unter die Körperebene gehalten und die großen Füße überragen weit das Hinterende. Bis auf Zwergtaucher, die einen einfarbig dunklen Flügel aufweisen, zeigen alle Arten auffällige Weißanteile im Armflügel. Dies unterscheidet sie unter anderem von den teilweise viel größeren Seetauchern und Kormora-

Schwierig aber lösbar: die Unterscheidung von Schwarzhals- und Ohrentauchern im Schlichtkleid

Merkmale	Schwarzhalstaucher	Ohrentaucher
Lage im Wasser – struktureller Eindruck	Oft zwergtaucherartig zum Heck hin aufgeplustert. Der Hals ist proportional dünner und der Körper gestauchter als bei Ohrentauchern. Der graue Hals kontrastiert zum Weiß von Gesicht und Brust. Weniger kontrastreich gezeichnet als Ohrentaucher. Doch Vorsicht: Die Art kann bei grellem Licht oder aus größerer Entfernung ebenfalls kontrastreich wirken.	Flach; erinnert etwas an einen kleinen Haubentaucher, wenn auch der Hals nie so lang erscheint, die Oberseite dunkler ist, der Schnabel nicht rosafarben und über dem Zügel kein weißer Streifen liegt. Insgesamt kontrastreicher und sauberer schwarz-weiß gezeichnet als Schwarzhalstaucher.
Stirn und Scheitel – Kopfprofil	Stirn steil, sodass der höchste Punkt des Kopfprofils über oder kurz hinter dem Auge liegt. Der Hinterkopf ist rundlich und nicht kantig.	Flach, sodass der höchste Punkt im kantigen Kopfprofil hinter dem Auge liegt.
Kopfseiten	Die oft etwas unscharf begrenzte schwarze Kappe zieht sich bis unter das Auge. Fleck oberhalb des Zügels schwach oder fehlend.	Eine scharfe Trennungslinie verläuft zwischen den leuchtend weißen und bis auf den Hinterkopf reichenden Kopfseiten und der schwarzen Kopfkappe durch das bei beiden Arten leuchtend rote Auge. Adulte Vögel zeigen oberhalb des im Gegensatz zu Schwarzhalstauchern fleischfarbenen bis roten Zügels meistens einen auffälligen hellen Fleck.
Schnabel	Schnabel dünn und dunkel. Unterschnabel in der Regel aufgeworfen.	Gerader und kräftiger Schnabel mit heller Spitze.
Hinterkopf	 Spitzer Scheitel. Breiter schwarzer Steg trennt Weiß der Kopfseiten.	 Flacher Scheitel. Weiß der Kopfseiten stößt im Nacken fast zusammen.

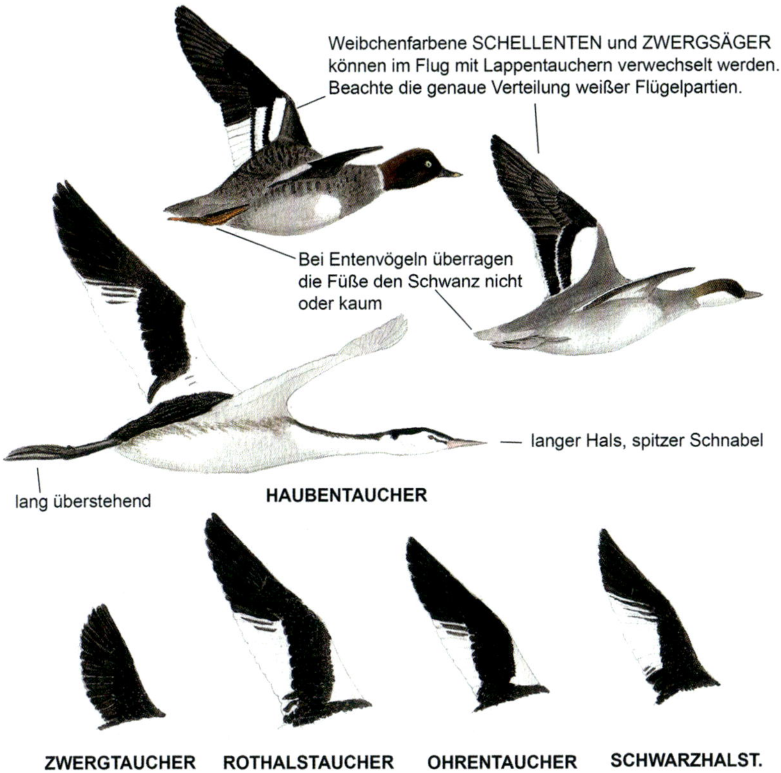

nen. Lappentaucher können mit anderen fliegenden Wasservögeln mit auffälligem weiß-dunklen Flügelmuster verwechselt werden. Zum Beispiel mit weibchenfarbenen Zwergsägern, die zudem ein helles Ohrfeld zeigen, wie es auch für Ohren-, Schwarzhals-, Hauben- und Rothalstaucher im Schlichtkleid typisch ist. Hier gilt es genau hinzuschauen: Welche Flügelpartien sind weiß? Wie ist die genaue Farbverteilung? Auch die Schnabelform und ob die Füße das Hinterende überragen hilft bei der Bestimmung.

HAUBENTAUCHER
Schlichtkleid

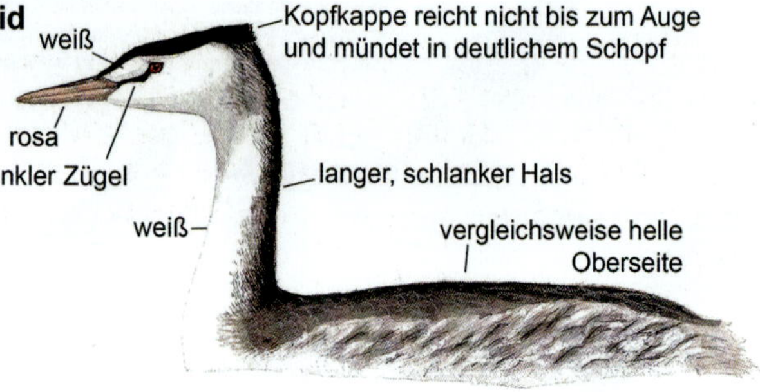

ROTHALSTAUCHER
Schlichtkleid

OHRENTAUCHER
Schlichtkleid

SCHWARZHALSTAUCHER
Schlichtkleid

Flamingos – *Phoenicopteridae*

groß – Hals und Beine im Verhältnis zum Rumpf extrem lang – nach unten gebogener Schnabel größer als Kopf – Färbung weißlich bis rosa – filtern im Stehen und mit hängendem Kopf Kleintiere aus dem Wasser – Koloniebrüter – Nestmulde wird auf Schlammkegel geformt – Brutvorkommen aus Mitteleuropa meist im Kontext zu Gefangenschaftsflüchtlingen – Zugvögel: Kurzstreckenzieher

Flamingos repräsentieren als große, auffällig rosa gefärbte Vögel mit extrem langen Hälsen und Beinen Kitsch und Schönheit zugleich. Sie nehmen in flachem Salz- und Brackwasser mikroskopisch kleine Krebs- und Wassertiere, Plankton und Mollusken mithilfe des zu einem Seihapparat entwickelten Schnabels auf. Neben einer etablierten Kolonie in Westdeutschland im Zwillbrocker Venn, zum größten Teil aus Gefangenschaftsflüchtlingen, kommt der Rosaflamingo in Südeuropa auch natürlicherweise vor.

Extrem lange Beine, der lange Hals und der merkwürdig dicke, nach unten gebogene Schnabel geben **Flamingos** ein bizarr-schönes Aussehen. Im Flug sind die Vögel sehr auffallend. Der lange, ausgestreckte Hals in Kombination mit den rosa bis rot und schwarz gefärbten Flügeln bietet ein unverwechselbares Bild. Die intensive Rosafärbung kommt durch karotinhaltige Pigmente zustande, die in der Nahrung enthalten sind.

Flamingos wie diese **Rosaflamingos** ernähren sich vor allem von mikroskopisch kleinen Blau- und Kieselalgen, die sie mit ihrem Seihschnabel aufnehmen. Dabei funktioniert die Zunge wie eine Pumpe und die mit Lamellen ausgestatteten Schnabelränder wie ein Filter. Der zuunterst ins Wasser gehaltene Oberschnabel ist beweglich – das ist einmalig im Tierreich!

Die typische Rosafärbung kommt erst im Alter von zwei bis drei Jahren vollständig zustande. Sie spielt im Balzverhalten eine wichtige Rolle, weshalb Flamingos in Gefangenschaft auch mit Karotin versetzte Nahrung benötigen, um sich erfolgreich fortzupflanzen. Die Schwarzverteilung am Schnabel kennzeichnet die Artzugehörigkeit, in diesem Fall handelt es sich um einen **Rosaflamingo**. Der Schnabel ist anfangs gerade und verwächst sich erst in den ersten Wochen zu dem charakteristischen Knick.

Zwar lässt sich in Mitteleuropa nicht das Farbspektakel von Millionen Flamingos bestaunen, wie man es etwa in Ostafrika erleben kann. Doch bietet die kleine Kolonie im Zwillbrocker Venn an der Grenze zu Holland bei Vreden die Möglichkeit, frei lebende Rosa- und Chileflamingos zu beobachten. Den Winter verbringen die Tiere am niederländischen IJsselmeer und Rheindelta.

Bei Rosaflamingos ist nur die Schnabelspitze schwarz, bei Chileflamingos, die man zuweilen auch in Mitteleuropa als Gefangenschaftsflüchtlinge beobachten kann, hingegen der halbe Schnabel. Zudem sind die Beine bei Rosaflamingos durchgehend rosa, während sie bei Chileflamingos grau sind. Nur die Intertasalgelenke sind rosarot und heben sich somit gut ab.

ROSAFLAMINGO

CHILEFLAMINGO

Limikolen – *Eine Gruppe mit mehreren Familien*

Als Teil der Ordnung *Charadriiformes* sind Limikolen eine vielgestaltige Gruppe. Sie umfasst die Familien der Triele (*Burhinidae*), der Austernfischer (*Haematopodidae*), der Säbelschnäblerverwandten (*Recurvirostridae*) sowie die großen Familien der Regenpfeiferverwandten (*Charadriidae*) und der Schnepfenverwandten (*Scolopacidae*). Diese Familien werden zusammen als Limikolen bezeichnet.

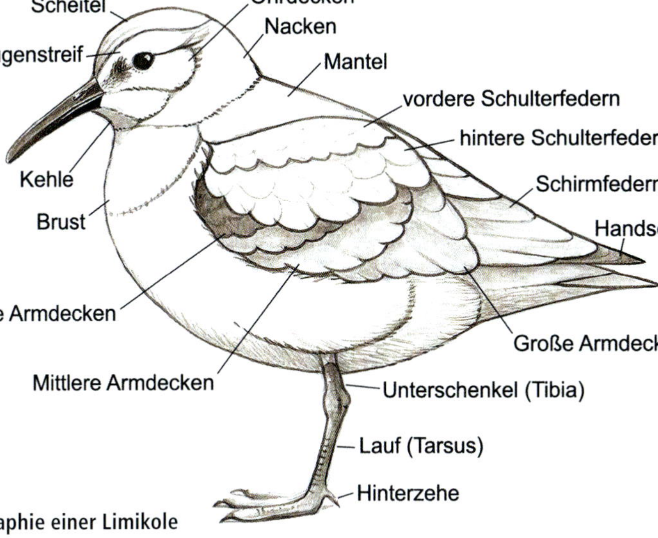

Topographie einer Limikole am Beispiel eines Strandläufers

Limikolen sind meist langbeinige Vögel der Feuchtgebiete, nur wenige sind an trockene Lebensräume angepasst. Zur Zugzeit und im Winter findet man Limikolen in großen und dichten Trupps auf Wattflächen, an den Küsten und in binnenländischen Feuchtgebieten. Versuchen Sie in der Zeichnung oben die genaue Lage der dargestellten Federpartien zu lernen, indem Sie diese in Abbildungen oder noch besser am lebenden Vogel abgrenzen.

Besonders an der Nordsee bilden sich zu den Zugzeiten riesige Limikolenschwärme, im Bild auf der nächsten Seite **Alpenstrandläufer**. Limikolen ernähren sich von Würmern, Schnecken und Muscheln, Insekten und deren Larven, Krebstieren, Kleinfischen und in geringerem Umfang auch von Pflanzen.

Limikolen dient eine einfache Nistmulde als Nistplatz. In diese werden bei den meisten Arten vier Eier gelegt, die durch ihre Sprenkelung perfekt getarnt sind. Die Küken schlüpfen in der Dunkelheit und verlassen das Nest sehr bald. Sie suchen bei fast allen Arten selbstständig nach Nahrung und werden von den Eltern lediglich beaufsichtigt und gewärmt, es handelt sich also um klassische Nestflüchter. Das Dunengefieder der Jungvögel, wie hier bei **Flussregenpfeifern**, ist nicht weniger gut getarnt als das Muster der Eier. Zwischen den wie bei allen Vögeln in Reihen angeordneten Federn liegen schwarze Hautpartien, die der Wärmeaufnahme dienen.

Eine **Pfuhlschnepfe** auf dem Zug. Limikolen vollbringen beeindruckende Zugleistungen. Bekannt wurde eine beringte Pfuhlschnepfe, die mit einem Satellitensender ausgestattet 11.500 Kilometer von Alaska nach Neuseeland ohne Zwischenlandung zurücklegte. Viele Arten brüten in Nordeuropa und Sibirien in offenem Gelände und arktischer Tundra. Sie sind im übrigen Europa nur zu den Zugzeiten und im Winter in großen Trupps an Küsten und Sümpfen zu sehen.

Regenpfeifer, hier ein Goldregenpfeifer oben, und Strandläufer, hier ein Sichelstrandläufer unten, bei der Nahrungsaufnahme im Vergleich.

Regenpfeifer wie Goldregenpfeifer und Strandläufer wie Sichelstrandläufer unterscheiden sich in der Art ihrer Nahrungsaufnahme grundsätzlich und haben dementsprechend angepasste Schnäbel. Regenpfeifer erfassen ihre Beute visuell und akustisch. Sie laufen schnell ein kurzes Stück, verharren und picken, um dann den Ablauf zu wiederholen. Strandläufer und Schnepfen erfassen ihre Beute hingegen mit dem Tastsinn. Sie dringen mit ihren Schnäbeln tief in den Schlamm ein, um Weichtiere mit der tastempfindlichen Schnabelspitze zu finden. Dabei vollführt der Kopf ruckartige Auf- und Abwärtsbewegungen.

Limikolen bereiten Anfängern regelmäßig Schwierigkeiten bei der Artbestimmung: Viele Arten sehen innerhalb einer Art im Jugend-, Schlicht- und Prachtkleid sowie in den dazwischen liegenden Mauserstadien sehr verschieden aus. Zugleich können sich die Arten besonders im Schlichtkleid verwirrend ähneln. Da sie ferner oft nur aus großer Distanz zu sehen sind, macht dies das Erkennen von Details unmöglich. Die Kleider werden nicht alle zur selben Jahreszeit getragen, wodurch die Bestimmung weniger schwierig ist, als sie im ersten Moment erscheint. Nur die zu den entsprechenden Zeiten wirklich getragenen Kleider müssen bei der Bestimmung berücksichtigt werden.

Entdeckt man in einer Limikolengruppe eine anders aussehende Limikole, handelt es sich in den allermeisten Fällen um eine weitere, aber gleichfalls häufige Art oder sogar um die gleiche Art in einem anderen Kleid. Seltenheiten sind, wie der Name schon sagt, nur ausnahmsweise zu beobachten. Solange man die Bestimmung häufiger Arten nicht beherrscht, kann man die geringe Wahrscheinlichkeit, eine Seltenheit entdeckt zu haben, ignorieren.

Besonders Kampfläufer sollte man sehr genau kennen, denn sie können so variabel aussehen, dass vor allem Einsteiger verwirrt werden. Zwar sind einige Arten, wie

Limikolen an einem Hochwasserrastplatz: Vorne Alpenstrandläufer, hinten Austernfischer.

Rotschenkel oder Austernfischer, leicht zu erkennen, doch muss man sich mit den meisten Arten aus der Nähe vertraut machen, bevor man sie in der Ferne sicher bestimmen kann.

Im günstigsten Fall betrachtet man gemischte Ansammlungen wie die auf der vorherigen Seite abgebildeten Alpenstrandläufer und Austernfischer aus einem Beobachtungsversteck mit einem Spektiv, das für die ernsthafte Beschäftigung mit Watvögeln ohnehin Voraussetzung ist.

Watvögel können in der Regel an der Kombination von Merkmalen, besonders Größe, Schnabelform und -länge, Gefiederfärbung und -musterung, Stimme und Verhalten, bestimmt werden. Dabei gilt es zu bedenken, dass sich ruhende Limikolen bei kaltem Wetter aufplustern und den eventuell langen Hals zwischen die Schultern ziehen. Dadurch wird eine bei der Nahrungssuche lang gestreckte Gestalt zu einer runden, kompakten und kurzbeinigen.

Wer Freude an der Limikolenbestimmung findet, kann sich weiteren Herausforderungen stellen, und versuchen die Geschlechter oder die Unterart zu bestimmen. Dazu bedarf es der richtigen Bestimmung der Kleider, deren Übergangszuständen und der Gefiederpartien sowie der Kenntnis von Mauserabläufen. Der Spätsommer ist die beste Zeit zum Limikolenstudium, da man Alt- und Jungvögel sowie verschiedene Mauserstadien nebeneinander sehen kann.

Links ein diesjähriger **Alpenstrandläufer** im Herbst. Das Gefieder junger Limikolen ist insgesamt frisch und sauber gemustert, anders als das um diese Zeit abgenutzte und ungleichmäßig gemusterte oder einfarbige Gefieder der Altvögel. Im Gegensatz zu Altvögeln durchlaufen Jungvögel im Herbst nur eine Teilmauser, hauptsächlich zwischen September und November. Am Ende dieser Jugendmauser steht das erste Winterkleid, in dem einige Federn aus dem Jugendkleid erhalten bleiben. Bei dem abgebildeten Alpenstrandläufer, der noch vorwiegend im Jugendkleid ist, sind deutlich einige einfarbig graue Federn des ersten Winterkleides in den Schulterfedern sichtbar. Ab dem zweiten Kalenderjahr entspricht ihr Mauserzyklus dem der Altvögel.

Bild auf der nächsten Seite: Ein adulter **Sichelstrandläufer** (rechts) neben einem jungen **Alpenstrandläufer** (links). Gut zu erkennen sind die roten Reste des Prachtkleids beim Sichelstrandläufer. Bei diesem Vogel wechseln saubere, frisch vermauserte, hellgraue Federn des Schlichtkleides mit abgenutzten dunklen Federn des Prachtkleides. Helle Federränder werden schneller durch UV-Wirkung abgenutzt als dunkle, die durch das Melanin in den dunklen Farben besser vor UV-Strahlung geschützt sind. Im Ergebnis sind die dunklen Farben am Ende des Sommers auf dem Rücken dominant. Der Alpenstrandläufer wirkt ganz einheitlich, alle Federn sind gleich alt und frisch. Kennzeichnend für das Jugendkleid sind die weißen Linien auf dem Rücken.

Bei Limikolen mausern Altvögel zweimal pro Jahr. Das erste Mal vor der Brutzeit ins Prachtkleid, indem Federn auf Kopf, Körper und ein variabler Anteil der inneren Flügeldecken vermausert werden. Im August bis November findet dann die zweite Mauser statt, diese schließt auch das Großgefieder mit ein, ist also eine Komplettmauser. Das Schlichtkleid der Altvögel besteht demnach aus komplett neuen Federn. Bei den meisten Arten findet die Mauser im Winterquartier oder dessen Nähe statt, wobei die Jugendmauser bald nach der Ankunft beginnt und die Mauser ins Pracht- oder erste Sommerkleid vor Antritt des Heimzuges abgeschlossen wird. Bei den meisten Arten ist das Schlichtkleid einfarbiger, weniger bunt und oft grau, also deutlich verschieden vom Jugend- und Prachtkleid.

Triele – *Burhinidae*

große Watvögel, kräftig gebaut – stämmige Beine und auffallend große gelbe Augen – tarnfarbenes Gefieder – vor allem dämmerungs- und nachtaktiv – nachts ruffreudig – offene und trockene Landschaften – in Mitteleuropa selten – Bodenbrüter: Nestflüchter – Zugvögel: Kurzstreckenzieher

Triele sind die vielleicht urigsten Vertreter der Limikolen.

Der Triel ist eine der neun Arten der Gattung *Burhinus*, die als einzige die Familie der Triele (*Burhinidae*) innerhalb der Ordnung der Regenpfeiferartigen (*Charadriiformes*) bildet. In Mitteleuropa kommt nur diese Art vor. Hier ist der Triel ein sehr seltener und in einigen Ländern vom Aussterben bedrohter Brutvogel. Triele sind kompakt, hochbeinig und etwas über taubengroß. Die Grundfärbung des Gefieders ist sandfarben mit einer dunklen, besonders auf Hals und Brust auffälligen Strichelung. Die Unterseite der Vögel ist hell, zuweilen fast weiß. Der Kopf ist groß, ebenso die Augen mit auffallend gelber Iris. Der gelbe, massive Schnabel endet in einer schwarzen Spitze. Auffallend sind auch die kräftigen gelblichen Beine mit deutlich verdickten Fersengelenken, die der Art den englischen Namen „Thick-knee" eingetragen haben. Die Geschlechter unterscheiden sich weder in der Größe noch in der Gefiederfärbung. Auch das Jugendgefieder gleicht dem ausgefärbter Vögel sehr. Ebenso besteht kein Unterschied zwischen Ruhe- und Schlichtkleid. Insgesamt ist die Art gut bestimmbar und kaum zu verwechseln.

Im Flug wirken **Triele** mit den schwarzen Handschwingen mit einzelnen weißen Einschlüssen von oben sehr kontrastreich.

Triele sind Bewohner trockener, steiniger Gebiete mit nur geringer oder sehr niedriger Vegetation. In Europa sind das vor allem Brachland, Küstendünen, sandige, sehr lichte Wälder, Trockenrasengebiete sowie Kies- und Schotterbänke an Flussufern. Der Großteil Deutschlands, Skandinaviens sowie das Baltikum sind nicht besiedelt. In Zentraleuropa war die Art stets selten und ist heute nur noch in sehr wenigen Restvorkommen vorhanden. In Deutschland kommen Triele nur ganz vereinzelt in der badischen Oberrheinebene vor, in Österreich bestehen kleine Vorkommen im Osten des Landes.

Triele sind dämmerungs- bzw. nachtaktiv. Nur an sehr trüben Tagen sowie während der Jungenaufzucht wurden länger andauernde Aktivitätsphasen während des Tages festgestellt. Der Aktivitätsbeginn wird auch außerhalb der Brutzeit meist mit Rufen eingeleitet, deren größte Intensität jedoch erst kurz vor Anbruch der Morgendämmerung erreicht wird. Den Tag verbringt die Art flach an den Boden gedrückt oder unter Bäumen stehend in guter Deckung. Häufig stehen Triele längere Zeit fast unbeweglich mit hoch erhobener Körperhaltung. Aufgrund ihrer Tarnfärbung sind sie auch in dieser Position schwer zu entdecken. Bei Störungen fliegen Triele nur selten auf, stattdessen versuchen sie, sich mit geducktem Körper und vorgestrecktem Hals schleichend oder laufend aus dem Gefahrenbereich zu entfernen. Auch vor ernsten Bedrohungen rennen sie äußerst schnell und mit raschen Richtungswechseln davon.

Austernfischer – *Haemantopodidae*

mittelgroße, gedrungene Watvögel mit charakteristischer schwarz-weißer Zeichnung – langer roter Schnabel und rote Beine – sehr ruffreudig – vor allem an Küsten – Bodenbrüter: Nestflüchter – Kurzstreckenzieher und Standvögel

Austernfischer sind sehr charakteristische Vögel der Nordseeküste. Ihre größte Verbreitung in Europa haben sie am Wattenmeer und dem küstennahen Binnenland der Nordsee, wo sie auch die scherzhafte Bezeichnung „Halligstorch" tragen. Zum unverwechselbaren Erscheinungsbild der Austernfischer tragen vor allem der lange orangerote, seitlich etwas abgeflachte Schnabel und das schwarz-weiße Körpergefieder bei. Die Beine und Füße sowie die Augen der Austernfischer sind rot.

Im Flug kennzeichnen **Austernfischer** der weiße Hinterrücken, die breiten weißen Flügelbänder und die breite schwarze Endbinde am Schwanz.

Austernfischer sind sehr ruffreudige Vögel. Das laute und schrille „quié-wiehp" ist der für sie typische Kontaktruf. Am Brutplatz lassen sie außerdem ein gellendes „qui qui qui qui" erklingen. Dies steigert sich gelegentlich zu einem lärmenden, schrillen Trillern, das auf- und abschwillt. Es wird auch als „Pfeif-" oder „Trillerzeremonie" bezeichnet und tritt besonders häufig auf, wenn sich Nachbarn oder revierlose Austernfischer zu sehr den Grenzen des Brutreviers nähern. Dabei gehen einer oder beide Brutvögel dem eindringenden Vogel mit gesenkten und leicht geöffneten Schnäbeln entgegen, trillern und pfeifen in hohen Tönen und wirken sehr erregt.

An der Küste ernähren sich Austernfischer in erster Linie von Muscheln, Borstenwürmern, Krebsen und Insekten.

Im Binnenland stellen Regenwürmer die Hauptnahrung dar. Im Gegensatz zu vielen Küstenvögeln ist der Muskelmagen der Austernfischer nur wenig ausgebildet. Aufgrund der Technik beim Öffnen der Nahrung erübrigt sich ein Zerdrücken der Schalentiere im Muskelmagen.

Während ein Austernfischer kleine Muscheln vollständig verschlucken kann, öffnet er bei größeren Muscheln die Schale, um an das Fleisch zu gelangen. Dabei werden zwei unterschiedliche Techniken angewendet. Hämmert der Vogel die Muschel auf, werden fest geschlossene Muscheln zunächst auf eine mitunter mehrere Meter weit entfernte und mehrmals hintereinander aufgesuchte feste Unterlage gebracht und dort mit der flachen Seite nach oben abgelegt. Dann wird mit fest verankerten Füßen, steifem Hals, senkrecht und mit geschlossen gehaltenem Schnabel, im Hüftgelenk wippend so lange auf die Muschel eingehämmert, bis ein Stück Schale herausbricht. Mit dem Aufhämmern wird der hintere Schließmuskel der Molluske durchtrennt. Das Öffnen und Entleeren einer Miesmuschel dauert selten länger als 10 bis 15 Sekunden. Harte Muscheln werden gelegentlich aus mehreren Metern Höhe auf einen harten Untergrund fallen gelassen, um sie so zu öffnen. Bei der zweiten verwendeten Technik wird der Schnabel zwischen die Schalenhälften geschoben, um den Schließmuskel zu verletzen. Bei beiden Techniken wird das Muschelfleisch systematisch herausgemeißelt und freigeschüttelt, sobald die Muschel offen ist. Ein einzelner Vogel verwendet dabei immer nur eine der beiden Techniken. Sie wird von den Elternvögeln erlernt und durch Übung vervollkommnet. Die Verwendung der jeweiligen Technik führt zu unterschiedlichen Formen der Schnabelspitze, so ist die Spitze des Schnabels bei den Anhängern der ersten Technik eher stumpf, bei den Anhängern der zweiten Technik ist die Schnabelspitze spitzer. Mit etwas Übung ist dies auch im Gelände erkennbar.

Säbelschnäblerverwandte – *Recurvirostridae*

grazile, hochbeinige Limikolen mit langen spitzen Schnäbeln – Gefieder meist schwarz-weiß – brüten an flachen Ufern – Bodenbrüter: Nestflüchter – Zugvögel

Die Säbelschnäblerverwandten (*Recurvirostridae*) sind eine kleine, aber markante Familie in der Ordnung der Regenpfeiferartigen (*Charadriiformes*). Sie sind fast weltweit in den tropischen und gemäßigten Zonen verbreitet.

Säbelschnäbler (links) sind große, auffallend schwarz-weiß gefiederte Watvögel mit einem langen Hals und sehr langen Beinen. Bei allen Arten ist der Schnabel sehr lang und schlank. Er ist entweder gerade oder deutlich nach oben gekrümmt.

Mit ihrem schwarz-weißen Gefieder zählen Säbelschnäbler zu den auffälligsten Limikolen.

Im Wattenmeer der Nordsee sind Säbelschnäbler relativ häufig. Die Nahrung der Jung- und Altvögel besteht überwiegend aus Wirbellosen des feinschlickigen Sediments der Uferzone und des Flachwassers. Sie wird durch das arttypische Säbeln, eine mähende Seitwärtsbewegung des Schnabels im Sediment oder Flachwasser, ertastet. Tiefere Wasserschichten können durch eine gründelnde Form der Nahrungssuche unter der Wasseroberfläche genutzt werden.

Der **Stelzenläufer** (rechts) ist ebenfalls eine Vogelart aus der Familie der Säbelschnäblerverwandten. Auffälligste Merkmale sind die extrem langen, roten Beine und der schwarze, nadelfeine, gerade und lange Schnabel. Kopf, Nacken, Unterseite und Oberschwanzdecken sind weiß, der obere Rücken und die Flügelunter- sowie -oberseite sind schwarz. Der Rücken und die Schultern haben bei adulten Männchen einen grünlichen, bei Weibchen einen bräunlichen Glanz. Bei den Weibchen entsteht so ein deutlicher Kontrast zu den schwarzen Flügeln. Die teilweise schwarze Färbung des Kopfes ist bei Männchen ausgeprägter, jedoch kein zuverlässiges Merkmal zur Geschlechtsbestimmung, da es Überschneidungen in der Ausprägung zwischen den Geschlechtern gibt.

Meist haben die Altvögel einen grau angehauchten oder deutlich schwarzen Fleck hinter dem Auge, zudem können der Hinterkopf und hintere Hals schwarz sein. Im Jugendkleid ist dieser Fleck nicht ausgeprägt, der Hinterkopf ist grau übergehaucht. Die Beine der Jungvögel sind fleischfarben, der Rücken ist deutlich bräunlich und die Schwungfedern haben helle Spitzen, wodurch ein heller Hinterrand auf den Flügeln entsteht.

Stelzenläufer leben in Flachwasserzonen mit Süß-, Brack- oder Salzwasser in Lagunen, Salinen und Steppenseen. Die langen Beine ermöglichen die Nahrungssuche in tiefem Wasser. In Europa sind Stelzenläufer im Mittelmeerraum verbreitet. In manchen Jahren gibt es auch Bruten in Mitteleuropa. Stelzenläufer sind Langstreckenzieher und überwintern in Afrika.

Regenpfeiferverwandte – *Charadriidae*

gedrungene kleine bis mittelgroße Limikolen – kurzer, kräftiger Schnabel – große Augen – suchen pickend auf Schlammflächen oder in kurzer Vegetation nach Nahrung – Bodenbrüter: Nestflüchter – nur wenige Arten brüten im mitteleuropäischen Binnenland (Flussregenpfeifer, Kiebitz) – Zugvögel

Zu der Familie der Regenpfeifer gehören kleine bis mittelgroße Watvögel, deren Beine meist relativ kurz oder höchstens mittellang sind. Kennzeichnend für Arten aus dieser Familie ist, dass bei ihnen der Schnabel meist deutlich kürzer als die Kopflänge ist. An der Spitze ist er oft etwas verdickt. Ihre Nahrung picken sie meist von der Oberfläche ab. Regenpfeifer bewegen sich typisch rasch trippelnd. Die größten Arten dieser Familie gehören alle zur Unterfamilie der Kiebitze.

Sand- und Seeregenpfeifer brüten hauptsächlich in der Nähe von Meeresküsten. Flussregenpfeifer brüten dagegen im Binnenland, man findet ihr Nest auf Sand- und Kiesbänken an Seen und Flüssen. Viel größer als diese Arten werden Kiebitz- und Goldregenpfeifer. Sie brüten in Mooren und in der Tundra (Kiebitzregenpfeifer nur hier), also im hohen Norden. In Mitteleuropa rasten sie auf dem Zug regelmäßig. Kiebitze waren einst vor allem in Feuchtwiesen verbreitet, mittlerweile findet man sie auf Äckern, oft auf ehemaligen Feuchtgrünländern. Vertreter dieser Familie lassen sich besonders gut im Wattenmeer der Nordsee beobachten.

Innerhalb der Limikolen stellen die Regenpfeifer, zu denen der hier abgebildete **Sandregenpfeifer** gehört, eine gut gekennzeichnete Gruppe dar. Sie sind kompakt, rundlich, kurzschnäbelig und kurzhalsig.

Die kleineren Regenpfeifer der Gattung *Charadrius* stellen Anfänger immer wieder vor Bestimmungsprobleme. Doch wie die Abbildungen auf den folgenden Seiten verdeutlichen, ist jede Art charakteristisch gekennzeichnet und mit etwas Übung auch im Schlicht- und Jugendkleid zu unterscheiden. Flussregenpfeifer haben im Gegensatz zu den Vergleichsarten einen spitz auslaufenden dunklen Ohrfleck. Dieser ist bei den anderen Arten gerundet.

Die heimischen kleineren Regenpfeifer lassen sich gut im Flug unterscheiden.

FLUSSREGENPFEIFER
Jugendkleid
Überaugenstreif undeutlich, schmaler Lidring
lange Schirmfedern, Handschwingenprojektion gering
langbeinig, hell gelblich

SEEREGENPFEIFER
Schlichtkleid
dünn
Handschwingen-projektion kurz
Brustseidenfleck klein
Hinterende kurz
hochbeinig, schärzlich

Goldregenpfeifer (links) im Jugend- und Schlichtkleid ähneln **Kiebitzregenpfeifern** (rechts) im Schlichtkleid. Während man Kiebitzregenpfeifer bei uns auf der Rast auf Sand- und Schlickflächen meist einzeln beobachten kann, findet man Goldregenpfeifer auch in beachtlichen Trupps auf Wiesen, besonders in Küstennähe. Wichtige Unterscheidungsmerkmale der Goldregenpfeifer zu Kiebitzregenpfeifern sind ein schmaler statt eines breiten weißen Flügelstreifs, ein kontrastloser, dicht goldgelb-schwarz gebänderter statt kontrastierend weißer Bürzel, helle statt dunkle Achselfedern, ein schmächtigerer Schnabel und eine gebänderte statt gestrichelte Brustzeichnung im Jugendkleid.

Kiebitze, wie diese Kiebitzmännchen rechts im Bild, haben eine derart kennzeichnende Erscheinung, dass sie kaum mit anderen Vögeln verwechselt werden können. Der Flug ist fördernd, wirkt jedoch durch die breit stumpfen Flügel flapsig, deshalb werden Kiebitze im Englischen „Lapwing" genannt. Sie gehörten einst zu den Allerweltsarten, haben jedoch in den letzten Jahrzehnten massive Bestandseinbrüche erlitten, in erster Linie durch die Intensivierung der Landwirtschaft. Dazu kommt der Fang und Abschuss von zehntausenden Vögeln in Frankreich und anderen Ländern mit Vogeljagd.

Trotz Farbenpracht schwer zu entdecken: Mornellregenpfeifer

Ein Mornellregenpfeiferweibchen im Prachtkleid. Hier herrscht Rollentausch: Die Weibchen sind etwas prächtiger als die Männchen. Zwar bleiben die Weibchen zunächst in Nestnähe, paaren sich dann aber oft mit anderen Männchen und legen ein oder zwei weitere Gelege. So kann die kurze Brutzeit des Nordens effizienter ausgenutzt werden.

Ein Mornellregenpfeifer im Jugendkleid. Deutlich erkennbar ist das aus hellen Federrändern gebildete Schuppenmuster auf dem Rücken.

Mornellregenpfeifer brüten in den Tundren Eurasiens. Mornells, wie sie verkürzt oft genannt werden, gehören zu den mittelgroßen Regenpfeifern; sie sind deutlich größer als Flussregenpfeifer, aber kleiner als Kiebitze.

Im Brutkleid ist die Art unverkennbar, die Geschlechtsbestimmung ist jedoch nicht ganz einfach. Wichtigstes Kennzeichen im bunten Prachtkleid ist der breite, bis in den Nacken verlaufende, weiße Überaugenstreif. Diese Überaugenstreifen laufen auf dem Hinterkopf zusammen und bilden dort ein ‚V'. Der Scheitel ist schwarz, die Kehle weiß. Markant ist ein weißes, dünnes, dunkel eingefasstes Brustband, das den schiefergrauen Hals und Nacken vom leuchtend rostroten, ins Schwärzliche verlaufenden Bauch trennt. Rücken und Flügel sind braun mit deutlich helleren Einfassungen der einzelnen Federpartien. Der im Flugbild runde Unterschwanz ist weiß. Das Weibchen ist etwas intensiver und kontrastreicher gefärbt.

Mornells sind keine sehr scheuen Vögel. In ihrem subarktischen Lebensraum ist ihre Fluchtdistanz vor Menschen – insbesondere während der Brutzeit – sogar auffallend gering. Während der Brutzeit ist ein Mornellpaar streng territorial, außerhalb dieser Zeit leben die Vögel jedoch in kleinen, oft in nach

Altersklassen oder Geschlechtern getrennten Gruppen gesellig zusammen. Bei Mornells besteht in einigen Verhaltensweisen, besonders im Sexual- und Aggressionsbereich, eine Rollenumkehr: Verhaltensweisen, die im Allgemeinen vom Männchen erwartet werden, werden bei den Mornellregenpfeifern stärker vom Weibchen praktiziert.

Mornellregenpfeifer sind in ihrem gesamten Verbreitungsgebiet Zugvögel, mit einem im Verhältnis zu ihrem riesigen Verbreitungsgebiet relativ kleinen Überwinterungsgebiet im nördlichen Afrika sowie im Nahen Osten. Von Ende Juli an werden die Brutplätze geräumt, wobei die Weibchen etwa drei Wochen vor den Männchen und Jungvögeln abziehen. Der Zug erfolgt auf traditionellen Zugrouten in breiter Front meist in kleinen Trupps oder Gruppen von 20 bis 30 Individuen. Traditionelle Rast- und Mauserplätze – zum Beispiel auf dem Cassonsgrat in den Bündner Alpen oder dem Chasseral im Berner Jura – werden über Jahrzehnte hinweg immer wieder aufgesucht. In Mitteleuropa bevorzugen Mornells auf der Rast baumlose Berge mit sanften Rücken und weitflächigen Plateaus. Viele der europäischen Vögel scheinen jedoch ihr Winterquartier in einem Nonstopflug zu erreichen. Insgesamt erfolgen der Wegzug und – in noch größerem Maße – der Heimzug sehr heimlich. So werden Mornellregenpfeifer auf ihrem Zuge selten gesehen und eher für Irrgäste gehalten als für reguläre Zugvögel.

Der schwedische Naturfotograf und Schriftsteller Bengt Berg widmete dem Mornellregenpfeifer das Buch „Mein Freund, der Regenpfeifer" (1925), in dem er seine Erlebnisse im schwedischen Fjäll beschreibt. Berg vermenschlichte systematisch die Verhaltensweisen des „Láhol" (Name des Mornellregenpfeifers in der samischen Sprache), um die Identifikation des Lesers mit dem Tier zu fördern. Das Buch trug im deutschsprachigen Raum erheblich zur Popularisierung eines romantisch geprägten Naturkunde- und Naturschutzgedankens bei.

Schnepfenverwandte – *Scolopacidae*

kleine bis mittelgroße Watvögel – langbeinig und zum Teil sehr langschnäbelig – Nahrung wird stochernd (tastend) gesucht – Bewohner von Küsten und Feuchtgebieten – Bodenbrüter und Nestflüchter – viele Arten ausgesprochene Zugvögel

Schnepfenvögel bilden eine charakteristische und große Untergruppe der Limikolen. Sie leben an Ufern, Küsten und in Feuchtgebieten, wenige Arten sind an trockenere Lebensräume angepasst. Kennzeichen sind im Allgemeinen recht lange Beine und oft mittellange bis lange Schnäbel, mit denen die Vögel im Watt, Schlamm, Seetang oder unter Steinen stochernd nach Nahrung suchen. Sie ernähren sich von Würmern, Mollusken, Krebstieren, kleinen Fischen, Insekten und Insektenlarven sowie teilweise von Pflanzen.

Viele Arten brüten in offenem Gelände und in der arktischen Tundra der Nordhalbkugel, sie sind im Rest Europas nur zur Zugzeit und im Winter in dichten Schwärmen an Küsten und in Feuchtgebieten anzutreffen. Die meisten Arten legen ihre Eier in eine Bodenmulde, wo sie durch ihre Sprenkelung gut getarnt sind. Die Jungen verlassen sehr schnell das Nest und suchen selbstständig nach Nahrung, wobei sie von einem oder beiden Elternteilen beaufsichtigt und gewärmt (gehudert) werden.

Rastende Alpenstrandläufer

Viele Schnepfenvögel überwintern in Afrika, manche auch in Südeuropa oder Asien. Manche Arten sind regelmäßig im Winter an der Nordseeküste zu sehen.

Die Schnepfenvögel stellen die größte Limikolenfamilie dar. Ein typischer Vertreter ist der auf der vorherigen Seite abgebildete Alpenstrandläufer. Die Familie ist untergliedert in die Gattungen Strand- und Wasserläufer, Schnepfen, Brachvögel und Wassertreter.

Großer Brachvogel (links) und **Regenbrachvogel** (rechts) unterscheiden sich in erster Linie durch Gesichtszeichnung, Schnabellänge und Stimme. Beide Arten sind große Limikolen, Regenbrachvögel sind etwas kleiner als Große Brachvögel mit proportional kürzerem Schnabel. Die Männchen der Großen Brachvögel können jedoch auch recht kurzschnäbelig sein. Regenbrachvögel haben einen dunklen Scheitelseitenstreifen und dunkle Zügelstreifen, deutlichere, helle Überaugenstreifen und einen von vorne sichtbaren, schmalen, hellen Scheitelstreif. Große Brachvögel weisen hingegen eine einheitlich gestrichelte Kopfzeichnung auf.

Große Brachvögel brüten in Marschen, Mooren, Feuchtwiesen und auch auf Feldern, oft auf ehemaligem Niedermoorgrünland. Sie rasten auf dem Zug im März/April und von Juni bis Oktober an Küsten und auf Wiesen. Regenbrachvögel brüten hingegen in Taigamooren und in der Tundra. Auf dem Zug, hauptsächlich im Mai und Juli/August, findet man Regenbrachvögel einzeln und in kleinen Gruppen an Küsten und auf Wiesen, an der Küste gerne in Krähenbeerenbeständen abseits des Wassers. Regenbrachvögel überwintern an der afrikanischen Küste.

Ufer- und Pfuhlschnepfen ähneln sich im Schlichtkleid, lassen sich jedoch anhand der auf der nächsten Seite herausgestellten Merkmale leicht unterscheiden. Uferschnepfen brüten bei uns in abnehmender Zahl in Feuchtwiesen und Niedermooren, besonders in Norddeutschland. Zur Zugzeit findet man sie in ähnlichen Gebieten, außerdem an Küsten und flachen Binnengewässern. Pfuhlschnepfen sind hingegen Brutvögel der Tundra und Moore der nördlichen Taiga. Sie ziehen bei uns im Mai und im August/September vor allem an den Küsten durch, wo man sie an schlickigen Stellen findet. Sie überwintern von Westeuropa bis Westafrika.

UFERSCHNEPFE
Schlichtkleid

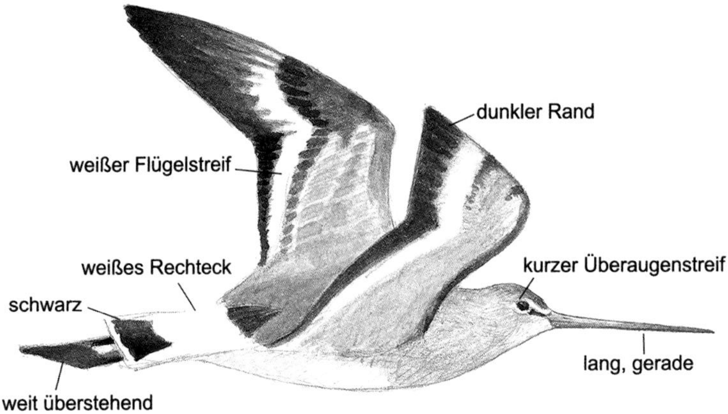

PFUHLSCHNEPFE
Schlichtkleid

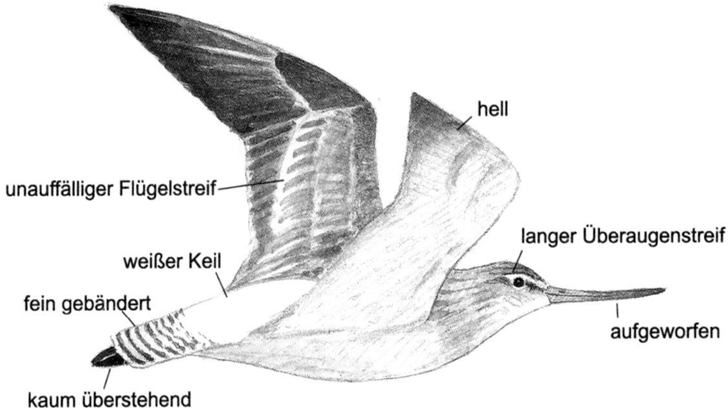

Neben den Färbungsunterschieden lassen sich Pfuhl- und Uferschnepfen vor allem an strukturellen Unterschieden bestimmen. Uferschnepfen erscheinen miniaturstorchenähnlich mit sehr langem Schnabel, Hals und langen Beinen, insbesondere mit langen Unterschenkeln. Pfuhlschnepfen wirken hingegen kompakter und ihr Hals ist kürzer, ebenso die Unterschenkel. Der immer noch beeindruckend lange Schnabel ist nicht ganz so lang wie bei Uferschnepfen und zur Spitze hin aufgeworfen.

UFERSCHNEPFE
Prachtkleid
lang, gerade,
Basis orange
lang
einzelne rotbraune Federn
gebändert
lang

PFUHLSCHNEPFE
abgetragenes Prachtkleid
kürzer als bei
Uferschnepfen,
Spitze aufge-
worfen
rosa
Basis
kürzer als bei Uferschnepfen
dunkel mit weißen Flecken
einfarbig
kürzer als bei
Uferschnepfen

Unter den heimischen Schnepfenarten zeigen **Waldschnepfen** (links) und **Bekassinen** (rechts) im Frühjahr sehr charakteristische Flugbalzvorführungen: Bekassinen tagsüber und in der Dämmerung über feuchten Wiesen und Mooren, Waldschnepfen nur in der Dämmerung und einsetzenden Dunkelheit an Waldrändern und -schneisen. Wie Bekassinen ihr merkwürdiges Meckern zustande bringen, war lange Zeit umstritten. Heute ist bekannt, dass die Männchen (seltener die Weibchen) sich auf dem Ausdrucksflug in eine schräge Flugbahn begeben und diese mit ausgebreiteten Flügeln und Schwanz hinabgleiten. Die beiden äußersten Schwanzfedern können so weit abgespreizt werden, dass sie keinen Kontakt zu den Nachbarfedern haben. In dem schnellen Luftstrom beim Herabgleiten geraten sie in Schwingungen, die ab einer bestimmten Geschwindigkeit hörbar werden. Das meckernde Geräusch der im Volksmund „Himmelsziege" genannten Bekassine ist also ein Instrumentallaut. Die Flügel kontrollieren den Luftstrom, damit die feine Federfahne nicht zerreißt, sodass das Meckern an- und abschwillt.

Der Balzflug der Waldschnepfen wird „Schnepfenstrich" genannt. Dabei markieren die Männchen durch einen weit hörbaren, peitschenden, kurzen Pfiff gefolgt von einer weniger weit hörbaren tief-dumpf quakenden Lautfolge ihr Gebiet. Gleichzeitig zeigen sich die Männchen den Weibchen, die sich bei Bedarf bemerkbar machen. Echte Reviere werden nicht verteidigt. Vielmehr werden vielversprechende Habitate auf stets den gleichen Bahnen abgeflogen. Der Schnepfenstrich lässt sich zu Beginn des Durchzuges im Februar/März bis weit in den Sommer hinein beobachten.

Zwergschnepfen, rechts oben auf der nächsten Seite abgebildet, brüten spärlich in nassen Mooren und Sümpfen der Taiga. Zur Zugzeit und im Winter rasten sie an Tümpeln, Grabenrändern und nassen Wiesen, wo sie wegen ihrer heimlichen Lebensweise oft übersehen werden. Sie halten sich in der Vegetation versteckt auf und ducken sich bei Gefahr an den Boden. Die Fluchtdistanz an Rastplätzen und

Eine typische Zwergschnepfenbeobachtung: Zwergschnepfen verharren bei Annäherung perfekt getarnt und bewegungslos am Boden.

auf dem Gelege beträgt meist nur ein bis zwei Meter, manchmal sogar weniger als einen Meter. Zwergschnepfen fliegen in raschem, fledermausähnlichem Flug stumm auf und landen nach kurzer Strecke wieder, Bekassinen fliegen hingegen „ätsch" rufend im Zickzackflug weit ab.

Farbenpracht und Rollentausch: Wassertreter

Die Wassertreter (*Phalaropus*) sind eine Gattung arktischer Schnepfenvögel. Zwei Arten sind gelegentlich während ihres Zuges an der deutschen Nordseeküste zu beobachten, selten im Binnenland: Thorshühnchen und Odinshühnchen.

Odinshühnchen, Männchen im Prachtkleid.

Thorshühnchen, Weibchen im Prachtkleid.

Im Vergleich zu den meisten anderen Vogelarten ist bei den Wassertretern die Rolle der Geschlechter vertauscht. Das Gefieder der Weibchen ist farbenprächtiger als das der Männchen, die Weibchen verteidigen das Revier und balzen, die Männchen ziehen die Küken auf. Dies ist wie bei den Mornellregenpfeifern eine Anpassung an die sehr kurze arktische Brutzeit.

In der Gestalt ähneln Wassertreter den Strandläufern. Sie sind aber nicht so plump gebaut und wirken insgesamt zierlicher. Im Gegensatz zu vielen anderen Limikolen sieht man Wassertreter selten beim Waten, sondern meistens schwimmend. Besonders im Winter sind sie ausgesprochene Hochseevögel, die überhaupt keinen Kontakt zum Land benötigen. Sie liegen wie Korken beim Schwimmen sehr hoch im Wasser und bewegen sich mit rhythmischen Bewegungen der Füße fort, jedes Ausschlagen der Beine ist von einer Nickbewegung des Kopfes begleitet. Die Füße haben in Anpassung an die schwimmende Lebensweise Hautlappen an den Seiten der Vorderzehen ausgebildet, wie man sie bei Blässhühnern findet. Diese Ähnlichkeit hat zu dem wissenschaftlichen Namen *Phalaropus* geführt (von griechisch „phalaris“ = Blässhuhn und „pous“ = Fuß). Hiervon leitet sich auch der englische Name „phalarope“ ab.

Bei Wassertretern unterscheiden sich Pracht- und Schlichtkleid sehr voneinander. Im winterlichen Schlichtkleid sehen Weibchen und Männchen identisch aus. Zum Sommer hin ändert sich das Aussehen. Beide Geschlechter bekommen ein farbiges Prachtkleid. Die Farbgebung ist bei Männchen und Weibchen grundsätzlich identisch oder zumindest sehr ähnlich; die Weibchen haben jedoch ein deutlich leuchtenderes Gefieder, während es bei den Männchen stumpfer und blasser wirkt.

In ihrem jeweiligen Prachtkleid sind die zwei Arten der Wassertreter einfach voneinander zu unterscheiden. Die Grundfarbe des Gefieders des Thorshühnchens ist Rot. Die Kopfseiten sind weiß. Das Weibchen trägt eine schwarzbraune, das Männchen eine hellbraune Kopfkappe. Der Schnabel ist gelb mit schwarzer Spitze, wobei die Gelbanteile beim Weibchen größer sind. Die Grundfarbe der Odinshühnchen im Prachtkleid ist dagegen Grau, wobei dies bei Weibchen ein Schiefergrau und bei Männchen ein Graubraun ist. Die Unterseite und die Kehle sind weiß. Auffällig ist ein Fleck auf dem Vorderhals, der bis zu den Wangen hinaufreicht und bei Weibchen orangerot, bei Männchen orangebraun und kleiner ist.

Odinshühnchen im Übergang zwischen Jugendkleid und Schlichtkleid.

Thorshühnchen im Schlichtkleid.

Im Schlichtkleid ähneln sich die beiden Arten sehr. Sie unterscheiden sich jedoch immer in folgenden Merkmalen: Der Schnabel der Thorshühnchen ist kürzer und deutlich kräftiger als der der Odinshühnchen. Die Oberseite ist bei Thorshühnchen in beiden Kleidern einfarbiger. Bei Odinshühnchen dominieren deutliche Längsstreifen (gelbbraun im Jugendkleid, weiß im Schlichtkleid). Der im Flug sichtbare Flügelstreif ist bei Odinshühnchen viel deutlicher ausgeprägt als bei Thorshühnchen.

Die auf den folgenden Seiten abgebildeten Arten Bruchwasserläufer, Waldwasserläufer und Flussuferläufer zählen zu den auf dem Durchzug auch im Binnenland häufiger rastenden Limikolenarten. Sie bereiten Anfängern aufgrund ihrer Ähnlichkeit regelmäßig Bestimmungsprobleme. Bruchwasserläufer sind Brutvögel nordeuropäischer Moore und Sümpfe. Sie ziehen nach Afrika und rasten oft in kleinen Gruppen an Küsten und binnenländischen Feuchtgebieten. Waldwasserläufer brüten in feuchten Wäldern, an baumbestandenen Ufern und Moorrändern, auch in

WALDWASSERLÄUFER
Prachtkleid
Überaugenstreif hinter
Auge schwach
dunkel, fein
gesprenkelt
breit
gebändert
scharf abgesetzt
graugrün

FLUSSUFERLÄUFER
adult
weißer Keil
einfarbig braun
lang
scharf abgegrenzt
braungrau

FLUSSUFERLÄUFER

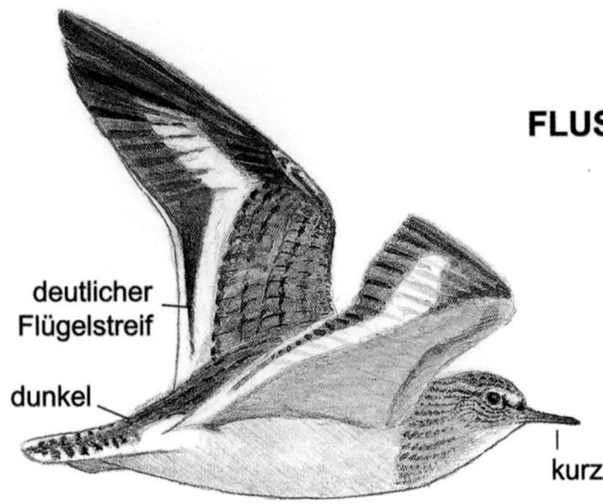

WALDWASSERLÄUFER

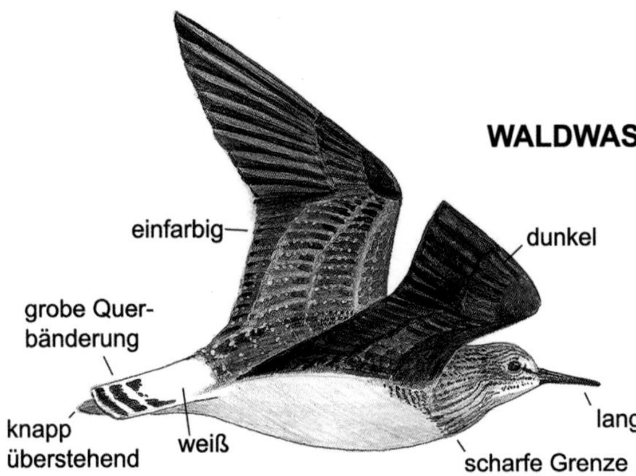

BRUCHWASSERLÄUFER

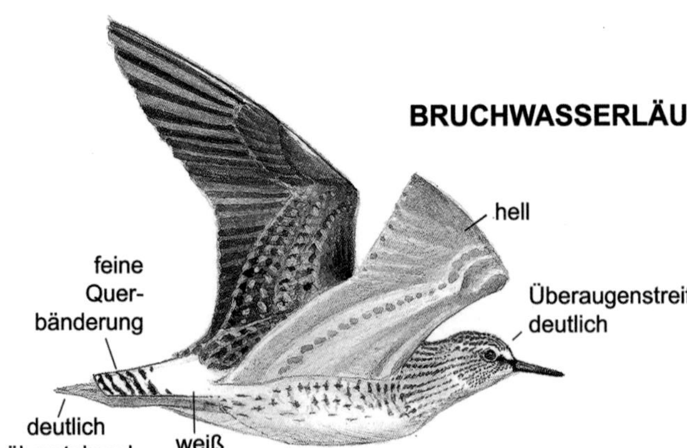

Deutschland. Als Ausnahme unter den Limikolen brüten sie nicht am Boden, sondern in Bäumen, meistens in alten Drosselnestern. Sie überwintern in Mittel-, häufiger jedoch in Südeuropa und Afrika. Auf dem Durchzug findet man sie an Gräben und kleinen Tümpeln, seltener auf offenen Schlammflächen, oft einzeln und kaum in größeren Gruppen. Flussuferläufer bevorzugen steinige Flüsse und Bäche, auch in Wäldern, an Seen und Küsten. Sie überwintern von Südeuropa bis Afrika und ziehen einzeln oder in kleinen Gruppen.

Bruchwasserläufer sind von ähnlicher Gestalt wie Rotschenkel, jedoch erheblich kleiner und kurzschnäbeliger, mehr den Waldwasserläufern ähnelnd. Diese sind allerdings kräftiger, kurzbeiniger und wirken untersetzter. Flussuferläufer sind meistens an Verhalten und Gestalt bestimmbar, noch bevor Gefiederdetails zu erkennen sind. Diese mittelgroßen Limikolen haben eine horizontale, leicht kauernde Körperhaltung mit kurzem Hals, aber langem Schwanz und eher kurzen Beinen. Der Hinterkörper wippt ständig, besonders nach schnellen Bewegungen oder nach der Landung. Der Flug führt mit schnellen Flügelschlägen niedrig über die Wasseroberfläche, unterbrochen von kurzen Gleitstrecken auf steif nach unten gebogenen Flügeln.

Die Gattung *Tringa* besteht aus einer ganzen Reihe langbeiniger und langschnäbeliger, eher großer Wasserläufer, die an den Küsten und regelmäßig im Binnenland beobachtet werden können, zumindest auf dem Durchzug. Nur Teichwasserläufer sind selten, hingegen zählen Rotschenkel, Dunkle Wasserläufer und Grünschenkel zu den häufigeren Limikolen unter den rastenden Watvögeln. Im Prachtkleid sind die Arten relativ leicht voneinander zu unterscheiden. Ein kurzer Blick ins Bestimmungsbuch genügt. Etwas genauer muss man bei den Schlicht- und Jugendkleidern hinsehen.

Rotschenkel brüten in Feuchtwiesen, Marschen und verschiedensten Sumpfgebieten. Bei uns findet man sie vor allem entlang der Küsten. Rotschenkel rasten auf Watt- und Schlickflächen, oft einzeln oder in kleinen stimmfreudigen Gruppen. Dunkle Wasserläufer brüten in der arktischen Tundra in Mooren und Sümpfen und überwintern in Südeuropa und Afrika. Während des Zuges rasten sie einzeln oder in kleinen Gruppen auf Schlickflächen. Grünschenkel brüten gerne auf trockenem Untergrund in alten Nadelwäldern des Nordens in der Nähe von Feuchtgebieten. Sie rasten auf dem Zug nach Afrika in lockeren Gruppen oder einzeln im flachen Wasser, wo man sie zuweilen flink rennend bei der Kleinfischjagd beobachten kann. Teichwasserläufer brüten in nassen Niederungswiesen und Sümpfen in der Steppe und Taiga. Sie rasten auf dem Zug nach Afrika selten bei uns und sind dann leicht mit Grünschenkeln zu verwechseln.

Dunkle Wasserläufer ähneln im Schlichtkleid Rotschenkeln im Schlichtkleid. Sie wirken jedoch schlanker, eleganter und hochbeiniger. Ihr Schnabel ist länger, schmaler

DUNKLER WASSERLÄUFER
Schlichtkleid
Zügel- und Überaugenstreif deutlich
grau
lang, an der Spitze abgeknickt, Unterschnabelbasis rotorange
ungemustert weiß
rot

DUNKLER WASSERLÄUFER
Jugendkleid
markantes Kopfmuster
lang, Spitze abgeknickt
gleichmäßig gebändert
gelborange

und an der Spitze abwärts gebogen, nur die Unterschnabelbasis ist rotorange. Der weiße Überaugenstreif ist schärfer begrenzt und durch den schwarzen Zügel besonders markant. Die Kopfseiten und Vorderbrust sind schmutzig weiß, Rotschenkel sind hier viel brauner. Bei der Nahrungssuche suchen Dunkle Wasserläufer tieferes Wasser als Rotschenkel auf, außerdem gründeln und schwimmen sie auch. Im kräftigen, zielgerichteten Flug fallen die dunklen Oberflügel und ein weißes lang-ovales Feld auf Bürzel und Rücken auf.

Im Jugendkleid sind Dunkle Wasserläufer unterseits gleichmäßig dunkel gebändert, Rotschenkel hingegen auf der Brust gestrichelt und auf dem Bauch weiß. Auch in diesem Kleid sind die strukturellen Unterschiede wichtig bei der Unterscheidung von Dunklem Wasserläufer und Rotschenkel.

Im Flug zeigen **Dunkle Wasserläufer**, hier ein Vogel, der vom Jugendkleid ins Schlichtkleid mausert, einen weißen ovalen Fleck, den man gerne als weiße Zigarre bezeichnen könnte, wenn rauchen nicht so unpopulär wäre.

Dunkle Wasserläufer im Prachtkleid (rechts im Bild) gehören zu den spektakulärsten Limikolen Europas. Leider sieht man sie auf dem Frühjahrszug bei uns meistens nur kurz rasten.

Im Jugendkleid zeigen Rotschenkel oberseits auffällige, zunächst beige, später weißliche (ausgeblichene) Randflecken, wodurch die gesamte Oberseite kontrastreich wirkt. Bei fast allen Limikolen zeigen die Jungvögel oberseits helle Federränder, wodurch oft Schuppen- oder Streifenmuster entstehen. Die Beine und die Schnabelbasis sind noch gelborange, nicht rot wie bei den Altvögeln. Die rötliche Schnabelbasis ist ein Merkmal, das Rotschenkel nur mit dem Dunklen Wasserläufer und einigen Kampfläufern teilen.

Rotschenkel vollführen wie viele Wasserläufer lautstarke Singflüge, die unter anderem zur stimmungsvollen Akustik sommerlicher Küstenabschnitte beitragen. Im Flug und in jedem Kleid kennzeichnend ist der breite weiße Flügelhinterrand. Der Rücken ist im Gegensatz zu Dunklen Wasserläufern nicht mit einem ovalen weißen Feld, sondern mit einem weißen Keil gezeichnet.

ROTSCHENKEL
Jugendkleid
mittellang, gerade, kräftig, Basis gelborange
gleichmäßiges Muster
helle Randflecken
gestrichelt
gleichmäßig gefeleckt
gelborange

ROTSCHENKEL
Prachtkleid
weißer Rücken
meliert
kräftig gezeichnet
rot
breit weiß

Teichwasserläufer unterscheiden sich vor allem strukturell von Grünschenkeln. Im Gegensatz zu ihnen haben Teichwasserläufer einen langen, geraden, nadelfeinen Schnabel und einen schlanken Körper, vor allem am Hals. Zudem wirken die Beine proportional sehr lang und dünn, sie erinnern so an den Stelzenläufer.

Ein **Teichwasserläufer** im Prachtkleid. Im Flug sind die Zehen bei Teichwasserläufern auffällig lang überstehend, während sie bei Grünschenkeln nur kurz überstehen.

Grünschenkel sind etwas größer und kräftiger als Rotschenkel. Kennzeichnend ist der lange, kräftige, oft deutlich aufgeworfene Schnabel. Im kraftvollen Flug zeigen sich die im Gegensatz zu Rotschenkeln einfarbig dunklen Flügel, der sehr helle Schwanz und ein weit auf den Rücken reichender weißer Keil. Im Prachtkleid weisen Grünschenkel auf dem Rücken eine variable Anzahl Federn mit dunklen Zentren auf. Bei Teichwasserläufern sind diese Zentren im Prachtkleid nicht schwarz, sondern mit ankerförmigen Flecken gefüllt.

GRÜNSCHENKEL
Jugendkleid
einheitlich gestrichelt
hell gerandete
Jugendkleidfedern
lang, kräftig,
leicht aufgeworfen
kräftig, olivgrün

GRÜNSCHENKEL
Übergang Schlicht- zu Prachtkleid
kräftig gezeichnet
lang, kräftig,
Spitze aufgeworfen
kräftig dunkel
gezeichnet
dunkel olivgrün

Kampfläufer – mit vielen Arten zu verwechseln und doch charakteristisch

Kampfläufermännchen im Prachtkleid. Wohl kaum eine Vogelart ist so variabel innerhalb eines Kleides.

Kampfläufer, die nicht im Prachtkleid sind, können mit vielen Limikolen verwechselt werden und sind ein häufiger Fallstrick für den Anfänger. Dies liegt in der Variabilität der Art begründet. Obwohl Kampfläufer als Brutvögel in Mitteleuropa weitgehend ausgestorben sind, kann man Durchzügler regelmäßig und stellenweise auch im Binnenland beobachten. Kampfläufer brüten auf nordeuropäischen Feuchtwiesen, in Sümpfen, Taigamooren sowie in der Tundra und überwintern in Afrika. Auf dem Zug rasten Kampfläufer in kleinen bis großen Trupps auf Schlammflächen, Feuchtwiesen und an Gewässerrändern.

Die Männchen besitzen im Prachtkleid, das voll ausgeprägt nur im Mai/Juni erscheint, eine überdimensionierte Federkrause, deren Färbung den Status des Individuums am Balzplatz widerspiegelt. Hellere Männchen sind untergeordnet, verteidigen auf den Gemeinschaftsbalzplätzen oft keine eigenen Reviere, sondern halten sich als sogenannte Satelliten am Rand der Balzarenen auf, um dort Weibchen abzufangen. Die dunkelsten Männchen sind prinzipiell die ältesten und erfahrensten. Sie besetzen die Zentren der Balzarenen und sind unter den Weibchen besonders begehrt. Die stumme Gruppenbalz vollzieht sich auf traditionell besuchten, spärlich bewachsenen Grasflächen, auf denen sich fünf bis zwanzig Männchen treffen. Die Balzterritorien werden in etwa einem Meter Abstand voneinander durch Flügelflattern, kurze Sprünge, hockendes Verharren, gespreizten Kragen und kurze Attacken mit dem Schnabel verteidigt.

Es gibt einige konstante Merkmale, die bei der Kampfläuferbestimmung hilfreich sind. Die Männchen sind deutlich größer als die Weibchen, wodurch Kampfläufer kräftig wie Rotschenkel beziehungsweise schmächtig wie Strandläufer erscheinen können. Der Gesamteindruck ermöglicht mit einiger Erfahrung oft schon die Bestimmung: kleiner Kopf, kräftiger Körper, langer Hals (oft eingezogen) und mittellanger, im Gegensatz zu einigen ähnlichen Arten leicht abwärts gebogener Schnabel. Die Beinfarbe ist altersabhängig und reicht von grünlich über gelblich bis rötlich. So erscheinen die Beine bei manchen Männchen im Schlichtkleid leuchtend orange und auch der Schnabelgrund ist hellorange, was insgesamt an einen Rotschenkel erinnern kann. Jedoch ist die Oberseite der Kampfläufer überwiegend geschuppt statt größtenteils einfarbig. Typisch für Kampfläufer im Schlichtkleid und Weibchen im Prachtkleid ist eine weißliche Befiederung am Schnabelgrund. Die langen Mantelfedern werden oft vom Wind kammartig aufgerichtet. Das kann man sonst nur bei Uferschnepfen beobachten.

Der Flug geht locker mit tiefen Flügelschlägen vonstatten. Vor dem Landen erfolgen oft lange Gleitstrecken. Im Flug ist der Flügelstreif dünn und undeutlich, jedoch strahlen zwei weiße Felder auf den Seiten der Oberschwanzdecken.

Winterlicher Besuch auf den Steinmolen: An felsigen Bereichen an der Küste besuchen uns Steinwälzer und Meerstrandläufer auf dem Zug und im Winterhalbjahr.

Steinwälzer, links im Bild, suchen hin und wieder auch Watt- und Schlickflächen auf. Im Binnenland sind Steinwälzer selten. Sie wenden mit dem Schnabel geschickt Steine und Seetang, um an die tierische Nahrung zu gelangen. Charakteristisch ist die mittelgroße, kräftige Gestalt mit kurzem derbem Schnabel und kurzen orangefarbenen Beinen sowie einem markanten Flugmuster.

Im Flug fällt bei den Steinwälzern das typisch kontrastreiche Muster mit den kräftigen weißen Flügelbinden auf.

Als weiterer Wintergast begleiten **Meerstrandläufer** Steinwälzer in kleiner Zahl an unseren Felsküsten. Sie brüten in felsiger Tundra und bevorzugen im Winter Steinmolen. Der dicke Körper und die kurzen Beine lassen Meerstrandläufer pummelig erscheinen. Der Schwanz überragt die Flügelspitzen. Die Färbung von Kopf und Rücken ist einfarbig braungrau. Beine und Schnabelbasis sind hell senfgelb.

Sanderling, Alpenstrandläufer, Sichelstrandläufer, Temminckstrandläufer und Zwergstrandläufer bilden zusammen eine Gruppe kleiner kompakter Strandläufer, die Anfängern besonders durch ähnliche Schlicht- und Jugendkleider Bestimmungsschwierigkeiten bereiten. Man kann die Artbestimmung oft durch den Rastlebensraum und den Zeitpunkt des Auftretens eingrenzen. Die Tabelle auf S. 311 bietet hierzu eine Übersicht.

Im Schlichtkleid sind **Sanderlinge** unverwechselbar. In der Größe entsprechen sie einem Alpenstrandläufer, wirken durch den kurzen, kräftigen Schnabel jedoch kompakter. Sanderlinge leuchten auffallend hell aus den Limikolentrupps heraus. Der charakteristische schwarze Flügelbug ist oft durch das Brustgefieder verdeckt.

Rechts im Bild: Ein **Sanderling** im Jugendkleid. Sanderlinge wirken auch im Jugendkleid schwarz-weiß gezeichnet. Nur auf Scheitel und Brustseiten lässt sich eine gelbliche Grundierung erkennen. Oberseits sind Sanderlinge im Jugendkleid auf den Mantel- und Schulterfedern weiß gefleckt statt hell geschuppt, wodurch ein kontrastreiches Muster entsteht. Die für andere Strandläufer in diesem Alter typische weiße „V"-Zeichnung auf dem Rücken fehlt.

Der Durchzug der Sanderlinge läuft im Frühjahr sehr konzentriert ab, sodass man das Prachtkleid bei uns nur kurze Zeit zu Gesicht bekommt. Charakteristisch ist das scharf begrenzte, rotbraune und graue Brustband. Oberseits dominieren schwärzliche Federn mit rotbraunen und weißlichen Rändern. Im Laufe des Sommers werden Brust, Kopf und Oberseite kräftig rostfarben.

Sanderlinge im Prachtkleid.

Knutts reihen sich nahtlos in die Reihe der kompakten, pummeligen Strandläufer ein. Knutts brüten in der arktischen Küstentundra und überwintern in großen Trupps an westeuropäischen Küsten, die Durchzugsmaxima werden im Mai und August erreicht. Nur selten verschlägt es Knutts ins Binnenland, dann sind es fast immer Jungvögel auf dem Herbstzug. Wichtige Merkmale sind der eher plump-kompakte Körper und ein dicker, kurzer Schnabel, der nur ganz schwach abwärts gebogen ist. Im Jugend- und Schlichtkleid sind Knutts am besten durch Gestalt, grauen Gesamteindruck, deutlichen, hellen Überaugenstreif und die kurzen graugrünen Beine zu erkennen.

Im Prachtkleid sind **Knutts** unverwechselbar. Die rotbraune Farbe teilt diese Limikolenart mit einigen anderen arktischen Brutvögeln, wie Pfuhlschnepfen, Thorshühnchen oder Rothalsgänsen. Forschung hat ergeben, dass die Pigmentierung ein Indiz für körperliche Fitness und somit ein unverfälschtes Signal an potenzielle Paarungspartner und Konkurrenten ist.

Rasthabitat, Auftreten und Durchzugszeiträume der kleinen Strandläufer

Art	Rasthabitat und Auftreten	Hauptdurchzug
Sanderling	Sandstrände, Watt. Auf Schlammflächen im Binnenland selten. An Sandstränden stetig mit der Brandung auf- und ablaufend.	An der Küste zahlreich, kurz und konzentriert im Mai, Wegzug ab August. An der Küste ganzjährig, einzelne auch im Winter.
Alpenstrandläufer	Watt, Spülsaum und Schlammflächen. Im Watt gewaltige Trupps. Im Binnenland in kleinerer Zahl.	März bis Mai und zahlreicher Juli bis Oktober, an der Küste ganzjährig.
Sichelstrandläufer	Flache, schlammige Küsten und Ufer von Binnengewässern, oft mit Alpenstrandläufern vergesellschaftet. Meistens spärlich.	Mai und zahlreicher im Juli/August.
Temminck-strandläufer	Durchzug hauptsächlich im Binnenland. Rastet gern auf bewachsenen Schlammflächen, oft in kleinen artreinen Trupps. Bedächtige Bewegungsweise.	Ende April und weniger zahlreich Ende Juli/Anfang August
Zwergstrandläufer	Gleichermaßen an Küsten und auf binnenländischen unbewachsenen Schlammflächen.	Mai, Ende Juli bis September

ALPENSTRANDLÄUFER
Jugendkleid
einfarbig gelbbraun
weißes Mantel- und Schulter-'V'
relativ kräftig, leicht abwärts gebogen
gelber Grundton
schwarze Flecken

ALPENSTRANDLÄUFER
Jugendkleid -> Schlichtkleid
mittellang, abwärts gebogen
einfarbig
graue Federn des Schlichtkleides zwischen dunklen Federn des Jugendkleides
fein gestrichelt
einfarbig weiß

ALPENSTRANDLÄUFER
Prachtkleid
mittellang abwärts gebogen
rotbraun
dicht gestrichelt
schwarzes Brustschild

ALPENSTRANDLÄUFER
Schlichtkleid
einfarbig
mittellang, abwärts gebogen
fein gestrichelt
einfarbig weiß
schwarz

SICHELSTRANDLÄUFER
Jugendkleid
gleichmäßiges
Schuppenmuster
langer Über-
augenstreif
lang, gleichmäßig
abwärts gebogen
gelblich-beige
ungestrichelt

SICHELSTRANDLÄUFER
Prachtkleid abgetragen
lebhaft gezeichnet
lang,
abwärts
gebogen
leuchtend
ziegelrot

Alpenstrandläufer sind in Mitteleuropa als Brutvögel nahezu ausgestorben, auf dem Durchzug jedoch eine der häufigsten Limikolenarten. Die Kenntnis aller Variationen und Kleider der Alpenstrandläufer ist eine wichtige Voraussetzung zur richtigen Bestimmung seltenerer Arten. Alpenstrandläufer sind starengroß mit variabler Schnabellänge. Im Extremfall kann der Schnabel klein und gerade wie bei den anderen kleinen Strandläufern oder lang und gebogen wie beim Sichelstrandläufer sein.

Eine dem Alpenstrandläufer ähnliche Art ist der Sichelstrandläufer. Sichelstrandläufer sind etwas größer, mit längerem, gleichmäßiger abwärts gebogenem Schnabel mit dünner Spitze. Hals und Beine, besonders die Unterschenkel, sind länger. Sie wirken eleganter, langschnäbeliger und zeigen im Jugendkleid vor dem Auge einen deutlicheren Überaugenstreif. Im Prachtkleid sind Alpen- und Sichelstrandläufer unverwechselbar.

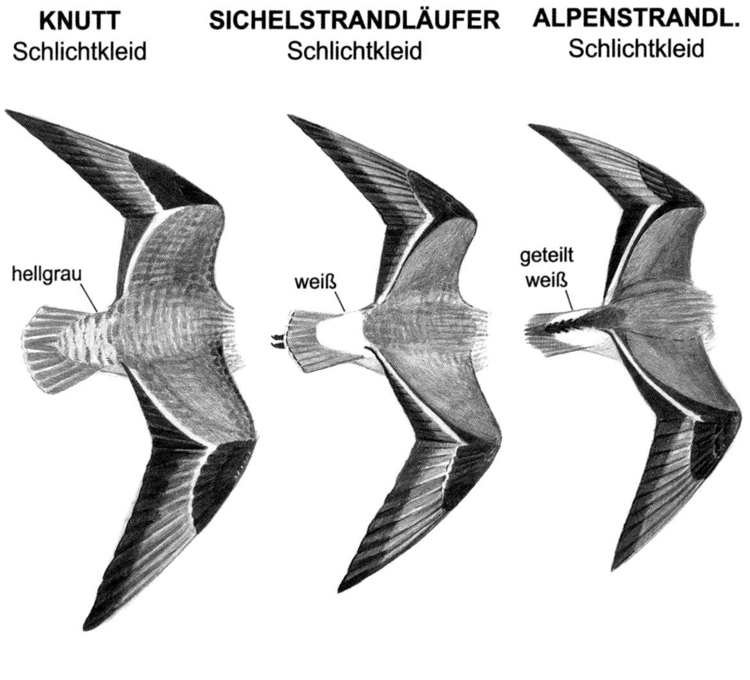

Knutts, Sichelstrandläufer und Alpenstrandläufer lassen sich im Flug zuverlässig unterscheiden, denn Sichelstrandläufer haben einen einfarbig weißen und Knutts einen grauen Bürzel. Bei Alpenstrandläufern trennt ein dunkler Balken die weißen Bürzelseiten. Ein Merkmal, das sie mit Sanderlingen, Meerstrandläufern, Temminckstrandläufern und Zwergstrandläufern teilen.

TEMMINCKSTRANDLÄUFER
Prachtkleid
einheitlich graubraun
dunkel gefleckt
kurz
deutlicher Kontrast
helle Beine

TEMMINCKSTRANDLÄUFER
Jugendkleid
einfarbig brauner Kopf
bräunliche Oberseite geschuppt
Schwanz überragt Flügel leicht
kurz, leicht gebogen
hell, kurzbeinig

Temminckstrandläufer haben eine ähnlich schlanke Figur wie Zwergstrandläufer. Jedoch wirken sie etwas langgestreckter, der Schwanz überragt die Flügelspitzen, die Beine sind kürzer und hell. Der etwas abwärts gebogene Schnabel wirkt klein und schmächtig. Insgesamt sind Temminckstrandläufer eine unauffällige Erscheinung. Oft sieht man sie mit eingeknickten Beinen mit niedriger Pickrate über Schlammflächen „kriechen". Häufig werden Zwergstrandläufer im Schlichtkleid für Temminckstrandläufer gehalten. Auch Zwergstrandläufer können bei angelegtem Gefieder schlank wirken. Besonders wenn Schlamm die dunklen Beine hell färbt und helles Sonnenlicht die Schwanzaußenkanten weiß statt grau erscheinen lässt, ist eine Verwechslung möglich. Jedoch zeigen Zwergstrandläufer immer ein weißliches Gesicht mit deutlichem Überaugenstreif sowie eine hellgraue Brust, die nicht so scharf abgesetzt ist wie typischerweise bei Temminckstrandläufern.

Zwergstrandläufer sind mit zwei Dritteln der Länge eines Alpenstrandläufers ähnlich klein wie Temminckstrandläufer und die häufigsten der kleinen Strandläufer. Zwergstrandläufer, die in der Tundra brüten und in Afrika überwintern, wird man in Mitteleuropa vor allem im Jugendkleid sehen, weil sich die Altvögel auf dem Zug eher an die Küsten halten und nicht durchs Binnenland ziehen. Man spricht bei den Jungvögeln von Vektornavigation: Sie folgen einer bestimmten Zugrichtung, da sie

zum ersten Mal ziehen. Somit können sie sich noch nicht an Erlerntem orientieren. Bei den Altvögeln sprechen wir von einer Zielnavigation, also dem Zug entlang von Landmarken folgend, in Kenntnis des Zieles.

Das Jugendkleid ist kontrastreich gezeichnet mit weißlichen oder lebhaft rotbraunen Rändern. Auf dem Mantel und den Schulterfedern bilden weiße Federränder ein deutliches weißes Mantel- und Schulter-‚V'. Der Überaugenstreif ist deutlich und durch die helle Stirn gegabelt.

Im Prachtkleid ähneln Zwergstrandläufer den im direkten Vergleich deutlich größeren Sanderlingen. Jedoch haben Zwergstrandläufer auch im Prachtkleid eine helle Brust, während Sanderlinge eine gegen den Bauch scharf abgesetzte, durchgehend rotbraun-graue Brust haben. Zudem ist die Oberseite von Sanderlingen im Prachtkleid durch ein grob gewürfeltes Muster charakterisiert, das Zwergstrandläufern fehlt.

Sanderlinge, Temminck- und Zwergstrandläufer lassen sich zuverlässig im Flug unterscheiden. Während Zwergstrandläufer graue Steuerfedern haben, besitzen Temminckstrandläufer weiße. Die kontrastreiche Flügelfärbung von Sanderlingen mit einem breiten weißen, von schwarzen Bändern umrahmten Flügelstreif ist unverwechselbar.

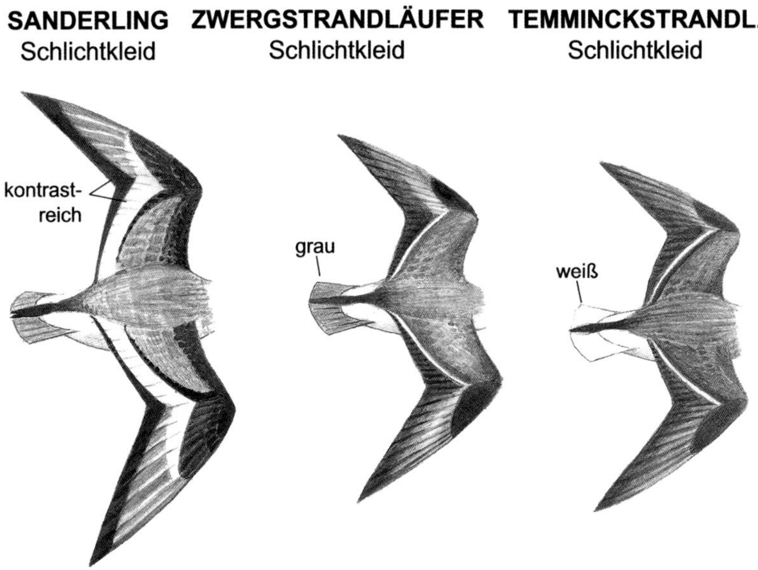
SANDERLING
Schlichtkleid
ZWERGSTRANDLÄUFER
Schlichtkleid
TEMMINCKSTRANDL.
Schlichtkleid
kontrast-
reich
grau
weiß

Möwenverwandte – *Laridae*

große Gruppe kleiner bis großer Seevögel – überwiegend weiß bis hell befiedert – lange schmale Flügel – Schwimmhäute zwischen den Zehen – oft auffällig rote oder gelbe Schnäbel und Füße – einzelne Arten brüten auch im Binnenland – Bodenbrüter: Nesthocker – die Familie gliedert sich in Möwen und Seeschwalben – letztere im Vergleich zu Möwen schlanker, graziler und kurzbeiniger – Flügel schmaler und spitzer – Schwanz oft lang und gegabelt, z. T. mit langen äußeren Steuerfedern – häufig rüttelnd und stoßtauchend – drei heimische Arten als Sumpfseeschwalben zusammengefasst: Im Prachtkleid ausgeprägt dunkle Gefiederpartien – Nahrungssuche bei diesen mehr pickend von der Wasseroberfläche

Möwen sind eine Gruppe mittelgroßer bis großer Wasservögel, viele von ihnen zumindest im Alterskleid mit vorwiegend weißem Gefieder. Kennzeichnend sind lange, schmale, spitze Flügel sowie Rumpfgestalten, die von schlank, grazil, fast seeschwalbenartig bis hin zu gedrungen und kräftig reichen. Die Schnäbel können schlank und spitz, aber auch ziemlich stumpf sein, oft jedoch mit deutlichem

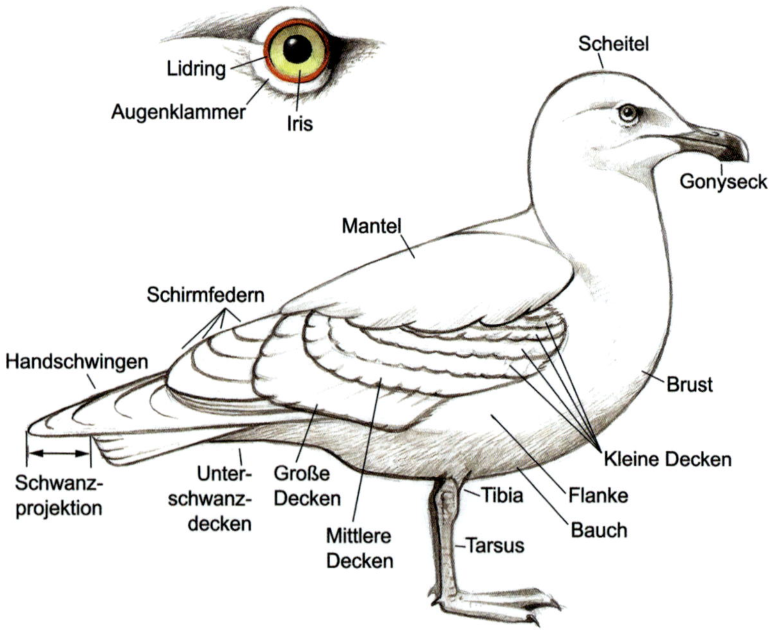

Topographie einer stehenden Möwe.

Gonyseck, einer kantigen Ausbuchtung am Unterschnabel. Der Möwenschwanz ist tendenziell eher kurz, breit und im gespreizten Zustand gerundet, wirkt aber sonst wie gerade abgeschnitten. Im Gegensatz zu einigen anderen Seevögeln bewegen sich Möwen an Land geschickt laufend vorwärts. Der Flug ist kräftig und wendig mit langsamen und flachen Flügelschlägen. Möwen können auch gut gleiten, segeln und kreisend Thermiken ausnutzen. Die Verwechslung von Möwen mit anderen Vogelgruppen stellt kein größeres Problem dar. Jedoch können entfernt segelnde immature Möwen, vor allem Großmöwen, für segelnde Greifvögel gehalten werden. Auf große Entfernung ist auch eine Verwechslung mit Raubmöwen nicht ausgeschlossen. Kleine Möwenarten können auf größere Distanz mit Seeschwalben verwechselt werden.

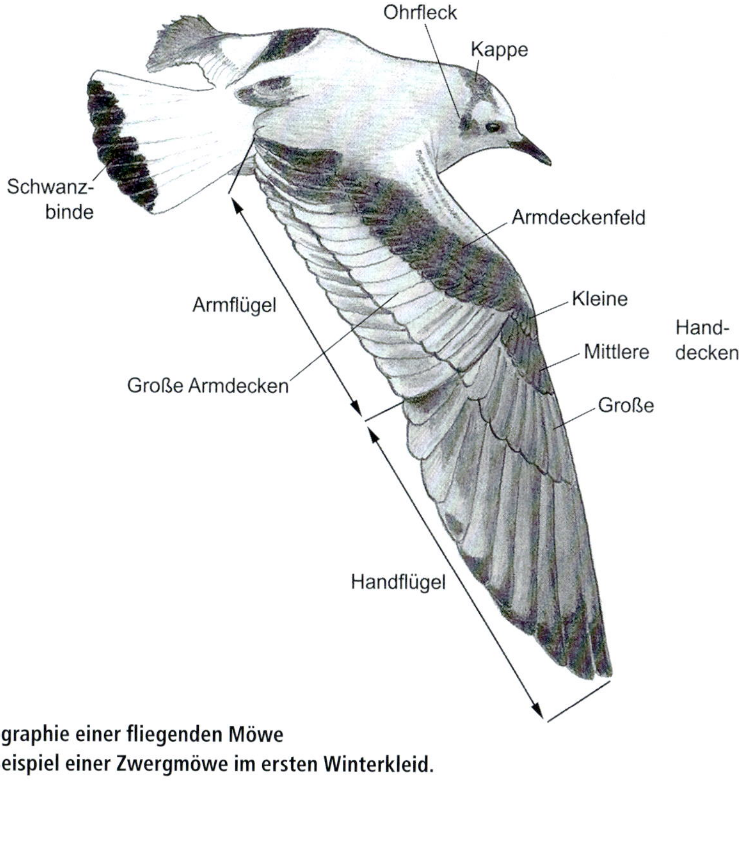

Topographie einer fliegenden Möwe am Beispiel einer Zwergmöwe im ersten Winterkleid.

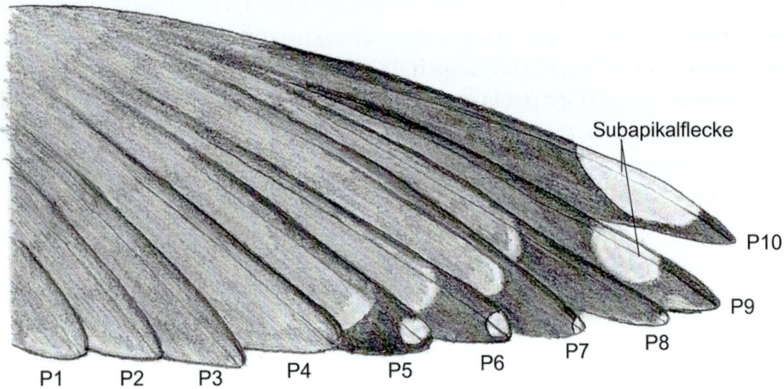

Bezeichnungen an einem Möwen-Handflügel. Die Handschwingen werden einzeln von innen nach außen P1 bis P10 genannt. Die Ausdehnung der grauen Bereiche in den Handschwingenspitzen sowie die Größe, Form und Lage der Subapikalflecken helfen bei der Bestimmung von Großmöwen, insbesondere von adulten Mittelmeer-, Steppen-, Heringsund Silbermöwen.

Kleinere Möwenarten sind in ihrer Nahrungswahl oft wählerischer als Großmöwen. Sie picken die Nahrung von der Wasseroberfläche, tauchen kurz und flach ins Wasser, um Fische zu fangen, oder jagen im Sommer in großen Trupps hochfliegende Ameisen. Auf viele Arten, wie zum Beispiel Sturmmöwen, üben frisch gepflügte Äcker und frisch gemähte Wiesen eine große Anziehungskraft aus, da sie hier leicht an Würmer und Insekten gelangen.

Großmöwen fressen Fischabfälle in einem Hafen.

Möwen ernähren sich vorwiegend fischend oder sie jagen an Land nach Insekten und kleinen Wirbeltieren, daneben nehmen sie auch Aas auf. So war es für viele Möwenarten ein kleiner Schritt, auch menschliche Abfälle als Nahrungsquelle zu entdecken. Infolgedessen nahmen die Bestände vieler Arten stark zu. Auf Deponien, auch im Binnenland, lassen sich teilweise gewaltige Möwenansammlungen beobachten. In den letzten Jahren wurden jedoch zahlreiche Deponien in Mitteleuropa geschlossen, sodass sich die vor allem im Winter hohen Bestände vieler Möwenarten wieder reduziert haben. Auf dem Foto auf der vorherigen Seite sieht man Mantelmöwen und eine Silbermöwe an Fischabfällen. Da sich Möwen an die Nähe von Menschen gewöhnt haben, lassen sie sich stellenweise aus nächster Nähe studieren.

Besonders außerhalb der Brutzeit halten sich einige Arten, wie die hier abgebildeten **Lachmöwen**, häufig im Binnenland auf, wo sie große, artenübergreifende Schlafplatzgemeinschaften an geschützten Gewässern bilden. Zwischen Nahrungs- und Schlafplatz legen sie bis zu 100 km zurück. Dabei ziehen die Möwentrupps morgens und abends häufig in linien- oder V-förmiger Formation und in großer Höhe.

Links: Eine junge **Dreizehenmöwe** mit Ölflecken. Ölverschmutzungen treten bei Meeresvögeln leider regelmäßig auf und erzeugen verwirrende Dunkelfärbungen sonst heller Gefiederpartien.

Rechts: Möwen wie diese **Dreizehenmöwe** nisten am Boden oder auf Felsbändern in Nordeuropa auch an Gebäuden, gewöhnlich in Kolonien, gerne auf ungestörten Inseln oder Küstenabschnitten, aber auch an Binnengewässern. Das Nest wird aus Zweigen und anderem Pflanzenmaterial am kahlen Boden oder in niedriger Vegetation gebaut. Die Geschlechter der Möwen sehen in der Regel gleich aus, Männchen sind jedoch im Durchschnitt größer, was oft nur im direkten Vergleich auffällt.

Die meisten Arten haben eine geringe jahreszeitliche Gefiedervariation. Jungvögel sind von Altvögeln deutlich unterscheidbar. Das Alterskleid wird je nach Art erst nach zwei bis vier Jahren angelegt. Die größeren Arten erreichen das Alterskleid erst im vierten Lebensjahr. Aufgrund der Vielfalt der teilweise verwirrend ähnlichen Kleider und deren Zwischenstufen entstehen vielfältige Bestimmungsprobleme. Im Gegensatz zu Greifvögeln ist die Bestimmung adulter Möwen einfacher als die von jungen Möwen. Adulte Möwen weisen eine kennzeichnende Kombination aus Größe, Oberseitenfärbung, Flügelmuster sowie Schnabel- und Beinfarbe auf. Die Gefieder der immaturen Vögel sind eintöniger braun oder braunfleckig. Auch Schnabel und Beine zeigen noch nicht ihre endgültige Färbung. Viele große Arten sind nahe miteinander verwandt und hybridisieren untereinander, was die Bestimmung weiter erschwert. Die Artbildung ist bei einigen Formen noch nicht abgeschlossen.

Grundsätzlich erreichen die kleinen Möwenarten die Geschlechtsreife im zweiten oder dritten Winter, die großen Arten erst im vierten Winter, weshalb diese auch eine größere Zahl intermediärer Kleider zeigen. Die Kenntnis der Gefiederabfolge ist eine nützliche Bestimmungshilfe. Jede Art ist entweder eine Zwei-, Drei- oder Vierjahresmöwe: Das sind die Zeiträume, die benötigt werden, bis das volle Adultkleid erreicht wird.

Die Lachmöwe ist eine typische Zweijahresmöwe. Zu dieser Kategorie gehören die meisten kleineren Arten. Sie werden bereits im zweiten Kalenderjahr adult, also, wenn sie gerade etwas mehr als ein Jahr alt sind. Die meiste Zeit des Jahres lassen sich nur zwei Altersstufen unterscheiden: einjährige Lachmöwen im Jugendkleid, im

LACHMÖWE
erster Sommer
dunkel
Braunanteil
variabel
dunkle Binde
dunkelrot mit
schwarzer
Spitze
Flügel- und Steuerfedern
juvenil, verschlissen

LACHMÖWE
Schlichtkleid
weiß mit schwarzen
Ohrdecken und Scheitelfleck
rot mit
schwarzer
Spitze
rein
hellgrau
keine weißen
Apikalflecken
wie bei
Großmöwen
reinweiß
rot

ersten Winter- oder im ersten Sommerkleid und Adulte im Schlicht- oder Prachtkleid. Im Spätsommer bis Frühherbst können jedoch vier Kleider unterschieden werden: die kürzlich flügge gewordenen Vögel im Jugendkleid, die etwas über ein Jahr alten Vögel im ersten Sommer und die Altvögel, die entweder noch im Prachtkleid oder schon im Schlichtkleid sind.

Dreijahresmöwen sind mittelgroße Arten, wie zum Beispiel die hier abgebildeten Sturmmöwen. Sie werden im dritten Kalenderjahr adult, wenn sie etwas über zwei Jahre alt sind. Fast das ganze Jahr lassen sich drei Altersstufen unterscheiden: Einjährige im Jugend-, ersten Winter- oder ersten Sommerkleid, Zweijährige im zweiten Sommer- oder Winterkleid und Adulte im Pracht- oder Schlichtkleid. Von Juli bis August kommen die kürzlich flügge gewordenen Möwen im Jugendkleid zu den vorjährig geschlüpften im ersten Sommerkleid, den Zweijährigen im zweiten Sommerkleid und den Adulten im Prachtkleid hinzu.

Im Schlichtkleid sind **Sturmmöwen** durch eine mehr oder weniger intensive Kopfstrichelung gekennzeichnet. Die Möwe links zeigt im Flügel deutlich kleinere weiße Apikalflecken als der Vogel rechts und ist somit gut als Sturmmöwe im zweiten Winter zu erkennen, während der Vogel rechts mindestens drei Jahre alt ist.

Schwarzkopfmöwen brüten in West- und Südeuropa in kleinen Kolonien, gerne mit Lachmöwen zusammen. In Deutschland sind sie nur lokal verbreitet, sodass man sie als Durchzügler und Gast in kleiner Zahl und im Winter nur selten findet.

Oberflächlich ähneln adulte Schwarzkopfmöwen Lachmöwen. Jedoch haben sie einen kürzeren, dickeren und stumpferen Schnabel, der ebenso wie die Beine schon aus der Ferne scharlachrot leuchtet. Die etwas kürzeren, weniger spitzen Flügel sind bei Altvögeln reinweiß. Die Oberseite ist sehr hellgrau. Der Kopf weist eine schwärzliche Kapuze auf, die sich im Winter auf eine schwarze „Maske" reduziert.

Die Schwarzkopfmöwe ist im Gegensatz zur Lachmöwe eine Dreijahresmöwe. Im ersten Winter und ersten Sommer ähneln Schwarzkopfmöwen jungen Sturmmöwen. Sie unterscheiden sich jedoch durch reinweiße Flügelunterseiten, ein heller graues, mittleres Flügelfeld, eine etwas schmalere schwarze Endbinde, einen dunklen Schnabel mit roter Basis oder ganz dunkel sowie eine dunkle „Maske".

Am Ende des zweiten Winters und im darauffolgenden zweiten Sommer sehen Schwarzkopfmöwen meistens wie adulte Vögel aus. Nur die schwarzen Flügelspitzen erinnern an das jugendliche Alter. Der Schnabel ist meistens scharlachrot, nur gelegentlich orangegelb.

Zwerg- und Dreizehenmöwen ähneln sich im Jugend- und ersten Winterkleid. Zwergmöwen brüten in kleinen Kolonien an Süßwasserseen in Nordosteuropa und überwintern in Westeuropa und im Mittelmeerraum. Sie ziehen im April/Mai und von August bis Oktober entlang der Küste oder entlang großer Flüsse. Im Winter bleiben nur einzelne Individuen in Mitteleuropa. Zwergmöwen picken seeschwalbenartig Nahrung von der Wasseroberfläche und jagen Insekten im Flug. Dreizehenmöwen sind im Binnenland sehr selten. Sie sind Hochseevögel und brüten in großen Kolonien auf Felsklippen. Die einzige deutsche Kolonie befindet sich auf Helgoland.

Neben Färbungsunterschieden lassen sich Dreizehenmöwen, auf der vorherigen und dieser Seite abgebildet im Jugend-/ersten Winterkleid, durch steife, schnelle Flügelschläge und schmale Handflügel von anderen Möwen unterscheiden. Im ers-

ten Winterkleid sind Dreizehenmöwen oberseits dunkler grau als die in diesem Kleid ähnlichen Zwergmöwen, mit klarer abgesetztem, großem, weißem Flügelkeil und ohne dunkle Kappe.

Sowohl Zwerg- als auch Dreizehenmöwen haben im Jugend- und ersten Winterkleid ein schwärzliches Zickzackmuster auf der Flügeloberseite. Die hier abgebildete Zwergmöwe im ersten Winterkleid unterscheidet sich durch graue statt weiße Armschwingen, einen zierlicheren Schnabel und eine schwarze Kopfplatte von der Dreizehenmöwe im entsprechenden Alter.

Zwergmöwen im zweiten Winter haben keine reinweißen Flügelspitzen wie die adulten, sondern zeigen etwas Schwarz in den Handschwingen. Die Zwergmöwe ist also eine Dreijahresmöwe.

Neben der charakteristischen Färbung der adulten Zwergmöwen, die man bei uns meistens im Schlichtkleid sieht, sind schnelle Flügelschläge und eine leicht pendelnde Flugweise typisch. Der weiße, die ganze Flügelspitze umrahmende Flügelhinterrand lässt die Flügelspitze rund erscheinen.

Bei adulten Dreizehenmöwen ist die Flügelspitze einfarbig schwarz. Die dunkelgraue Oberseite ist zur Flügelspitze hin aufgehellt weiß. Dadurch wirkt der Flügel dreifarbig.

Großmöwenbestimmung

Die Bestimmung der bei uns häufigeren Großmöwen Mantel-, Herings-, Silber-, Steppen- und Mittelmeermöwe ist zunächst herausfordernd, letzten Endes aber bereichernd. Die Vielfalt der Kleider und die hohe individuelle, jahreszeitliche und regionale Variation machen Geduld und Sorgfalt erforderlich. Besonders größere Ansammlungen bieten gute Vergleichsmöglichkeiten. Die Muster von Mauser und Altersentwicklung lassen sich auf andere Vogelgruppen übertragen. Viele der Möwen tragen Fußringe, deren Ablesung oft mit spannenden Lebensgeschichten belohnt wird, wenn man die Beobachtung weitermeldet.

Tipps zur Bestimmung von Großmöwen

Möwenansammlungen bieten oft schöne Vergleichsmöglichkeiten. Hier sammeln sich Silber- und Mantelmöwen. Die gelbfüßige Silbermöwe in der Mitte gehört zur baltischen Unterart omissus.

Diese Tipps helfen bei der BEstimmung von Großmöwen:

- **Beginnen Sie mit den Altvögeln.** Sie sind leichter zu identifizieren als die jüngeren Großmöwen. An ihnen kann man sich gut die strukturellen Merkmale einprägen, die auch jüngere Vögel kennzeichnen. Vergleichen Sie also die Altvögel mit anderen Möwen.
- **Lassen Sie auch Möwen unbestimmt.** Auf große Distanz oder bei zerschlissenem Gefieder oder wenn Sie Möwenhybriden vor sich haben, wird eine Bestimmung nicht immer möglich sein.
- **Die größte Vielfalt der Großmöwen finden Sie im Winter.** Das trifft besonders auf das Binnenland zu. Sie mausern dann nicht und entsprechen den idealtypischen Abbildungen und Beschreibungen in den Bestimmungsbüchern.
- **Großmöwen sammeln sich in Häfen, an Deponien, Kläranlagen, Stränden, frisch gepflügten Äckern oder an traditionellen Schlafplätzen auf Gewässern.** Hier lassen sich Großmöwen gut vergleichen und so Erfahrungen sammeln.

Alle Großmöwen zählen zu den Vierjahresmöwen. Wenn sie im vierten Kalenderjahr etwas mehr als drei Jahre alt sind, werden sie adult. Die meiste Zeit des Jahres lassen sich vier Altersstufen unterscheiden: Einjährige im Jugend-, ersten Winter- oder ersten Sommerkleid, Zweijährige im Winter- oder zweiten Sommerkleid, Dreijährige im Winter- oder dritten Sommerkleid und Adulte im Pracht- oder Schlichtkleid. Von Juli bis August kommen die kürzlich flügge gewordenen im Jugendkleid zu den Vorjährigen im ersten Sommerkleid, den Zweijährigen im zweiten Sommerkleid, den Dreijährigen im dritten Sommerkleid und den Adulten im Prachtkleid hinzu. Silbermöwen lassen sich auf kurze Distanz beobachten und sind insbesondere an Nord- und Ostsee sehr häufig. Es ist eine gute Übung, in einem winterlichen Hafen einmal zu versuchen, die Kleider der einzelnen Silbermöwen auseinanderzuhalten. Die Winterkleider der Silbermöwen weisen, wie bei vielen Großmöwen, eine starke Kopfstrichelung auf. Im Sommer sind zumindest die Köpfe der Altvögel reinweiß.

Adulte hellrückige Möwen in einem winterlichen Hafen zu beobachten ist ein guter Start in die Großmöwenbestimmung. Noch bis vor wenigen Jahrzehnten fasste man unter dem Begriff „Silbermöwe" einen ganzen Artkomplex zusammen, aus dem in Mitteleuropa regelmäßig Silbermöwen, Steppenmöwen und Mittelmeermöwen beobachtet werden können. Steppenmöwen brüten am Nordrand des Schwarzen Meeres und von dort aus weiter östlich bis nach Zentralasien. Teile der Steppenmöwenpopulationen verbringen den Winter in Mitteleuropa. Mittelmeermöwen brüteten ursprünglich, wie der Name in diesem Fall korrekt bezeichnet, rund um das Mittelmeer. In den letzten Jahrzehnten haben sie sich auch in Süddeutschland

Hellrückige adulte Großmöwen im Winter
STEPPENMÖWE
Strichelung oft stärker
Iris oft dunkel
blass gelb
viel Weiß
Gonyseck flach, Schnabel lang
blass gelb
Ringe verraten spannende Lebensgeschichten
MITTELMEERMÖWE
helle Iris
satt gelb
Strichelung schwach oder fehlend
saubere „Perlenkette“ auf schwarzem Grund
satt gelb
SILBERMÖWE
Iris weißgelb
dunkle Strichelung
kräftig gelb mit rotem Punkt auf kräftigem Gonyseck
groß Weiß
fleischfarben

ausgebreitet. Silber-, Mittelmeer- und Steppenmöwen sehen sich recht ähnlich, sodass viele Anfänger und so mancher Fortgeschrittene Schwierigkeiten mit der Bestimmung haben. Typische Altvögel lassen sich dennoch recht gut bestimmen.

Abgesehen von der winterlichen, dunklen Kopfstrichelung sind adulte Großmöwen dieser Gruppe im Körpergefieder reinweiß und einfarbig hellgrau auf Mantel, Schirmfedern und Decken. Der Schwanz ist reinweiß.

Bei Silbermöwen ist die Iris hell und sticht aus dem im Schlichtkleid kräftig dunkel gestricheltem Kopf hervor, was Silbermöwen einen charakteristischen Gesichtsausdruck verleiht („stechender Silbermöwenblick"). Der Schnabel ist gelb mit rotem Punkt auf dem Gonyseck. Im Flügel hat sich das jeweils artkennzeichnende Flügelmuster mit großen weißen Flecken herausgebildet.

Mittelmeermöwen sind als Altvögel durch einen etwas dunkler grauen Mantel als ihn Silbermöwen zeigen, einen kräftigen, nicht übermäßig langen, sattgelben Schnabel mit kräftigem Gonyseck sowie durch nur kleine weiße Flecken in den Handschwingenspitzen und sattgelbe Beine gekennzeichnet.

Steppenmöwen unterscheiden sich vor allem strukturell von den ähnlichen Mittelmeermöwen. Die Stirn ist typischerweise flach, der Schnabel lang, das Gonyseck oft schwach. Typische Vögel haben eine dunkle Iris. Auch im Winter ist der Kopf nahezu ungestrichelt weiß.

Wenn Großmöwen einen schwärzlichen Mantel zeigen, wird es einfacher, denn unter den regelmäßig bei uns auftretenden Arten kommen nur noch zwei Arten infrage: Mantel- und Heringsmöwen. Heringsmöwen brüten in Mitteleuropa vor allem an der Küste. Nord- und osteuropäische Heringsmöwen (*fuscus*) können einen ebenso dunklen Mantel besitzen wie Mantelmöwen. Sie sind Langstreckenzieher, ziehen nach Afrika und werden in Mitteleuropa nur sehr selten festgestellt. Westeuropäische Brutvögel sind Kurzstreckenzieher. Nur wenige überwintern an der Nordsee. Die Mantelfärbung der westeuropäischen Heringsmöwen (Unterarten *graelsii* und *intermedius*) ist ein sehr variables Dunkelgrau, mit dem die schwarze Flügelspitze kontrastiert. Auch Mantelmöwen brüten an nord- und westeuropäischen Küsten. Sie sind Standvögel oder Kurzstreckenzieher und können ganzjährig an mitteleuropäischen Küsten beobachtet werden.

Weil Heringsmöwen Zugvögel sind, tritt das Bestimmungsproblem zwischen Herings- und Mantelmöwen am ehesten im Sommerhalbjahr auf. Die beiden Arten unterscheiden sich in erster Linie strukturell. Heringsmöwen sind kleiner, schlanker, lang- und spitzflügeliger und haben einen längeren und schwächeren Schnabel. Im Winter zeigen beide Arten eine Kopfstrichelung, die besonders bei Heringsmöwen ausgeprägt sein kann.

Nachdem man sich mit adulten Möwen vertraut gemacht hat, bietet es sich an, Großmöwen im ersten Winterkleid anzusehen. Sie zeigen recht konstante Gefiedermerkmale.

In einer Gruppe Möwen sind die Vögel im ersten Winterkleid die braunsten und dunkelsten. Die Flügel und Schwanzfedern sind, einschließlich der Schirmfedern und Decken, noch aus dem Jugendkleid. Der Mantel und das übrige Kleingefieder sind frisch vermausert. Im Gegensatz zu Zwei- und Dreijahresmöwen ist der Mantel bei Vierjahresmöwen noch dem Jugendkleid ähnlich, mit vielen Ankerabzeichen und braungrauen Melierungen. Nur bei Steppenmöwen sind die Mäntel deutlich grau, bei Silber- und Mittelmeermöwen deutlich gezeichnet und bei Mantel- und Heringsmöwen stark dunkel gezeichnet. Manche Arten haben bereits sehr helle Köpfe, besonders Steppen- und in der zweiten Winterhälfte auch Mantel- und

Großmöwen
im ersten Winter
MITTELMEERMÖWE
hell
typische
Ankerzeichen
ähnlich Mantelmöwe
kompakt
kräftig gestrichelt
bis spät in den Winter
kompakt
wirkt
schuppig
auf grauem
Grund
lang
flache Stirn
breite Ränder
auf Schirmfedern
SILBERMÖWE
hell
lang,
schlank
relativ
einheitlich grau
hell
kräftig,
hoch
dunkle
Maske
dunkler
Mantel
entsteht
spät
diffuse
Flügelstreifen
lange
Beine
STEPPENMÖWE
schlank
breite
helle
Spitzen
schmale
weiße
Ränder
äußere
Große
Armdecken
dunkel
JK
MANTELMÖWE
HERINGSMÖWE

Mittelmeermöwen. Die dunkelsten Köpfe zeigen Heringsmöwen, die oft auch durch ihre schmächtige Gestalt auffallen. Die Schirmfedern von Silbermöwen zeigen oft buchtige helle Säume, anders als bei Steppen- und Heringsmöwen, bei denen die Säume gleichmäßig sind.

Mittelmeermöwen erinnern durch Größe, oft kräftigen Schnabel und weißlichen Kopf an Mantelmöwen im Jugendkleid. Steppenmöwen sind durch langen Schnabel, Hals und Beine charakterisiert. Oft halten sie sich aufrecht mit herausgestreckter Brust. Sie sehen dreifarbig aus: braun-verwaschen gezeichnete Flügel, grauer Rücken, weißlicher Körper.

Eine Mantelmöwe im ersten Sommer und eine Heringsmöwe im Jugendkleid nebeneinander. Hier werden neben den Färbungsunterschieden die Strukturunterschiede deutlich. Die abgebildete Mantelmöwe ist rund ein Jahr älter als die Heringsmöwe. Im Jugendkleid haben Mantelmöwen, wie die Heringsmöwen, Mantelfedern mit dunklen Zentren und auch der Kopf ist deutlich dunkler als bei Vögeln im ersten Sommer. Junge Heringsmöwen sind jedoch generell dunkler gefärbt als junge Mantelmöwen. Schmächtige, dunkle, immature Großmöwen erweisen sich oft als Heringsmöwen.

Steppenmöwen im ersten Winter zeigen typischerweise einen grauen Mantel und weiße Achselfedern, im Gegensatz zu Silber- und Mittelmeermöwen, die dunkle Achseln zeigen (siehe Abbildung auf der nächsten Seite).

Im weiteren Verlauf der Jahre werden Großmöwen immer adult-ähnlicher. Dies lässt sich am Beispiel von Silbermöwen gut studieren:

Im zweiten Winter sind Groß- und Kleingefieder komplett erneuert. Dies ist auch an den runden Handschwingenspitzen zu erkennen. Zuvor sind Silbermöwen im ersten Sommer durch die völlig zerschlissenen und ausgeblichenen Federn des Jugendkleides gekennzeichnet. Die jetzt im zweiten Winter neu angelegten Decken und Schirmfedern sind abermals dem Jugendkleid ähnlich. Der Anteil der grauen Federn auf dem Mantel ist variabel. Schon einzelne hellgraue Federn deuten auf einen Vogel im zweiten Winterkleid hin. Die Schnabelbasis wird zunehmend hell, aber auch dieses Merkmal ist variabel.

Im dritten Winter sind Silbermöwen schon eine eher grauweiße Erscheinung. Der Mantel ist überwiegend hellgrau, ebenso die Decken auf dem Flügel. Die Iris hellt auf und der Schnabel bekommt ein differenziertes Muster mit heller, leicht gelblicher Basis und angedeutetem roten Fleck auf dem Gonyseck. Einzelne braune Federn auf Decken und Mantel sowie die braunen Schirmfedern verraten, dass der Vogel noch nicht adult ist. Das dunkle Schwanzmuster wirkt durchbrochener und wird mehr durch eine feine dunkle Melierung gebildet.

Diese Mantelmöwe am Ende des zweiten Sommers, also zwei Jahre alt, zeigt überwiegend Merkmale adulter Vögel. Langsam bildet sich der dunkle Mantel heraus.

Nicht selten, besonders im Sommer, sieht man untypische Möwen, hier eine **Silbermöwe**. Dies sind Individuen mit besonders abgenutztem Gefieder, bei denen dunkle Gefiederteile hellbraun werden, manchmal sogar völlig bräunlich weiß. Die weißen Handschwingenspitzen sind völlig verschwunden und die sonst deutliche Musterung auf den Flügeldecken ist zu einem hellen, undifferenzierten Muster ohne Struktur ausgeblichen. Gründe können verzögerte Mauserabläufe, beispielsweise aufgrund von Mangelernährung oder Krankheiten, und eine besondere UV-Belastung im Winterquartier sein.

Seeschwalben

Seeschwalben sind besonders elegante, stromlinienförmige Vögel der Meere und Feuchtgebiete. Die meisten Seeschwalbenarten sind Küstenvögel. Sumpfseeschwalben (Gattung *Chlidonias*) sind zur Brutzeit hingegen fast ganz an Süßwasser gebunden. Andere Arten wie Flussseeschwalben kommen sowohl an Küsten als auch an Flüssen und Seen im Binnenland vor.

Die Geschlechter lassen sich kaum unterscheiden. Die Männchen sind durchschnittlich etwas größer. Die meisten Arten sind lautstark und haben raue, weittragende, krächzende Stimmen. Kleinere Arten sind weniger stimmfreudig.

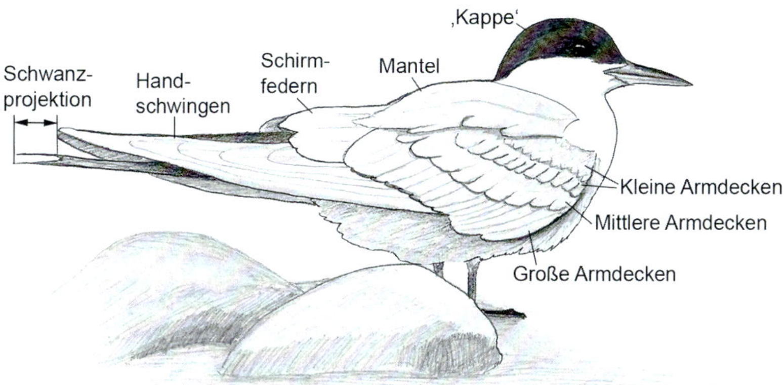

Topographie einer Küstenseeschwalbe.

Die **Brandseeschwalbe** ist eine sehr typische Art der Gattung *Sterna*, zu der die meisten typischen, weißen, vor allem an der Küste lebenden Seeschwalben gehören. Seeschwalben sind gekennzeichnet durch relativ lange, spitze Schnäbel, kurze Beine mit Schwimmhäuten, einen kurzen Hals und lange, spitz zulaufende Flügel. Die *Sterna*-Arten weisen einen tief gegabelten Schwanz auf, bei Altvögeln oft mit verlängerten äußeren Steuerfedern. Die Mehrzahl der Seeschwalben hat einen schwarzen Scheitel, eine weiße Unterseite und eine graue Oberseite. Nach der Brutzeit wird, wie bei dem abgebildeten Vogel, der Vorderscheitel weiß und die Schnabelfärbung generell matter oder bei den rot- und gelbschnäbeligen Arten sogar ganz schwarz. Vollentwickelte Schlichtkleider bekommt man bei uns kaum zu Gesicht, da Seeschwalben zum Teil gewaltige Distanzen bis auf die Südhalbkugel zurücklegen, um dort den Südsommer zu verbringen. Bei vielen Arten bleiben die immaturen Vögel während des ersten Sommers in den Winterquartieren.

Gerade flügge gewordene Jungvögel, wie die hier abgebildete **Küstenseeschwalbe**, haben stumpfere Flügelspitzen, etwas kürzere, stumpfe Schnäbel und sind kurzschwänziger als Altvögel. Die volle Flügel- und Schnabellänge wird erst im Herbst erreicht. Im frischen Jugendkleid ist bei allen Arten auf dem Mantel ein mehr oder weniger auffälliges Schuppenmuster zu erkennen, das im Laufe des Herbstes durch Abnutzung der Federsäume immer verwaschener wirkt.

Seeschwalben, wie die hier abgebildeten **Brandseeschwalben**, nisten wie einige Möwen gemeinschaftlich in dicht gedrängten Kolonien. Das Ei wird einfach in eine flache Bodenmulde gelegt. Die Kolonie bietet Schutz vor Fressfeinden, die gemeinsam aggressiv angegriffen werden. Die vor allem aus kleinen Fischen bestehende Nahrung wird im Schnabel zu den Jungen transportiert. Der Lärm einer Nistkolonie ist nahezu ohrenbetäubend.

Seeschwalben sind gesellige Vögel, die am Strand, auf Sandbänken oder kleinen Inseln oft in gemischten Trupps ruhen und brüten. Nur selten sieht man Seeschwalben schwimmend. Unten dargestellt sind die in Mitteleuropa regelmäßig vorkommenden *Sterna*-Arten im Prachtkleid.

Art	Status in Mitteleuropa	Kopfzeichnung	Schnabel	Beinfarbe	Schwanzspieße überragen Flügel
Küstenseeschwalbe	lokal häufig an der Küste	schwarze Kappe ohne Schopf, weiße Wange kontrastiert nicht zu Halsseiten	dunkelrot ohne Schwarz	rot, kurz	ja
Flussseeschwalbe	häufig an der Küste, lokal im Binnenland	schwarze Kappe ohne Schopf, weiße Wange kontrastiert zu dunkleren Halsseiten	orangerot, Spitze meist schwarz	rot, länger	nein
Raubseeschwalbe	seltene Durchzügler an der Küste und im Binnenland	schwarze Kappe, angedeuteter Schopf	sehr groß, leuchtend rot, Spitze immer schwarz	schwarz	nein
Brandseeschwalbe	lokal häufig an der Küste	schwarze Kappe, deutlicher Schopf	lang, schlank, schwarz, Spitze gelb	schwarz	nein
Zwergseeschwalbe	lokal an der Küste, selten im Binnenland	schwarze Kappe ohne Schopf, weiße Stirn, schwarzer Zügel	gelb, Spitze schwarz	orangerot	nein

***Sterna*-Seeschwalben im Prachtkleid: Unterscheidungsmerkmale stehender Vögel**

Außer mit kleinen Möwen sind Seeschwalben kaum mit Mitgliedern aus anderen Vogelgruppen zu verwechseln. Die größten Seeschwalben, wie Raubseeschwalben, können mit ihren mächtigen Schnäbeln an mittelgroße bis große Möwen erinnern. Generell lassen sich andere Vogelgruppen schnell durch den spitz zulaufenden Schnabel, die schwarze Kappe, schmale und spitze Flügel sowie den gegabelten Schwanz ausschließen.

Innerhalb der Seeschwalben gibt es jedoch viele ähnliche Arten, die mit jeweils verschiedenen Kleidern, in Verbindung mit Mauserstadium und individueller Variation, zu vielfältigen Bestimmungsproblemen führen. Hier hilft nur der genaue Blick ins Bestimmungsbuch. Generell liefern Schnabelfärbung und -länge, Beinfärbung und -länge, Intensität des Grautones auf der Oberseite, graue oder weiße Bürzelfärbung, Grad der Einbuchtung der Schwanzgabel, Auffälligkeit des dunklen Hinterrandes der Handschwingenunterseite und Vorhandensein oder Fehlen eines dunklen Armflügel-Vorderrandes gute Bestimmungshinweise.

Die Unterscheidung von Küsten- und Flussseeschwalbe

Anfängern und so manchem Fortgeschrittenen bereitet die Unterscheidung von Fluss- und Küstenseeschwalben zu Recht Schwierigkeiten. Flussseeschwalben brüten in Kolonien an Küsten- und Binnengewässern. Küstenseeschwalben brüten in Mitteleuropa an der Küste und ziehen entlang der Meeresküsten im Winter in die Meere der Südhalbkugel. Sie haben einen der längsten Zugwege aller Vogelarten überhaupt. Besonders im Frühjahr kann man sie sehr vereinzelt auch im Binnenland beobachten. Auch Flussseeschwalben überwintern von West- bis Südafrika. Beide Arten können bei uns von April bis Oktober beobachtet werden. Folgende Tabelle fasst die wichtigsten Unterscheidungsmerkmale zusammen:

Merkmale	Küstenseeschwalbe	Flussseeschwalbe
Struktur	Geringere Größe, kürzerer Schnabel, kürzeres Kopf-Hals-Profil, längerer Schwanz, der am stehenden Vogel die Flügelspitzen deutlich überragt. Flügel wirken im Flug etwas vor Körpermitte versetzt, Beine sehr kurz.	Etwas größer, Schnabel oft leicht abwärts gebogen, Kopf und Beine länger, im Flug Hals-Kopf-Profil länger, Flügel etwas breiter und etwa die Körpermitte bildend, am stehenden Vogel überragen die Schwanzspieße die Flügelspitze nicht.
Verhalten	Fliegt elastischer und schwungvoller. Sturzflug vor Eintauchen oft von stufenweisem, kurzem Rütteln unterbrochen. Gelegentliches Abpicken von Nahrung von der Wasseroberfläche.	Rüttelt und taucht im direkten Stoß nach Fischen.

Merkmale	Küstenseeschwalbe	Flussseeschwalbe
Flügelfärbung	Oberflügel einfarbig hellgrau ohne dunklen Keil am Handflügel. Unterseits alle Schwungfedern weiß durchscheinend, schmaler, scharf abgegrenzter, schwarzer Hinterrand des äußeren Handflügels.	Äußere 4–6 dunklere Handschwingen formen oberseits einen dunklen Flügelkeil (im Frühjahr oft schwach), besonders ab Mittsommer durch Abnutzung ausgeprägt. Unterseits Handschwingen mit verwaschen dunkler Hinterkante. Innere Handschwingen besonders transparent durchscheinend.
Jugendkleid	Bugstreif bei stehenden Vögeln kleiner, meistens verdeckt und schwächer. Armschwingen weißlich, nicht grau überhaucht, im Flug am Hinterflügel oft weißes Dreieck sichtbar. Schnabel dunkel, anfänglich mit roter Basis, ab Spätsommer ganz schwarz. Stirn weiß und schärfer abgegrenzt.	Dunkler Bugstreif bei stehenden Vögeln meist sichtbar. Rechteckiges helles Feld zwischen schmalem grauem Armschwingenhinterrand und auffälligerem dunklem Armflügelvorderrand. Etwas Orange an Schnabelbasis. Deutlich ingwerbraune Tönung von Stirn und Oberseite bei frisch flüggen Vögeln.

Juvenile Fluss- und Küstenseeschwalben. Besonders bedeutend sind strukturelle Unterschiede und die Verteilung weißer Gefiederpartien.

Merkmale	Küstenseeschwalbe	Flussseeschwalbe
Pracht-kleid	Schnabel dunkelrot ohne schwarze Spitze. Untere Kehle, Brust und Bauch verwaschen grau und zum Weiß von Kehle und Wangen leicht kontrastierend.	Schnabel rot, in der Regel mit schwarzer Spitze. Unterseite hellgrau ohne deutlichen Kontrast zur weißen Wange.

Adulte Fluss- und Küstenseeschwalben. Besonders bedeutend sind strukturelle Unterschiede und Details in der Handschwingenzeichnung.

Trauer-, Weißbart- und Weißflügelseeschwalbe brüten brüten hauptsächlich im Binnenland und sind im Brutkleid im Gegensatz zu den *Sterna*-Seeschwalben vorwiegend dunkel. Sumpfseeschwalben ziehen ihre Jungen auf flach überschwemmten Auengrünländern oder flachen Seen auf schwimmenden Unterlagen auf. Bevorzugt werden Teichrosen angenommen. Mancherorts ließen sich die Bruterfolge durch künstliche Nisthilfen steigern. Trauerseeschwalben sind bei uns am weitesten verbreitet. Man findet sie vereinzelt in ganz Norddeutschland. Weißflügel- und Weiß-

Die drei mitteleuropäischen Sumpfseeschwalbenarten Weißflügel- (oben), Trauer- (Mitte), und Weißbartseeschwalbe (unten) fliegen über ihrem Bruthabitat.

bartseeschwalben sind sehr seltene Brutvögel, beispielsweise im Unteren Peenetal bei Anklam oder in manchen Jahren im Nationalpark Unteres Odertal. Besonders im Frühjahr trifft man die Arten auf dem Durchzug an. Weißbartseeschwalben tauchen am wahrscheinlichsten in Süddeutschland auf, während der Durchzug der Weißflügelseeschwalben von Jahr zu Jahr deutlich variiert und sich auf die östlichen Landesteile konzentriert. Sumpfseeschwalben stoßtauchen wenig, sondern stoßen zur Wasseroberfläche herab und fangen sich ab, um Fressbares aufzupicken.

Raubmöwen – *Stercorariidae*

erinnern an dunkle Möwen oder Greifvögel – schmale, abgewinkelt gehaltene Flügel – Bodenbrüter in nordischen Tundragebieten: Bodenbrüter, Nesthocker – jagen regelmäßig anderen Seevögeln Nahrung ab – Zugvögel: bis auf Skuas Weitstreckenzieher

Raubmöwen, wie diese brütende **Falkenraubmöwe**, sind mittelgroße, möwenähnliche Vögel, die an Küsten brüten und außerhalb der Brutzeit vor allem auf dem Meer leben. Sie brüten in kalten Regionen, in Nordeuropa in küstennahen Mooren und vorgelagerten Inseln. Die meisten Arten sind ausgesprochene Zugvögel, die den Winter im nördlichen Indischen Ozean, vor den Küsten Westafrikas, Südamerikas und des südlichen Nordamerikas verbringen. Zu diesen fliegen sie entlang der Küsten und weniger ausgeprägt übers Land, weshalb man Raubmöwen in Mitteleuropa relativ selten sieht.

Vier Arten kommen bei uns regelmäßig vor: Falkenraubmöwe (selten, vor allem im Spätsommer und Frühherbst), Schmarotzerraubmöwe (in kleiner Zahl vor allem April/Mai und Juni bis November), Spatelraubmöwe (selten, vor allem Juli bis Oktober) und Skua (selten, vor allem August bis November).

Während der Brutzeit ernähren sich Raubmöwen wie diese adulte **Schmarotzerraubmöwe** von Lemmingen, Eiern, Jungvögeln, Fischen, Insekten und Beeren. Außerhalb der Brutzeit bilden Fische, andere kleinere Meereslebewesen, Aas und Abfälle die Hauptnahrung. Die Fische werden in der Regel anderen Vögeln abgejagt. Im Gegensatz zu den Möwen haben sie einen ausgeprägten Hakenschnabel und scharfe, gebogene Krallen, die ihnen bei der Jagd helfen.

Das Bild auf der nächsten Seite zeigt, wie eine **Schmarotzerraubmöwe** eine Dreizehenmöwenkolonie besucht. Die Verfolgungsjagden auf Möwen, Seeschwalben und

andere Seevögel werden in schnellen, wendigen Flugmanövern ausgeführt. Die Opfer werden so lange in engem unerbittlichem Kontakt verfolgt, bis Kropf- und Mageninhalte ausgewürgt und von den Raubmöwen im Flug aufgefangen werden. Möwen und Seeschwalben weichen Raubmöwen deshalb aus.

Raubmöwen sehen sich ähnlich und die verschiedenen Alterskleider führen zu einer verwirrenden Variation von Braun- und Grautönen. Dies und die Tatsache, dass sich Raubmöwen oft nur auf große Distanz zeigen, sowie die wenigen Möglichkeiten, Erfahrungen mit Raubmöwen zu sammeln, machen die Bestimmung der Arten dieser Vogelgruppe recht schwer. Es bedarf einiger Erfahrung, bis die Artbestimmung sicher erfolgen kann.

Alle Arten, wie diese junge **Falkenraubmöwe**, zeigen an den Handschwingenbasen helle Partien. Bei einigen Arten kommen dunkle, helle und intermediäre Morphen vor. Die Geschlechter sind gleich gefärbt. Die Altvögel der kleineren Arten haben typisch geformte Schwanzspieße. Die meisten Raubmöwen, einschließlich der juvenilen und Vögel der hellen Morphen, erscheinen im Freiland noch dunkler als juvenile Möwen, die bei Beobachtungsentfernungen von einem Kilometer und mehr oft zu Verwechslungen führen.

Im Gegensatz zu Raubmöwen haben junge Möwen einen helleren Kopf und Mantel, einen auffällig hellen Bürzel und meistens helle innere Handschwingen. Strukturell unterscheiden sich Raubmöwen zu dunklen Möwen durch spitzere Handflügel (nicht jedoch die breitflügeligen Skua, eine weitere Raubmöwenart), eine schnellere, elegantere Flugweise und im entspannten Flug flachere und gleichmäßigere Flügelschläge. Ihre Flugweise wirkt insgesamt entschlossener im Vergleich zu dem bedächtigen, fast trägen und entspannteren Flug der tiefer ausholenden Möwen.

Bei stürmischen Winden zeigen Raubmöwen eine sturmtaucherähnliche Flugweise, bei der sie entlang der Wellen schnell gleiten, in starker Seitenlage steil in den Wind kurven, um erneut niedrig vor dem Wind über die Wellen zu gleiten. Raubmöwen geben sich in dem Moment, in dem sie mit den Flügeln schlagen, zu erkennen: Sie fliegen falkenähnlich lebhaft und athletisch mit recht langsamen, flachen

Flügelschlägen, während Sturmtaucher mit ihren schmaleren und gerade gehaltenen Flügeln schnelle Flügelschläge ausführen.

Besonders schwer sind immature Schmarotzer-, Spatel- und Falkenraubmöwen zu unterscheiden. Hier muss gute Bestimmungsliteratur zurate gezogen werden (s. S. 35 ff.). Folgende Hinweise mögen helfen: Weit draußen auf dem Meer ist die Größe immer schwer einzuschätzen. Das dunkle Gefieder der Raubmöwen wirkt vor hellem Himmel größer als das weißer Vögel. Umgekehrt erscheinen die dunklen Vögel vor dunkler See oft kleiner als sehr helle Vögel, vor allem bei grellem Licht. Besonders wichtig sind die Proportionen und die Flugweise. Man sollte auf Schwanzspieße und helle Gefiederpartien achten. Die Ausprägung heller Handschwingenbasen, die Schnabelgröße und -färbung sowie die Form der Schwanzspieße liefern wichtige Hinweise zur Artbestimmung. Bei Raubmöwen gilt wie für andere schwer zu bestimmende Gruppen: Auch Experten lassen so manchen Vogel unbestimmt weiterziehen.

Bei Raubmöwen reicht ein kurzer Blick in der Regel nicht für eine Bestimmung. Einzelne Vögel müssen über längere Zeit beobachtet werden, um Verhalten, Proportionen und Gefiederdetails erkennen und richtig einschätzen zu können. Die Abbildung zeigt zwei junge Raubmöwen, links eine **Schmarotzerraubmöwe**, rechts

eine **Falkenraubmöwe**. Können Sie Begriffe wie bauchlastig, brustlastig, breiter Armflügel, deutlich gebänderte Unterschwanzdecken, schlank oder elegant jeweils einem der beiden Vögel zuordnen?

Alke – *Alcidae*

kleine bis mittelgroße, meist schwarz-weiß gefärbte Meeresvögel – lang gestreckt, kompakt und kräftig – kurze Flüge bedingen schwirrenden, geradlinigen Flug – Beine weit hinten ansetzend, dadurch unbeholfen an Land mit aufrechter Pose pinguinähnlich stehend – ausgezeichnete Taucher nutzen Flügel, um unter Wasser zu „fliegen" – nur zum Brüten an Land auf Felsbändern oder in Erdhöhlen – einige Arten wie die Lummen kurze Zeit Nesthocker und dann den Altvögeln noch als Dunenjunge auf das Meer folgend, andere Arten wie Papageitaucher Nesthocker in Nesthöhlen

Alke, zu denen der hier abgebildete **Tordalk** gehört, bilden eine sehr charakteristische Gruppe. Es handelt sich um kleine bis mittelgroße Seevögel mit gedrungenem Rumpf, kräftigem Hals und kurzem Schwanz. Besonders die Lummen erinnern oberflächlich an die Pinguine der Südozeane, ein Eindruck, der an Land durch die aufrechte Haltung noch verstärkt wird.

Eine **Trottellumme** im Schlichtkleid in ihrem Element. Die perfekte Anpassung ans Leben im Meer führt dazu, dass die Beine an Land von geringem Wert sind, weil sie sehr weit hinten ansetzen, um im Wasser möglichst stromlinienförmig anzuliegen. Alke laufen wenig, sondern sitzen viel auf den Beinen.

Alke, hier ein **Tordalk**, öffnen in einem Satz beim Abtauchen die Flügel. Unter Wasser bewegen sie sich sehr elegant in charakteristischen schnellen Wendungen. Die Vögel schwimmen tief im Wasser mit eingezogenem Hals. Ihre Flügel befördern sie in kräftigen Schlägen blitzschnell durchs Wasser.

Alle Alkenarten, wie die hier abgebildeten **Trottellummen**, brüten in großen Kolonien auf Inseln und entlegenen Klippen der kälteren nördlichen Meere. Sie legen ein oder zwei Eier auf Felsbänder (Trottellumme und Tordalk), in Höhlungen oder in Erdbaue (Papageitaucher). Die Eier der auf Felsbändern brütenden Arten sind in ihrer Form derart kegelförmig, dass sie stets im Kreis rollen und nicht vom Fels fallen. Die Jungen der klippenbrütenden Arten verlassen den Nistplatz noch im Dunenkleid, also im nicht flugfähigen Zustand, durch einen Sprung ins Meer. Auf Helgoland heißt dieses Phänomen Lummensprung.

Ein typischer Alkentrupp aus **Trottellummen** und einem **Tordalk** (2. von links) zieht mit schwirrenden schnellen Flügelschlägen dicht über das Wasser. Der Rumpf wirkt lang, plump und torpedoförmig, die relativ schmalen, kurzen, spitzen Flügel lassen Alke ganz anders aussehen als andere Seevögel.

Die nördlichen Populationen einiger Arten wandern in großen Scharen südwärts und bilden dann die Masse der auf hoher See lebenden Vögel an den Küsten Nordwesteuropas. Da sie besonders anfällig gegen Ölverschmutzungen sind, werden nach Tankerhavarien besonders viele Alke tot an die Küsten gespült.

Kleine Lummen, die gerade vom Fels gesprungen sind, können leicht mit dem hier abgebildeten **Krabbentaucher** verwechselt werden. Die Junglummen werden jedoch in der Regel von den Altvögeln begleitet, bis sie im Herbst ihre volle Größe erreicht haben. Die drosselgroßen Krabbentaucher brüten in gewaltigen arktischen Kolonien und können bei uns nur selten in der Nordsee, vor allem bei Starkwindsituationen im Herbst, beispielsweise auf Helgoland in kleiner Zahl beobachtet werden. Typisch für Alke ist der Unterschied zwischen einem eleganten Prachtkleid (links) und einem mehr von Weiß durchsetztem Schlichtkleid (rechts).

Die in nördlichen Breiten in selbstgegrabenen Erdhöhlen brütenden **Papageitaucher**, hier rechts im Bild, sind die wohl kuriosesten Alke Mitteleuropas. Mit mindestens 34 Jahren zählen manche Tiere dieser Art zu den ältesten Vögeln Mitteleuropas.

Gryllteisten im Schlichtkleid sind unter anderem an großen weißen Flügelfeldern zu erkennen. Bei der Alkenbestimmung, insbesondere zur Unterscheidung von Tordalk und Trottellumme, sollte man auf Gesamtgröße und -gestalt, Gesichtsmusterung, Schnabelform und -färbung sowie die Lage der weißen Gefiederpartien achten.

Gryllteisten im Schlichtkleid.

Gryllteisten im Prachtkleid sind besonders elegante Meeresvögel, die man in Mitteleuropa leider nur selten zu Gesicht bekommt.

Gryllteisten im Prachtkleid.

Seetaucher – *Gaviidae*

große, schlanke Tauchvögel – spitzer, dolchförmiger Schnabel – dicker Hals – Füße weit hinten ansetzend, sodass Lauffähigkeit eingeschränkt ist – Vorderzehen mit Schwimmhäuten verbunden – liegen tief im Wasser ähnlich wie Kormorane – tauchen im Gegensatz zu diesen ohne Sprung ab – Bodenbrüter an nordischen Gewässern – Nestflüchter: Junge werden durch Eltern auf dem Wasser großgezogen – Überwinterung entlang der Küsten und auf großen Binnengewässern

Seetaucher sind große, lang gestreckte und perfekt an das Wasser angepasste Fischjäger. Sie haben ausgeprägte Ruderfüße mit durchgehenden Schwimmhäuten zwischen den Zehen, ähnlich wie die Enten. Das ist ein morphologischer Unterschied zu den nicht näher verwandten Lappentauchern, die mit lappenartigen Hautgebilden an den Zehen, den sogenannten Schwimmlappen, ausgestattet sind. Allerdings ist dies ein Unterschied, der zum Bestimmen nicht viel taugt, denn die Füße sieht man nur ausnahmsweise. Aber eine Verwechslung zwischen den Angehörigen beider Familien ist auch leicht auszuschließen: Die lang gestreckten Seetaucher erscheinen viel eleganter als die meistens eher flauschig, grazil oder pummelig wirkenden Lappentaucher.

Ein junger **Eistaucher**. Neben dem für die Art typischen, mächtigen, dolchförmigen Schnabel ist deutlich das das Alter kennzeichnende Wellenmuster auf dem Rücken zu erkennen. Seetaucher zeigen in den ersten drei Kalenderjahren (Gelbschnabeltaucher sogar bis zum vierten Jahr) ein Kleid, das sich von dem Schlichtkleid der Alttiere unterscheidet. Allgemein zeigen jüngere Seetaucher ein Wellenmuster auf dem Rücken, das durch die hellen Ränder der Rückenfedern entsteht.

Die Abbildung auf der nächsten Seite zeigt Seetaucher im Vergleich zu ähnlichen Wasservogelfamilien auf dem Wasser. Zu beachten sind Größe, Schnabelform und -länge, Länge und Dicke des Halses sowie die Lage im Wasser. Seetaucher liegen ähnlich flach im Wasser wie Kormorane (s. S. 373). Von ihnen unterscheiden sie sich durch ihren pfriem- bis dolchförmigen Schnabel und den kurzen Schwanz. Von den Sägern (s. S. 238) können sie durch die Schnabelform und den längeren Hals unterschieden werden. Lappentaucher weisen einen kürzeren Rumpf und ein steiler in das Wasser fallendes Hinterende auf.

Lappentaucher

Haubentaucher, SK

Seetaucher

Sterntaucher, SK

Entenvögel

Gänsesäger, W

Kormorane

Kormoran, JK

Die adulten Vögel mausern jedes Jahr zur Brutzeit von dem winterlichen Schlichtkleid zu einem auffälligen Prachtkleid. Bei den Lappentauchern unterscheidet sich dagegen das Jugendkleid nur zwei Jahre lang von dem Schlichtkleid der adulten Tiere. Weitere wichtige Unterscheidungsmerkmale der Seetaucher zu den Lappentauchern sind ihre Größe und der dickere Hals.

Im Winter, wenn man am ehesten Seetaucher in Mitteleuropa beobachten kann, sind nur noch Prachtkleidreste zu erkennen, wenn überhaupt. Die im Winter getragenen Kleider sehen sich oberflächlich ähnlich, doch unter guten Beobachtungsbedingungen ist eine Unterscheidung der Arten meist möglich, wenn folgende Merkmale berücksichtigt werden und auf die Sie in Ihrem Bestimmungsbuch besonders achten sollten:

- Schnabelgröße, -form und -farbe,
- genaue Kopfzeichnung und -form sowie die Verteilung heller Partien an Kopf, Hals und Flanken,
- Kontrast zwischen Hals und Mantel,
- Zeichnungsmuster der Oberseite, auch ein wichtiges Indiz bei der Altersbestimmung.

Die Abbildung auf der nächsten Seite zeigt Seetaucher im Vergleich zu ähnlichen Wasservogelfamilien im Flug. Zu beachten sind Flügelschlagfrequenz, Haltung des Halses zum Körper, Flügelfelder, überstehende Füße und die Schwanzlänge. Seetaucher zeigen beim Flug keine weißen Felder auf der Oberseite der Flügel. Sie besitzen im Vergleich zum Körpergewicht besonders kleine Flügelflächen, weshalb sie zum Abheben hohe Fluggeschwindigkeiten erreichen müssen und folglich lange über das Wasser Anlauf nehmen. Ihr Flug ist rasch, gerade und kraftvoll mit regelmäßigen, nicht schwirrenden Flügelschlägen. Sie fliegen ausdauernder als Lappentaucher, wobei der Hals und die weit hinten ansetzenden und somit den Schwanz weit überragenden Füße im Flug gestreckt gehalten werden. Der tief gehaltene Kopf verleiht den Seetauchern dabei oft eine etwas buckelige Gestalt.

Die gelegentlich bei uns im Winter zu hörenden lauten Gesänge der Seetaucher gehören zu den eindrucksvollsten Vogelstimmen Europas.

Regelmäßig sind nur vier Vertreter dieser Familie in Mitteleuropa zu sehen und davon zwei Arten in verschwindend geringer Anzahl. Eis- und Gelbschnabeltaucher sind bei uns nur selten oder ausnahmsweise zu beobachten, regelmäßiger stößt man auf Stern- und Prachttaucher.

HAUBENTAUCHER

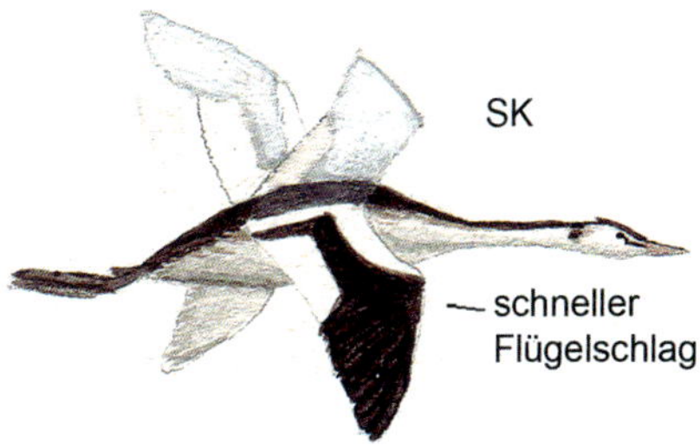

STERNTAUCHER

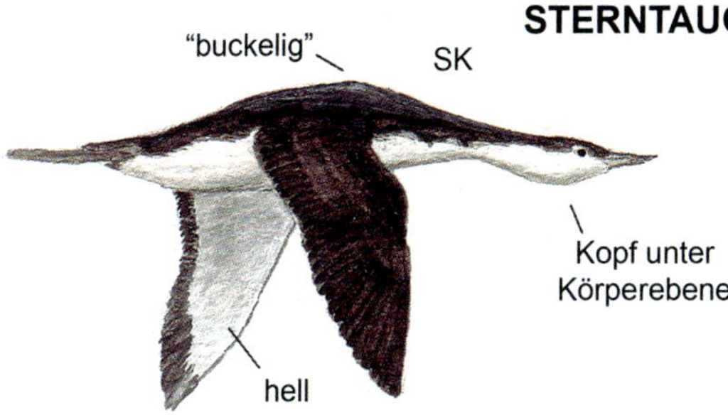

GÄNSESÄGER

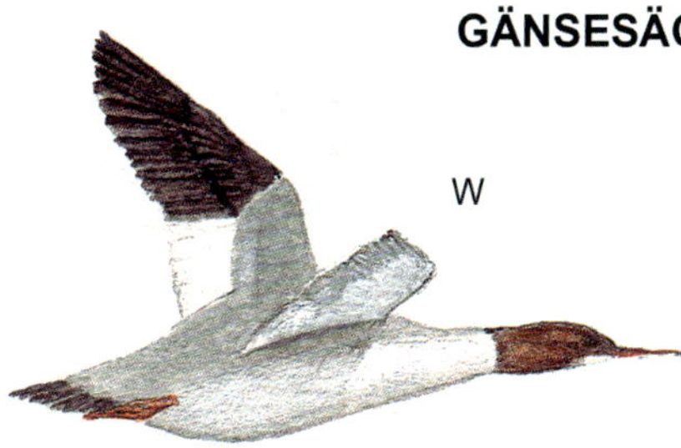

KORMORAN

Meistens trifft man auf einzelne Seetaucher. Nur gelegentlich finden sich Seetaucher wie diese Prachttaucher zu kleineren Gruppen zusammen.

Gute Stellen zur Seetaucherbeobachtung sind die Küsten und die Voralpenseen wie beispielsweise der Bodensee zwischen Münsterlingen und Romanshorn in der Schweiz oder der Starnberger See bei Seeshaupt. Auch die großen Tagebauseen, beispielsweise in Sachsen, haben sich zu bedeutenden Rast- und Überwinterungsgewässern für Prachttaucher entwickelt.

Familientypisch: Das Tauchverhalten der Seetaucher

Seetaucher sind beachtliche Taucher. Vor einem Tauchgang halten sie wie dieser **Sterntaucher** das Gesicht unter Wasser, um nach Fischen Ausschau zu halten. Man nennt dieses Verhalten, das man beispielsweise auch bei Kormoranen oder Sägern beobachten kann, „Schnorcheln“ oder „Fischluken“. Ein Tauchgang beginnt mit einer sanften Rollbewegung nach vorne – ohne einen Sprung wie bei den Kormoranen oder den kleineren Lappentaucherarten. Große Seetaucherarten bleiben bis zu zehn Minuten unter Wasser, legen dabei große Entfernungen zurück und erreichen bis zu siebzig Meter Tiefe. Wer einen solchen Tauchgang zum ersten Mal erlebt, glaubt schnell, der Vogel habe sich unter Wasser verfangen und sei ertrunken. Wer den Seetaucher wiedersehen will, muss daher die Wasserfläche sorgfältig und großräumig absuchen. Am besten arbeiten dabei mehrere Beobachter zusammen, denn ein jagender Seetaucher schöpft oft nur schnell Luft und ist nach wenigen Sekunden wieder im Wasser verschwunden.

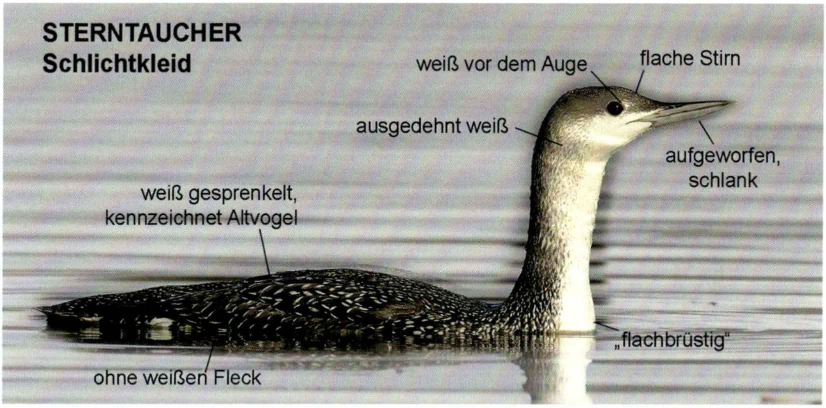

Prachttaucher und Sterntaucher sind die wahrscheinlichsten Seetaucherarten, die man im Winterhalbjahr beobachten kann. Sterntaucher sind an der Nordsee häufiger, während es an der Ostsee und im Binnenland umgekehrt ist. Jungvögel sind dann im ersten Winter und an einem Wellenmuster beim Prachttaucher oder einem regelmäßigen Schuppenmuster beim Sterntaucher zu erkennen. Während man im Binnenland auf die hier abgebildeten Merkmale schwimmender Vögel angewiesen ist, sieht man an den Küsten häufiger ziehende fliegende Seetaucher. Neben strukturellen Unterschieden ist dann bei Sterntauchern das helle Gesicht in Kombination mit einem wippenden Kopf charakteristisch. Es sieht so aus, als würden sich Sterntaucher regelmäßig über die Schulter schauen.

Sturmvögel – *Procellariidae*

Hochseevögel mit langen, schmalen Flügeln – elegante Flieger mit Flug in hohen Bögen und ohne Flügelschlag – Brut auf Felsinseln oder an Steilküsten – Nesthocker mit monatelangen Nestlingszeiten – Zugvögel: Kurz- und Langstreckenzieher

Sturmvögel gehören zu der faszinierenden und weltweit verbreiteten Ordnung der Röhrennasen (*Procellariiformes*). Zu diesen zählen auch die Familien der Südsturmschwalben (*Oceanitidae*), der Sturmschwalben (*Hydrobatidae*) und der Albatrosse (*Diomedeidae*). Die Geschlechter sind bei dieser Ordnung nahezu durchgehend gleich gefärbt und juvenile wie auch immature Vögel unterscheiden sich nur unwesentlich von den Altvögeln. Die bei vielen Arten nur nachts aufgesuchten Brutstätten liegen in Erdlöchern oder Felsspalten auf Felsinseln oder an Steilküsten. Da es sich um ausgeprägte Hochseevögel handelt, hat man es bei uns lediglich an der Nordsee mit ihnen und hier leider nur mit dem Eissturmvogel regelmäßig zu tun. Die Art ähnelt oberflächlich einer Möwe, zeigt aber keine schwarzen Abzeichen im Flügel.

Eine hier abgebildete typische **Eissturmvogelbeobachtung**, wie man sie beispielsweise um Helgoland, wo die Art auch brütet, erleben kann, verläuft ungefähr so: Bei einem frischen Wind gerät ein heller Vogel in Sicht. Zunächst denkt man an eine Silbermöwe, doch bewegt der Vogel seine steif gehaltenen Flügel fast nicht und wenn doch, dann nur mit wenigen flachen Flügelschlägen. In hohen Bögen wirft er sich aus den Wellentälern in den Gegenwind, um dann auf dem Zenit seiner Bahn auf die Seite abzukippen und wieder hinter den Wellenkämmen zu verschwinden. Dieses Verhalten ist typisch für alle größeren Röhrennasenarten. Sie nutzen dabei unterschiedliche Windgeschwindigkeiten zwischen Wellentälern und -kämmen aus.

Links im Bild ein **Eissturmvogel**, gut zu erkennen ist die röhrenartige Nasenausprägung. Der Name Röhrennase rührt von den hornigen Nasenröhren her, die sich auf dem Schnabelfirst befinden und zur Ausscheidung des mit dem Meerwasser getrunkenen Salzes dienen. Der hakenförmige Oberschnabel hilft bei der Aufnahme der glitschigen Nahrung, die von der Oberfläche abgesammelt oder durch Stoßtauchen und kurze Tauchgänge erbeutet wird. Das kräftig ausgeprägte Gonyseck am Unterschnabel stellt die dafür notwendigen Hebelkräfte zur Verfügung.

Störche – *Ciconiidae*

große, schlanke Vögel – langer Hals, lange Beine, auf denen sie bedächtig schreiten – langer, gerader, meistens roter Schnabel – Hals bleibt im ausdauernden Flug gestreckt – gute Termikflieger – große Nester: Nesthocker – Langstreckenzieher

Der allseits bekannte und tief in der christlichen und islamischen Kultur verankerte Weißstorch ist der Inbegriff eines Schreitvogels. Charakteristisch sind lange Beine, Hals und Schnabel kombiniert mit der aufrechten Körperhaltung und dem schreitenden Gang. Bei uns kommen nur zwei Arten dieser vor allem in warmen Regionen verbreiteten Familie vor: Weiß- und Schwarzstorch. Die Geschlechter sind bei beiden Arten gleich gefärbt.

Ein **Weißstorch** sucht in offener Landschaft nach Nahrung. Sowohl dieser wie auch Schwarzstörche erbeuten Amphibien, kleine Nagetiere und große Wirbellose.

Weißstörche brüten einzeln oder in lockeren Kolonien auf großen unordentlichen Nestern, welche die Paare all-

jährlich schnabelklappernd besetzen. Diese werden vom Weißstorch gerne auch in menschlicher Nähe, beispielsweise auf Dächern und Schornsteinen, errichtet. Die Jungen werden von beiden Elternteilen großgezogen. Bei guten Lebensraumbedingungen kann man der Art durch künstliche Nisthilfen, wie Wagenrädern auf Dächern, helfen. Sperlinge nutzen die Lücken im Horst zum Bau eigener Nester.

Weißstörche hatten seit den 1950er-Jahren stark abgenommen. Hauptgefährdungen sind Stromtod an Hochspannungsleitungen und sich verschlechternde Nahrungsbedingungen durch Lebensraumverlust. Neben der Trockenlegung von Feuchtgebieten spielen der Rückgang der Weidewirtschaft – in Afrika folgt er den großen Wildtierherden – und die Eutrophierung der Landschaft eine wichtige Rolle. In den letzten Jahrzehnten konnten sich die Bestände erfreulicherweise deutlich erholen.

Im Gegensatz zu Weißstörchen sind **Schwarzstörche** scheue Waldbewohner, die bei uns vor allem Baumhorste beziehen. Besonders in Südeuropa brüten sie auch in Felswänden. Schwarzstörche suchen in feuchten Waldgebieten nach Nahrung, sodass man sie zur Brutzeit kaum sieht. Schwarzstörche sind mit Ausnahme einer großen spanischen Population vor allem in Osteuropa verbreitetet. Glücklicherweise hat der Schwarzstorchbestand durch konsequenten Horstschutz, entschärfte Strommasten und Einstellung der Jagd in den letzten Jahrzehnten stetig zugenommen.

Auf der nächsten Seite sind die beiden heimischen Storcharten im Flug abgebildet: Störche besitzen lange, breite, rechteckige und stark gefingerte Flügel. Ihre Flügelschläge sind langsam und kraftvoll. Weiß- (oben) und Schwarzstorch (unten) sind perfekte Thermikflieger und ziehen die Aufwinde nutzend oft in großen Gruppen bis ins südliche Afrika. Sie meiden den aktiven Flug, weshalb sie sich an Meerengen wie Gibraltar, dem Bosporus oder dem Sinai konzentrieren. Dabei bilden sie im Unterschied zu Kranichen, mit denen sie zuweilen im Flug verwechselt werden, keine Flugformation. Im Gegensatz zu Reihern ziehen sie ihren Hals im Flug nicht ein. Im Flug unterscheiden sich die Schwarzstörche neben schwarzem Kopf, Hals und Brust, die in der Sonne grünmetallisch glänzen, unter anderem durch die schwarzen Unterflügeldecken von Weißstörchen. Nur die Achselfedern und einige Armdecken bilden einen kleinen weißen Keil im schwarzen Unterflügel.

WEISSSTORCH
weiß
weiß
weiß
weiß
SCHWARZSTORCH
schwarz
schwarz
rot
schwarz

Neue Entwicklungen im Zugverhalten der Weißstörche

Da Störche als Thermikflieger bestimmte Meerengen ansteuern, fliegen sie auf regelrechten „Zugstraßen". Man kann ihren Zug damit teilweise als Schmalfrontzug bezeichnen, während beispielsweise viele Kleinvögel Europa im Breitfrontzug verlassen. Die bei uns lebenden Störche nutzen entweder die Südwestroute über Gibraltar oder die Südostroute über den Bosporus und den Golf von Iskendrum im Nordosten des Mittelmeeres, weiter über Syrien ins Jordantal und weiter über den Golf von Suez in das Niltal. Somit zieht sich eine Zugscheide in einer breiten Mischzone durch Deutschland, die vom Alpennordrand über Lech, Regnitz, Kyffhäuser, Harz bis zum Ijsselmeer reicht. In dieser Mischzone ist ein Abzug in beide Richtungen zu beobachten, wobei sich sogar einzelne Paare in verschiedene Richtungen auftrennen.

Seit einigen Jahren zieht ein Teil der Population nur noch einen Teil der Strecke oder gar nicht mehr. Dies wurde wohl unter anderem durch die Ansiedelung lange in Gefangenschaft gehaltener Tiere, die Fütterung von Störchen durch den Winter und milde Winter ausgelöst. Inwieweit sich diese Entwicklung auf die gesamte Population auswirkt, bleibt abzuwarten. Immerhin sind die Verluste der hier verbleibenden Tiere geringer als die der ziehenden Artgenossen.

Ein Weißstorch steht auf einer winterlichen Wiese mit Raureif. Ein mittlerweile durchaus regelmäßiger Anblick.

Tölpel – *Sulidae*

große Meeresvögel – langhalsig – dolchförmiger Schnabel – fliegen mit langen, schmalen Flügeln elegant und kraftvoll – Fische werden mit hohen Sturzflügen stoßtauchend erbeutet – Koloniebrüter: oft große Kolonien auf Meeresklippen und Felsinseln – Nesthocker – Zugvögel

Tölpel sind große Seevögel, die man vorwiegend an Küstengewässern findet. Allgemeingültige Merkmale dieser Familie sind die sehr langen und spitzen Flügel, der lange und spitz endende Schwanz, ein langer und vergleichsweise dicker Hals sowie ein kräftig ausgeprägter, dolchförmiger Schnabel, der die Kopfpartie aus der Entfernung im Vergleich zu Möwen und Sturmtauchern viel wuchtiger erscheinen lässt. Keine andere Seevogelgruppe zeigt eine vorne und hinten vergleichbar zugespitzte spindelartige Körperform.

Junge Basstölpel erscheinen besonders aus der Ferne sehr dunkel und können mit Großmöwen und Sturmtauchern verwechselt werden, was bei Beachtung ihrer typischen Silhouette und ihres Verhaltens aber nahezu ausgeschlossen werden kann.

Bei der Meeresbeobachtung gehören Basstölpel zu den Arten, die man auch auf große Distanz leicht identifizieren kann. Oft fliegen die Vögel in lockerem Verband in einer Linie mit typischen, kräftigen, tiefen Flügelschlägen, die ihren spindelförmigen Körper geradlinig und zügig voranbringen. Eingeschaltet werden Gleitstrecken mit waagerecht gehaltenen Flügeln. Bei starkem Wind lassen sich Basstölpel gleiten und kippen dabei ähnlich wie Sturmtaucher über die Seite ab.

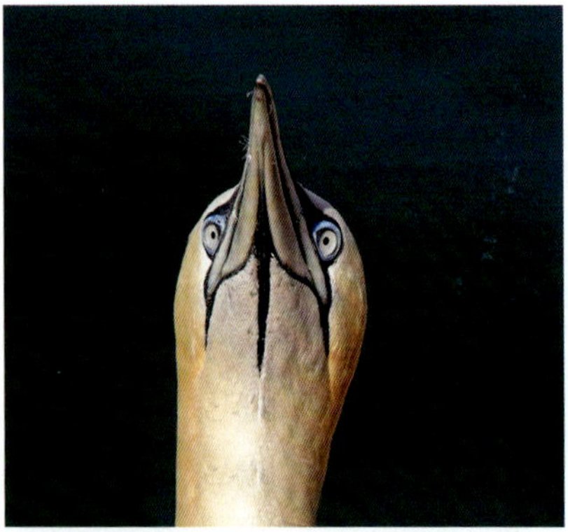

Links: Nackte Hautflächen im Gesicht sowie an Kinn und Kehle verleihen vielen Tölpelarten einen einmaligen Gesichtsausdruck. Hier ein Basstölpel.
Rechts: Basstölpel sind nicht scheu, sodass sich ihre exzellenten Flugkünste an den Kolonien, wie hier auf Helgoland, aus nächster Nähe beobachten lassen.

Mithilfe der Füße erheben sich Tölpel laut platschend vom Wasser. An Land, wo man **Basstölpel** meistens nur in teilweise riesigen Kolonien auf Felsklippen antrifft, bewegen sie sich unbeholfen und im wahrsten Sinne des Wortes tölpelhaft fort. Auch die Landung gleicht zuweilen einem kontrollierten Absturz. Da die Flügel nicht für langsames Fliegen geeignet sind, muss der letzte halbe Meter im freien Fall erfolgen.

Fisch, der die Hauptnahrung darstellt, wird durch Stoßtauchen erbeutet. Basstölpel stoßen aus 30 m Höhe fast senkrecht herab. Dabei werden die Flügel kurz vor dem Eintauchen weit nach hinten gehalten. Spezielle Luftkissen unter der Haut funktionieren wie ein Airbag und mindern die Wucht des Aufpralls.

Junge **Basstölpel** können auf große Distanz mit Möwen verwechselt werden. Sie bewegen sich jedoch mit viel elastischeren, tieferen Flügelschlägen und legen lange Gleitphasen ein. Auch der lange Hals fällt auf den zweiten Blick auf. Bei Starkwinden kann auf große Distanz der Eindruck eines Sturmtauchers entstehen, da auch Basstölpel sich geschickt mit langen Gleitphasen im Wind bewegen. Spätestens wenn Basstölpel mit den Flügeln schlagen, wird der Unterschied jedoch deutlich: Große Sturmtaucher schlagen nur selten mit den Flügeln und wenn, führen sie mit steifen Flügeln flache Schläge aus.

Stoßtauchender Basstölpel

Scharben und Kormorane – *Phalacrocoracidae*

mittelgroße bis große, schlanke, dunkle Wasservögel – Hals und Schwanz lang – Schnabel mit hakenförmig nach unten gebogener Spitze – stehen oft mit ausgespreizten Schwingen und Schwanz – kommen an Salz- und Süßwasser vor – liegen beim Schwimmen tief im Wasser, meist mit angehobenem Schnabel – tauchen mit kleinem Sprung ab – jagen Fische – Koloniebrüter in Bäumen, seltener am Boden: Nesthocker – überwiegend Kurzstreckenzieher

Kormorane sind mittelgroße bis große, perfekt an das Wasser angepasste Vögel. Sie schlagen beim Tauchen nicht mit den Flügeln, sondern bewegen sich durch ihre kräftigen Füße voran. Diese setzen sehr weit hinten am Körper an, sodass Kormorane sich nur unbeholfen an Land bewegen können, dafür ist ihre Tauchtechnik umso effizienter. Die Knochen sind weniger luftgefüllt als bei anderen Vögeln, was die Kormorane zwar schwerer, aber auch tauchfähiger werden lässt.

Die Gesichtshaut der meisten Kormoranarten, wie bei diesem **Kormoran** im Prachtkleid, ist auffallend bunt gefärbt. Die Geschlechter sind ähnlich, die Männchen lediglich etwas größer als die Weibchen. Gut zu erkennen ist die hakenförmige Schnabelspitze, die dabei hilft, Fische festzuhalten.

Die meisten Kormoranarten sind sehr gesellig und können gelegentlich bei der gemeinschaftlichen Jagd beobachtet werden. Kormorane brüten in teilweise sehr großen Kolonien mit bis zu einigen Tausend Paaren, oft zusammen mit Reihern, mit denen sie sich zu Beginn der Brutzeit um Nistmaterial streiten. Wie die Reiher bauen Kormorane Nester in Bäumen, die häufig aufgrund des ätzenden Kotes im Laufe der Jahre absterben. Verwandte Arten wie die Krähenscharben brüten auf Meeresklippen.

Das Konturgefieder der **Kormorane** saugt sich im Gegensatz zu anderen Vögeln mit Wasser voll. Dies verringert den Auftrieb unter Wasser und macht das Tauchen energieeffizienter. Dabei werden die Vögel nicht bis auf die Haut nass, sondern bleiben von einer isolierten Luftschicht im Untergefieder vor der Kälte des Wassers geschützt. Kormorane liegen charakteristisch tief im Wasser. Dabei sieht man den Rücken nur flach über das Wasser ragen, der Schwanz lieg ganz im Wasser und der lange Hals ragt mit dem oft schräg nach oben gehaltenen Kopf weit über das Wasser. Aufgrund dieser Silhouette können Kormorane auch auf große Distanz bestimmt werden. Der Kormoran im Bild hält den Schnabel zur Balz senkrecht.

Die Anpassungen an die Unterwasserjagd erfordern das zeitaufwendige Trocknen des Großgefieders. So sieht man **Kormorane** regelmäßig am Ufer oder auf niedrigen Zweigen stehen; die Flügel weit von sich gestreckt, mit leichten Fächelbewegungen – auch im Winter.

Die Körperform und -färbung unseres **Kormorans** ist charakteristisch: beim Altvogel, wie hier, dichtes nahezu vollständig schwarzes Gefieder, der Rücken und Mantel mit grünlich purpurn schillernden, schuppig erscheinenden Federn, langer Körper, Schwanz und Hals. Letzterer ist mit kräftiger Muskulatur ausgestattet und kann den Kopf harpunenschnell an die Beutefische heranführen. Die glitschige Beute wird mit dem hakenförmigen Nagel des Oberschnabels festgehalten und Kopf voran als Ganzes verschluckt.

Bei uns kommen Kormorane, nachdem sie nahezu ausgerottet waren, wieder flächendeckend an allen Küsten und Binnengewässern mehr oder weniger häufig vor. Daneben gelangen zwei weitere Arten nur randlich nach Mitteleuropa. Dies ist zum einen die nur 70 cm kleine Zwergscharbe, die dank erfreulicher Bestandszunahmen Mitteleuropa von Südosten her erreicht. Sie ist bei uns derzeit noch weitgehend ein Ausnahmegast und dann oft zusammen mit Kormoranen. Die zweite Art, die Krähenscharbe, ist ein reiner Küstenvogel, der beispielsweise häufig an der felsigen Atlantikküste Europas beobachtet werden kann. Bei uns besuchen Krähenscharben nur Helgoland regelmäßig. Wer hier sein Glück versuchen möchte, sollte es dort auf der Nordostmole probieren, die vom Oberland aus an der Langen Anna mit dem Spektiv abgesucht werden kann. Hier halten sich ganzjährig oft mehrere Krähenscharben zwischen Kormoranen auf.

Die nur blässhuhngroßen **Zwergscharben** sind durch einen dicken und kurzen Schnabel gekennzeichnet, der ihnen einen dem Kindchenschema entsprechenden Gesichtsausdruck verleiht. Der Hals ist kurz und dick, beim Schwimmen oft hochgereckt, das Gefieder schwärzlich mit braunem und grünem Glanz. Im Prachtkleid bekommen Zwergscharben feine weiße Strichel auf dem braunen Kopf, am Hals und auf der Unterseite. Das Jugendkleid ist matter braun, die Unterseite heller bräunlich, die Kopf- und Bruststrichelung nur schwach. Der abgebildete Vogel zeigt bräunliche Handschwingen, die vom inneren Handflügel her durch schwarze, neue Federn ersetzt werden. Dieses Merkmal weist das Tier als einen zweijährigen Vogel aus, der die letzten verbliebenen Federn aus dem Jugendkleid, die Handschwingen, vermausert. Dieses Merkmal hilft auch bei der Altersbestimmung anderer überwiegend schwarzer Vögel, wie etwa Amselmännchen oder Rabenkrähen.

Junge **Kormorane**, wie der abgebildete Vogel, besitzen mindestens ein Jahr lang eine weißliche Unterseite und können somit leicht von ihren adulten Artgenossen unterschieden werden. Auch wenn Kormorane ein sich mit Wasser vollsaugendes Großgefieder haben, so sind sie doch ausgesprochen gute Flieger. Oft sieht man sie im keilförmigen oder kettenartigen Formationsflug über längere Strecken ziehen. Die Flügel sind sehr lang, die Flügelschläge kraftvoll. Der Hals wird charakteristisch geknickt, der Kopf vorgestreckt. Die Kombination aus langem Körper, langem keilförmigem Schwanz und langen keilförmigen Flügeln sowie die einfarbige Erscheinung hat fliegenden Kormoranen die Bezeichnung „schwarzes Himmelskreuz" eingebracht.

KRÄHENSCHARBE

KORMORAN

Ibisse – *Threskiornithidae*

an Störche erinnernde Stelzenvögel – langbeinig – lange Flügel – fliegen mit ausgestrecktem Hals – Schnabel bei Sichlern lang und gebogen, bei Löfflern lang und an der Spitze löffelförmig verbreitert – suchen im oder nahe am Wasser nach Nahrung – Koloniebrüter: Nesthocker – Zugvögel

Zu der in Mitteleuropa mit nur wenigen Arten vertretenen Familie der Ibisse gehören die Sichler und die Löffler. Es handelt sich um mittelgroße bis große, langflügelige Schreitvögel mit langen Beinen sowie langem Hals und Schnabel. Generell sind es gesellige Vögel. Sie bewohnen Sümpfe und andere Feuchtgebiete. Der Flug ist kraftvoll mit schnellen Flügelschlägen, die sich mit längeren Gleitphasen abwechseln. Auf diese Weise entsteht das typisch wellenförmig schwingende Flugbild von Ibis- und Löfflertrupps. Auf große Entfernung können Löffler auch mit anderen großen Vögeln verwechselt werden.

Links: Im Gegensatz zu Reihern fliegen **Löffler** mit ausgestrecktem Hals. Ebenso fehlen Löfflern als dem größten heimischen Vertreter der Gruppe die gefingerten Handschwingen der Störche.

Rechts: Die etwa storchengroßen Löffler brüten vor allem in wärmeren Gebieten Europas. Derzeit nimmt er von den Niederlanden aus auch in den Küstengebieten an der Nordsee zu. Vor allem im Spätsommer kann man ihn beispielsweise am Dollart, an der Leybucht oder auf Borkum beobachten. Der an der Spitze breite Löffelschnabel macht die Art unverwechselbar, besonders da es in Europa nur eine Löfflerart gibt. Sie brüten in Kolonien gerne zusammen mit Reihern und meistens im Schilf. Junge Löffler können bis ins zweite Kalenderjahr an ihren schwarzen Handschwingenspitzen erkannt werden.

Ruhende **Löffler** (rechts) unterscheiden sich von schlafenden **Silberreihern** (links) durch die waagerechte Körperhaltung.

Futtersuchen durch Tasten

Löffler suchen ihre Nahrung tastend, indem sie ihren Schnabel in Bögen und leicht geöffnet durch das Wasser hin und her schwenken. Sobald er eine potenzielle Nahrung berührt, klappt der Schnabel in einem Sekundenbruchteil zu. Es handelt sich um einen der schnellsten Reflexe, der bei Wirbeltieren festgestellt wurde. Diese Art der Tastjagd wird durch Tastsinnzellen ermöglicht, die sich unter der Hornschicht des Schnabels befinden. Der große Vorteil dieser Technik ist, dass Löffler sie auch in trübem Wasser und bei Nacht einsetzen können.

Links: Der **Sichler** ist ein etwa hühnergroßer, relativ langbeiniger Vogel mit kräftigem, lang gebogenem Schnabel und einfarbigem, aus der Entfernung schwarzbraun wirkendem Gefieder, das aus der Nähe bronzefarben schimmert. Er ist bei uns ein Ausnahmegast und die einzige in Europa, vor allem in Südosteuropa, noch heimische Sichlerart.

Rechts: Die im 17. Jahrhundert noch bis in den nördlichen Alpenraum verbreitete **Waldrappe** kann man nur noch in Marokko in einer ursprünglich frei lebenden Population beobachten. Die urtümlichen Vögel werden derzeit in Oberösterreich wieder ausgewildert und können im oberbayerischen Raum unregelmäßig beobachtet werden. Man bringt ihnen mit Ultraleichtflugzeugen den Zugweg nach Italien bei. Im Gegensatz zu Sichlern suchen Waldrappe ihre Nahrung, die vor allem aus bodenlebenden Insekten und Würmern besteht, auf dem Trockenen.

Reiher – *Ardeidae*

mittelgroße bis große Schreitvögel mit langen Beinen und langem Hals – im Flug wird der Hals eingezogen – die meisten Arten sind Koloniebrüter: Nesthocker – Kleintiere werden mit dolchartigem Schnabel erbeutet – Kurz- und Langstreckenzieher

Reiher sind eine Familie mittelgroßer oder sehr großer, häufig im Wasser watender Vögel mit charakteristisch langen Beinen, langem Hals und langem Schnabel. Der Körper ist schlank, der Schwanz kurz, unauffällig und unterseits fast vollständig von langen Unterschwanzdecken verdeckt. Manche Arten tragen zur Brutzeit Schmuckfedern an Kopf, Rücken und Brust.

Die Flügel der Reiher sind lang, breit und gerundet. Die Flugweise ist unverwechselbar, die Flügel werden nach unten gebogen und in einer nach unten gewölbten Form gehalten. Die gleichmäßigen Flügelschläge sind fördernd und bei großen Arten langsam. Der Hals wird im Gegensatz zu Störchen, Sichlern, Löfflern und Kranichen nicht gerade gehalten, sondern zu einem vorstehenden Bug eingeknickt. Der hier abgebildete **Silberreiher** war noch vor zwanzig Jahren ein seltener Gast in Mitteleuropa. Heute trifft man Silberreiher vor allem im Winterhalbjahr an, in Ost- und Südostdeutschland auch in größerer Zahl. Sie haben im Schlichtkleid einen leuchtend gelben Schnabel, während der bei uns viel seltenere Seidenreiher einen dunklen Schnabel hat.

Auch im hier abgebildeten Prachtkleid des **Silberreihers**, das man bei uns selten zu Gesicht bekommt, in dem die Vögel dunkle Schnäbel und lange Schmuckfedern auf Rücken und Brust tragen, sind Silber- und Seidenreiher leicht durch ihre Größe zu unterscheiden. Silberreiher sind so groß wie Graureiher, während Seidenreiher um ein Drittel kleiner sind. Ihr Schnabel ist zudem schlank und nie so kräftig und dolchförmig wie der der Silberreiher. Außerdem haben Seidenreiher im Gegensatz zu Silberreihern gelbe Zehen.

Seidenreiher

Seidenreiher sind unter anderem in Europas Süden beheimatet und erreichen Mitteleuropa nur in kleinerer Zahl. Neben der im Vergleich zum Silberreiher geringeren Größe sind die dunkle Schnabelfärbung des zierlicheren Schnabels und die bis auf die gelben Zehen schwarzen Beine charakteristisch.

Die Nahrung der meisten Arten besteht vorwiegend aus Fischen, Amphibien und großen Wirbellosen, aber auch Kleinsäugern, Vögeln und Reptilien. Nicht selten sieht man Grau- oder Silberreiher auf Wiesen oder Äckern stehen und nach Mäusen Ausschau halten. Reiher verharren bei der Nahrungssuche bewegungslos, oft am oder im Wasser, schreiten jedoch auch langsam nach Nahrung suchend. Besonders der hier abgebildete **Seidenreiher** scheucht seine Beutetiere durch Umherlaufen und Bewegungen der Füße oder Flügel auf. Die Beute wird mit dem spitzen Schnabel ergriffen oder regelrecht harpuniert.

Während viele Reiher offen jagen, halten sich Dommeln, wie die hier abgebildete **Rohrdommel**, in der Regel in der Nähe dichter Vegetation auf. Sie sind daher meist nur kurz im Flug über dem Röhricht zu sehen, bevor sie erneut in der Deckung verschwinden. Am ehesten wird man durch die tiefen, dumpfen Gesangsreihen auf Rohrdommeln aufmerksam. Diesen Gesang hört man im Frühjahr vor allem in den Schilfgebieten Nordostdeutschlands, wo die Rohrdommel wegen des eigentümlichen Gesangs den Namen „Moorochse“ trägt.

Neben Rohrdommeln kommen im südlichen Mitteleuropa die kleineren **Zwergdommeln** selten in nahrungsreichen Schilfgebieten vor. Hier leben sie versteckt und zeigen sich nur selten so schön wie dieses adulte Männchen.

Graureiher in einer Kolonie. Alle Arten, außer den Dommeln, brüten in oft gemischten Kolonien in Schilfgebieten, Gebüschen oder auf Bäumen. Wiederum mit Ausnahme der Dommeln sind Reiher an Schlafplätzen oder auf dem Zug gesellig. Die meisten Arten geben raue und krächzende Rufe von sich, die Dommeln besitzen hingegen ausgeprägte Reviergesänge.

Die Geschlechter der Reiher sind mit Ausnahme einiger kleiner Dommelarten gleich gefärbt und es gibt keine oder nur eine geringe jahreszeitliche Variation. Bei den meisten Arten ähneln die Jungvögel den Altvögeln sehr. Junge **Graureiher** wie dieser sind jedoch mit etwas Übung leicht von den Altvögeln zu unterscheiden. Sie besitzen im Gegensatz zu den älteren Vögeln einen dunklen und keinen weißen Scheitel, dunkelgraue und nicht hellgraue Halsseiten und die hellen Schmuckfedern auf dem Rücken der Altvögel fehlen.

Kuhreiher sind in den Tropen und Subtropen weit verbreitet. Viele Mitteleuropäer kennen die kleinen weißen Reiher mit ihren charakteristischen kurzen gelben Schnäbeln aus dem Urlaub, beispielsweise am Mittelmeer. Dort suchen Kuhreiher die Nähe von Vieh, weil sie auf vom Vieh aufgescheuchte Beutetiere, wie etwa Heuschrecken, hoffen.

Nachtreiher sind wie die Kuhreiher Vertreter wärmerer Gebiete. Sie nehmen in den letzten Jahren bei uns vor allem in Süddeutschland zu. Nachtreiher sind, wie der Name bereits andeutet, vor allem nacht- und dämmerungsaktiv und halten sich gerne in dichter Vegetation auf. Der hier abgebildete Altvogel unterscheidet sich völlig von den braunen, hell gesprenkelten Jungvögeln.

Die Abbildung auf der folgenden Seite zeigtGrau- (oben) und Purpurreiher (unten) im Flug. Aus der Entfernung wirken Purpurreiher sehr dunkel. Der Oberflügel der Purpurreiher ist weniger kontrastreich, die Unterflügel sind lehmfarben bis rostbraun und somit dunkler als bei Graureihern. Der Hals hängt tiefer herab, wirkt oft kantig, steht somit eckiger hervor und erscheint wie ein Rammbock. Die gelblich orangefarbenen Beine und insbesondere die Zehen sind länger, überragen den Schwanz weit, wobei vor allem die Hinterzehe deutlich hervorsteht. Der sehr lange, gleichmäßig schmale Schnabel wirkt wie ein Bajonett und nicht so dolchartig wie bei Graureihern; er geht scheinbar übergangslos in den kleineren Kopf über. Die Basen der Handdecken treten bei beiden Arten deutlich hervor, sind jedoch bei Purpurreihern beige-bräunlich und bei Graureihern reinweiß. Purpurreiher zeigen eine ausgeprägtere Körperbewegung beim Flügelschlag, die oft etwas ruckartiger wirkt.

GRAUREIHER

PURPURREIHER

Pelikane – *Pelecanidae*

sehr große Wasservögel – die beiden europäischen Arten sind überwiegend hell gefärbt – gewaltige Schnäbel mit ausgeprägtem Kehlsack, mit dessen Hilfe Fische gekeschert werden – kurzer Schwanz, langer Hals – Schwimmhäute zwischen den Zehen – segeln ausdauernd in Formation – brüten in Kolonien auf Inseln an flachen größeren Gewässern: Nesthocker – Zugvögel

In mitteleuropäischen Breiten sieht man Pelikane nur ausnahmsweise. Die nächstgelegenen Vorkommen befinden sich in Südosteuropa. Hier brüten die weltweit gefährdeten Krauskopfpelikane und die weit verbreiteten Rosapelikane.

Die gedrungene und kurzschwänzige Gestalt mit dem langen Hals, großen Kopf mit kontrastreich gezeichneter, nackter Gesichtshaut und riesigen Schnabel mit dem charakteristischen, dehnbaren Kehlsack gibt den Vertretern dieser Familie ihr typisches Aussehen. Hier ein **Rosapelikan**.

Krauskopfpelikane beim Fischen.

Pelikane wie die auf der vorigen Seite abgebildeten Krauskopfpelikane sind vor allem in wärmeren Gebieten verbreitet und ernähren sich von Fisch, den sie gerne in gemeinschaftlicher Jagd fangen. Nur der in Amerika verbreitete Braune Pelikan gelangt durch Stoßtauchen an seine Nahrung. Die Unterschnabeläste der Pelikane sind sehr biegsam. Wenn sie mit geöffnetem Schnabel nach Fischen tauchen, biegen sich die Unterschnabelseiten durch den Wasserdruck nach außen und bilden einen weiten Kescher, dabei verhindert der Oberschnabel das Entweichen der gefangenen Fische. Unter anderem die im Prachtkleid rötlichen Kehlsäcke, die helleren Schwungfedern und die krausen Kopffedern unterscheiden Krauskopfpelikane von adulten Rosapelikanen.

Die Flügel aller Pelikane sind wie bei diesem immaturen **Rosapelikan** lang und breit und eignen sich hervorragend zum Gleiten und Segeln. Dabei werden die Flügel leicht nach unten gebogen gehalten. Die einzelnen Flügelschläge sind schwer und kraftvoll. Der Kopf wird beim Fliegen eingezogen, sodass nur der Schnabel über den Rumpf hinausragt. Gerne fliegen Pelikane in langen Ketten, manchmal Hunderte Kilometer an einem Tag. Auf größere Entfernung können sie mit Weißstörchen verwechselt werden, die man auf kurze Distanz jedoch am ausgestreckten Hals und den langen, den Schwanz überragenden Beinen erkennen kann.

Pelikane brüten in großen Kolonien, meistens auf vegetationsarmen Inseln. Hier vereinen sich die Jungvögel zu großen Gruppen, wie hier **Rosapelikane**.

Rosapelikan

Greifvögel – *Accipitriformes*

Greifvögel sind eine allgemein bekannte Vogelgruppe. Insgesamt handelt es sich um eine sehr komplexe Ordnung tagaktiver, vorwiegend fleischfressender Vögel, die sich auf zwei Familien aufteilt. Die Vertreter dieser Gruppe vereinen bestimmte Charakteristika, weshalb diese Ordnung hier zunächst als Ganzes dargestellt wird, bevor die einzelnen Familien genauer betrachtet werden.

Die größte Familie sind die Habichtverwandten (*Accipitridae*), zu denen die Habichte, Bussarde, Adler, Milane, Geier und Weihen zählen. Viele von ihnen besitzen relativ breite und „gefingerte" Handflügel, die zum Segelflug besonders gut geeignet sind. Die Fischadler (*Pandionidae*) umfassen nur eine Art, den Fischadler. Kein anderer Greifvogel ist so auf das Jagen von Fischen spezialisiert wie er. Oft sieht man sie über dem Wasser rütteln, um dann nach einem rasanten Sturzflug einen Fisch zu erbeuten.

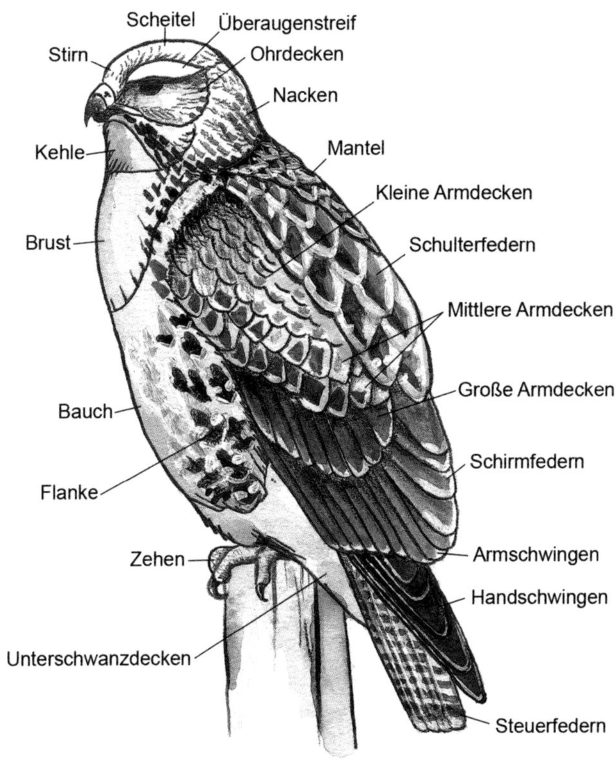

Greifvogeltopographie am Beispiel eines stehenden Bussards.

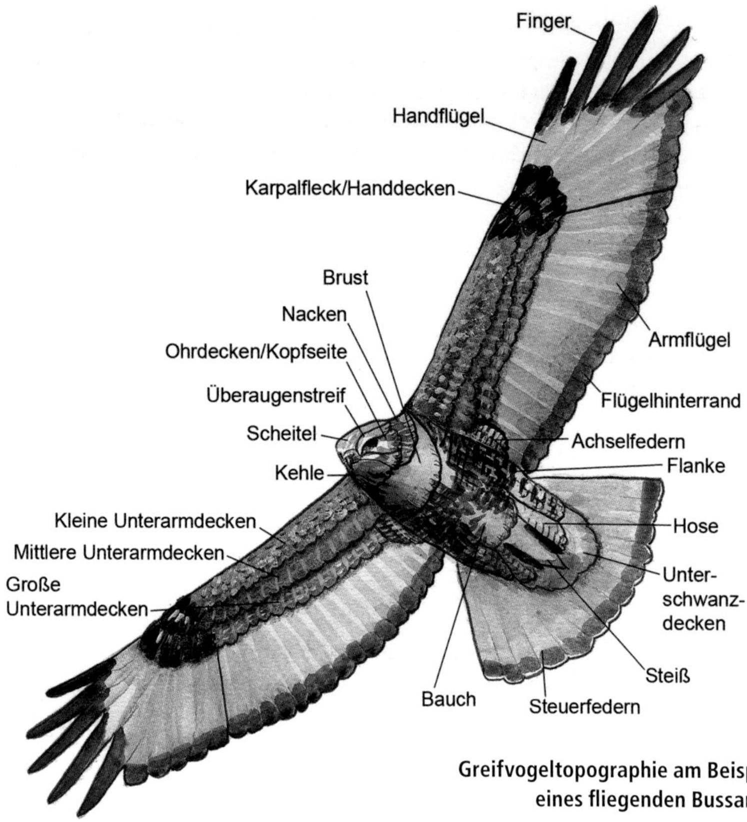

Greifvogeltopographie am Beispiel eines fliegenden Bussards.

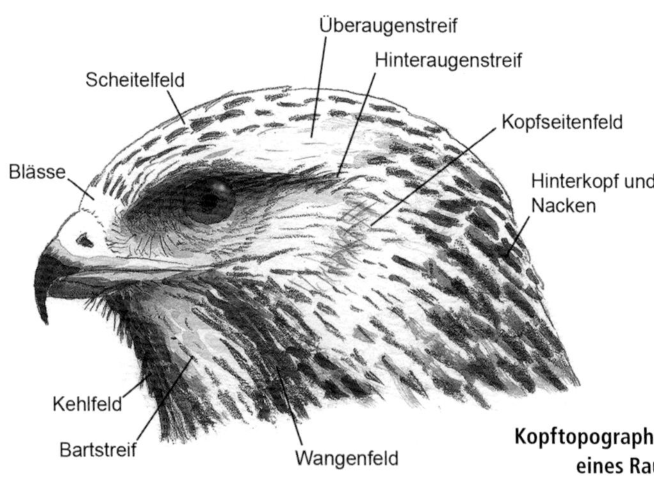

Kopftopographie am Beispiel eines Raufußbussards.

Alle Greifvögel sind mit einem typischen Hakenschnabel und kräftigen Füßen mit dolchartigen Krallen ausgestattet. Die relativ großen, nach vorne gerichteten Augen liegen weit vorne am Kopf und ermöglichen ein hervorragendes räumliches Sehen. Mit Ausnahme der Geier erlegen sie ihre tierische Beute selbst. Die Geschlechter sind sich im Gefieder oft ähnlich. Die Weibchen sind jedoch häufig deutlich größer.

Raubvögel oder Greifvögel?

Jahrhunderte lang wurden Greifvögel als Konkurrenten der Jäger angesehen und werden es trotz aller Aufklärung zum Teil noch heute. Auch durch die Jagd sind die Bestände einiger Greifvögel zurückgegangen, mancherorts gar zusammengebrochen. Im Greifvogelschutz wird das Wort „Greifvögel" im Gegensatz zum Wort „Raubvögel" beworben, da es weniger negativ besetzt ist und von der einseitigen Sicht von Teilen der Jägerschaft ablenkt. Gerade in unserer Gesellschaft des Überflusses besteht kein Grund, einen neid- und hassbesetzten Begriff für eine völlig wertfrei handelnde Gruppe von Lebewesen zu verwenden.

Greifvögel wie dieser junge **Steppenadler** sind Energiesparflieger. Sie meiden wie alle Vögel unnötig Kraft raubende Situationen. Jeder, der einen ziehenden Sperber im mühsamen Wellenflug über das Meer kommen sieht, kann die Erleichterung nachvollziehen, mit der er sich in die nächste Dünenkette fallen lässt. Dieses Wissen kann man sich für die Beobachtung von Greifvögeln zunutze machen. Wasserflächen bieten aufgrund ihrer großen Wärmespeicherkapazität keinen Aufwind. Greifvögel, die gerne jeden Aufwind kreisend nutzen, meiden Wasserflächen demnach. Darum konzentriert sich der Greifvogelzug an Landbrücken wie beispielsweise Gibraltar (Spanien), dem Bosporus (Nordwest-Türkei) oder Falsterbo (Schweden). Landmassen, die besonders weit in das Meer ragen, werden zuweilen von Greifvögeln als „Sprungbretter" genutzt. Hier haben sie noch einmal die Gelegenheit sich in die Höhe zu schrauben. Manche Individuen zögern hier gar und fliegen entlang der Wasserkante, zeitweise sogar entgegen der Zugrichtung und lange Umwege in Kauf nehmend, bis sie eine entsprechende Landbrücke finden. An solchen „Brückenköpfen" kann man Greifvögel besonders gut, weil ausgiebig, beobachten. In Deutschland ist dies zum Beispiel am Darßer Ort auf dem Darß oder auf Fehmarn der Fall. Für die Greifvogelbeobachtung muss man nicht früh aufstehen. Aufwinde bilden sich in Abhängigkeit von der Sonneneinstrahlung meistens erst am späten Vormittag. Erfahrungsgemäß ist die Zeit zwischen dem späten Vormittag und dem frühen Nachmittag die beste Zeit für Greifvögel.

Zwei **Mäusebussarde** vor einer Gebirgskulisse. Gegen den Himmel lässt der stärkere Kontrast den linken Vogel deutlich hervortreten. In reliefreicher Landschaft wie im Gebirge nutzen viele Greifvögel Hangaufwinde. Am Leichtesten erspäht man sie hier vom Tal aus, denn der Kontrast eines fliegenden Vogels gegen den Himmel ist deutlich größer als gegen das Gelände.

Greifvögel bereiten besonders Anfängern im Freiland Bestimmungsprobleme. Oft sieht man die Vögel nur in großer Entfernung. Der Himmel bietet dabei wenig Anhaltspunkte, um das sich noch dazu bewegende Objekt mit dem Fernglas oder gar mit dem Spektiv zu finden. Hier gilt wie oft: Übung macht den Meister! Es gibt aber ein paar Regeln, die das Beobachten am Himmel erleichtern: Anfänger, aber auch Experten mit ihnen unvertrauter Optik, versuchen im Freiland ein Objekt zu finden, indem sie eine bestimmte Geländestruktur verfolgen. Sie zeichnen mit den Augen den Horizont, eine Felskante oder einen Stamm nach, um das Objekt der Begierde zu finden. Dies funktioniert meistens nicht am Himmel oder im dichten Blättergewirr der Baumkronen. Versuchen Sie stattdessen den Punkt mit den Augen zu fixieren, dann das Fernglas vor die Augen zu heben, ohne den Blick von dem Punkt zu lösen. Mit etwas Übung sollte man so schnell zur Beobachtung kommen.

Greifvögel nutzen vielfältige Jagdtechniken. **Baumfalken** (1) fangen im rasanten Jagdflug Libellen, die sie noch im Flug verspeisen. **Mäusebussarde** (2) sind ausdauernde Ansitzjäger, während **Rohrweihen** (3) im flachen Gleitflug über dem Schilf patrouillieren. Eine ganze Reihe Techniken verwenden **Fischadler** bei der Fischjagd. Hoch über dem Wasser kreisend halten sie energiesparend Ausschau nach Beute (4). Hat ein Fischadler einen Fisch erspäht, verharrt er im Rüttelflug auf der Stelle (5). Erst wenn er sich gute Chancen ausrechnet, stürzt er im rasanten Sturzflug herab (6). Im letzten Moment bilden seine Fänge einen weit nach vorne gestreckten Fangkorb.

Greifvögel deponieren aufgenommene Nahrung in ihren Kropf, bevor sie diese portionsweise in den Magen verlagern. Wenn der Kropf gefüllt ist, man spricht von einem vollgekröpften Zustand, verändert sich die Kontur des Greifvogels. Dieser **Mäusebussard** wirkt vollgekröpft stark vorderlastig.

Lassen Sie die Vögel für sich Greifvögel finden

Die herausragende Aufmerksamkeit und das scharfe Augenlicht der Vögel können dem Vogelbeobachter helfen. Die Warnrufe der Drosseln, Meisen, Eichelhäher oder Schwalben sind oft der erste Hinweis auf die Anwesenheit eines Greifvogels. Lernen Sie diese Rufe und folgen Sie ihnen. Auch die plötzliche Fluchtreaktion vieler Kleinvögel kann auf einen Greifvogel zurückzuführen sein. Wenn alle Vögel an Ihrem Futterhaus unter hohen Warnrufen flüchten und die Szene wie ausgestorben hinterlassen, können Sie sicher sein, dass sich gerade ein Greifvogel hat blicken lassen. Eine vorsichtige Nachsuche auf möglichen Ansitzwarten kann Ihnen auf diese Weise eine Greifvogelbeobachtung ermöglichen. Die Angewohnheit, sich bei diesen Warnrufen schnell umzuschauen, wird Ihnen in Zukunft so manche Sperber- oder Habichtbeobachtung ermöglichen. Anhaltende schimpfende Warnrufe, beispielsweise von Wacholderdrosseln oder Kleibern, in Ihrem Garten oder im Wald lassen Sie Eulen finden.

Dumpfe Warnrufe der Saatkrähen verraten diesen Mäusebussard, den sie hassen – so nennt man dieses Abwehrverhalten.

Achten Sie auch auf Wasservögel, die auffällig gen Himmel schielen. Versuchen Sie herauszufinden, was die Aufmerksamkeit des Vogels auf sich gezogen hat und Sie werden regelmäßig fliegende Greifvögel beobachten können. Auch ein Starenschwarm, der plötzlich einen dichten, wild umherwabernden Ball bildet, ist ein untrügliches Zeichen für einen angreifenden Greifvogel.

Ein Grünschenkel blickt gen Himmel. Was hat seine Aufmerksamkeit erregt?

SCHELLADALER
adult

SCHREIADLER
juvenil

Die größeren Greifvogelarten mausern kontinuierlich, der Zyklus wird nicht innerhalb eines Jahres beendet. Bei den Schwungfedern können sogar zwei oder mehr Mauserzyklen gleichzeitig ablaufen. Dies führt dazu, dass das Gefieder von Altvögeln zugleich aus alten und aus neuen Federn besteht, was älteren Individuen unter anderem einen unebenen Flügelhinterrand verleiht. So sieht man hier einen adulten Schelladler (links) und einen juvenilen Schreiadler (rechts) nebeneinander. Obwohl sich beide Arten sehr ähneln, kann auch der Laie erkennen, dass der linke Vogel nicht mehr im Jugendkleid ist. Der juvenile Schreiadler sieht hingegen tadellos aus. Sein Flügelhinterrand ist ebenförmig. Dieses Merkmal ist bei der Bestimmung dieser komplexen Gruppe der braunen Adler sehr hilfreich.

Fischadler – *Pandionidae*

elegante, von unten helle, große Greifvögel – lange, schlanke, oft gewinkelt gehaltene Flügel – Fischjäger – Fische werden im Sturzflug erbeutet – Horstbrüter auf Bäumen, Klippen oder Strommasten: Nesthocker – Langstreckenzieher

Fischadler unterscheiden sich von allen anderen Greifvögeln durch ihre gedrungenen, kräftigen, stark geschuppten Beine, die rauen Fußsohlen und eine zurückziehbare Hinterkralle, die ihnen hilft, die glitschige Beute zu fassen. Dies sind die Gründe dafür, dass Fischadler als einziger Vertreter in eine eigene monotypische Familie gestellt werden. Feldornithologisch machen sie ihr kontrastreiches Gefieder und die großmöwenartige Flugsilhouette unverwechselbar.

Obwohl **Fischadler** bei der Fischjagd oft vollständig ins Wasser eintauchen, können sie nicht lange schwimmen. Sie tragen ihre Beute auf einen Baum, um sie dort zu fressen. Dabei wird der Kopf des Fisches nach vorne gehalten, um möglichst wenig Luftwiederstand zu erzeugen.

Nach jahrzehntelanger Abnahme haben **Fischadler** vor allem im Nordosten Mitteleuropas wieder erfreulich zugenommen. Derzeit brüten wieder über 550 Paare in Deutschland. Im Winter verlassen uns "unsere" Fischadler Richtung Süden. Beringungen und Besenderungen haben die Winterquartiere "unserer" Fischadler in Westafrika offengelegt. So wurde dieser in Mecklenburg-Vorpommern beringte Fischadler im Senegal fotografiert.

Habichtverwandte – *Accipitridae*

große vielgestaltige Gruppe kleiner bis sehr großer Greifvögel – kurze hakenförmige Oberschnäbel – mehr oder weniger ausgeprägt lange, spitze Krallen – fangen und töten Beute mit den Fängen – die meisten Arten mit breiten Flügeln und ausdauernde Segler – bauen Nester vor allem auf Bäumen oder Felsen: Nesthocker – Standvögel, Kurz- und Langstreckenzieher

Eine allseits bekannte Greifvogelgruppe stellen die Altweltgeier dar. Zu diesen zählt der hier abgebildete **Gänsegeier**.

Altweltgeier umfassen die größten Greifvögel überhaupt. Insgesamt ähneln sie im Flugbild sehr den großen Adlern. Da sie, bis auf die Bartgeier, im Flug wie die Reiher ihre langen Hälse einziehen, fehlt ihnen der hervorstehende Kopf der Adler. Die meisten Arten haben einen kurzen Schwanz und breite Flügel mit ausgeprägt gefingerten Spitzen. Ein Hinweis auf die Fähigkeit, lange Strecken auf der Suche nach Aas segelnd zurückzulegen.

In der Tat ist die Flugmuskulatur nur schwach ausgebildet, sodass längere Strecken nicht im aktiven Flug zurückgelegt werden können. Da Geier ihre Beute größtenteils nicht selbst erlegen, sind die Krallen nur schwach ausgeprägt. Der nackte Hals ist eine Anpassung an die Art der Nahrungsaufnahme, bei der das Halsgefieder leicht verschmutzt und somit Hort von Krankheiten wäre und zudem seine Funktion rasch verlieren würde. Bei uns treten nur Bart- und Gänsegeier regelmäßig in kleiner Zahl auf. In den letzten Jahren häufen sich die Beobachtungen jedoch. Gänsegeier können überall in Mitteleuropa erwartet werden, während sich Bartgeier auf den Alpenraum konzentrieren. Diese Bartgeier stammen aus einem alpenweiten Auswilderungsprojekt, während die Gänsegeier vor allem im Spätsommer vom Balkan in den Alpenraum einfliegen. Bei Gänsegeiern wurden zuletzt auch spektakuläre Einflüge nach Mitteleuropa beobachtet. Dies hängt damit zusammen, dass in Südwesteuropa im Freien verendete Haustiere gemäß von EU-Verordnungen seit Jahren zumindest zum Teil abgeräumt werden mussten und nicht wie ehemals üblich den Geiern überlassen werden konnten. Die hungrigen Tiere unternahmen deshalb weite Streifzüge, die sie Tausende Kilometer abseits der Brutgebiete führten. In Südeuropa wird man vor allem in Spanien öfter auf Gänsegeier und auch auf die mächtigen Mönchsgeier und die kleineren Schmutzgeier treffen können.

Bartgeier, hier ein adulter Vogel, sind eine mächtige Erscheinung. Mit bis über 2,8 m Spannweite zählen sie zu Europas größten Vögeln. Im Erscheinungsbild weichen sie durch ihren gestreckt gehaltenen Hals und das Fehlen nackter Gesichtspartien von den Altweltgeiern ab, denen sie verwandtschaftlich nahestehen. Das Flugbild ähnelt einem riesigen Falken, während ihre Bewegungen sehr an einen übergroßen Adler erinnern. Den erfolgreichen Auswilderungen im Alpenraum folgend wurden 2021 auch in Deutschland, im Nationalpark Berchtesgaden, zunächst zwei Bartgeier erfolgreich ausgewildert.

Die Populationen der im Vergleich zu den anderen europäischen Geierarten kleineren **Schmutzgeier** haben bedingt durch illegale Verfolgung und geringeres Nahrungsangebot in den letzten Jahrzehnten erheblich abgenommen. Dazu kommen erhebliche Verluste auf dem Zug nach Afrika, der fast die gesamte Population in die Sahelzone führt. Die großen Geierarten ziehen nicht regelmäßig. So kann man diese im Adultkleid elegant schwarz-weiß gefärbten Vögel fast nur noch auf der Iberischen Halbinsel und selten auf dem Balkan erwarten.

MÖNCHSGEIER

GÄNSEGEIER

Die sehr großen Mönchsgeier kommen in Südeuropa neben Gänsegeiern vor. Die beiden Arten können auf große Distanz voneinander unterschieden werden. Dies zeigt die Abbildung auf der vorherigen Seite: Mönchsgeier (oben) kreisen und gleiten auf waagerechten Flügeln, wobei die Handflügel oft stark hängen gelassen werden und die gewaltigen Handschwingen sich zu einem mächtigen sogenannten „Besen" auffächern. Gänsegeier (unten) kreisen und gleiten hingegen auf leicht angehobenen Flügeln, die zusammen mit dem leicht hängenden Handflügel jeweils ein flaches, auf dem Kopf stehendes ‚V' bilden. Der Besen ist im Vergleich weniger prominent.

Adler sind große, schwere, meist dunkle Greifvögel mit langen, breiten Flügeln, langem Handflügel und ausgeprägt gefingerten Flügelspitzen. Sie unterscheiden sich von den kleineren Greifvögeln durch ihr imposantes majestätisches Aussehen. Neben Fischadlern, die wie bereits erwähnt in eine eigene Familie gestellt sind, sind bei uns aus der Gattung *Haliaetus* die Seeadler und aus der Gattung *Aquila* Stein- und Schreiadler heimisch. Daneben gibt es eine Reihe von Arten, die vor allem in Südeuropa verbreitet sind und bei uns nur ausnahmsweise auftreten. Zu ihnen zählen Zwerg- und Schlangenadler.

Links: **Schreiadler**, hier ein Altvogel, sind selten in Mitteleuropa und nur ganz im Nordosten Deutschlands wirklich regelmäßig auftretend.

Rechts: **Seeadler**, hier ein Altvogel, haben auch dank intensiver Schutzbemühungen wieder zugenommen und können, wie Fischadler, besonders leicht in den neuen Bundesländern beobachtet werden.

Der auf der folgenden Seite abgebildete junge **Steinadler** ist schon durch seine Färbung unverwechselbar: Der Schwanz ist an der Basis weiß mit einer breit schwarzen Endbinde. An der Handflügelbasis leuchtet ein breites weißes Feld. Auch in der Kontur gleicht ihm kein Greifvogel. Der Armflügel ist in der Mitte verbreitert und an der körpernahen Basis schmal. Dies und der lange Schwanz charakterisieren ebenfalls die einheitlicher dunkelbraun gefärbten Altvögel. Steinadler nutzen die

Reliefenergie im Gebirge auf effektive Weise. Steinadlerhorste liegen entgegen der weitläufigen Meinung stets in mittleren Hanglagen, nicht weit oben. Auf diese Weise können Steinadler ihre oft schwere Beute von den hochgelegenen Jagdgründen im Gleitflug bergab transportieren, ohne viel Energie zu verbrauchen. Den Weg nach oben bewerkstelligen sie wieder über die Hangaufwinde. Auf diese Weise sieht man die Adler in der Brutzeit immer wieder zwischen dem Horst und den alpinen Matten pendeln. Man muss also nicht hoch hinaus, um diesen majestätischen Vogel zu Gesicht zu bekommen. Steinadler sind bei uns nahezu ausschließlich auf den Alpenraum beschränkt, wo alleine in Deutschland rund fünfzig Paare brüten.

Folgende Abbildungen zeigen Seeadler in verschiedenen Alterskleidern:

Erstes Kalenderjahr: Ein juveniler **Seeadler** im ersten Kalenderjahr. Alle Schwungfedern sind gleichförmig, weil gleich alt. Zudem sind sie sehr spitz, was dem Flügelhinterrand ein gezacktes Aussehen verleiht. Der Kopf bleibt immer dunkel und wird erst im Adultkleid hell. Die Steuerfedern sind kräftig dunkel umrandet. Die Oberseite wirkt einheitlich dunkel- bis cremefarben braun.

Sommer zweites Kalenderjahr: Im Sommer des zweiten Kalenderjahres beginnen **Seeadler** mit der ersten Mauser des Großgefieders. Deutlich sind die Mauserlücken an den inneren Handschwingen zu erkennen und auch am mittlerweile stark abgenutzten Schwanz ist eine erste Lücke entstanden. Teile der Armschwingen und der Großteil des Kleingefieders sind stark ausgeblichen. Es handelt sich noch überwiegend um die Federn aus dem Jugendkleid. Teile des Mantels und der Schulterfedern sind jedoch erneuert und durch weißliche Federzentren kenntlich.

Sommer drittes Kalenderjahr: Bei der zweiten Mauser im Sommer des dritten Kalenderjahres stehen schon drei Federgenerationen nebeneinander. Denn die Mauser wird nicht jeweils innerhalb eines Mauserzyklus abgeschlossen, sondern zwischen Herbst und Frühjahr unterbrochen. So stammen beispielsweise die jeweils äußersten drei mittlerweile stark abgenutzten Handschwingen noch aus dem Jugendkleid, während die mittleren neu sind und die innersten Handschwingen aus der ersten Mauser stammen. Im Armflügel sind jeweils zwei Mauserzentren zu erkennen, ein untrügliches Anzeichen dafür, dass der Vogel älter als zwei Jahre ist. Der Schnabel bekommt schon einen gelblichen Ton. Die großen Armdecken bilden ein dunkles Band und die übrigen ausgeblichenen Decken ein helles Feld. Der Schwanz ist sehr dunkel, noch dunkler als im Jugendkleid. Einzelne ältere Federn geben Mantel, Decken und Rücken ein geschecktes Aussehen.

Adult: Das Adultkleid wird von Vögeln getragen, die fünf bis sieben Jahre oder älter sind. Erst jetzt zeigen sich der weiße Schwanz, der gelbe Schnabel sowie die hellbraunen Decken und das hellbraune Körpergefieder. In diesem Kleid stehen immer alte neben neuen Federn.

Die großen Adler erreichen erst nach vier bis sieben Jahren ihr Adultkleid und können bis dahin genau altersbestimmt werden. Sie sind ein gutes Beispiel dafür, wie Gefiederabnutzung und -ausbleichung sowie der Gefiederwechsel das Aussehen eines Vogels beeinflussen können. Die Abbildungen auf der vorherigen und dieser Seite verdeutlichen dies. Im Feld sind Seeadler leicht zu bestimmen. Durch ihre Größe und die langen Serien langer, entspannter und recht flacher Flügelschläge wirkt diese Art in Verbindung mit den breiten und stark gefingerten Flügeln und dem stumpf keilförmigen Schwanz sowie dem langen Hals und dem äußerst kräftigen Schnabel sehr mächtig.

Die nur bussardgroßen **Zwergadler** sind Bewohner warmer Regionen, wo sie Wälder mit angrenzenden offenen Flächen im Hügel- und Bergland bewohnen. Dort ernähren sich Zwergadler von Kleinsäugern, Reptilien und Vögeln, die sie im rasanten Sturzflug in Bodennähe schlagen. Die hier abgebildete helle Morphe ist leichter zu bestimmen als die dem Schwarzmilan ähnliche dunkle Morphe. Arttypisch sind der gerade abgeschnittene Schwanz und bei der hellen Morphe das helle Kleingefieder (Brust und Augenpartie dunkler), zu dem die dunklen Schwungfedern kontrastieren. Die inneren drei Handschwingen sind meist heller und gebändert. Die meisten Individuen zeigen an der Flügelbasis der Vorderflügelkante einen reinweißen Fleck, der gerne als „Positionslicht" bezeichnet wird.

Schlangenadler, hier ein adultes Individuum, bewohnen in Südeuropa offenes, trockenes Gelände mit Bergen und Wald, wo sie sich von Reptilien aller Art ernähren. In Deutschland kommen Schlangenadler alljährlich als seltener Sommergast vor. Die Altvögel sind durch die grobe Bänderung von Bauch und Flügeln unverwechselbar. Junge Schlangenadler verleiten durch ihr zum Teil einfarbig helles Gefieder zur Verwechslung mit hellen Bussarden. Neben der mächtigen Gestalt mit den langen und breiten Flügeln und dem breiten, eulenartigen Kopf unterscheiden sich Schlangenadler von Bussarden unter anderem durch das Fehlen von dunklen Abzeichen auf den Handflügeldecken.

Weihen (Gattung *Circus*) weisen eine sehr charakteristische Gestalt und Flugweise auf. Sie patrouillieren niedrig über offenem Gelände. Dabei werden die Flügel nach einer Reihe von Flügelschlägen in einem flachen ‚V' über den Rücken gehalten (1).

Weihen dienen in den Bestimmungsbüchern daher gerne als Referenzgestalt, mit Sätzen wie „die Flügel werden weihenartig gehalten". Dabei ist es immer wieder erstaunlich, wie sich die Gestalt dieser schmalflügeligen, langschwänzigen, mittelgroßen Greifvögel in Anpassung an die Flugsituation verändert, beispielsweise im flachen (2) oder steilen (3) Gleitflug.

Rohrweihen sind bei uns die häufigsten Vertreter aus der Gattung *Circus*. Man findet sie über Schilfflächen und seit einigen Jahren auch über Getreidefeldern pat-

rouillierend, in denen sie brüten. Die meisten Rohrweihen überwintern in Afrika. Die Männchen sind durch die Kombination von rostbraunem Bauch und hellgrauen Flügeln mit breit schwarzen Flügelspitzen unverkennbar. Auf dem Rücken kontrastiert das dunkelkastanienbraune Kleingefieder zu den hellgrauen Schwingen sowie dem hellgrauen Bürzel und Schwanz. Die Weibchen, in der Abbildung ein jüngeres Tier, sind einheitlich dunkelbraun mit hell cremefarbener Kehle und Kopfplatte. In fortgeschrittenem Alter werden auch die Flügelvorderränder cremefarben und ein helles Brustband bildet sich heraus.

Neben Rohrweihen sind die Weihen bei uns durch Korn- und Wiesenweihen vertreten, Steppenweihen sind sehr seltene Gäste. Die Männchen dieser Arten sind hellgrau gefärbt, während bei den Weibchen braune Farbtöne dominieren. Bei Weibchen und Jungvögeln kontrastiert der strahlend weiße Bürzel zum Restgefieder, weshalb diese Vögel im Englischen den Namen „Ringtail Harrier" bekamen. Wiesenweihen sind lokal in Ackerlandschaften, oft mit guten Böden (Bördelandschaften), verbreitet. Diese findet man zum Beispiel in der Hellwegbörde bei Soest (Nordrhein-Westfalen) und nordöstlich von Würzburg (Bayern). Auch in den Kögen an der Küste hat die Art zugenommen. Im Winter ziehen Wiesenweihen nach Afrika. Kornweihen sind in erster Linie Wintergäste in offenen Landschaften wie Wiesen, Mooren oder Ackerlandschaften. Nur auf den Ostfriesischen Inseln brüten sie regelmäßig, leider in abnehmender Zahl. Beide Arten sehen sich in ihren Kleidern relativ ähnlich, was leicht zu Bestimmungsproblemen führen kann.

Graue Weihen sind in Mitteleuropa im Sommer meistens adulte männliche Wiesenweihen und im Winter adulte männliche Kornweihen. Doch um die bei uns seltenen Steppenweihen und Bestimmungsfehler auszuschließen, lohnt ein zweiter Blick in jedem Fall.

Korn-, Wiesen- und die bei uns seltenen Steppenweihen werden als "Weißbürzelweihen" bezeichnet. Sie zeigen reinweiße Oberschwanzdecken. Dieses Merkmal unterscheidet sie von anderen mittelgroßen Greifvögeln wie Bussarden. Es sticht bei

KORNWEIHE
Weibchen adult
Flügelspitze stumpf, fünf Finger sichtbar
Weibchen adult
beide Arten mit weißem Bürzel
helle Bänder
beide Arten mit hellem Feld auf Armflügeldecken
weiße Brust braun gestrichelt
Weibchen adult
Jugendkleid
dunkel, Armflügel breit
breites helles Band
Decken gebändert
rostgelbe Brust gestrichelt
spitz
WIESENWEIHE
vier Finger sichtbar
noch dunkel
diffus gezeichnet
dunkel
ungestrichelt rostbeige
Weibchen immatur
braune Strichel
Jugendkleid

den bräunlichen weiblichen und jungen Vögeln besonders hervor. Die Arten unterscheiden sich neben den hier abgebildeten Merkmalen vor allem in der Gestalt. Während Kornweihen kompakt sind, wirken Wiesenweihen grazil und noch lang- und spitzflügeliger.

Die weltweit verbreitete Gattung *Accipiter* ist bei uns durch Habicht und Sperber vertreten. Dabei handelt es sich in erster Linie um Greifvögel bewaldeter Lebensräume mit kurzen runden Flügeln und einem langen Schwanz, der zackiges Manövrieren erlaubt. Hauptbeute sind Vögel, die im niedrigen Beuteflug in oft wagemutiger Flugweise erjagt werden.

Heimliche Jäger im Dickicht: die Unterscheidung von Sperber und Habicht

Sperber und Habicht bereiten immer wieder Bestimmungsprobleme. Darum ist es wichtig, schon vor einer Beobachtung im Kopf zu haben, worauf man achten muss. Sichtbeobachtungen dieser beiden Arten verlaufen oft kurz, da Sperber und Habicht heimliche Jäger sind, die sich nur selten offen zeigen. Daher sollte man versuchen, sich auf möglichst viele der folgenden Unterscheidungsmerkmale zu konzentrieren: Größeneindruck und Körperform, Flügelschlagfrequenz und Flugweise, Proportionen des Armflügels, Ausprägung der Flügelspitzen, Ausprägung der Schwanzbasis und Unterschwanzdecken, Form des Flügelhinterrandes und des Schwanzendes, Größe des Kopfes und Gesichtsfärbung.

Ein juveniler **Sperber** mit der arttypischen Silhouette, die durch relativ breite, stumpf endende Flügel, die schmale Hüftregion, den langen schmalen Schwanz mit vergleichsweise scharfen Ecken sowie einen schlanken brustlastigen Körper gekennzeichnet ist. Alterskennzeichen sind die grobe Bänderung auf Brust und Unterflügeldecken, die auf der Brust ein unregelmäßiges Muster bildet, die hellgelbe Iris sowie der auffällige Überaugenstreif.

Sperber und Habicht sind bei uns ganzjährig zu beobachten. Sperber sind häufiger und dringen regelmäßiger bis in Siedlungen vor, während Habichte Wälder mit großen Lichtungen und angrenzender offener Landschaft bevorzugen. Beide Arten sind zur Brutzeit sehr heimlich und selten zu sehen. Im Winter erhalten die mitteleuropäischen Sperber Zuzug aus nordöstlichen Populationen. Zur Zugzeit kann man diese Art auch an untypischen Stellen, wie zum Beispiel an Küsten und zwischen Dünen, beobachten.

Besonders **Sperber** rufen intensive Kleinvogelreaktionen hervor. Wenn man aufmerksam auf das hohe Fiepen der Kleinvögel oder das hohle warnende Krächzen von Krähen achtet, wird man regelmäßig beide Arten im Vorbeihuschen beobachten können.

Habichtweibchen erreichen Bussardgröße, während kleine Habichtmännchen kaum größer als große Sperberweibchen sind. Bei Auseinandersetzungen mit Krähen ist das Habichtmännchen jedoch immer größer und das Sperberweibchen immer kleiner als die Krähen. Habichte zeigen gewöhnlich langsamere, entspanntere und kraftvollere, aber flachere Flügelschläge mit längeren Gleitphasen als Sperber. Dadurch erscheint der Flug von Habichten direkter als der von Sperbern, was noch dadurch unterstützt wird, dass Habichte, im Gegensatz zu Sperbern, zwischen den Gleitphasen nicht absinken. Doch Vorsicht: Sperber fliegen im Balzflug betont langsam, was zu einer falschen Größeneinschätzung führen kann!

Habichte sehen nicht einfach wie große Sperber aus. Der Rumpf des Habichts erscheint kräftig und ist von der Brust bis zum Bauch massiger als beim Sperber, was ein wenig an eine Ringeltaube erinnern kann. Diese Assoziation hat man beim Sperber aufgrund des schlankeren Körpers fast nie.

Bei stehenden **Sperbern** können gelegentlich die ausgeprägt schlanken Tarsi (Fußwurzeln) betrachtet werden. Die grobe Brust- und Bauchbänderung, der auffällige Überaugenstreif und die braunen Federränder des Mantels und der Flügeldecken sowie die rotbraune Nackenpartie kennzeichnen einen Jungvogel.

Links: Adulte **Sperbermännchen** sind leicht an der feinen rostroten Bänderung und der blaugrauen Oberseite zu erkennen. Aufgeplusterte Unterschwanzdecken sind ein Zeichen für Revierverhalten.

Rechts: **Sperberweibchen** sind durch eine braunschwarze, an den Flanken auch rotbraune Bänderung auf Brust und Flanken gekennzeichnet. Die Oberseite ist dunkel braungrau, der helle Überaugenstreif ist deutlich, aber kurz.

Die Schwanzbasis ist bei Habichten deutlich breiter als bei Sperbern, wodurch Habichte im Segelflug vergleichsweise breithüftig erscheinen. Die Unterschwanzdecken sind bei Habichten bauschig und blendend weiß gefärbt, was Sperber nicht in dieser Ausprägung zeigen.

Ein juveniler **Habicht**. Durch die Strichelung der Körperunterseite und der Flügeldecken auf rotbraunem Grund zusammen mit der Schwanz- und Schwingenbänderung ist dieses Kleid unverwechselbar. Sperber sind hingegen in jedem Kleid gebändert. Die Flügelspitzen sind weniger gerundet als beim Sperber und der Flügelhinterrand ist stark geschwungen. Das Schwanzende ist im Gegensatz zu Sperbern eher gerundet abgeschnitten. Die Hüfte ist durch flauschige Unterschwanzdecken deutlich breiter als bei Sperbern. Weitere Unterschiede zu Sperbern sind der kräftige Schnabel und der kürzere Schwanz.

Stehende Habichtartige verdecken ihre Beine häufig durch ihr Körpergefieder, weshalb dieses artspezifische Merkmal nicht zu erkennen ist. Die charakteristische Strichelung junger Habichte macht die Artbestimmung in diesem Alter jedoch leicht. Auch zu beachten sind der kräftige Schnabel und die im Verhältnis zum langen Schwanz kurzen Flügel. Der rötliche Grundton hat dem jungen Habicht zu der volkstümlichen Bezeichnung „Rothabicht" verholfen.

Habichte haben im Vergleich zu Sperbern längere und breitere Armflügel, eine spitzere und etwas kürzere Handschwingenpartie und einen, besonders im Gleitflug gut sichtbaren, S-förmig geschwungenen Flügelhinterrand. Der Schwanz ist bei Habichten proportional kürzer und an den Ecken mehr gerundet als bei Sperbern. Der Kopf eines Habichts steht wie bei Wespenbussarden deutlich hervor, sitzt auf einem dicken Hals und ist proportional kleiner als bei Sperbern. Ohrdecken- und Scheitelbereich sind bei adulten Habichten sehr dunkel gefärbt und kontrastieren zum Mantel. Dadurch tritt der proportional breitere Überaugenstreif stärker als bei adulten Sperbern hervor. Diese klare Gesichtszeichnung zeigen Sperber kaum. Im Sitzen erscheint der Tarsus (Fußwurzel) und Fuß von Habichten deutlich kräftiger als der von Sperbern. Zudem zeigen Sperber einen proportional kleineren Schnabel und einen schlankeren Hinterkörper.

Adulte **Habichte** sind unterseits fein auf weißem Grund gebändert und haben eine sauber erscheinende Kopfzeichnung mit breitem Überaugenstreif, der die dunkle Kopfplatte von den ebenso dunklen Ohrdecken trennt. Im Gegensatz zu Sperbern wirken Habichte bauchlastig.

Die Gattung *Milvus*, also der Milane, ist bei uns durch Rot- und Schwarzmilane vertreten. Milane halten die Flügel im Flug gebogen: Armflügel hoch, Handflügel runter; während der gegabelte Schwanz besonders beim Rotmilan zum Manövrieren fortlaufend gedreht und gewendet wird.

Schwarzmilane findet man bei uns in zunehmender Tendenz vor allem im Südwesten Mitteleuropas, während Rotmilane im Osten und den Mittelgebirgen häufiger sind. Schwarzmilane sind in verschiedenen Unterarten überall in der Alten Welt verbreitet, nicht jedoch Rotmilane. Diese besiedeln im Wesentlichen nur das westliche Mitteleuropa, hier leben weit über sechzig Prozent der Population in Zentraleuropa. Somit hat Deutschland eine herausragende Bedeutung für den Schutz dieser Art.

Während Schwarzmilane Deutschland im Winter verlassen, überwintern Rotmilane in kleinen Gruppen unter anderem in verschiedenen Teilen Mitteleuropas. Die beiden Arten werden im Freiland immer wieder verwechselt.

Rotmilane (oben) sind auffällige und leicht erkennbare Greifvögel. Die Flügel sind lang und recht schmal. Der Handflügel hängt etwas herab und wird etwas zurückgebogen. Rotmilane machen dadurch immer einen etwas hängenden Eindruck. Die Flügel werden tief und elastisch durchgeschlagen. Insgesamt ist dieser Greifvogel eine schlaksige, aber nicht unelegante Erscheinung. Der rötliche Schwanz ist lang und tief gegabelt, weshalb Rotmilane im Volksmund auch „Gabelweihe" genannt werden. Die Schwanzkerbe wird beim gespreizten Schwanz zwar flacher, verschwindet aber nie ganz. Das Gefieder ist tief rostrot mit auffallend hellgrauem Kopf. Das große weiße Flügelfeld auf den inneren und den Basen der äußeren Handschwingen ist sehr auffällig. Oberseits zeichnet sich auf den Mittleren Armdecken ein helles Band ab.

In Gestalt und Flugbild sind **Schwarzmilane** ihrem rötlichen Vetter recht ähnlich. Jedoch wirken sie kleiner und kompakter, also insgesamt weniger eindrucksvoll und nicht so schlaksig. Die ebenfalls schlanken, insgesamt aber kürzeren Flügel werden ähnlich wie bei Rotmilanen gehalten. Der etwas kürzere und braun getönte Schwanz ist weniger tief eingekerbt und im gespreizten Zustand nahezu gerade abgeschnitten. Das Gefieder ist wesentlich dunkler braun als bei Rotmilanen, jedoch oft mit einem rostroten Anflug auf Brust und Bauch. Der Kopf ist grau, das Handschwingenfeld dunkler und weniger kontrastreich als bei Rotmilanen. Auch bei Schwarzmilanen zeichnet sich auf den Mittleren Armdecken ein, wenn auch weniger ausgeprägtes, helles Band ab.

Achtung Verwechslungsgefahr: Rohrweihe – Schwarzmilan – Zwergadler

Ein solcher Vogel könnte einen Einsteiger leicht in die Irre führen. Der Schwanz erscheint gerade abgeschnitten wie bei Rohrweihen und Zwergadlern. Ein Trugschluss, denn dieser Effekt entsteht bei diesem Vogel durch Mauser und den gespreizten Schwanz. Zudem ist er gebändert und der Kopf ist nur verwaschen hell. Keine klar gezeichnete dunkle Maske wie bei Rohrweihen. Allerdings sind Teile des Handflügels hell. Also doch ein Zwergadler? Nein, denn bei diesen sind die inneren Handschwingen hell, nicht die Handschwingenbasen wie bei diesem Vogel. Außerdem fehlen die weißen „Positionslichter" an der Flügelbasis. Also ein klarer Fall: Es handelt sich um einen **Schwarzmilan**.

Während die Unterscheidung von Rot- und Schwarzmilanen nach einiger Übung keine größeren Schwierigkeiten bereiten sollte, können hoch fliegende weibliche oder immature Rohrweihen als Schwarzmilan bestimmt werden. Rohrweihen halten jedoch wie alle Weihen, aber im Gegensatz zu Schwarzmilanen, die Flügel flach ‚V'-förmig. Gerade im aktiven Streckenflug, der auch in größeren Höhen vollzogen wird, können die Flügel jedoch flach wirken. Erschwerend können bei Weibchen und Jungvögeln die Basen der Handschwingen leicht aufgehellt sein. Bei Männchen im ersten Sommer können graue Federpartien für den hellen Handflügelfleck der Schwarzmilane gehalten werden. Bei hochfliegenden Schwarzmilanen sollte man, um Rohrweihen sicher auszuschließen, auf folgende Merkmale achten:

- der gegabelte Schwanz ist meistens sichtbar und nur im gespreizten Zustand gerade abgeschnitten
- der Schwanz wird im Segelflug häufig geschwenkt
- im Gleiten und Segeln werden die Flügel flach gehalten oder leicht zurückgebogen

- heller Fleck auf den inneren Basen der äußeren Handschwingen
- wenn der Vogel Kurven fliegt, sollte ein helles Band auf den Mittleren Oberarmdecken sichtbar sein

Besonders in Südeuropa kann es zur Verwechslung mit der dunklen Morphe des hier abgebildeten **Zwergadlers** kommen. Dieser hat jedoch einen eckigen, gerade abgeschnittenen Schwanz sowie einen hellen Keil auf der Unterseite der inneren (beim Schwarzmilan auf den äußeren) Handschwingen und kleine weiße „Positionslichter" an der Vorderkante der Flügelbasis.

Mäusebussarde sind die wohl häufigsten Greifvögel, die wir in der Feldflur vor die Linse bekommen. Im Winter bekommen Mäusebussarde besonders in Norddeutschland Gesellschaft durch die aus Skandinavien einfliegenden Raufußbussarde, die dann meistens in kleiner Zahl beobachtet werden. Die beiden Arten sehen sich zuweilen recht ähnlich.

1. MÄUSEBUSSARD, JK hell
2. MÄUSEBUSSARD, adult hell
3. RAUFUSSBUSSARD, JK
4. RAUFUSSBUSSARD, Weibchen ad.

Tafel Seite 413:

1. **Mäusebussard** im Jugendkleid. Derart helle Individuen kommen bei Raufußbussarden nicht vor und die kommaförmigen Carpalflecken (Handdecken) sind sichere Merkmale eines Mäusebussards. Alterskennzeichnend sind der verwaschen dunkel gezeichnete Flügelhinterrand und das Fehlen einer deutlichen Subterminalbinde (Binde kurz vor dem Ende des Schwanzes) in den Steuerfedern. Alle Binden sind mehr oder weniger gleich breit.
2. **Mäusebussard**, adult. Das Großgefieder mausernde Mäusebussarde sind ab April ein üblicher Anblick. Die bei uns nur im Winter und Frühjahr auftretenden Raufußbussarde haben keine Mauserlücken oder nachwachsenden Federn, da der Mauserzyklus in der Regel im Oktober abgeschlossen ist. Der dunkle Flügelhinterrand ist kontrastreicher abgesetzt als bei Jungvögeln.
3. **Raufußbussard** im Jugendkleid. Junge Raufußbussarde sind unterseits auffallend hell gefärbt. Die Schwingen sind im Gegensatz zu den Altvögeln kaum oder nicht gebändert und innerhalb des Flügels sticht der dunkle Carpalfleck deutlich hervor. Die dunkelgrauen Subterminalbinden am Flügelhinterrand und Schwanz sind diffus begrenzt. Die Bauchpartie ist solide dunkelbraun gezeichnet, wobei der braune Farbton heller als bei Altvögeln ist.
4. **Raufußbussard**, adultes Weibchen. Der gleichmäßig braunschwarze Bauchschild ist dunkler als der Kopf-, Kehl- und obere Brustbereich. Bei adulten Männchen ist der Kontrast in der Regel umgekehrt. Die weniger gezeichneten Unterflügeldecken, welche die dunklen Carpalflecken besonders betonen, und die einzelne dunkle Schwanzbinde kennzeichnen ein Weibchen.

5. RAUFUSSBUSSARD, JK
6. MÄUSEBUSSARD ad.
7. RAUFUSSBUSSARD Männchen ad.
8. MÄUSEBUSSARD
9. RAUFUSSBUSSARD, Männchen

Tafel Seite 415:

5. **Raufußbussard** im Jugendkleid. Während der Armflügel im Gleitflug angehoben wird, wird der Handflügel waagerecht bzw. leicht gesenkt gehalten. Dadurch entsteht ein deutlicher Bugknick, der zusammen mit dem weißen Flügelvorderrand einen ganz arttypischen Eindruck bewirkt.
6. **Mäusebussard**, adult. Die dunkle Bänderung des Großgefieders ist bei adulten Mäusebussarden variabel, tendenziell aber viel ausgeprägter als bei Raufußbussarden gleichen Alters. Die vergleichsweise feine Bänderung des Körpergefieders kennzeichnet, wie auch die breiten schwarzen Endbinden das Großgefieder eines Altvogels.
7. **Raufußbussard**, adultes Männchen. Bei dunklen Individuen beschränken sich die Aufhellungen im Körpergefieder meistens auf ein helles Brustband und im Zentrum des Bauchschildes eingestreute weiße Gefiederpartien. Die für Männchen typischen dunklen Unterflügeldecken lassen die Carpalflecken weniger hervortreten. Die inneren Hand- und alle Armschwingen sind deutlich und regelmäßig gebändert.
8. **Mäusebussard** im Jugendkleid. Neben der hellen Iris und der gleichmäßigen Schwanzbänderung gibt die gestrichelte Körperunterseite ohne Andeutung einer Flankenbänderung wichtige Hinweise zum Alter. Junge Raufußbussarde zeigen immer einen einheitlich dunklen Bauchschild und eine andere Schwanz- und Kopfzeichnung.
9. **Raufußbussard**, adultes Männchen. Stehende Vögel sind schwieriger zu bestimmen als fliegende, da viele Schlüsselmerkmale verborgen bleiben. Typisch für adulte Männchen sind die hellen und oft auch rostfarbenen Federbasen der Schulterfedern, die dem Rücken ein dreifarbiges Aussehen verleihen. Auch der dunkle Kehl- und obere Brustbereich spricht für ein Männchen, bei denen die Bauchzeichnung sehr dunkel ist, sodass sich, ähnlich wie bei Mäusebussarden, nur noch ein hell gezeichnetes Brustband abhebt. Die weiße Flügelvorderkante ist arttypisch.

Im Sommer kommt eine weitere „Bussardart“ hinzu: der Wespenbussard. Obwohl Wespenbussarde nicht näher mit Mäusebussarden verwandt sind, sehen sie ihnen recht ähnlich. Stellt man die beiden gegenüber, fallen doch einige Unterschiede auf.

Mäusebussarde (links) halten im Gegensatz zum **Wespenbussard** (rechts) die Flügel beim Kreisen leicht angehoben.

Die Abbildung auf der folgenden Seite zeigt ein adultes Wespenbussardmännchen neben einem typisch gefärbten immaturen Mäusebussard. Gut zu erkennen sind die strukturellen Unterschiede.

Wie der Name schon verrät, graben Wespenbussarde Wespennester auf, um an die Wespenlarven zu gelangen. Daneben zählen auch Reptilien, Amphibien und Nestlinge von Kleinvögeln zum Nahrungsspektrum. Wespenbussarde ziehen im Gegensatz zu unseren heimischen Mäusebussarden, die Kurzstreckenzieher sind, im Winter ins tropische Afrika.

MÄUSEBUSSARD, immatur
feine Bänderung
kurzer Hals,
breiter Kopf
helles
Brustschild
WESPENBUSSARD
Männchen adult
mittellang,
kantige Ecken
langer Hals,
kleiner Kopf
am breitesten
an den
äußeren
Armschwingen
am breitesten
an den inneren
Handschwingen
grobe Bänderung
lang,
grobe Bänderung,
Ecken gerundet

Eulen – *Strigiformes*

Zu dieser Ordnung gehören die beiden Familien der Schleiereulen (*Tytonidae*) und der Eulen (*Strigidae*), die Ohreulen und Käuze umfasst. Da sie allgemein als Eulen verstanden werden, werden sie hier zusammenfassend eingeführt.

Der charakteristische Körperbau und die spezielle nacht- und dämmerungsaktive Lebensweise der Eulen haben Menschen seit jeher fasziniert. Charakteristisch für diese beutegreifenden Vögel sind der kurze Schwanz, die rundlichen Flügel, der große runde Kopf, der bei manchen Arten Federohren aufweist, und die großen ausdrucksvollen Augen im abgeflachten, mit menschlichen Gesichtszügen ausgestatteten Gesicht, aus dem ein klein erscheinender Schnabel ragt. Der Schnabel ist größtenteils durch die Federn des Schleiers bedeckt. Als Schleier werden die strahlenförmig um die Augen angeordneten Gesichtsfedern bezeichnet. Der Hals wirkt kurz. Die Füße sind groß, kräftig und bei den meisten Arten bis zu den Krallen befiedert. Die Krallen sind stark und gekrümmt.

Eulen suchen oft dieselben Tageseinstände auf und können dann an diesen Orten relativ zuverlässig beobachtet werden. Gut sichtbare Individuen, wie der hier abgebildete „Kasimir" genannte **Waldkauz** im Schlosspark Nymphenburg in München, haben große Bekanntheit erlangt. Probieren Sie es aus und googeln Sie „Waldkauz Kasimir".

Uhus sind die größten heimischen Eulen. Sie wurden durch unmittelbare und langanhaltende Verfolgung bei uns an den Rand des Aussterbens gebracht. Man nahm systematisch die Nestlinge aus, um sie später bei der Hüttenjagd zu verwenden. Dabei diente ein Uhu als Lockvogel für die Jagd auf Krähen und andere Vögel. Uhus galten wie alle „Krummschnäbel" als Schädlinge. Um 1935 gab es auf dem Gebiet der heutigen Bundesrepublik nur noch 35 bis 40 Uhupaare. Erst ab den 1970er-Jahren kam es, dank konsequenter Horstbewachung, Auswilderung und Informationsarbeit wieder zu Bestandszunahmen. Ende der 2010er-Jahre brüten wieder 2.100–2.500 Paare in Deutschland. Die Lebensbedingungen des Uhus sind heute nicht besser geworden: Ein Teil des Nachwuchses verendet an Drahtleitungen oder im Verkehr und Brutplätze werden durch Freizeitaktivitäten gestört. Die meisten Uhus brüten an Felswänden oder Steilhängen, stellenweise an Gebäuden oder in Steinbrüchen und Sandgruben, in felsenfreien Gebieten auch am Boden.

Die Federohren einiger Eulen, wie bei diesem **Uhu**, sind verlängerte Federn am Rande des Gesichtsschleiers. Sie dienen nicht als Ohren, sondern der mimischen Kommunikation zwischen den Vögeln. Der breite Gesichtsschleier hilft, selbst feinste Laute an die große Ohröffnung zu leiten. Eulen können den Kopf bis zu 270 Grad drehen, was eine außerordentlich gute Rundumsicht und Hörfähigkeit erzeugt. Das weiche, lockere Gefieder lässt sie größer erscheinen, als sie wirklich sind.

Das Gefieder der meisten Arten ist tarnfarben. Der auf der nächsten Seite abgebildete **Steinkauz** scheint völlig mit der Mauer zu verschmelzen. Steinkäuze halten sich im Gegensatz zu vielen größeren Eulenarten regelmäßig in der Nähe menschlicher Siedlungen auf. Die kleine Eule ist in Deutschland schwerpunktmäßig in Baden-Württemberg und Nordrhein-Westfalen verbreitet. Sie bewohnt vor allem Hochstamm-Obstwiesen mit einem reichhaltigen Angebot an Bruthöhlen, Tagesverstecken und Sitzwarten. Die extensiv genutzten Mähwiesen oder Viehweiden weisen gleichzeitig ein vielseitiges Nahrungsangebot auf. Steinkäuze sonnen sich im Vorfrühling

gerne nahe ihrer Bruthöhle im Freien und sind zur Brutzeit teilweise tagaktiv. Jedoch ist die Dämmerung normalerweise die Hauptaktivitätszeit. Der durchdringende Reviergesang, der im Herbst und besonders während der Hauptbalzzeit im Februar und März zu hören ist, verrät am ehesten ihre Anwesenheit.

Der Flug der Eulen, hier ein **Waldkauz**, ist geisterhaft geräuschlos. Der Grund dafür ist eine sehr feine Zähnung der Außenkante der Handschwingen, die jegliche geräuschhaften Luftverwirbelungen unterbindet.

Die meisten Eulen legen Nahrungsreserven in der Bruthöhle an. Hier haben **Habichtskäuze** Maulwürfe zum späteren Verzehr neben ihre wenige Wochen alten Jungen gelegt. Das Weibchen beginnt mit dem Brüten bei den ersten Eiern und nicht erst bei Vollständigkeit des Geleges. Deshalb sind die Jungen einer Eulenbrut unterschiedlich groß. Das älteste Junge ist das größte und hat die besten Überlebenschancen. Zwar sterben auf diese Weise viele jüngere Geschwister an Nahrungsknappheit, doch hat zumindest ein Junges gute Chancen, groß zu werden. Eulen verteilen somit die Überlebenswahrscheinlichkeit ungleichmäßig auf die Brut, eine Anpassung an sich während der Brutzeit gelegentlich verknappende Nahrungsressourcen.

Ästlinge

Viele junge Eulen verlassen die Bruthöhle, bevor sie flügge sind, und hocken dann auf Ästen, von denen sie mit eindringlich fiependen Geräuschen ihre Eltern auf ihren Appetit aufmerksam machen. Der wehrlose Eindruck der sich noch hilflos fortbewegenden Jungen täuscht. Mit ihren scharfen Krallen können sie so manchen gut gemeinten „Rettungsversuch“ unbedarfter Tierfreunde erfolgreich vereiteln.

Ein junger **Raufußkauz**, noch kaum flugfähig, hat die sichere Höhle bereits verlassen und wartet auf elterliche Bedienung. Sobald die letzten Spuren des Dunenkleides verschwunden sind, ähneln die Jungvögel sehr den Altvögeln.

Waldohreulen (links) finden sich im Winter in Gruppenschlafplätzen ein. Manche Individuen sind scheu, was man daran sieht, dass sie sich, wenn sie sich bedrängt fühlen, sehr schlank machen – ein untrügerisches Signal an den Beobachter, sich zurückzuziehen.

Viele Kleineulen, wie dieser **Sperlingskauz** und auch kleinere Greifvogelarten, zeigen auf dem Hinterkopf eine gesichtsähnliche Zeichnung. Sie soll potenziellen Fressfeinden besonders in der Dämmerung signalisieren: „Ich sehe Dich! Ein Angriff lohnt sich nicht.“

Schleiereulen – *Tytonidae*

mittelgroße Eulen – helle Färbung – herzförmiger Gesichtsschleier – brütet oft in Gebäuden: Nesthocker – nachtaktiv – kreischende und fauchende Lautäußerungen – Standvögel oder Kurzstreckenzieher

Die **Schleiereule** ist die einzige Vertreterin der *Tytonidae* in unserer Region. Sie unterscheidet sich durch den auffällig herzförmigen Schleier deutlich von den eigentlichen Eulen. Wie bei allen Eulen lassen sich die Geschlechter nicht oder kaum unterscheiden. Auch innerhalb des Jahres gibt es keine Gefiedervariation.

Schleiereulen sind in Mitteleuropa weit verbreitet. Besonders häufig findet man sie auf guten Bodenstandorten, vor allem Bördelandschaften, wo sie eine gute Mäusepopulation vorfinden und gerne künstliche Nisthilfen in Scheunen und Hofgebäuden annehmen. In harten Wintern verhungert regelmäßig ein großer Teil lokaler Populationen. Schleiereulen sind strikt nachtaktiv. Nur selten sieht man sie im Hellen noch fliegen, besonders, wenn Junge versorgt werden müssen.

Eulen – *Strigidae*

dämmerungs- und nachtaktive Beutegreifer – großer Kopf – große, nach vorne gerichtete Augen – weiches Gefieder befähigt zu lautlosem Flug – Oberschnabel nach unten gekrümmt – kräftige, spitze Krallen – brüten in Baumhöhlen, Zweignestern anderer Vögel oder auf dem Boden: Nesthocker – unverdauliche Nahrungsreste werden als Gewölle hervorgewürgt

Eulen sind in Mitteleuropa besonders artenreich in Wäldern vertreten. Hier sind **Waldkäuze** die häufigste Art (in der Abbildung rechts oben). Man findet sie außer in Wäldern auch in Parks mit alten Laubbäumen, in denen sie Baumhöhlen zum Brüten finden, sowie in Gärten und Siedlungen. Die meisten Waldkäuze harren im Winter in den Brutgebieten aus. Sie jagen ihre Beute, die vor allem aus Mäusen und Insekten, zu einem variablen Teil auch aus Singvögeln besteht, vom Ansitz aus am Boden. **Waldohreulen** (Mitte rechts) bevorzugen Gehölze abseits großer Wälder. Sie bewohnen Wälder in der Nähe offener Flächen, Feldgehölze und große Parks, wo sie in verlassenen Nestern anderer Vögel brüten, vor allem in Krähennestern. Die Bettelrufe der Jungen, die man im Sommer nächtelang hören kann, sind hohe, zweisilbige, lang gezogene Pfiffe, die über einen Kilometer weit zu hören sind. Der aus der Baumhöhle blickende Raufußkauz ist ein Bewohner dichter Misch- und Nadelwälder, oft im Bergland, gern mit kleinen Lichtungen. In schlechten Mäusejahren fallen die meisten Bruten überregional aus und ein großer Teil der Population, vor allem Weibchen und Jungvögel, wandern ab. **Raufußkäuze** sind fast ausschließlich nachtaktiv und außerhalb des Nestbereichs schwer zu entdecken. Sie brüten in Großhöhlen,

insbesondere Schwarzspechthöhlen, aber auch Nistkästen werden angenommen. Die nur starengroßen **Sperlingskäuze** (unten) sind ebenfalls Vögel der Nadel- und nadelbaumdominierten Mischwälder. In Mitteleuropa findet man sie vor allem in Bergwäldern, wo alte Fichten- und Tannenbestände an Jungbestände grenzen. Dort brüten sie gerne in Buntspecht- oder Dreizehenspechthöhlen. Sperlingskäuze (in der Abbildung unten) weichen in schlechten Mäusejahren weniger stark aus. Sie sind dämmerungsaktiv und recht furchtlos. Die Nahrung besteht aus Mäusen und zu einem guten Teil auch aus Singvögeln, auf die sie in schlechten Mäusejahren verstärkt ausweichen. Sperlingskäuze erlegen sogar Drosseln, die die eigene Körpergröße erreichen.

Unterscheidung von Wald- und Sumpfohreule

Sumpfohreulen (rechts) und **Waldohreulen** (links) sehen sich recht ähnlich, unterscheiden sich jedoch in vielerlei Hinsicht (siehe Tabelle auf der nächsten Seite). Im Gegensatz zu Waldohreulen findet man Sumpfohreulen auf Heideflächen, auf Wiesen und in Mooren. Bei uns brüteten sie einst verbreitet. Heute sind sie in Mitteleuropa fast völlig auf die Ostfriesischen Inseln und kleinere andere Gebiete, wie den Hanság in Österreich, begrenzt. Sie sind Bodenbrüter und ernähren sich hauptsächlich von Mäusen, was zu starken Populationsschwankungen führt. Die nördlich brütenden Vögel überwintern weiter südlich und können dann bei uns auch am Tag in Offenländern aller Art, besonders Feuchtwiesen und Mooren, beobachtet werden. Folgende Tabelle fasst die wesentlichen Unterschiede zwischen den Arten zusammen:

Merkmale	Waldohreule	Sumpfohreule
Gefiedergrundfarbe	rötlich braun, gleichmäßige Musterung	sandfarben, starke Kontraste
Oberflügelmuster	rötlich gelbes Handschwingenfeld weniger ausgedehnt, Flügelspitze gleichmäßig dunkel gebändert	einfarbig schwarze, nur von einer hellen Binde unterbrochene Flügelspitze, rötlich gelbe Grundfärbung ausgedehnter als bei Waldohreule
Unterflügelmuster	unterseits Spitze schmal gebändert	unterseits Spitze stark gebändert
Armschwingen-Hinterrand	kein weißer Rand	weißer Rand
Körperunterseite	gleichmäßig gestreift	Kontrast zwischen gestreifter Brust und weitgehend ungestreiftem Bauch
Schwanz	diffus eng gebändert	grob gebändert
Iris	orange	gelb
Federohren	auffällig	wenig auffällig, oft angelegt
Gesicht	rotgelber Schleier, schwarze Augenumrandung weniger auffällig	fahl, rötlich beige, auffällige schwarze äußere Augenumrandung

Zwergohreulen sind vor allem mediterran verbreitet. Sie besiedeln offene Laub- und Mischwälder, Buschwerk in der Kulturlandschaft, Alleen, Obstplantagen und größere Gärten. Bei uns ist die Art sehr selten. Im Brutgebiet hört man eher den gleichmäßig pfeifenden Gesang, als dass man sie sieht.

Habichtskäuze sind Bewohner alter Misch- und Nadelwälder Nord- und Osteuropas. In Deutschland existiert eine kleine, durch ein Auswilderungsprogramm begründete Population im Nationalpark Bayerischer Wald. Die Nahrung besteht in erster Linie aus Nagetieren, Vögeln, Amphibien und Insekten, die durch Ansitzjagd erbeutet werden. Habichtskäuze brüten in verlassenen Greifvogelnestern, auf Baumstümpfen, aber auch in ausreichend großen Nistkästen. Mit knapp 60 cm Körperlänge sind sie kaum mit den deutlich kleineren Waldkäuzen zu verwechseln. Letztere weisen zudem einen kürzeren Schwanz auf.

Wiedehopfe – *Upupidae*

große aufrichtbare fächerartige Federhaube – langer, dünner gebogener Schnabel – schwarz-weißes Schwingenmuster – Nahrungssuche bevorzugt am Boden – Höhlenbrüter: Nesthocker – Zugvögel

Ein **Wiedehopf** bringt ein Insekt für seine Jungen in einer Baumhöhle. Wiedehopfe sind nur mit einer gleichnamigen Art in Mitteleuropa vertreten. Alle Vertreter der Familie besitzen eine auffällige Federhaube, die sie bei Aufregung aufstellen können. Die Geschlechter lassen sich nicht unterscheiden. Charakteristisch sind die gerundeten Flügel, die Wiedehopfen einen schmetterlingsartigen Flug verleihen, eine Eigenschaft, die sie mit nur wenigen Arten, wie den nicht näher verwandten Mauerläufern (s. S. 506), teilen. Ein auffälliges Schwarz-Weiß-Muster auf Flügel und Schwanz lässt den bei uns heimischen Wiedehopf unverwechselbar erscheinen. Der Schnabel ist lang, seitlich komprimiert, schmal und gebogen.

Oft kann man Wiedehopfe dabei beobachten, wie sie ihren Schnabel tief ins Erdreich führen, um große Insekten aufzustöbern. Dabei kann der Schnabel im Erdreich geöffnet werden, was man als „Zirkeln" bezeichnet. Die Beine sind kurz, die mittleren und äußeren Vorderzehen ähnlich wie bei den Eisvögeln an der Basis verwachsen. Die Bürzeldrüse der Weibchen und der Jungvögel sondert während der Nestlingszeit zur Feindabwehr ein stinkendes Sekret ab, woraus sich wohl die Redewendung „stinken wie ein Wiedehopf" entwickelt hat.

Wiedehopfe lieben Sandbäder. Gerne legen sie sich auf den sonnenbeschienenen Boden und breiten ihre Flügel aus. Dabei können sie regelrecht mit ihrer Umgebung verschmelzen, sodass sie schwer zu entdecken sind. Man nennt diese durch kontrastreiche Färbung hervorgerufene Verschmelzung des Körpers

mit der Umgebung, durch die die Körperkonturen aufgelöst werden, „Somatolyse" (wörtlich: Körperauflösung).

Der Wiedehopfgesang ist ein meist dreisilbiges, recht weittragendes „upupu", das man vor allem nach der Ankunft aus dem Winterquartier im April und Anfang Mai hört. Wenn die Gesangsaktivität in der zweiten Maihälfte stark abebbt, sind die Vögel trotz der markanten Gefiederzeichnung sehr unauffällig. Ein gutes Vorgehen ist es dann, sich an vielversprechenden Stellen, beispielsweise in Tälern des Kaiserstuhls, an einem Punkt mit guter Übersicht zu postieren und geduldig nach fliegenden Vögeln Ausschau zu halten. Während der Nestlingszeit der Jungen sieht man Altvögel mit großer Regelmäßigkeit zwischen den Nist- und Nahrungsplätzen wechseln. Wiedehopfe sind Höhlenbrüter. Sie nehmen Astlöcher, verlassene Spechthöhlen, Mauerspalten, Felsröhren, Erdlöcher, Steinhaufen und auch Nistkästen an.

Nachdem der Bestand in Deutschland stetig rückläufig war, lässt sich in den letzten Jahren wieder eine erfreulich positive Bestandsentwicklung beobachten. Gute Wiedehopf-Beobachtungsstellen sind der Kaiserstuhl in Baden-Württemberg, die Kleine Schorfheide, die Neuenhagener Oderhalbinsel im Oderbruch, die Döberitzer Heide bei Berlin, der ehemalige Truppenübungsplatz Heidehof, der Polder Krockrowsberg im Spreewald und die Reicherskreuzer Heide, alle jeweils in Brandenburg.

Racken – *Coraciidae*

erinnern an Häher – farbenprächtig mit überwiegend blauer Färbung – kräftige Schnäbel – kurze Beine – stehen oft exponiert auf Ansitzwarten – die meisten Arten in den Tropen – Höhlenbrüter in Erd- oder Baumhöhlen: Nesthocker – auf Großinsekten angewiesen – in Mitteuropa sehr selten – Weitstreckenzieher

Blauracken (links) sind Höhlenbrüter. Sie nehmen alte Gebäude, Erdlöcher, aber auch Nistkästen an.

Racken sind mittelgroße, sehr farbenprächtige Vögel mit relativ großem Kopf, großem, kräftigem, kurzem, breitem Schnabel, breiten Flügeln und krähenähnlicher Gestalt. Es sind Vögel offener Landschaften, die gerne auf exponierten Warten stehen. Die meisten Arten der Familie leben in den Tropen Asiens und Afrikas, nur Blauracken kommen auch in Mitteleuropa vor. Sie sind in Deutschland sehr selten und keine Brutvögel mehr. Die auffällige Färbung macht eine Verwechslung mit anderen Arten unwahrscheinlich. Die meisten Rackenarten sind überwiegend blau gefärbt und haben auffallende Flügelmuster. Das Verhalten ähnelt dem der Würger (s. S. 451 ff.). Auch sie erbeuten Nahrungstiere von Sitzwarten am Boden aus. Die Flugweise der Racken ist kraftvoll und direkt, mit etwas hastigen, unregelmäßigen Flügelschlägen. Racken sind wie die verwandten Eisvögel und Bienenfresser Höhlenbrüter. Sie nehmen in erster Linie Höhlungen in Bäumen oder Mauern an.

Racken sind meistens als Einzeltiere unterwegs und nur wenig gesellig. Die Geschlechter sind gleich, mit wenig jahreszeitlicher Variation. Rufe und Gesänge sind rau und wenig melodisch.

Im Flug kommen die verschiedenen blauen Schattierungen der **Blauracke** besonders zur Geltung.

Eisvögel – *Alcedinidae*

kleine bis große, sehr gedrungene Vögel – großer Kopf – langer, dolchförmiger Schnabel – kurze Beine – oft auffällig bunte Färbung – viele, vor allem tropisch verbreitete Arten ernähren sich von Fischen – Ansitzjäger mit stoßtauchender Jagdstrategie – graben Höhlen in Steilwände, oft an Gewässern: Nesthocker – Standvögel oder Kurzstreckenzieher

Im Bild ein **Eisvogelmännchen**, Weibchen haben einen rötlichen Unterschnabel.

Eisvögel sind kleine bis mittelgroße, oft sehr bunte Vögel. Typisch ist die blaue Farbgebung, die durch Strukturfarben entsteht, die also nicht von Pigmenten, sondern durch Mikrostrukturen in den Federn und der dadurch erzeugten Lichtbrechung entstehen. Bei allen weltweit rund neunzig Arten ist der Kopf groß und mit einem im Verhältnis zum Körper mächtigen Schnabel ausgestattet. Die Beine sind sehr kurz, da sich Eisvögel fast nur fliegend fortbewegen. Die Füße sind 'syndaktyl', was bedeutet, dass die vorderen Zehen nahezu auf ganzer Länge zusammengewachsen sind. Oft kann man die Geschlechter unterscheiden, so ist der Unterschnabel der einzigen bei uns heimischen Art, dem Eisvogel, beim Männchen schwarz und beim Weibchen rotorange. Eisvögel brüten in Höhlen, die sie meistens eigenständig in Erdwände graben. Nicht alle Eisvogelarten sind wie "unser" Eisvogel Fischjäger. Es gibt auch waldbewohnende Kleintierjäger. Die größte Vielfalt gibt es in Afrika, Asien und Australien.

Trotz der großen Farbenpracht sind **Eisvögel** im Schatten unter einem überhängenden Busch sitzend wenig auffällig. Die Farben kommen erst im Sonnenlicht richtig zur Geltung.

Spinte – *Meropidae*

farbenprächtige, schlanke, höchstens amselgroße Vögel – mittlere Steuerfedern oft verlängert – fangen geschickt mit langem, leicht nach unten gebogenem Schnabel Fluginsekten – brüten einzeln oder öfter in Kolonien in selbst gegrabenen Höhlen in Steilwänden oder offenen Bodenstellen: Nesthocker – in Europa nur eine Art, der Bienenfresser, dieser vor allem in tropischen Breiten verbreiteten Vogelfamilie

Spinte sind farbenprächtige, mittelgroße Vögel von schlanker Gestalt mit langen, dünnen, leicht gebogenen Schnäbeln, verlängerten mittleren Steuerfedern und spitzen Flügeln. Die meisten Arten leben in den Tropen der Alten Welt.

Alle Arten sind Insektenfresser, die Fluginsekten im Flug jagen, entweder in schwalbenähnlicher Manier oder durch Ansitzjagd von exponierten Warten.

Spinte sind Kolonie- und Höhlenbrüter, die selbstgegrabene Höhlen in Steilböschungen nutzen. Auch wenn Bienenfresser sehr hoch fliegen, verraten sie ihre charakteristischen Flugrufe. Die Geschlechter sind gleich gefärbt. Der schlanke Körperbau und die lebhaften Farben machen eine Verwechslung der Spinte mit anderen Vögeln unwahrscheinlich. Bei uns kommt nur eine Art vor: der **Bienenfresser**, hier im Bild.

Bienenfresser beobachten

Dass man Bienenfresser in Deutschland beobachten kann, ist nicht selbstverständlich. Erst 1990 wurden Baden-Württemberg und Sachsen-Anhalt, nach einigen Anläufen in den Siebzigerjahren und Anfang der Achtzigerjahre, wieder dauerhaft besiedelt. Bienenfresser sind klimatisch sehr anspruchsvoll und kommen in Deutschland nur in wärmebegünstigten Gegenden vor. So ist es nicht verwunderlich, dass neben dem Kaiserstuhl vor allem das im Regenschatten des Harzes liegende Saaletal vom Bienenfresser besiedelt wird. Man findet die bunten Vögel dort in einem schmalen Korridor von fast 120 km Länge und 20 km Breite. Besonders häufig sind Bienenfresser im Landkreis Salzland und im östlichen Saalekreis. Aus den wenigen Brutpaaren von 1990 sind derzeit über 1.000 Brutpaare geworden.

Bienenfresser erscheinen frühestens Anfang Mai, die meisten jedoch erst Ende Mai in den Brutgebieten Sachsen-Anhalts. Typische Brutorte sind nicht mehr genutzte Kiesgruben und ehemalige Tagebaugebiete. Wichtige Lebensraumbestandteile sind Brachflächen, kleine Feldgehölze, alte Obstbäume, Robiniengehölze sowie freie Sitzplätze auf Freileitungen und Drahtzäunen. Oft sind die Kolonien sehr klein. Die Eier werden nach dem Graben der bis zu zwei Meter langen Brutröhren Anfang bis Mitte Juni gelegt. Während der dreiwöchigen Brutzeit sind die Vögel sehr heimlich und nur frühmorgens einigermaßen zuverlässig zu beobachten. Erst ab der dritten Fütterungswoche werden die Bienenfresser wieder auffälliger. In der Hauptfütterungsperiode, Ende Juli, hat man zwischen 7 und 11 Uhr und ab 15 Uhr gute Chancen, die Vögel zu sehen. Jedoch auch in dieser Zeit sind Fütterungspausen von einer Stunde nicht selten. Nach vier Wochen, Ende Juli/Anfang August, fliegen die Jungen aus, verbleiben aber noch einige Tage in unmittelbarer Kolonienähe und werden intensiv gefüttert. Kurze Zeit später werden dann zentrale Sammelplätze aufgesucht. Mitte September haben die Bienenfresser Sachsen-Anhalt im Normalfall wieder verlassen.

Die beste Beobachtungszeit ist zwischen dem Beginn der intensiven Fütterungsaktivitäten ab Mitte Juli bis kurz nach dem Ausfliegen der Jungen Ende Juli bis Anfang August und dann Mitte August an den Sammelplätzen. Der Ruf, ein weich rollendes „prrüt“, ist sehr einprägsam und weit hörbar. Er wird typischerweise im Flug geäußert und hilft bei der Suche. Brutgebiete und Sammelplätze von Bienenfressern sind der Nordrand des Geiseltals und der Salzige See, beides in Sachsen-Anhalt. Weiterhin kann es sich lohnen, im Landkreis Bernburg geeignete Strukturen abzusuchen. An vielen Stellen Deutschlands haben sich mittlerweile kleine Bienenfresserkolonien etabliert. Die Art ist ein echter Gewinner des Klimawandels.

Spechte – Picidae

sperlings- bis krähengroß – baumbewohnend – kräftiger Meißelschnabel zum Bearbeiten von Rinde und Holz – Stützschwanz mit verstärkten Federschäften zum Abstützen am Holz – kurze Beine – Wendezehe zum Festkrallen an Rinde – viele Arten Trommeln bei der Balz – Höhlenbrüter in zumeist selbstgemeißelten Höhlen: Nesthocker – die meisten Arten sind Standvögel oder Kurzstreckenzieher

An diesem männlichen **Buntspecht**, rechts im Bild, sind die für die Familie typischen Merkmale gut zu erkennen: Kräftiger Schnabel, kurze Beine mit kräftigen Füßen mit Wendezehe zum Festhalten am Holz und Stützschwanz mit steifen Federschäften.

Spechte sind eine allgemein bekannte Familie mittelgroßer Waldvögel mit kräftigem, dolchförmigem Schnabel und langer, weit vorstreckbarer Zunge, die an das Erbeuten von holzbewohnenden Insekten angepasst sind. Die Kombination aus kräftigen Füßen und steifen Steuerfedern erlaubt müheloses Auf- und Abwärtsklettern an senkrechten Baumstämmen. Der Flug der Spechte ist ausgeprägt wellenförmig, beinahe hüpfend. Auf einige Flügelschläge, die den Körper schräg aufwärtsrichten, folgt jeweils eine kurze bogenförmige Gleitphase. Eine Ausnahme bilden Schwarzspechte. Sie fliegen krähenartig mit durchgehenden Flügelschlägen in gerader Linie. Die meisten Arten sind einzelgängerisch und territorial.

Im Frühjahr verraten die meisten Arten ihre Anwesenheit durch rhythmisches Hämmern auf morsche, hohle Äste oder Stämme, das als „Trommeln" bekannt ist. Die Arten lassen sich an Tempo, Dauer sowie Tempo- und Lautstärkenänderung des Trommelns unterscheiden. Alle Arten nisten in Baumhöhlen, die sie größtenteils selbst zimmern. Somit gehören sie zu den wichtigsten Baumeistern von Höhlen im Wald und sind für andere Höhlenbrüter, wie Kleiber, Meisen oder Hohltauben, ungemein wichtig.

Verwechslungen mit anderen Vogelfamilien sind sehr unwahrscheinlich. Zwar sind die Kleiberarten ebenfalls Stammkletterer, aber bis auf Kleinspechte deutlich kleiner sowie oberseits und auf dem Scheitel grau gefärbt, außerdem fehlt ihnen das komplexe schwarz-weiße Muster aller kleinen Spechte. Eine Verwechslung mit Baumläufern, die ebenfalls Stammkletterer sind, ist wegen deren geringer Größe, Tarnfärbung und des schwach abwärts gekrümmten Schnabels sehr unwahrscheinlich.

Ein junger **Grauspecht** schaut aus der Bruthöhle. Spechte zimmern zum Teil jedes Jahr neue Höhlen. Sie sind die wichtigsten Höhlenbauer in mitteleuropäischen Wäldern, wovon viele weitere Höhlenbrüter, wie Meisen und Kleiber, profitieren. Der Bau einer Bruthöhle dauert ein bis zwei Wochen, ist also energieaufwendig. Vorteile sind, dass die Höhlen weitgehend frei von Nestlingsparasiten und trocken sind, beides bedeutende Todesursachen für Jungvögel anderer Arten. Zudem sind die Jungen gut vor Feinden geschützt: die Höhlen sind so tief in den Stamm gewölbt, dass Habicht oder Baummarder nicht hinuntergreifen können.

Die heimischen Spechte lassen sich in zwei Gruppen untergliedern: Vornehmlich schwarz-weiß gefärbte Arten mit kleineren Rot- oder Gelbanteilen (zum Beispiel Dreizehenspecht) und hauptsächlich grüngelblich gefärbte Arten.

WEISSRÜCKENSPECHT, Männchen

BLUTSPECHT, juvenil

BLUTSPECHT, Männchen

BUNTSPECHT, Männchen

BUNTSPECHT, juvenil

KLEINSPECHT, Männchen

‚bunte Spechte‘ Weibchen

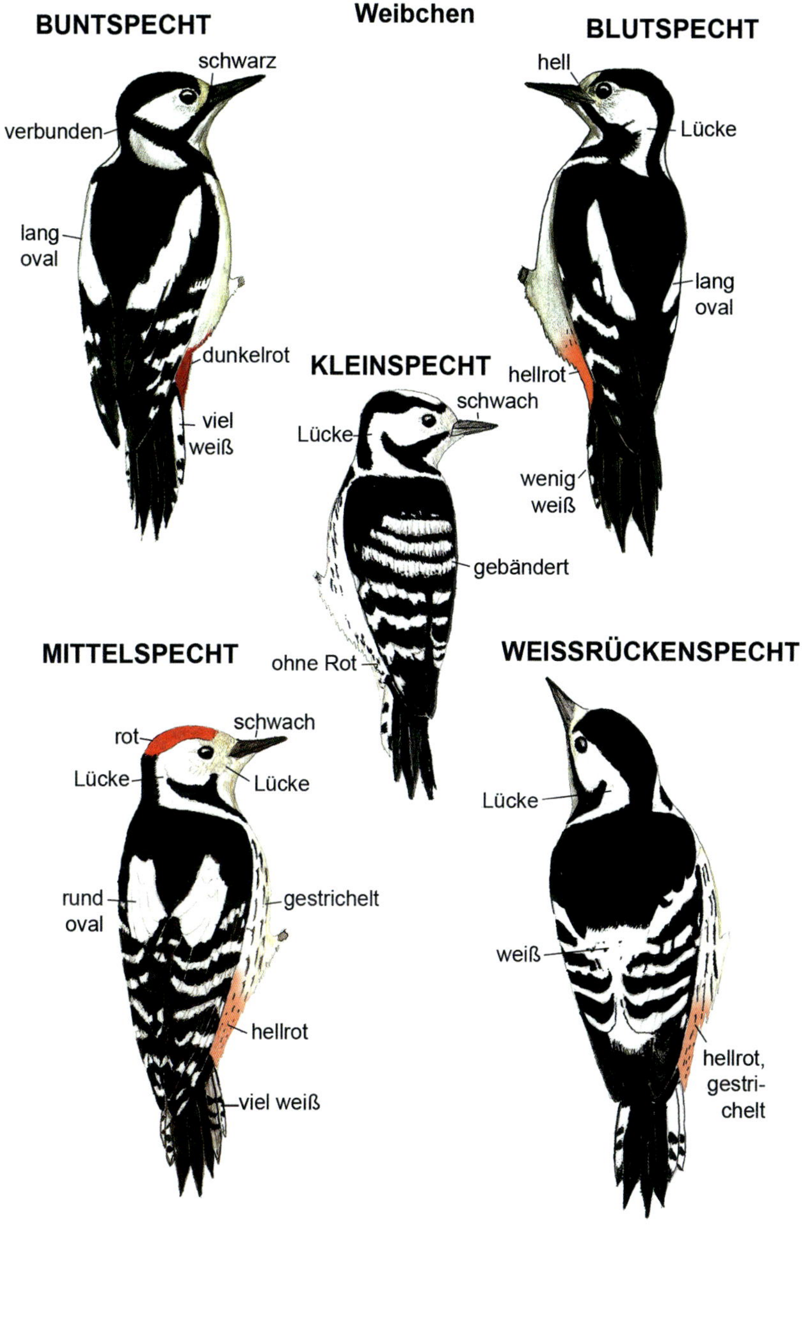

Letztere sind durch Grün- und Grauspecht vertreten, die insbesondere Ameisen am Boden suchen und deshalb auch als „Erdspechte" bezeichnet werden. Daneben sind die kleinen rindenfarbenen Wendehälse „Sonderlinge" in der Gruppe der Spechte.

Die Vielfalt der schwarz-weiß gezeichneten bunten Spechte kann für Anfänger sehr verwirrend sein. Allseits bekannt sind wohl Buntspechte, die viele Gärten besuchen und in jeder Waldstruktur zu finden sind. Auch Blutspechte kommen in Gärten vor, allerdings findet man sie nur in Südosteuropa. In Mitteleuropa kann man sie am ehesten im Osten Österreichs finden, beispielsweise im Burgenland oder in der Slowakei. Mittelspechte sind an raue Rindenstrukturen gebunden. Man findet diese Spechtart bei uns vor allem in tieferen Lagen im Zusammenhang mit alten Eichen. In Auwäldern erreichen sie besonders hohe Dichten, fehlen aber stellenweise auch völlig. Ebenfalls in Auwäldern sowie in alten Gärten und strukturreichen Wäldern sind Kleinspechte zu Hause, sie bevorzugen schwaches Totholz. Kleinspechte sind weit verbreitet, aber oft nicht häufig. Weißrückenspechte besiedeln sehr totholzreiche Bergmischwälder. Man findet sie bei uns in geringer Dichte in den Alpen und im Bayerischen Wald.

Dreizehenspechte, rechts im Bild ein Männchen, sind bei uns wie Weißrückenspechte ebenfalls vor allem Bewohner von Bergwäldern: Sie besiedeln die Alpen, den Schwarzwald und den Bayerischen Wald. Als Borkenkäferspezialisten findet man sie im Umfeld frisch absterbender Fichten. Im Gegensatz zu den häufigen Buntspechten zeigen Dreizehenspechte kein Rot im Gefieder. Das Männchen ziert eine gelbe Kopfplatte. Die Kopfplatte des Weibchens ist dicht weiß gestrichelt. Der Rücken ist bei beiden Geschlechtern weiß. In unseren Bergwäldern ist demnach nicht jeder abfliegende „Weißrückenspecht" ein echter Weißrückenspecht.

Der **Schwarzspecht** ist unsere größte Spechtart. Das hier abgebildete Männchen unterscheidet sich vom Weibchen durch seine durchgehend rote Kopfplatte. Beim Weibchen beschränkt sich das Rot auf den Hinterscheitel. Dieses geschlechtsspezifische Merkmal ist bereits bei Jungvögeln ausgeprägt. Verwechslungsgefahr besteht höchstens mit

Krähen, da Schwarzspechte keinen wellenförmigen Flug zeigen, wie die übrigen heimischen Spechte, sondern in gerader Linie mit ruhigen, tief ausholenden Flügelschlägen unterwegs sind. Auffällig ist jedoch der elfenbeinfarbene Schnabel. Schwarzspechte bauen recht große Höhlen, die für Arten wie Hohltaube und Raufußkauz von Bedeutung sind.

Fraßspuren eines Schwarzspechtes an einer Fichte.

Schwarzspechte bevorzugen ältere Laub- und Mischwälder mit alten Buchen oder Nadelhochwald, meist in größeren Waldgebieten. In Mitteleuropa sind Schwarzspechte weit verbreitet und oft nicht selten. Gelegentlich findet man im Wald an der Stammbasis länglich aufgemeißelte Fichten, die regelmäßig an Rotfäule leiden. Dies sind typische Fraßspuren von Schwarzspechten, die Rossameisennester ausnehmen, die im Kernholz der Fichte siedeln.

Grauspechte sind eher selten und in Mitteleuropa vorwiegend im Süden zu finden. Sie besiedeln Laub- und Nadelwälder, gerne mit vielen Lichtungen, Waldrändern, Auwald und Parks, außerhalb der Brutzeit auch Gärten und baumbestandene Feuchtgebiete, wo sie zusammen mit Grünspechten vorkommen. Im Gebirge findet man Grauspechte in größeren Höhen als Grünspechte. Die weitverbreiteten und häufigeren Grünspechte bevorzugen tendenziell offenere Gehölzsituationen, wie Waldränder und Lichtungen, Haine, Streuobstwiesen, Parks, große Gärten, offenes Gelände mit eingestreuten Bäumen oder Weinberge. Grünspechte bevorzugen allgemein Laubwald.

Die bei uns leider seltenen **Wendehälse** (oben) fallen aus dem Schema der übrigen Spechte. Sie haben keinen Stützschwanz, sondern recht lange Steuerfedern, haben ein Tarngefieder und zimmern ihre Höhle nicht selbst. Zudem sind sie als einzige unserer heimischen Spechte ausgesprochene Weitstreckenzieher. Sie sind besonders auf Ameisen spezialisiert und bewohnen deshalb warme, nährstoffarme Gehölzränder und Gebüschlandschaften.

Falken – *Falconidae*

kleine bis mittelgroße Vögel – spitze Flügel – rasante Flugweise – große, meistens dunkle Augen – Ausbuchtung an der Schneidekante des Oberschnabels (Falkenzahn) zum Töten der Beute – brüten in alten Krähennestern, an Felsen und Gebäuden: Nesthocker – sowohl Weit- als auch Kurzstreckenzieher

Falken, hier ein **Sakerfalke**, sind aus der schon im Mittelalter traditionell betriebenen Falknerei allgemein bekannt. Sie bilden eine verhältnismäßig einheitliche Gruppe, die durch einen hakig nach unten gebogenen Oberschnabel mit einem sogenannten Falkenzahn, einer im vorderen Teil des Oberschnabels liegenden Zacke, gekennzeichnet sind. Diese Ausformung unterstützt den Biss in den Nacken beziehungsweise den Hinterschädel des Beutetieres, durch den dieses getötet wird.

Die Augen sind relativ groß, obwohl Falken tagaktiv sind. Die Iris ist meistens dunkel. Wie bei den meisten Greifvögeln ist die Befiederung der Unterschenkel zu sogenannten „Hosen" verlängert. Mit ihren fünfzehn Halswirbeln können Falken ihren Kopf um 180° drehen, das Blickfeld des Falken beträgt damit etwa 220°, ohne dass der Körper bewegt werden muss. Charakteristisch ist ein tränenartiger, dunkler, waagerechter Streif unter dem Auge, den fast alle Arten in unterschiedlicher Ausprägung aufweisen.

Falken sind weltweit verbreitet. In Mitteleuropa kommen Turmfalke, Rotfußfalke, Merlin, Baumfalke, Wanderfalke und Sakerfalke regelmäßig vor. Die den Turmfalken ähnlichen Rötelfalken, die man lokal noch häufig in einigen Mittelmeerländern findet, sind nach dem Erlöschen der letzten Population in der Steiermark in Mitteleuropa ausgestorben.

Falken haben charakteristische spitze und lange Flügel, die sie zu rasanten Verfolgungs- und Sturzflügen befähigen. **Turmfalken**, hier ein Weibchen, sieht man hingegen oft rüttelnd über dem offenen Land in der Luft stehen. Sie werden daher im Volksmund „Rüttelfalke" genannt. An ihnen zeigt sich

schön, wie die Umweltsituation eine Verhaltensweise beeinflussen kann: Wenn sich kein Lüftchen regt, stehen sie fast senkrecht in der Luft. Die Flügelbewegungen sind tief ausholend und oft bricht der Vogel die kraftraubende Aktivität nach kurzer Zeit ab. Bei stärkerem Wind legen sie sich schräg gegen den Wind. Ihr Rütteln wird von kurzen Gleitphasen unterbrochen. Oft halten sie so recht lange von ihrer Luftwarte aus Ausschau. Bei kräftigem Wind schließlich können Turmfalken scheinbar mühelos minutenlang in der Luft stehen. Dabei werden unregelmäßige Luftströmungen durch leichte Flügel- und Schwanzbewegungen sowie durch den ungewöhnlich großen Vorflügel ausgeglichen. Der Körper wird fast waagerecht gehalten. Besonders häufig ist das Rütteln in offenem Gelände mit wenigen oder fehlenden erhöhten Sitzgelegenheiten zu beobachten.

Unter den Falken befinden sich obligatorische Zugvögel und Standvögel. Zu Ersteren zählen die hier abgebildeten **Rotfußfalken**, die beispielsweise in den Steppengebieten Ungarns kolonieartig in Saatkrähennestern brüten und bei uns in kleiner und wechselnder Zahl auf dem Durchzug von Afrika in die osteuropäischen Brutgebiete vor allem im April/Mai beobachtet werden können. Bei den dunkelblaugrauen Männchen (links) fällt die rostrote Befiederung der roten Beine besonders auf. Bei den Weibchen (rechts) kontrastiert das dunkle Obergefieder mit dem orangebraunen Kopf und Untergefieder.

Vor allem junge **Rotfußfalken** (links) können leicht mit jungen **Baumfalken** (rechts) verwechselt werden. Bei juvenilen Baumfalken sind Kopf und die Gesichtsmaske dunkel, fast schwarz und nicht braun wie bei Rotfußfalken. Die Wachshaut und die Augenringe sind auffällig blaugrau und nicht gelb. Die mittleren Steuerfedern der Baumfalken sind einfarbig dunkelgrau und weisen nicht die Bänderung von Rotfußfalken auf. Zudem zeigen juvenile Rotfußfalken unterseits einen auffälligen schwärzlichen Flügelhinterrand, der jungen Baumfalken fehlt.

Baumfalken zählen zu den Weitstreckenziehern. Sie überwintern südlich der Sahara und sind bei uns zwischen April und September anzutreffen. Falken sind Breitfrontzieher, die in breiter Linie von Gibraltar bis Arabien quer über das Mittelmeer nach Afrika ziehen. Mit ihrem kräftigen Ruderflug können sie auch große Wasserflächen überwinden.

Baumfalken sind kleine schnittig-elegante Falken, deren auffälligstes Merkmal ihre rostroten „Hosen" sind. Baumfalken brüten spärlich in offenen, insektenreichen Landschaften, beispielsweise am Rand von Hochmooren, oder in lichten Kiefernwäldern in Krähennestern, wo sie Jagd auf Vögel und Fluginsekten machen.

Im Unterschied zu anderen Greifvögeln bauen Falken keine Nester. Sie brüten vielmehr in Nestern anderer Vogelarten oder in einfachen Mulden an Felswänden, auf Bäumen oder wie dieser **Turmfalke** in einem Eulenkasten in einer Scheune.

Neben der Ansitzjagd schlagen die meisten Falkenarten, wie dieser **Wanderfalke**, ihre Beute im aktiven Flug. Das Ziel wird über weite Strecken angeflogen und verfolgt. Zur Beute von Falken gehören je nach Größe und besonderer Anpassung der Art Säugetiere, Vögel, Reptilien, Amphibien und größere Insekten. Die Füße dienen, anders als bei Habichtartigen, nur zum Fang und Halten der Beute. Bei dem hier abgebildeten Wanderfalken können die angegriffenen Vögel nach einem Sturzflug jedoch so hart mit den Füßen und Krallen getroffen sein, dass sie bereits durch die Wucht des Aufpralls sterben. Wanderfalken gehören zu den wenigen Vogelarten, die fast den gesamten Globus besiedeln. Sie sind in erster Linie Felsbrüter und bewohnen vor allem gebirgige Landschaften aller Art sowie Steilküsten. In den letzten Jahrzehnten hat die Art, nachdem sie sehr selten geworden war, in vielen Teilen des Verbreitungsgebietes auch Städte und Industrieanlagen mit ihren zahlreichen „Kunstfelsen", also Gebäuden, besiedelt. Wanderfalken sind hoch spezialisierte Vogeljäger; ihre Nahrung besteht fast ausschließlich aus kleinen bis mittelgroßen Vögeln, die im freien Luftraum erjagt werden. Die spektakulären Sturzflüge aus großen Höhen bei der Jagd und die dabei erreichten hohen Geschwindigkeiten (mehr als 360 km/h sind belegt!), der durch das Insektizid DDT verursachte Bestandseinbruch und die anschließende Bestandserholung mit der Ansiedlung in vielen Städten haben den Wanderfalken zu einer der weltweit bekanntesten Vogelarten gemacht.

Vögel der Götter und Gehilfen des Menschen

Falken nehmen in der Mythologie vieler Völker einen festen Platz ein. In der ägyptischen Mythologie hat der Sonnengott Horus, der die finsteren Mächte besiegt, den Kopf eines Falken. Auch in der slawischen Mythologie ist der Falke (Sokol) eine Gestalt der Sonne und des Lichtes. In der nordischen Mythologie trägt die Göttin Freya ein Falkengewand, mit dem sie je nach Lesart wie ein Falke durch die Lüfte gleitet oder sich gar in einen solchen verwandelt. Bei den Kelten ist der Falke der Übermittler zwischen Diesseits und Jenseits. Die Helden in russischen Märchen verwandeln sich gerne in Falken, um schwierige Aufgaben zu bewältigen.

Falken werden seit alters her als sehr gute Jäger für die Beizjagd eingesetzt. Besonders geschätzte Arten sind der Gerfalke als die größte Falkenart und der auf der nächsten Seite abgebildete Sakerfalke, der sich besonders für die Jagd auf Bodenbeute eignet. In Nordamerika kommen vor allem Präriefalken zum Einsatz, da sie als besonders aggressive Jäger gelten. Die Beizjagd hat in früherer Zeit und teilweise auch heute noch wesentlich zur Bestandsgefährdung der Falken beigetragen, da viele der für die Beizjagd genutzten Vögel der Natur entnommen wurden. Besonders in arabischen Ländern ist der Besitz ausgefallener Falken nach wie vor ein Statussymbol. In Deutschland unterliegt die Beizjagd strengen Vorschriften. So benötigt man zur Ausführung einen Jagd- und Falknerschein.

Ein Sakerfalke bei der Beizjagd.

Um Falken mit besonders günstigen Jagdeigenschaften zu züchten, werden Großfalkenarten untereinander gekreuzt (künstliche Besamung), sodass Hybridfalken entstehen. Zu den beliebtesten Kreuzungsvarianten zählt die Hierofalkengruppe, Gerfalke gekreuzt mit Lannerfalke, aber auch Sakerfalke gekreuzt mit Wanderfalkenhybrid. Entkommt ein Hybridvogel aus der menschlichen Obhut, kann er das Balz- und Brutgeschehen von Wildvögeln massiv stören. Auch wenn viele Hybriden steril sind, so können Hybriden bestimmter Großfalkenarten doch fortpflanzungsfähig sein. Somit entsteht eine unerwünschte Faunenverfälschung. In Mitteleuropa steht man Hybridfalken deshalb auch auf Falknerseite mittlerweile sehr kritisch gegenüber. Manche der Hybridfalken sind kaum mehr von artreinen Individuen zu unterscheiden und so muss die Bestimmung so mancher interessanter Großfalken mit dem Status „Großfalke spec." enden. Zuweilen lassen sich entflohene Falken an ihrem Geschirr, wie zum Beispiel Lederbändern an den Füßen, erkennen.

Verwechslungsmöglichkeiten bestehen vor allem mit anderen Großfalken, die bei uns jedoch sehr selten und oft Gefangenschaftsflüchtlinge sind. Für Wanderfalken typisch sind der kräftige, fördernde Flug und die kompakte Gestalt mit dem kurzen abgerundeten Schwanz, den breiten Armschwingenbasen und dem kräftig gebauten Körper.

Merline sind kleine, kompakte Vogeljäger aus dem hohen Norden, die bei uns meistens in geringer Zahl überwintern. Die Art bewohnt offene und halboffene Landschaften in weiten Teilen der nördlichen Nordhalbkugel (Holarktis). Die deutsche Bezeichnung Merlin leitet sich aus dem mittelhochdeutschen „Smirlin" bzw. aus dem lateinischen Begriff „smerillus" ab, was Zwergfalke bedeutet. Auf Isländisch und Französisch heißt er noch „Smyrill" beziehungsweise „Smyril". Das Männchen ist mit einer Körperlänge von 25 bis 30 cm und einer Spannweite von etwa 60 cm nur wenig größer als eine Misteldrossel. Das adulte Männchen, hier im Bild, ist oberseits schiefergrau, der Nacken roströtlich. Die Unterseite ist hingegen hell isabell- bis rostfarben und weist eine dunkle Längsfleckung auf. Der graue Schwanz hat eine schwarze Endbinde. Weibchen sind wie bei allen Falken deutlich größer als die Männchen und erreichen knapp 70 cm Spannweite. Oberseits sind Weibchen dunkelbraun, während die Unterseite weiß mit dunklen Längsflecken ist. Der Schwanz ist kräftig dunkel gebändert.

Merline können am ehesten mit Sperbern verwechselt werden, denen sie in Größe und oberflächlicher Erscheinung ähneln. Jedoch haben Merline die spitzflügelige kompakte Falkenform, die sie von Sperbern auch auf große Distanz unterscheidet. Hoch kreisende Merline kann man mit Wanderfalken verwechseln, beide ähneln sich in ihrer Kompaktheit.

Papageien – *Psittacidae*

kräftige, kurze, gekrümmte Oberschnäbel – grüne Gefiederfärbungen sind häufig – klettern geschickt mit zwei nach vorne und zwei nach hinten gerichteten Zehen – die meisten Arten tropisch oder subtropisch verbreitet – in Mitteleuropa sind Halsbandsittich, Alexandersittich und Gelbstirnamazone neben zahlreichen weiteren sporadisch auftretenden Gefangenschaftsflüchtlingen meistens in Städten etabliert – Höhlenbrüter: Nesthocker – Standvögel

Die Gruppe der Papageien ist allseits bekannt, sie umfasst erstaunliche 352 Arten und ist in erster Linie in den Tropen und Subtropen beheimatet. Die Körpergrößen reichen von Kleinvogel- bis Fasanengröße. Allen gemein ist ein relativ großer Kopf, ein kurzer Hals sowie ein gekrümmter und meist kräftiger Schnabel, in dem eine komplexe Zungen- und Kiefermuskulatur arbeiten. Der vergrößerte Oberschnabel ist durch ein Gelenk nach oben beweglich. Die Beine sind kurz, die vierte Zehe zeigt nach hinten und wirkt zusammen mit der dritten Zehe der ersten und zweiten entgegen (Zygodactylie), ähnlich wie die Finger zum Daumen. Mit dieser Zange lässt es sich gut klettern, wozu auch der Schnabel eingesetzt wird.

Bis auf wenige Ausnahmen handelt es sich bei Papageien um Höhlenbrüter; in der Regel, wie bei dem hier abgebildeten **Halsbandsittich**, brütet nur das Weibchen. Die nesthockenden Jungen werden aus dem Kropf gefüttert. Die Mehrzahl der Arten ist sehr gesellig.

Papageien in Deutschland

Ob man es nun als Faunenverfälschung, als farbenprächtige Bereicherung der heimischen Avifauna oder als Kennzeichen zunehmender Urbanisierung ansieht: Papageien gehören in einigen klimatisch begünstigten deutschen Städten zum festen Bestandteil der Vogelwelt.

Halsbandsittich

Halsbandsittiche sind in Deutschland die am weitesten verbreitete Art. Größere Populationen existieren unter anderem in Düsseldorf, Köln, Bonn, Mainz, Wiesbaden, Worms, Ludwigshafen, Mannheim, Neckarhausen und Heidelberg. 2019 wurde der deutschlandweite Brutbestand auf 1.700–2.500 Paare geschätzt. Alle Halsbandsittiche, bis auf die brütenden Vögel, übernachten jeweils an einem gemeinsamen Schlafplatz, der oft über Jahre konstant ist. In Ludwigshafen liegt er an der Brunckstraße, die am BASF-Gelände entlangführt, zwischen dem Tor 5 der BASF und dem ALDI in der Eschenbachstraße. Der Bestand umfasst Hunderte Tiere. Die Halsbandsittiche treffen in der Dämmerung ein, je nach Jahreszeit leicht unterschiedlich. Im Winter rund fünfzehn Minuten nach, im Sommer circa dreißig Minuten vor Sonnenuntergang. Als Langschläfer verlassen sie den Schlafplatz oft erst eine Stunde nach Sonnenaufgang. Halsbandsittiche ruhen um den Mittag bis weit in den Nachmittag hinein und sind dann nur schwer zu finden.

Weitere sehr gute Beobachtungsplätze sind das Freigelände des Zoos in Köln und der Rheinpark in Köln-Deutz, der Schlosspark Biebrich in Wiesbaden (in beiden Städten auch Große Alexandersittiche), der zeitweise über Tausend Tiere umfassende Schlafplatz am Hafen von Schierstein, der kostenfreie Teil des Luisenparks in Mannheim und das Altenheim an der Mönchshofstraße in Heidelberg (Nistkästen, Fassadenbruten).

In Köln und Mainz/Wiesbaden haben sich zwei Populationen des sehr ähnlichen **Großen Alexandersittichs** (rechts) etabliert, die zusammen einige Hundert Tiere umfassen dürften. Sie sind im Flug an den rötlichen kleinen Armdecken zu erkennen.

In Stuttgart gibt es seit 1984 freilebende **Gelbkopfamazonen**. Ein Tier unbekannter Herkunft suchte im Stuttgarter Zoo „Wilhelma" Kontakt zu den im Käfig gehaltenen Artgenossen und wurde daraufhin von Tierpflegern gefüttert. Diese ließen im Frühsommer 1985 einen Partner für das einsame Tier frei. Heute leben über vierzig „wilde" Gelbkopfamazonen unter anderem auf dem Zoogelände und im angrenzenden Rosensteinpark. Sie brüten in Asthöhlen von Platanen, beispielsweise im Zoo und in der beeindruckenden Platanenallee der unteren Anlagen des Rosensteinparks. Gelbkopfamazonen verhalten sich sehr heimlich und können daher nur schwer im Laub erspäht werden.

Würger – *Laniidae*

kräftige Singvögel – hakenförmig gekrümmte Oberschnabelspitze – langer Schwanz – oft dunkle Maske – greifvogelähnliches Verhalten: fangen von einer Warte aus Insekten und kleine Wirbeltiere – regelmäßig werden Beutetiere auf Dornen gespießt bzw. in Astgabeln geklemmt – bauen Freinester in Bäumen und Gebüschen: Nesthocker – Zugvögel: Weitstreckenzieher

Würger sind ungesellige, mittelgroße, kräftige Singvögel offener Landschaften. Die zum Teil sehr melodischen Gesänge hört man selten. Eher findet man sie prominent auf einem Pfahl oder einer Buschspitze stehend und von dort über ihr Territorium wachend. Typisch sind der große Kopf und der lange Schwanz. Ihre kräftigen Schnäbel besitzen am Oberschnabel einen Haken, der zur Bearbeitung der tierischen Nahrung dient. Die kräftigen Füße sind klauenbewehrt und werden zum Festhalten der Beute genutzt. Ihre Unterseiten sind bis zur Kehle weißlich, was schon von Weitem auffällt und der energiesparenden Revierverteidigung dient. Typisch sind dunkle Federränder auf der Unterseite, die bei manchen Arten und Kleidern ein typisches Schuppenmuster bilden. Von ihren Ansitzen unternehmen sie Jagdflüge auf ihre Beute, welche die eigene Körpergröße erreichen kann und in erster Linie aus Mäusen, Kleinvögeln, Reptilien und Großinsekten besteht.

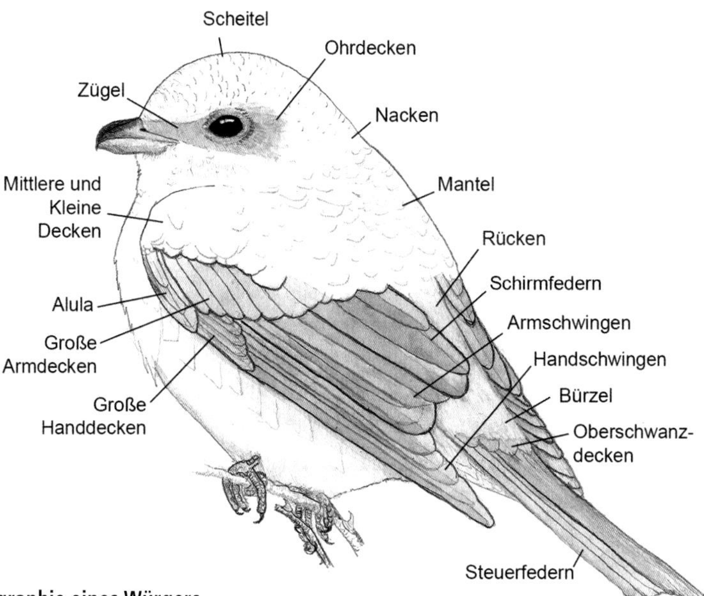

Topographie eines Würgers

Der Flug der Würger, hier ein **Rotkopfwürger**, ist oft niedrig, in langen Wellen mit Aufwärtsschwung auf die Sitzwarte, wobei die weißen Abzeichen in Flügel und Schwanz aufblitzen. Bei zu starker Annäherung lassen sich Würger senkrecht von ihrer Sitzwarte fallen, um dann niedrig über den Boden in langen Wellen fliegend zu entschwinden.

Würger, hier ein **Neuntötermännchen**, legen Nahrungsvorräte an, indem sie ihre Beutetiere auf Dornen oder Stacheldraht aufspießen. Eine Eigenschaft, die der Familie den wenig schmeichelhaften deutschen Namen eingebracht hat. Das Aufspießen erleichtert zudem die Bearbeitung der Beute, denn für größere Beute reicht die Kraft der Beine als Gegendruck nicht aus. Insekten werden erst dann aufgespießt, wenn der Vogel satt ist. Sie sind an Regentagen oder in den frühen Morgenstunden, wenn nur wenige Insekten aktiv sind, eine willkommene Nahrung. Das Aufspießverhalten ist angeboren, muss jedoch in den Feinheiten erst trainiert werden. Man hat junge Neuntöter beobachtet, die in ihrer Unerfahrenheit zarte Beute an den Dornen zerreißen oder sich in die Mundhöhle stechen. Erst nach dem 13. bis 19. Tag nach dem Ausfliegen haben die jungen Neuntöter das Aufspießen vollständig erlernt. Wegen des schwierigen Nahrungserwerbes werden junge Würger auffallend lange betreut.

Bei vielen Würgerarten sind die Geschlechter gleich gefärbt, nicht so jedoch bei der bei uns häufigsten Art, dem **Neuntöter**. Hier sind die Männchen deutlich klarer und mit kräftigeren Farben gezeichnet. Weibchen (links) zeigen sich hingegen eher in Brauntönen mit einer kräftig geschuppt wirkenden Unterseite.

Einstmals weitverbreitet, sind **Raubwürger** in vielen Gegenden nur noch Wintergäste aus nördlicheren Regionen. Für den Rückgang sind keine klimatischen Ursachen verantwortlich, sondern ausschließlich Landschaftsveränderungen. Hierzu zählen Entwässerungen von Mooren, Verlust von Heiden beispielsweise durch Wiederaufforstung, Intensivierung der Grünlandnutzung, Umwandlung von Extensivgrünland in Ackerland und Ausräumung der Landschaft. Man findet Raubwürger bei uns vorwiegend auf Moor- und Heideflächen mit Baumgruppen und in weiter Feldflur. Bei den kräftig gebauten Raubwürgern sind beide Geschlechter gleich. Die Art zeigt sich besonders bei sonnigem Wetter, bei dem die Tiere oft prominent auf einer Buschspitze stehen und weiß von der Sonne angeleuchtet werden, ihr Revier allein durch ihre weithin strahlende Präsenz verteidigend.

Im Mittelmeerraum trifft man auf die hier vielerorts nicht seltenen **Rotkopfwürger**. Einstmals brütete diese hübsche Art auch in Südwestdeutschland, verschwand jedoch aufgrund von Lebensraumzerstörungen. Man fand sie bei uns vor allem in Obstgärten, angrenzend an Offenland, und bevorzugt in warmen Gegenden, wo es genügend Großinsekten gab.

Pirole – *Oriolidae*

drosselähnliche größere Singvögel – bei den meisten Arten Männchen gelblich oder rot gefärbt, Weibchen eher grünlich – die meisten Arten in Afrika und Südostasien – in Europa nur eine Art, der Pirol – Napfförmige Nester in Astgabel: Nesthocker – Zugvögel: Weitstreckenzieher

Pirole sind eine vor allem in den Tropen Asiens und Afrikas verbreitete Familie mittelgroßer, drosselähnlicher, schlanker, oft sehr farbenprächtiger (gelb, schwarz, grün, braun, rot), waldbewohnender Vögel. Sie besitzen kurze, kräftige, leicht abwärts gebogene Schnäbel, kräftige Beine und lange, spitze Flügel. Weibchen sind weniger farbig gezeichnet als die Männchen und oft unterseits gestrichelt. Ihr Flug ist kräftig, fördernd und geht in langen Wellen vonstatten. Pirole ernähren sich vor allem von Früchten und Insekten. Ihre Gesänge sind vielfältig, pfeifend und kurz, während ihre Rufe krächzend klingen.

Pirole brüten bei uns in Auwäldern. Sie sind spät heimkehrende Langstreckenzieher, die den Winter in Afrika verbringen. Die Erstankunft liegt in Süddeutschland Anfang Mai. Das Pirolnest wird kunstvoll in einer Astgabel geflochten und ausschließlich von den Weibchen gebaut. Die ersten Fäden werden mit Speichel angeklebt. Das Außennest besteht aus Bastfasern, Schnüren, Schafwolle, Gespinsten aller Art, Stofffetzen, Grashalmen, Birkenrinde oder Moos. Dieses Nistmaterial wird aus bis zu 2 km Entfernung eingeflogen. In einigen (Au-) Waldgebieten sind die melodischen Pfiffe oft zu hören, die Urheber bekommt man trotz der auffälligen Färbung jedoch nur mit Mühe zu Gesicht.

Pirole im ersten Sommer zeigen eine deutliche Strichelung auf den Flanken und der Brust. Sie verhalten sich unauffällig und können am wahrscheinlichsten über ihre rätschenden, rauen, heiseren „wjääehk"-Rufe wahrgenommen werden.

Krähenverwandte – *Corvidae*

mittlere bis sehr große Singvögel – viele Arten mit großem Kopf und kräftigem Schnabel – Krähen und Dohlen schwarz, Elstern und Häher mit farbigen Federanteilen – Nahrungsspezialisten unter den Hähern, übrige Arten eher Allesfresser – etliche Arten leben in Dauerehe und sind gesellig – erstaunlich lernfähig – brüten in selbst gebauten Nestern in Gehölzen, an Felswänden und an Gebäuden – Standvögel und Kurzstreckenzieher

Krähenverwandte sind eine vielgestaltige Gruppe mittelgroßer bis sehr großer Singvögel. Kolkraben sind die größten Singvögel überhaupt. Viele Arten sind sehr intelligent und anpassungsfähig. In unserer Region gibt es zwei Gruppen. Zum einen die mehrfarbigen Häher und Elstern und zum anderen die einheitlich schwärzlichen Arten der Gattungen *Corvus* und *Pyrrhocorax*. Allen Arten ist ein recht kräftiger, oft langer Schnabel gemeinsam, oft mit angedeutetem Hakenschnabel. Die Nasenlöcher sind bei den meisten Arten von borstigen Federn bedeckt. Der Flug ist oft kräftig, geradlinig und lässig mit bedächtigen Flügelschlägen. Alpendohlen sind beispielsweise wahre Flugakrobaten, während kurzflügelige Arten wie Eichelhäher eher flapsig fliegen. Viele Arten sind Allesfresser, die sich sowohl von tierischer als auch pflanzlicher Kost ernähren. Einige Arten, wie Kolkrabe, Raben- und Nebelkrähe, verschmähen auch Aas und Abfälle nicht. Andere Krähenverwandte, wie Eichel- und Tannenhäher, sind an den Verzehr selbst gesammelter Nüsse angepasst. Viele Arten sind gesellig, besonders bei der Nahrungssuche und am Schlafplatz; zum Beispiel sind Saatkrähen und Dohlen Koloniebrüter. Rabenvögel sind monogam und oft lebenslang verpaart.

Kolkraben besiedeln große Waldgebiete, Gebirge und Küstenklippen, während man Rabenkrähen in Gehölzen, offener Kulturlandschaft, sonstigen offenen Landschaften, Dörfern, Parks und Städten findet. Saatkrähen suchen ihre Nahrung am Boden in der Kulturlandschaft. Im Gegensatz zu Kolkraben, die gerne auch auf Felsen nisten, und Rabenkrähen, die einzelne Baumnester errichten, brüten Saatkrähen in großen Kolonien auf Baumnestern, gerne in menschlicher Nähe, aber nicht immer zur Freude der Anwohner. Generell bieten nur die schwarzen Rabenvögel Bestimmungsprobleme.

Rabenkrähen entsprechen in der Größe etwa Saatkrähen und sind somit deutlich kleiner als Kolkraben. Im Vergleich zu jungen Saatkrähen ist der Schnabel kräftiger, stumpfer und an der Spitze deutlich abwärts gebogen.

KOLKRABE
sehr kräftig
keilförmig
RABENKRÄHE
kräftig
gleich-mäßig breit
eckig
Handflügel rund
DOHLE
einfarbig grau
kurz
grau
rund
lang-flügelig
spitz
grau
Basis schmal
SAATKRÄHE
rund

Nebelkrähen bilden mit Rabenkrähen eine Superspezies. Die beiden Arten hybridisieren so oft, dass sie bis vor wenigen Jahren als eine Art, die Aaskrähe, geführt wurden. Die Verbreitungsgrenze zwischen beiden Arten verläuft ungefähr entlang der Elbe.

Die Abbildung auf der vorherigen Seite zeigt dunkle Rabenvögel im Flug:Kolkraben haben eine sehr charakteristische Flugsilhouette. Die Flügel sind lang und im Handflügel eher schmal und lang. Die Halspartie steht weit hervor. Der kräftige Schnabel ist auch im Flug gut zu erkennen. Das Schwanzende ist keilförmig. Im Streckenflug sind die Flügelschläge entspannt, tief, elastisch und sehr fördernd. Dabei wird der Handflügel nach hinten abgewinkelt. Gleitend halten sie die Flügel waagerecht oder leicht gesenkt. Dabei lassen sie regelmäßig ihr weit hallendes, raues, kehliges „krok-krok-krok" hören.

Rabenkrähen sehen Saatkrähen im Flug sehr ähnlich. Sie fliegen etwas lässiger, die Flügel sind ein wenig kürzer und breiter und zudem gleichmäßig breit. Das Schwanzende ist stumpf gerundet, nicht keilförmig. Kolkraben wirken deutlich langflügeliger und der Kopf steht bei Rabenkrähen weniger hervor als bei Kolkraben. Rabenvögel haben im Spätsommer sehr auffällige Mauserlücken, welche die Kontur völlig verändern können. Typisch ist, wie hier auf dem Bild, ein an der Basis eingeschnürt wirkender Handflügel, der dadurch entsteht, dass die Mauser am inneren Handflügel beginnt und sich zur Flügelspitze hin fortsetzt.

Die Flügelschläge der Saatkrähen sind tiefer und elastischer als die der Rabenkrähen, das Schwanzende ist mehr gerundet, fast keilförmig. Der Handflügel ist im Durchschnitt länger mit einer schmaleren Flügelspitze und der Flügelansatz ist schmaler als bei Rabenkrähen.

Im Flug unterscheiden sich Dohlen von Krähen durch schnellere, tiefere Flügelschläge und durch proportional etwas längere, an der Spitze rundere und schlankere Flügel. Der kurze Hals und der kurze Schnabel geben ihnen ein sehr kompaktes Aussehen. In der Gruppe fliegen Dohlen dichter beieinander als Rabenkrähen.

Junge Rabenvögel haben einen etwas weniger kräftigen Schnabel als die Altvögel. Bei der hier abgebildeten jungen **Rabenkrähe** sind zudem noch der bei allen Jungvögeln vorhandene geschwollene Schnabelwinkel und die aufgehellte Iris zu erkennen.

Adulte **Saatkrähen** sind mit ihrer unbefiederten weißen Hautpartie am Schnabelgrund unverkennbar. Die Stirn ist oft steiler als bei Rabenkrähen. Der Scheitel ist spitzer und der Nacken kürzer. Der helle Schnabelgrund bildet sich erst im Februar bis Mai des zweiten Kalenderjahres heraus. Bis dahin sollte man den Krähen genau auf den Schnabel sehen: Der First ist gerade und gleichmäßiger verjüngt und die Schnabelspitze ist schlanker als bei Rabenkrähen. Auch das heisere, hohe, lang gezogene „kraah" unterscheidet sich deutlich von dem hart rollenden, krächzenden „krra krra krra" der Rabenkrähen.

Die Schnäbel von **Kolkraben** sind sehr kräftig. Auffällig ist auch die zottig abstehende Kehlbefiederung, die aussieht, als wäre sie mit Haargel gestriegelt. Kolkraben leben oft über Jahre mit demselben Partner verpaart. Man sieht sie eher einzeln oder als Paar als in Gruppen.

Links: **Dohlen** brüten oft in unmittelbarer Nähe zum Menschen, in allen möglichen Höhlungen wie etwa Schornsteinen, Mauerlöchern, aber auch in Baumhöhlen alter Laubbäume. Oft sieht man sie paarweise beieinandersitzen, gerne auch in Gruppen. Im Winter mischen sie sich oft unter Saatkrähen. Die kleinere Größe, die gedrungene Gestalt, der graue Nacken, die helle Iris, der proportional kleinere Schnabel und die typischen „kjä"- oder „kjak"-Rufe unterscheiden sie von ihren größeren Verwandten.

Rechts: **Alpendohlen** brüten nur in hohen unzugänglichen Lagen im Gebirge. Hier trifft man sie auf der Nahrungssuche an Skihütten, Gasthäusern und Almhütten, wo sie erstaunlich zutraulich sind und nicht selten aus der Hand fressen. Alpendohlen sind sehr gesellig, rastlos und wirbeln häufig in dichten Trupps akrobatisch um die Gipfel.

Alpenkrähen kommen mit rund 50 Brutpaaren in den Schweizer Alpen vor. Sie sind Alpendohlen ähnlich, aber neben den anderen Körperproportionen gut an den scharlachroten langen Schnäbeln zu unterscheiden.

Ihre besondere Intelligenz hilft Rabenvögeln, versteckte Dinge wiederzufinden. Auf diese Weise können sie große Vorräte anlegen. Ein ganz besonderes Gedächtnistraining betreiben **Eichelhäher** (rechts): Bis zu zwölf Eicheln können sie in ihrem äußerst dehnbaren Kropf transportieren. Diese verstecken sie in selbst gehackten Erdlöchern, die anschließend wieder mit Laub und Erde bedeckt werden. Dabei achten sie darauf, ungesehen zu bleiben, um das Versteck nicht zu verraten. So werden jeden Herbst Tausende Eicheln vergraben. Da sie nicht alle Verstecke wieder ausfindig machen, tragen Eichelhäher zur Verjüngung der Eichen bei.

Was Eichelhäher für die Eichen leisten, vollbringen **Tannenhäher** für Zirben. Die attraktiven Rabenvögel, die durch ihre weittragenden, gedehnten, rollenden und oft mehrfach wiederholten „krrrrrreh"-Rufe auf sich aufmerksam machen, sind sowohl in den Alpen und einigen Mittelgebirgen als auch im südlichen Skandinavien und Baltikum verbreitet. Man spricht von einem disjunkten, also unzusammenhängenden Verbreitungsgebiet.

Auch bei **Elstern** ist das Ortsgedächtnis besonders ausgeprägt. Sie können sogar ihr Spiegelbild erkennen. In Versuchen fingen sie an, auf dem Spiegelbild entdeckte Verschmutzungen an sich zu beseitigen!

Seidenschwänze – *Bombycillidae*

in Größe, Gestalt und Flugbild an Stare erinnernd – seidiges Gefieder mit auffälliger Federhaube – sehr gesellig – ernähren sich von Beeren und Früchten – in Europa nur eine Art – Kurzstreckenzieher, in Invasionsjahren in Massen große Distanzen ziehend

Seidenschwänze sind staren- bis drosselgroße Früchte-, Beeren- und Wirbellosenfresser mit kurzem, kräftigem Schnabel sowie langen, gestuften Schwänzen und spitzen Flügeln. Es handelt sich generell um sehr gesellige Vögel, die auch im Sommer kein Revier verteidigen. Die Geschlechter sind meistens gleich gefärbt.

Bei uns tritt nur eine Art auf: der **Seidenschwanz**.

Invasionsvögel

Die in der Taigazone Nordskandinaviens bis Nordamerikas brütenden **Seidenschwänze** kommen in geringer Zahl alljährlich im Winterhalbjahr nach Mitteleuropa. Dann ist es schon ein Glück, so einen winterlichen Seidenschwanztrupp unter sirrenden Rufen in einen Beerenstrauch einfallen zu sehen. Alle paar Jahre kommt es zu Masseneinwanderungen nach Mitteleuropa und darüber hinaus zu sogenannten Invasionen. Der Auslöser dieser Wanderungen liegt wohl in einem sich verknappenden Nahrungsangebot in den traditionellen Überwinterungsgebieten begründet. Dabei stimulieren wahrscheinlich einzelne ziehende Trupps auch andere Vögel, die nicht direkt mit einer Nahrungsknappheit konfrontiert sind. In solchen Jahren kann man Seidenschwänze in Gruppen bis zu mehreren Hundert dicht gedrängt auf Bäumen und sogar Hausantennen sitzend erleben. Sie sind nicht besonders scheu, womöglich, weil sie den Menschen nicht als Feind kennen. Bei einer solchen Gelegenheit kann man auch die Funktion ihres Verdauungsapparates bestaunen, der recht zügig die nicht verwertbaren Nahrungsteile, beispielsweise von Misteln, in Gestalt langer, wässriger, weißlicher Kotfäden mit kleinen Blasen ausscheidet. Das hat in manchen Gegenden zu einer Massenvermehrung von auf Bäumen schmarotzenden Misteln geführt.

Da man in früheren Jahrhunderten dazu neigte, Naturphänomene in Zusammenhang mit Ereignissen der Geschichte zu bringen, und Invasionsjahre der **Seidenschwänze** wohl wiederholt zufällig mit der Pest zusammenfielen, nannte man sie zuweilen „Pestvogel". Der englische Name „Waxwing" bezieht sich hingegen auf die roten wachsartigen Verlängerungen der Armschwingen. Diese Hornplättchen fallen zusammen mit den gelb gerandeten Handschwingen am sitzenden Vogel ins Auge und prägen mit dem seidigen, in sanften Übergängen rot-braun-grau gefärbten Gefieder und der buschigen Federhaube das typische Erscheinungsbild des Seidenschwanzes. Wie es zu dem deutschen Namen kam, ist jedem klar, der diese hübschen Vögel einmal aus der Nähe gesehen hat.

Seidenschwänze nehmen mit ihrer in den Mägen leicht gärenden Nahrung größere Mengen Alkohol auf, den sie allerdings recht zügig verstoffwechseln können. Wie die Drosselvögel besitzen sie ein Enzym, das Alkohol 14-mal schneller abbaut als beim Menschen. Zudem ist ihre Leber doppelt so groß wie bei anderen Vogelarten vergleichbarer Größe. So können sie trotz des hohen Alkoholpegels noch bemerkenswerte Formationsflüge ausführen.

Meisen – *Paridae*

kleine, kompakte Singvögel – kräftige Beine – kurze, robuste Schnäbel – Flügel kurz und abgerundet – Gehölzbewohner: bewegen sich gewandt im Astwerk – Höhlenbrüter: Nesthocker – Standvögel oder Kurzstreckenzieher

Meisen zählen zu den am leichtesten zugänglichen Arten, da einige Arten die häufigsten unserer Vogelwelt sind, sie um Haus und Hof regelmäßig brüten und nach Nahrung suchen und nicht zuletzt, weil sie fleißige und oft wenig scheue Futterstellenbesucher sind. Viele Meisen sind auffällig gefärbt und können leicht bestimmt werden. Die Familie besteht aus kleinen, agilen, keck wirkenden, großköpfigen Vögeln mit kurzen kräftigen Schnäbeln und Beinen. Viele Arten ernähren sich von Insekten, sind aber allgemein vielfältig und lernfähig, nutzen im Winter auch Samen, Nüsse und Beeren. Sie sind überwiegend Standvögel oder Kurzstreckenzieher. Meisen bevorzugen Gehölze, worauf auch ihre kurzen runden Flügel hinweisen. Diese machen sie im Astwerk sehr manövrierfähig, eignen sich jedoch wenig für weite Zugstrecken. Ihre Flugweise ist etwas kraftlos, wenig fördernd, ruckartig, wellenförmig und besonders charakteristisch bei Blaumeisen ausgeprägt. Sie suchen gleichermaßen im Astwerk, an Stämmen, in Büschen und seltener am Boden nach Nahrung. Ihre kräftigen Beine machen sie zu geschickten Kletterern. Oft sieht man sie kopfüber an Ästen hängend oder auf ihre Nahrung einpickend, während sie sie in den Füßen festhalten.

Meisen sind sehr gesellig, oft in kleinen Familiengruppen unterwegs, im Winter in gemischten Trupps, denen sich andere nicht näher verwandte Arten, wie Kleiber oder Kleinspechte, anschließen. Meisengesänge kündigen schon im Spätwinter das Frühjahr an und sind sehr laut und weittragend, oft einfach strukturiert, aber bei einigen Arten wie der Kohlmeise sehr vielfältig.

Alle Meisen wie die hier abgebildete **Tannenmeise** sind Höhlenbrüter und deshalb besonders häufig in alten Wäldern. Gerne werden auch Nistkästen angenommen. Nur wenige Arten, wie Weidenmeisen, sind in der Lage, sich in weichem Substrat angefangener Spechthöhlen oder morscher Baumstümpfe eigene Höhlen zu zimmern.

Eine junge **Blaumeise** beim Sonnenbad, die Oberschwanzdecken und Bürzelfedern werden weit abgespreizt, damit Wärme und UV-Strahlung möglichst viele Feder- und Hautparasiten dezimiert. Junge Meisen tragen wenige Wochen nach dem Ausfliegen ein matteres Kleid, dem die strahlenden Farben der Altvögel noch fehlen.

Die Geschlechter der meisten Meisenarten sind einander recht ähnlich und nur bei wenigen Arten einfach zu unterscheiden. Bei der **Kohlmeise** ist das am einfachsten, denn das Männchen (links) besitzt im Gegensatz zum Weibchen (rechts) einen breiten Bauchstreif. Es gibt keine jahreszeitliche Variation im Gefieder.

Tannenmeisen gehören in den Nadelwäldern Mitteleuropas zu den häufigsten Vogelarten. Oberflächlich betrachtet ähneln sie mit dem bleigrauen Mantel und der braunweißen Unterseite einer zierlicheren, ausgeblichenen Version der Kohlmeise. Das charakteristischste Feldkennzeichen ist neben der blassen Färbung der im Vergleich zu Kohlmeisen deutlich größere weiße Nackenfleck. Oft wird man auf den kleinen Vogel erst durch sein hoch von den Baumwipfeln aus vorgetragenes „wize wize wize" aufmerksam.

Blaumeisen sind sehr gewandte Zweigturner, die gerne kopfüber nach Nahrung suchen. Kaum eine andere Meisenart geht auch die Meisenknödel derart konsequent hängend von unten an. Im Frühjahr, bevor die Insekten in größerer Masse überall erscheinen, behelfen sich Blaumeisen gerne mit Pollen und Insekten früh blühender Bäume wie den Weiden. Sie können mit ihren winzigen Schnäbeln empfindlich zwicken, was jeder Vogelberinger bestätigen kann, und sich somit gegenüber gleich großen Konkurrenten erfolgreich durchsetzen. Gegenüber den größeren Kohlmeisen ziehen sie jedoch oft den Kürzeren. Deshalb treten sie nur bei reichlichem Höhlenangebot, wie in alten Wäldern, nachweisbar häufiger auf.

Haubenmeisen sind in unseren Nadelwäldern häufig, machen aber oft nur durch ihren hohen, trillernden Ruf auf sich aufmerksam, da sie sich die meiste Zeit im Kronenraum der Nadelbäume aufhalten.

Auf den zweiten Blick machbar: Die Unterscheidung von Sumpf- und Weidenmeise

Sumpf- und Weidenmeise sind verbreitete Jahresvögel, gerne in Laubwäldern und Weichholzauen, die Weidenmeise auch in den Bergwäldern. Beide Arten sind zwar von ihrer Gestalt her klassische Meisen, ihr Gefieder weicht aber sowohl hinsichtlich der graubraunen und cremefarbenen Tönung als auch im Fehlen jeglicher Zeichnung deutlich von Kohl-, Blau- und Tannenmeise ab. Nicht nur für Anfänger sehen sich beide Arten sehr ähnlich. Es handelt sich um ein klassisches Zwillingsartpaar, das sich erst im Laufe der Eiszeiten herausgebildet hat, als zwei Populationen der gleichen Art durch die Vergletscherungen voneinander getrennt wurden. Das einfachste Unterscheidungsmerkmal ist die Stimme. Sumpfmeisen rufen hoch und niesend „pitschu". Dagegen rufen Weidenmeisen laut, tief, lang gezogen und gequetscht scheltend „zi-däh-däh". Die Unterschiede im Gefieder sind weniger auffällig: Weidenmeisen sind etwas großköpfiger, dickhalsiger, haben einen größeren schwarzen Kinnfleck, reineres Weiß an den Halsseiten und eine weiter auf den Nacken ausgedehnte, mattschwarze Kopfplatte. Bei Sumpfmeisen ist die Kopfplatte hingegen glänzend, reicht im Nacken nicht so weit hinunter und der schwarze Kehlfleck ist kleiner und scharf abgegrenzt. Das markanteste Unterscheidungsmerkmal der Weidenmeisen zu den Sumpfmeisen sind die hellen Kanten der Armschwingen und Schirmfedern, die ein helles Feld bilden, das bei Sumpfmeisen höchstens im frischen Gefieder angedeutet ist. Zudem zeigen Weidenmeisen hellere Schwanzaußenkanten. Wer sie aus der Nähe beobachten kann, bestimmt Sumpfmeisen an dem hellen Fleck am Schnabelgrund. Als Meisen machen sie es dem Beobachter mit ihrer steten Unrast nicht leicht, diese Merkmale in Ruhe festzustellen.

Beutelmeisen – *Remizidae*

in Größe, Gestalt und Verhalten meisenähnlich – zarte, spitze Schnäbel – bauen kunstvolle hängende Beutelnester: Nesthocker – in Mitteleuropa nur eine Art – Zugvögel

Diese weltweit nur zehn Arten umfassende Familie besteht aus kleinen Vögeln mit kleinen, spitzen Schnäbeln. Die Nahrung wird gerne mit dem Fuß gehalten und zum Schnabel geführt. Auf der Nahrungssuche sieht man Beutelmeisen regelmäßig kopfüber hängend. Namensgebend für die Familie sind ihre auffälligen, großen, beutelartigen Nester aus filzigem Gewebe.

Beutelmeisen sind der einzige Vertreter ihrer Familie in Europa. Meistens wird man durch ihre lang gezogenen, hauchfeinen, sehr hohen Rufe auf sie aufmerksam. Sie sind in Mitteleuropa lückenhaft verbreitet und meistens wenig häufige Brut- und Sommervögel in Schilf- und Weidendickichten mit Erlen und Pappeln, gerne in der Nähe von Fluss- und Seeufern. Den Winter verbringen sie im nördlichen Teil des westlichen Mittelmeergebietes.

Neueinwanderer auf dem Rückzug: Beutelmeisen in Mitteleuropa

In Mitteleuropa waren Beutelmeisen ursprünglich nur im Osten zu finden. Seit 1930 besiedelten sie in mehreren, zum Teil sprunghaften Ausbreitungswellen auch das westliche Europa. Beutelmeisen haben offensichtlich von der zunehmenden Eutrophierung der Landschaft mit erhöhtem Nahrungsangebot, beispielsweise durch die Förderung der Mehligen Pflaumenblattlaus (*Hyalopterus pruni*) in nährstoffreichen Röhrichten, profitiert. Daneben entstanden zunehmend verbuschte Strukturen in Grünländern an Gewässerrändern oder durch Übergangsbiotope wie Kiesgruben. Schließlich werden die neu erschlossenen Überwinterungsgebiete im Westen des Verbreitungsgebietes mit geringer Wintersterblichkeit als Ausgangspunkt für Neuansiedlungen angenommen.

Die Hauptschübe der Ausbreitung erfolgten nach Phasen hoher Produktivität, also nach warmen Sommern. Danach besiedelten umherstreifende Jungvögel und auf dem Zug „hängengebliebene“ Altvögel neue Lebensräume.

Seit Anfang der 1990er-Jahre bewirkte ein geringer Bruterfolg, dass die Brutbestände in Mitteleuropa wieder zurückgehen. Der geringe Bruterfolg wurde ausgelöst durch niederschlagsreiche Sommer und den Rückgang der Blattlausnahrung, eine reduzierte Einwanderung aus den Kerngebieten im östlichen Mitteleuropa, abnehmende Gewässereutrophierung durch verbesserte Klärung der Abwässer und zunehmende Ansiedlung in der Nähe der Überwinterungsgebiete in Südwesteuropa.

Das Nest wird von **Beutelmeisen** an den äußersten Zweigen von Weiden, Pappeln, Birken oder ähnlichen Laubbäumen, gerne über dem Wasser, errichtet. Zunächst wickelt das Männchen Samenhaare von Pappeln und Weiden, aber auch Tierhaare und Bastfasern als Aufhängung um geeignete Äste. Anschließend verbindet es die Aufhängung zu einem Ring und baut das Nest zu einem Henkelkorb aus. Oft baut ein Männchen mehrere solcher Nester, die es dann bebalzt. Findet sich schließlich ein Weibchen ein, wird eines der Nester gemeinsam zum vollständig geschlossenen Beutel mit seitlichem Eingang ausgebaut. Zuweilen finden sich auch beide Partner gleichzeitig im Brutgebiet ein, was dem Männchen einigen Werbeaufwand erspart.

Jungen **Beutelmeisen** fehlt zunächst die charakterisierende schwarze Gesichtsmaske. Auch auf dem Zug im Herbst sind diese Vögel durch eine mattere Gefiederfärbung zu erkennen.

Bartmeisen – *Panuridae*

langschwänzig – kurzflügelig – kurze, kräftige Schnäbel – gesellig – besiedelt große Schilfbestände – baut Nest in Schilfbestände: Nesthocker – Teilzieher

Die Geschlechter sind bei **Bartmeisen** sehr verschieden. Nur Männchen (links) zeigen den charakteristischen Bart. Weibchen (rechts) haben keinen blaugrauen, sondern einen braunen Kopf. Jungvögel sind an den schwarzen Gefiederpartien im Zügel, am Rücken und im Schwanz zu erkennen.

Bartmeisen haben mit den zuvor beschriebenen echten Meisen bis auf ihre Bewegungsweise nicht viel gemeinsam. Sie sind die einzigen Vertreter ihrer Familie. Bartmeisen sind sehr charakteristische kleine, gesellige Schilfbewohner mit kurzen Flügeln und langem Schwanz. Ihr Gefieder ist weich und flaumig, die einzelnen Federn sind kaum als solche zu erkennen. Der schwirrende, geradlinige Flug führt in der Gruppe knapp über die Schilfhalme hinweg. Bartmeisen sind stets gesellig und halten durch kurze, metallische Fühlungslaute in dem Halmgewirr miteinander Kontakt.

Sie zu sehen, ist nicht immer einfach. Am besten man prägt sich zunächst die Rufe ein und versucht dann, in einem großen Schilfgebiet vom Weg aus die Rufe zu hören. Da Bartmeisen recht neugierig sind, verhilft das Klirren eines Schlüsselbundes zuweilen zur Sichtung der Schilfbewohner.

Bartmeisen bevorzugen große Schilfgebiete mit viel Altschilf, die ein Ausweichen bei Änderungen des Wasserstandes oder traditioneller Schilfmahd erlauben. Die quer liegenden Schilfhalme, die eine dichte Decke über dem Boden oder Wasser bilden, kommen der Wahl des Nistplatzes entgegen.

Bei hohen Siedlungsdichten und in harten Wintern weichen Bartmeisen in andere Schilfgebiete aus, eine Anpassung an den inselartig verteilten Lebensraum. In der Folge sind drastische Bestandsveränderungen mit sprunghaften Zunahmen und völligen Zusammenbrüchen in Abhängigkeit von Kältewintern und Bruterfolg typisch. Vor hundert Jahren waren in weiten Teilen Deutschlands und der Schweiz keine

Brutnachweise bekannt. Erst im Laufe der 1950er-Jahre etablierten sich in den neu entstandenen Polderschilfflächen in den Niederlanden sehr große Bartmeisenpopulationen, von denen jeweils im Herbst in der zweiten Hälfte des letzten Jahrhunderts Einflüge in die Schilfgebiete Mitteleuropas erfolgten. Zwar erloschen viele der neu gegründeten Populationen nach harten Wintern wieder, doch sind einige Gebiete wie die Schilfflächen des Bodensees seitdem kontinuierlich besiedelt.

Lerchen – *Alaudidae*

überwiegend unscheinbare, bräunlich gefärbte, kurzschwänzige Singvögel – lange Schirmfedern – lange Hinterkrallen – in offenen Landschaften – Bodenbrüter: Nesthocker – Zugvögel – außerhalb der Zugzeit regelmäßig in Gruppen – singen oft wohltönend und regelmäßig ausdauernd vorgetragen

Lerchen, wie diese **Feldlerche**, sind unscheinbar bräunlich gefärbt und stellen Einsteiger vor gewisse Bestimmungsprobleme. Sie können am wahrscheinlichsten mit den ähnlich gefärbten Piepern verwechselt werden. Diese sind jedoch schlanker, langbeiniger, langschwänziger, haben einen dünnen Schnabel und keine Haube. Lerchen findet man deutlich seltener auf Bäumen oder Drähten als Pieper, jedoch nutzen manche Arten, wie Heidelerchen, Büsche und Bäume als Singwarten.

Haubenlerchen sind typische Vertreter der Lerchen. Leider sind sie in Mitteleuropa selten geworden. Sie besiedeln bei uns offene ruderale Standorte wie Schutthalden, Siedlungsbrachflächen oder große landwirtschaftliche Güter. Da diese Strukturen in der Vergangenheit beseitigt oder "sauber" gestaltet wurden, finden Haubenlerchen überwiegend nur noch Ersatzhabitate, zum Beispiel in Gewerbegebieten mit großen, schütter bewachsenen Flachdächern.

Allgemein sind Lerchen kleine bis etwas größere, sich vor allem am Boden aufhaltende Vögel offener Landschaften. Sie suchen oft in geduckter Haltung am Boden nach Nahrung. Das oberflächlich betrachtet recht schlichte Gefieder ist bei vielen Arten überwiegend bräunlich und deutlich gestreift oder sandfarben und nur wenig gemustert. Wie Pieper und Stelzen haben Lerchen lange Schirmfedern, die im geschlossenen Flügel die Handschwingen vollständig bedecken und vor der intensiven UV-Strahlung im Offenland schützen. Nicht alle Arten zeigen eine so ausgeprägte Federhaube wie Haubenlerchen. Oftmals ist sie durch einen struppig aussehenden Hinterscheitel nur angedeutet. Aufgrund der Tarnfärbung und der häufig geduckten Haltung sind selbst große Lerchenansammlungen nur schwer am Boden zu entdecken.

Die meisten Arten sind außerhalb der Brutzeit gesellig und bilden dann zuweilen Schwärme, die auf Getreide- und Stoppelfeldern nach Nahrung suchen. Die hier abgebildeten **Feldlerchen** sind an ihren weißen Schwanzaußenkanten in Kombination mit den weißen Armflügelhinterrändern zu erkennen.

Lerchen legen ihre Nester am Boden an. Hier ein **Feldlerchennest**. Zwar sind sie gut getarnt, doch sind sie dann durch landwirtschaftliche Nutzung und hohe Raubsäugerdichten, wie Füchse und Hauskatzen, gefährdet.

Die Geschlechter der Lerchen unterscheiden sich in der Gefiederfärbung nicht. Junge Lerchen, wie die hier abgebildete **Heidelerche**, sehen während der ersten Wochen eher geschuppt oder gefleckt aus, lassen sich jedoch nach der Herbstmauser kaum mehr von den Altvögeln unterscheiden.

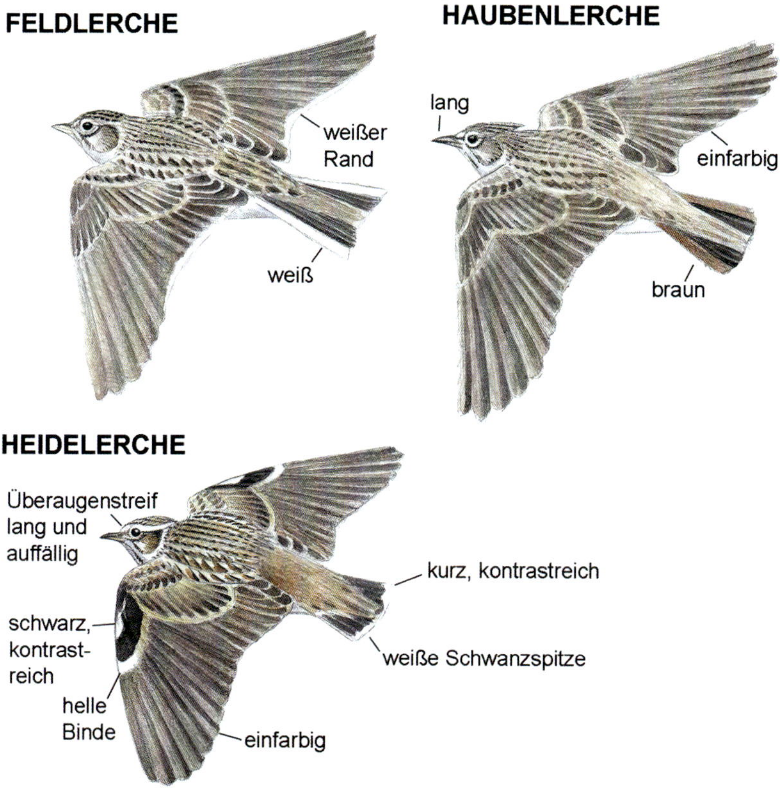

Im Flug wirken Lerchen recht breitflügelig und kurzschwänzig. Die Flugweise ist im Streckenflug etwas zögerlich und wellenförmig, aber durchaus fördernd. Im Gegensatz zu vielen anderen Singvögeln ziehen Lerchen sowohl tagsüber als auch nachts. Die meisten Lerchen haben abwechslungsreiche, wohltönende Gesänge, die vorwiegend im Flug vorgetragen werden. Auch die Kontaktlaute sind deutlich und werden vor allem im Flug und beim Auffliegen geäußert.

Im Offenland machen zwei Sänger auf sich aufmerksam: Ein in den Mooren und an den Küsten Norddeutschlands noch regelmäßig brütender Wiesenpieper und eine in vielen Kulturlandschaften noch verbreitete Feldlerche. Beide Arten steigen singend mehr oder weniger senkrecht vom Boden auf, doch lassen sich Wiesenpieper in rund zehn bis zwanzig Metern Höhe wieder singend fallschirmartig in eine schräge Bahn fallen. Feldlerchen singen zum Teil über viele Minuten lang und ausdauernd, in großer Höhe, scheinbar ohne Pause. Dabei steigen sie singend nahezu senkrecht auf und stehen schließlich am Himmel.

Ohrenlerchen sind unverkennbar. Sie brüten in Gebirgen oberhalb der Baumgrenze, auf alpinen Mooren und auf trockenem, steinigem Gelände in Skandinavien. Bei uns sind sie ausschließlich Wintergäste und hier vor allem an den Küsten zu finden. Dort bevorzugen sie Salzwiesen, besonders Quellerbestände an der Nordsee.

Schwalben – *Hirundidae*

grazile Singvögel – kurze, breite Schnäbel; optimiert für die Jagd nach Insekten im Luftraum – kurze Beine – spitze Flügel – oft gegabelte Schwänze – Flugweise im Vergleich zu Seglern eher flatternd, aber wendig und ausdauernd – häufig auf Leitungen sitzend – Höhlenbrüter in selbst gemörtelten oder in Steilwände gegrabenen Nestern: Nesthocker – ausgesprochene Zugvögel

Nur wenige Vogelgruppen dürften so in der Volksseele verankert sein wie die schnittigen, eleganten Schwalben, was nicht zuletzt darin begründet ist, dass die bei uns noch flächig verbreiteten Arten Rauch- und Mehlschwalbe menschliche Behausungen als Neststandorte wählen. Sie verbringen die meiste Zeit in der Luft, um fliegende Insekten zu fangen.

Diese adulte **Rauchschwalbe** zeigt die typische Körperform der Schwalben: Der Rumpf ist schmal, Hals und Schnabel sind kurz. Letzterer ist zum Zwecke der Insektenjagd breit und abgeflacht, sodass sich ein weiter Kescher bilden lässt. Die Beine sind sehr kurz, setzen weit hinten an und sind nicht dazu geeignet, lange Strecken zurückzulegen. Der Schwanz ist charakteristisch gegabelt, die äußersten Steuerfedern bei vielen Arten, wie auch bei Rauchschwalben, stark verlängert. Die Flügel sind lang und zugespitzt, um den schnellen, wendigen Flug zu ermöglichen.

Im Gegensatz zu den Seglern (s. S. 242), denen sie aufgrund der Anpassung an ihre Lebensweise zwar ähneln, mit denen sie aber nicht näher verwandt sind, setzen sich Schwalben auch frei auf Drähte und andere exponierte Warten. Schwalben, wie die hier abgebildeten **Rauchschwalben**, bilden kurz vor dem Wegzug und während des Zuges große Rastgemeinschaften. Besonders

Oberlandleitungen sind bei allen Arten beliebt. Oft kann man bei solchen Rastansammlungen mehrere Arten beobachten, was hier auch bequem möglich ist, weil die einzelnen Schwalben wie zum Vergleich in Reih und Glied nebeneinander aufgereiht sind.

Schwalben lassen sich durch ihre schlankere Gestalt, weniger sichelförmige Flügel, ihre mehr flatternde, weniger kraftvolle Flugweise und, im Falle von Rauch- und Rötelschwalben, durch lange äußere Steuerfedern von Seglern unterscheiden. Schwalben singen recht gedämpft und wenig vielseitig, mit rauen und gequetschten Tönen, im Tempo teilweise zwitschernd und lebendig, wie zum Beispiel die Rauchschwalben.

Die meisten Schwalbenarten, wie diese **Rauchschwalben**, nisten in oder an Gebäuden, in Höhlen oder an Felswänden. Die Geschlechter sind bei Schwalben gleich. Rauchschwalben bevorzugen das Innere von Gebäuden, gerne Viehställe, die bei schlechtem Wetter auch zusätzlich leicht verfügbare Nahrung in Form von Fliegen bereithalten. Viele Stallungen sind jedoch heute geschlossen, sodass den Schwalben auch hier ein Mangel entsteht. Rauchschwalben mörteln nach oben offene Näpfe aus Lehm und Halmen, in denen sie zwei bis drei Mal im Jahr vier bis fünf Junge großziehen.

Rauch- und Mehlschwalben oder die hier abgebildete **Felsenschwalbe** benötigen zum Bau ihrer Nester feuchten Lehm, den sie an Feldwegen mit dem Schnabel aufsammeln. Die Versiegelung der Böden durch Asphaltierung hat jedoch vielerorts dazu geführt, dass den Schwalben das Nistmaterial ausgeht, weshalb man sie in den Städten kaum noch antrifft. Felsenschwalben haben eine südeuropäische Verbreitung und erreichen uns im Alpenraum, wo sie an wärmebegünstigten Felswänden und vereinzelt auch in Gebäuden brüten.

Auch **Mehlschwalben** mörteln ihre Nester an Hauswände, nutzen im Gegensatz zu Rauchschwalben jedoch Außenwände, meistens unterhalb überhängender Dächer. Zudem sind die Nester bis auf ein Eingangsloch oben geschlossen. Oft findet man sie aneinandergereiht in Kolonien.

Uferschwalben sind kompakte Schwalben, die oberseits bräunlich gefärbt sind und ein auffälliges braunes Halsband haben. Ihre äußeren Steuerfedern sind nicht verlängert.

Uferschwalben sind ebenfalls Koloniebrüter. Sie graben sich rund 30 bis 70 cm tiefe Röhren in sandige Wände, die sie ursprünglich an Steilküsten und an Flussufern fanden. Dieser Lebensraum schwand jedoch im Zuge der Verbauung der Flüsse zusehends. Heute brüten viele Uferschwalben in Ton-, Sand- und Kiesgruben, die glücklicherweise weitverbreitet sind.

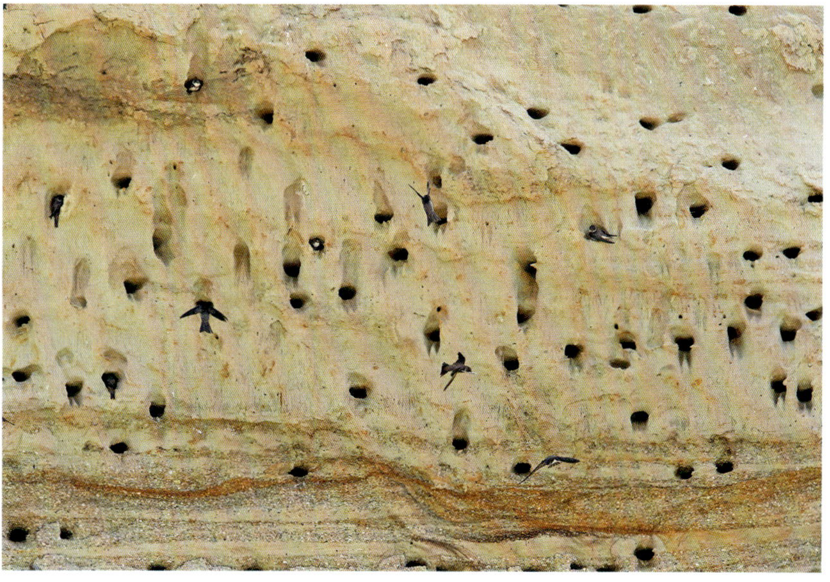

Man kann Uferschwalben leicht helfen, indem geeignete Abbruchkanten von Zeit zu Zeit erneuert werden und indem keine Koloniestandorte zur Brutzeit abgebaut werden.

Eine Schwalbe macht noch keinen Sommer

Diese auf Äsop (6. Jh. v. Chr.) zurückgehende und von Aristoteles aufgegriffene Redensart warnt davor, erste Anzeichen für das Eintreten des Sommers oder andere Begebenheiten zu nehmen. Der Heimzug der Rauchschwalben zieht sich in der Tat über mehrere Wochen hin, wobei sich Vögel aus den verschiedensten Regionen des riesigen Verbreitungsgebietes beobachten lassen. Selbst wenn die hiesigen Schwalben schon brüten, ziehen immer noch Vertreter nördlicher Populationen durch. Die lange Brutperiode der Schwalben führt immer wieder dazu, dass spät abziehende Trupps besonders im Alpenraum von Wintereinbrüchen überrascht werden. Die in der Folge entstehenden Bestandseinbrüche werden bald durch die hohe Reproduktionsrate wieder ausgeglichen. Viel dramatischer wirken sich intensive Massentierhaltung und fehlendes Brutmaterial sowie Nahrungsarmut in der ausgeräumten Landschaft aus.

Bei Schlechtwetter jagen Schwalben, wie diese Rauchschwalbe, oft massenhaft an größeren Gewässern knapp über der Wasseroberfläche nach Insekten.

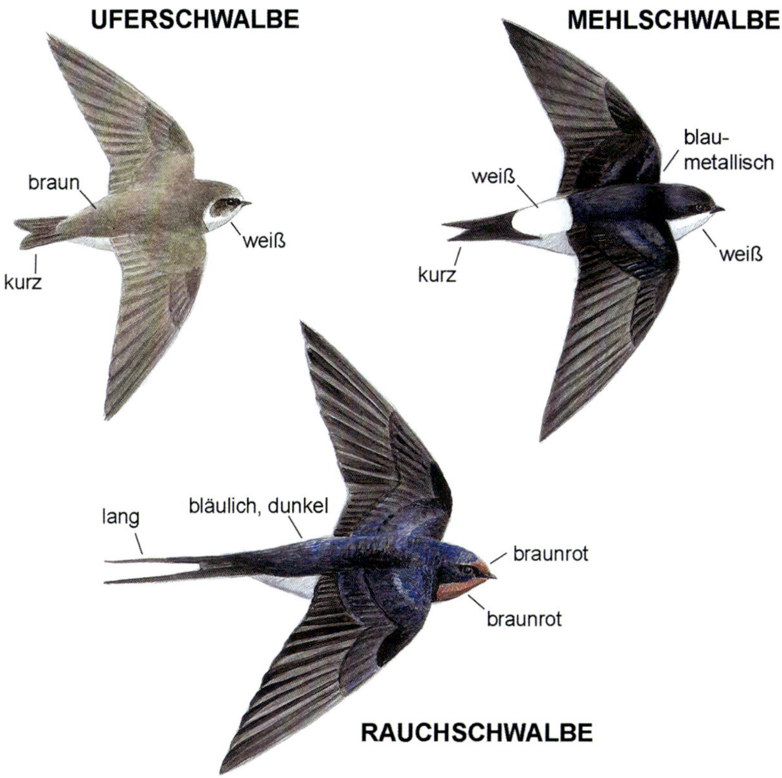

Die drei häufigsten Schwalbenarten unterscheiden sich durch Grundfärbung, Schwanzlänge, Bürzel- und Oberschwanz- sowie Kehl- und Brustfärbung.

Schwanzmeisen – *Aegithalidae*

kleine meisenartige Vögel mit sehr langen Schwänzen – kurze Flügel – kurze Schnäbel – wirken im Flug wie Kugel mit Stiel – Gehölzbewohner – bauen geschlossene, in Astwerk geflochtene Kugelnester: Nesthocker – oft in Gruppen – Standvögel oder Kurzstreckenzieher

Typisch für die Gruppe der **Schwanzmeisen** ist ein aufwendiger Nestbau. Das Nest wird außerordentlich stabil und sorgfältig gebaut und aus Spinnfäden, Flechten, Moos, dürren Grashalmen, Wolle und anderen feinen Materialen geflochten. Innen ist die Nestkugel mit einer dicken, mehrschichtigen Federpartie ausgekleidet. Bis zu 2.000 Einzelfedern, insbesondere aus dem Kleingefieder, das besonders gut isoliert, werden verbaut. An dem perfekt wärmeisolierten Nest werkeln die Vögel bis zu drei Wochen.

Schwanzmeisen sind sehr kleine, langschwänzige, gesellige Arten. Sie sind Insektenfresser mit sehr hohem Energiebedarf. Bei Kälte wird eine Insektenmenge, die mehr als 80 % des Körpergewichts ausmacht, pro Tag vertilgt. In Europa ist nur eine Art beheimatet: die Schwanzmeise.

Schwanzmeisen suchen ihre Nahrung überwiegend an äußeren Zweigspitzen, wo ihr langer Schwanz ihnen gleich einer Balancierstange Gleichgewicht verleiht.

Diese Region bleibt anderen Zweigsuchern unerschlossen, was Schwanzmeisen ihre Nahrungsressource sichert. Schwanzmeisen machen vor allem durch ihre Kontaktlaute auf sich aufmerksam. Außer zu Beginn der Brutzeit sind sie stets in kleinen Gruppen unterwegs, die sich gerne im Kronenraum aufhalten. Zwischen den Kronen wechseln sie im wenig fördernden, schwirrend ruckartigen Flug, bei dem sie wie Kugeln mit Stiel wirken.

Schwanzmeisen in Mitteleuropa (*A. c. europaeus*) haben typischerweise ausgeprägte dunkle Kopfseitenstreifen und altrosa-bräunlich gefärbte Flanken (links). Daneben treten regelmäßig weißköpfige Individuen auf (rechts). Diese ähneln der nordöstlichen Unterart *A. c. caudatus*, die Mitteleuropa nur selten erreicht. Es handelt sich um Übergänge zwischen beiden Formen, die daran zu erkennen sind, dass einzelne dunkle Federn an den Kopfseiten vorhanden sind, die Schirmfedern nicht breit weiß gerandet sind und dass die Flanken nicht reinweiß, wie bei *A. c. caudatus*, sind.

Laubsänger – *Phylloscopidae*

klein und agil – Schnabel und Beine dünn – Schwanz schmal und kurz – lebhaft und rastlos im Geäst – oberseits graugrün, unterseits weißlich – oft mit hellem Überaugenstreif – Stimmen zwischen den Arten deutlich unterschiedlich – brüten in Gehölzen, halten sich viel im Kronenraum auf – brüten am Boden: Nesthocker – Zugvögel: Lang- und Kurzstreckenzieher

Bei dieser Familie handelt es sich um sehr kleine, rastlose, meistens grünlich gefärbte, kurzschnäbelige Insektenfresser. Sie sind im Freiland schwer zu unterscheiden und stellen auch erfahrene Beobachter immer wieder vor Rätsel. Allerdings helfen die oftmals eindeutigen Gesänge und Rufe bei der Artbestimmung. Die Geschlechter sehen fast gleich aus. Die Nahrungssuche erfolgt im Kronenbereich und im äußeren Laubwerk, sodass man die kleinen Vögel oft über Kopf betrachten muss. Die Brut erfolgt in Bodennähe. Die Mehrzahl der über siebzig Arten brütet in Asien, sodass sich für Europa ein vergleichsweise übersichtliches Artenspektrum ergibt.

Die beiden häufigsten Arten sind Zilpzalp und Fitis. Der Gesang der Zilpzalpe ist ab dem zeitigen Frühjahr überall zu hören und durch das eintönig und zuweilen etwas unregelmäßig zusammengesetzt wirkende „zilp zalp zalp zilp zalp zilp zilp zalp ..." leicht zu merken. Dieser Meinung sind offenbar auch die Engländer, die dieser Art den Namen „Chiffchaff" gaben. Viel sprudelnder kommt der leicht wehmütige, buchfinkenähnlich beginnende, in hellen Tönen fließende und mit weichem, absterbendem Schnörkel endende Gesang des Fitis daher. Obwohl beide Arten auch nebeneinander vorkommen, bevorzugen Fitisse mehr lichtdurchflutete jüngere Gehölzstrukturen.

Brüten im Ofen

Zumindest die heimischen Laubsängerarten legen zur Jungenaufzucht in Bodennähe kugelige, nach oben geschlossene Nester mit Seiteneingang an, die immer wieder mit kleinen Backöfen verglichen werden. Die vier bis sechs Jungen der ersten Brut (die zweite Brut ist wie bei so vielen Singvögeln weniger umfangreich) werden mit kleinen Insekten, Insektenlarven und Spinnen versorgt. Obwohl sich zumindest Zilpzalpe im Frühjahr in Form von Pollen gerne an pflanzlicher Kost gütlich tun, halten sich die Laubsänger im Herbst, im Gegensatz zu den Drosselvögeln und Grasmücken, weitgehend von Beerenfrüchten fern.

Perfekt getarnt: das Nest eines Waldlaubsängerpaares.

Zilpzalp und Fitis optisch zu unterscheiden, ist ein anspruchsvolleres, wenn auch bei Weitem nicht unmögliches Unterfangen. Die Hauptschwierigkeit liegt in dem Erkennen der Merkmale, was durch die wespenartige Umtriebigkeit dieser ständig durchs Blattwerk wuselnden Insektenfresser erschwert wird. Häufiges Schwanzschlagen gibt einen ersten Hinweis, dass man einen Zilpzalp vor sich hat. Da Fitisse Langstreckenzieher sind, haben sie eine deutlich längere Handschwingenprojektion als Zilpzalpe, die im Mittelmeerraum oder in milderen Wintern auch in Mitteleuropa überwintern. Die Beinfarbe ist bei Fitissen heller und nicht schwarz oder dunkelbraun wie bei Zilpzalpen. Im Durchschnitt haben Fitisse einen längeren und deutlich helleren Überaugenstreif sowie dazu kontrastierend dunklere Zügel und Augenstreifen, sodass ein markanter Gesichtsausdruck entsteht. Direkt unter dem Auge ist das Gesicht eher hell statt gleich dunkel, wodurch die dunkle untere weiße Augenringhälfte bei Zilpzalpen hervorgehoben wird. Besonders im Herbst im frischen Gefieder erscheinen Fitisse mit sauberen, kräftigen Gelbtönen, während besonders junge Zilpzalpe mit unordentlich, dunkelolivgrünem Gefieder daherkommen. Wichtig ist, möglichst viele Merkmale zu erkennen, da die Einzelmerkmale nicht immer zur eindeutigen Bestimmung ausreichen. Die Rufe der beiden so ähnlichen Arten hören sich so ähnlich wie „huit" an und nach einiger Übung ist man auch in der Lage, die weichere zweisilbige Variante des Fitis herauszuhören.

FITIS
Überaugen- und Augenstreif deutlich
Handschwingenprojektion lang, etwa wie Schirmfederlänge
heller Wangenfleck
weicher Übergang hellgelber Färbung in weißliche Unterseite
meistens helle Beine
ZILPZALP
dunkle Wangen verstärken Augenring
Überaugenstreif blass
Handschwingenprojektion kurz, etwa Hälfte oder Zweidrittel der Schirmfederlänge
Flanken düsterer als Fitis
dunkel

BERGLAUBSÄNGER
Augenring und Zügel hell
Ohrdecken hell bräunlich
Oberseite braungrau
leuchtend grüner Bürzel
Handschwingen-projektion lang
seidenweiß
leuchtend gelblich-grüne Flügel vom matt gefärbten Gefieder abgehoben
WALDLAUBSÄNGER
breiter, zitronengelber Überaugenstreif und dunkler Augenstreif
deutlicher Augenstreif endet in dunklem „Haken“, Ohrdecken sauber gezeichnet
grün
helle Schirm-federsäume
Handschwingen-projektion lang
Kehle, Ohrdecken, Brustseiten hell zitronengelb
rein weiß
kurzschwänzig

Ab April machen Waldlaubsänger im hochstämmigen, schattigen, aber trotzdem recht offenen Laub- und Mischwald, vorzugsweise in unterholzarmen Buchenwäldern, durch ihren im Nähmaschinentakt schwirrend vorgetragenen Gesang auf sich aufmerksam. Der Gesang besteht aus einzelnen „zipp"-Lauten, die in ein sich beschleunigendes, metallisches Schwirren übergehen. Daneben wird ein klagendes, lang gezogenes „Tüh" geäußert, regelmäßig auch in einer intensiver werdenden Serie. Gelingt es, den Sänger, der sich oft im Kronenbereich aufhält, auszumachen, fällt die silberweiße Unterseite auf, die zur zitronengelben Kehle kontrastiert. Der Vogel hüpft gerne in etwas geduckter Haltung, wie eine Gartengrasmücke, durch das Geäst. Die breiten Schultern zusammen mit dem breiten, kurzen Schwanz und der langen Handschwingenprojektion lassen die Art von unten dreieckig erscheinen. Von oben wirken Waldlaubsänger satt grünlich. Der Überaugenstreif ist lang, kräftig zitronengelb und kontrastiert zu einem markant graugrünen Augenstreif.

In der Alpenregion trifft man besonders in lichten Kiefernbeständen, auf sonnigen Hängen oder in schottrigen Flussauen auf Berglaubsänger, die dem Waldlaubsänger etwas ähnlich sehen. Ihr Gesang ist ein unauffälliger, stotternder, kurzer, etwas lustlos dahinplätschernder Triller „tji tji tji tji tji", der etwas an den Grünfinken- oder Zaunammergesang erinnert. Das markanteste Merkmal ist der freundlich offene Gesichtsausdruck, der durch einen undeutlichen Überaugenstreif in Kombination mit einem blassen, hellen Zügel zustande kommt und in dessen blassem graubraunem Grundton die dunklen Knopfaugen deutlich hervortreten. Die Flügeldecken und Schwungfederränder bilden durch grüngelbe Ränder ein auffälliges Feld. Die Grundfärbung ist hellbraun-grau, die Unterseite einschließlich der Kehle ist weißlich. Dazu kontrastiert der grünliche Bürzelbereich. Die Beine sind hell wie bei Fitissen.

Rohrsängerverwandte – *Acrocephalidae*

Kleine, lebhafte, schlanke, meistens relativ einfarbige Singvögel mit flacher Stirn – komplexe Gesänge ausdauernd vorgetragen, bei manchen Arten mit Imitationen – bauen Freinester in Gebüsch, Hochstaudenfluren oder Schilf: Nesthocker – Weitstreckenzieher – zwei Gruppen: Rohrsänger und Spötter
Rohrsänger: Bewohner offener Feuchtgebiete – viele Arten in Schilfröhricht geschickt kletternd – oberseits braun, unterseits beige – einige Arten mit hellem Überaugenstreif – kein Weiß im Schwanz
Spötter: Wälder und Gebüsche – breite Schnabelbasen – oberseits braungrau oder graugrün, unterseits schmutzig oder gelblich weiß (ähnlich zu Laubsängern)

Die Familie der Rohrsängerverwandten gliedert sich in die Gruppe der Rohrsänger (Gattung *Acrocephalus*) und die der Spötter (Gattung *Hippolais*). Die meisten Arten der Rohrsänger besiedeln vegetationsreiche Habitate in Gewässernähe.

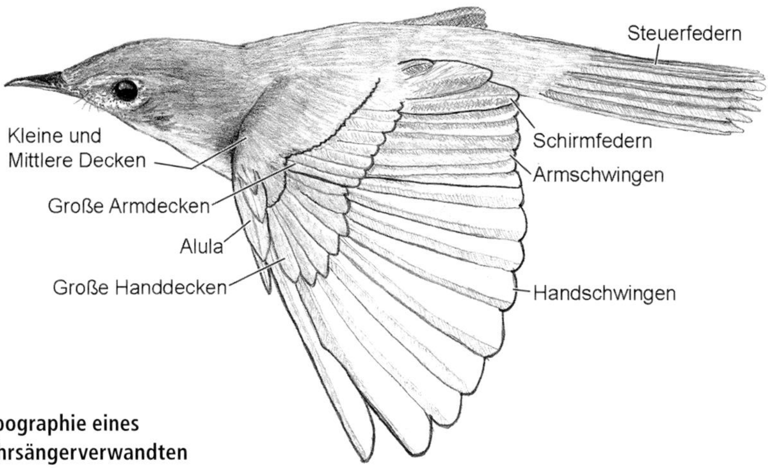

Topographie eines Rohrsängerverwandten am Beispiel des Teichrohrsängers

Rohrsänger sind recht einheitlich braun mit relativ langem, schmalem Schnabel, der bei den gestreiften Arten weniger ins Auge fällt. Rohrsängerschwänze sind rund oder leicht gestuft, recht lang, schlank und ohne Weiß in den äußeren Steuerfedern. Die Unterschwanzdecken sind lang und spitz, nicht jedoch so lang wie bei den Schwirlen (s. S. 493). Die meisten Arten haben einen deutlichen hellen Überaugenstreif. Die Geschlechter sind nach Gefiedermerkmalen nicht unterscheidbar.

Rohrsänger hüpfen in geduckter Haltung durch die Vegetation. Sie verbergen sich nicht wie die Schwirle in Bodennähe. Die meisten Arten haben schwatzende, fürs menschliche Ohr ähnlich klingende Gesänge.

Besonders die ungestreiften kleineren Arten bereiten dem Aussehen nach große Bestimmungsschwierigkeiten. Jedoch sind die Gesänge so verschieden, dass man sie anhand dieser gut unterscheiden kann.

Der **Schilfrohrsänger** (rechts) ist eine von zwei heimischen gestreiften Rohrsängerarten. Er sieht Seggenrohrsängern ähnlich, die derzeit in Deutschland ausgestorben sind und noch beispielsweise in Nordostpolen lokal verbreitet auftreten. Hier besiedeln sie seggenreiche Nasswiesen. Seggenrohrsänger unterscheiden sich vom Schilfrohrsänger durch einen schmalen gelbbeigen Scheitelstreif, der bei Schilfrohrsängern nur angedeutet ist, durch zwei deutlich gelbbeige Streifen auf den Mantelseiten sowie kräftigere schwarze Oberseitenstreifung und einen hellen Zügel. Insgesamt wirken Seggenrohrsänger heller und eher gelblich weiß. Im Mittelmeerraum und in Südosteuropa brüten die ebenfalls ähnlichen Mariskenrohrsänger in rohrkolbendurchsetzten Schilfbeständen. Diese unterscheiden sich von Schilfrohrsängern durch eine kurze Handschwingenprojektion, einen helleren Überaugenstreif, einen gleichmäßiger dunklen Scheitel und Ohrdeckenunterkanten mit angedeutetem schmalen, schwarzen Wangenstreif. Im frischen Gefieder wirken sie deutlich rotbrauner.

Teich- (links) und **Sumpfrohrsänger** (rechts) unterscheiden sich in erster Linie durch die Lebensraumwahl (s. o.) und den Gesang. Von den Gefiedermerkmalen her sind sie sich extrem ähnlich. Teichrohrsänger haben einen etwas längeren Schnabel und ein etwas kantigeres Kopfprofil. Im Frühjahr wirken Teichrohrsänger etwas rotbrauner, während Sumpfrohrsänger besonders unterseits etwas mehr gelb getönt sind. Sumpfrohrsänger haben durchschnittlich eine etwas längere Handschwingenprojektion und deutlicher weiße Handschwingenspitzen. Beide Arten sind regional sehr unterschiedlich häufig, aber insgesamt weit verbreitet.

Drosselrohrsänger gleichen in mehrerlei Hinsicht einer großen Version eines Teichrohrsängers. Sie sind ebenfalls rotbraun und unten beigeweiß. Sie sind deutlich größer als Teichrohrsänger mit etwas größerem Kopf und drosselartig langem, kräftigem Schnabel. Sie zeigen einen dunklen Fleck auf der Unterschnabelspitze, der Teichrohrsängern fehlt. Zudem haben Drosselrohrsänger einen etwas längeren Schwanz, eine etwas längere Handschwingenprojektion, einen oft etwas deutlicheren hellen Überaugenstreif und im Durchschnitt einen etwas dunkleren Zügel und Augenstreif. Am einfachsten sind Drosselrohrsänger neben der Größe durch den rauen Gesang von Teichrohrsängern zu unterscheiden.

DROSSELROHRSÄNGER SCHILFROHRSÄNGER TEICHROHRSÄNGER SUMPFROHRSÄNGER

Die bei uns weitverbreiteten Rohrsängerarten besetzen in den Feuchtgebieten jede für sich ihre ökologische Nische und vermeiden somit Konkurrenz zwischen den Arten. Die größte Art, der Drosselrohrsänger, bevorzugt hohes, dichtes Schilf über dem Wasser. Hier findet man auch die bei uns häufigen Teichrohrsänger, die aber auch in nicht gefluteten Schilfbeständen vorkommen. Schilfrohrsänger sind mit dem starken Überaugenstreif die am markantesten gezeichneten heimischen Rohrsänger. Sie besiedeln die landseitigen Schilfflächen, gerne mit einzelnen Büschen und krautigen Pflanzen. Man findet sie ebenfalls in Binsenbeständen und in feuchtem Gebüsch in Kulturland sowie an Gräben mit üppigem Bestand von krautigen Pflanzen, Gräsern und Schilf. Die den Teichrohrsängern sehr ähnlichen Sumpfrohrsänger sind schließlich die am wenigsten auf offenes Wasser angewiesene Art. Man findet sie in üppiger, oft feuchter Hochstaudenvegetation mit Brennnesseln, Mädesüß, Wasserdost und Wiesenkerbel. Solche Bedingungen finden sie an feuchten Gräben oder Gewässerufern, jedoch auch beispielsweise in trockeneren, kräuterreichen Brachflächen.

Die zweite große Gruppe der Rohrsängerverwandten sind die Spötter, die in Mitteleuropa mit zwei Arten vertreten sind, Gelb- und Orpheusspötter. Sie erinnern in Gestalt, Größe und Gesang an Rohrsänger, woraus sich zahlreiche Bestimmungsprobleme ergeben. Bevor man eine Spötterart bestimmt, sollte man Vertreter anderer Gattungen sicher ausschließen. Besonders Sumpfrohrsänger mit ihrer matt olivfarbenen Oberseite und dem deutlich rosabraunen Schnabel sind spötterähnlich. Auch wenn sich Rohrsänger und Spötter in ihrer Habitatwahl unterscheiden, so können Vertreter beider Gruppen auf dem Zug in ähnlichen Lebensräumen auftreten, etwa in Gebüschen. Spötter unterscheiden sich von Rohrsängern generell durch einen gerade abgeschnittenen, nicht gerundeten oder gestuften Schwanz sowie durch weiße Schwanzaußenkanten, was im Feld nicht immer gut zu sehen ist. Im Verhältnis haben Spötter kürzere und mehr gerundete Unterschwanzdecken. Der dolchförmige Spötterschnabel besitzt eine breite Basis mit auffälligem rosaorangefarbenem Unterschnabel. Auch fehlen die rostbraunen Gefiedertöne mancher Rohrsängerarten. Das Spöttergesicht ist mit hellem Zügelbereich und kurzem Überaugenstreif nahezu zeichnungslos. Durch das Fehlen eines dunklen Augenstreifs ist das Auge sehr auffällig.

Spötter bewegen sich auf der Nahrungssuche kletternd und hüpfend durch das Geäst und recken sich gelegentlich nach vorn, um Insekten aufzupicken, während Rohrsänger flink über die Zweige und Äste huschen. Jedoch verhalten sich Sumpfrohrsänger in dieser Hinsicht eher spötterähnlich.

Gelb- und Orpheusspötter sind Geschwisterarten, die sich sowohl im Gesang als auch im Aussehen stark ähneln. Gelbspötter brüten in Mitteleuropa verbreitet in offenen, unterwuchsreichen Laubwäldern, wie Auwäldern, Parks und Gärten mit

altem Baumbestand. Sie halten sich gerne in Baumkronen auf, wo sie meist ihr lauter, schneller, imitationsreicher Gesang verrät. Gelbspötter treffen Anfang Mai bei uns ein und verlassen uns schon im August wieder.

Orpheusspötter ersetzen Gelbspötter in Südwesteuropa, wo man sie in ähnlichen Habitaten findet. Bei uns sind sie im Saarland und mit kleinen Populationen in Nordrhein-Westfalen, Hessen und Baden-Württemberg verbreitet. Die wichtigsten Unterscheidungsmerkmale zu Gelbspöttern sind eine geringere Handschwingenprojektion, einfarbige Flügel und eine insgesamt wärmere Färbung.

Im Wechsel des Lichts

Rohrsängerverwandte wie der hier abgebildete Gelbspötter verbergen sich oft im Geäst, sodass die Unterscheidung der Grün- und Brauntöne nicht leichtfällt. Im sonnigen Laub (rechts) werden die Grüntöne im Gefieder verstärkt, die Kopfzeichnung tritt weniger deutlich hervor. Mit Rückenlicht (Mitte) treten die Farben sehr deutlich hervor. Zur Beurteilung der Farben ist dies die günstigste Konstellation. Bei starkem Gegenlicht (links) wirken die Farben dunkler, die Kontur wird überstrahlt. Hier kommt es darauf an, den Vogel möglichst lange und in verschiedenen Winkeln zum einfallenden Licht zu sehen, um die Färbung sicher zu beurteilen.

Seidensänger sind südeuropäisch verbreitet. Seit einigen Jahren kommen Seidensänger in Deutschland an der Grenze zu den Niederlanden vor. Sie sind heimlich, machen aber durch ihren explosionsartig laut vorgetragenen Gesang auf sich aufmerksam.

Schwirlverwandte – *Locustellidae*

kleine Singvögel ähnlich zu Rohrsängern – Schwänze breiter und mehr gerundet – lange Unterschwanzdecken – Gefieder bei einzelnen Arten stark gestrichelt – vorwiegend am Boden und in niedriger Vegetation – monotoner, mechanischer, insektenartiger Gesang, langanhaltend auch nachts vorgetragen – bauen Freinester: Bodenbrüter – Weitstreckenzieher

Schwirle sind sehr heimlich lebende und somit schwierig zu beobachtende rohrsängerähnliche Insektenfresser mit breiten abgerundeten Schwänzen („Biberschwanz") und langen Unterschwanzdecken, die fast den gesamten Unterschwanz bedecken. Ihre Gesänge sind oft mechanisch-insektenartig und werden auch nachts vorgetragen. Sie leben in dichter Vegetation, wo sie sich häufig bodennah hüpfend oder wie Mäuse laufend gerne mit gestelztem Schwanz fortbewegen, nicht jedoch kletternd wie die ähnlichen Rohrsänger. Sogar Zweige und Halme werden eher laufend entlang balanciert. Die Geschlechter sind weitestgehend gleich gefärbt.

In unserer Region brüten drei Arten. Alle ziehen im nächtlichen Vogelzug nach Afrika südlich der Sahara. Wenn sie nicht singen, wird man sie höchstens einmal ein kurzes Stück flach auffliegend sehen, nachdem man fast auf sie getreten ist.

Der **Feldschwirl** ist die häufigste und am weitesten verbreitete Schwirlart. Feldschwirle leben in offenem Gelände mit dichter Krautschicht, wo sie von höheren Warten ihren insektenartigen, oft über zehn Minuten vorgetragenen, schwirrenden Gesang hören lassen, besonders intensiv in der Morgen- und Abenddämmerung. Die etwas klappernden Elemente des Gesangs sind noch hörbar voneinander abgesetzt. Durch Wenden des Kopfes schwillt die Lautstärke an und ab. Während des scheinbar ununterbrochen vorgetragenen Gesanges, von dem schon Strophenlängen von 110 Minuten registriert wurden, machen diese Schwirle im Durchschnitt alle halbe Minute eine winzige Atempause. Im Gegensatz zu Rohr- und Schlagschwirlen sind sie oberseits stark gestreift und gestrichelt. Bei der Nahrungssuche bewegen sich Feldschwirle rallenartig laufend durch die Vegetation und picken Kleintiere von Pflanzen ab. Sogenanntes Fußtrillern hilft ihnen, Kleintiere im Gras in Bewegung zu versetzen.

Rohrschwirle besiedeln dichte Schilfbestände mit Altschilf, das sie als Singwarte benötigen. Ihr Gesang besteht aus noch dichter als bei Feldschwirlen gereihten Elementen, die ein tieferes, mechanisches, hart schnurrendes Geräusch erzeugen. Rohrschwirlgesang tönt auf „ö", während Feldschwirlgesang auf „i" betont ist. Bei Rohrschwirlen verschmelzen die Einzellaute zu einem Klangteppich, bei Feldschwirlen kann man die einzelnen Töne noch heraushören. Rohrschwirle kommen besonders regelmäßig in Ostdeutschland oder im Wollmatinger Ried am Bodensee vor.

Durch das ungestreifte Gefieder und die warmbraune Gefiederzeichnung sehen Rohrschwirle einem Teichrohrsänger nicht unähnlich, unterscheiden sich jedoch durch ihren vollen, gerundeten Schwanz mit den langen Unterschwanzdecken, die dunkelbraunere Oberseitenfärbung und die braunolive Brusttönung. Zudem verraten sie ihre ruckartigen Bewegungen und die Neigung, bei Beunruhigung im tiefen Schilf abzutauchen, als Schwirl.

Schlagschwirle sind Bewohner dicht mit Ranken überwucherter Gebüsche, oft am Rand von Gewässern, gerne mit hohen Stauden, wo sie durch ihren mechanisch, insektenartig vorgetragenen Gesang auffallen. Dabei sind die Einzelsilben deutlich voneinander getrennt, sodass der Gesang etwa wie „tze tze tze tze…" klingt.

Bei der Balz gehen die Männchen mit aufgerichtetem Körper um die Weibchen und präsentieren dabei Stängel oder Blättchen. Vom Aussehen her ähneln Schlagschwirle Rohrschwirlen. Allerdings unterscheiden sie die mit deutlichen hellen Säumen gebänderten Unterschwanzdecken sowie die mehr oder weniger graubraun gewölkt oder gefleckt gezeichnete Brust von Rohrschwirlen. Schlagschwirle sind östlich verbreitet, sodass man sie von Ostdeutschland ostwärts vermehrt beobachten kann.

Grasmückenverwandte – *Sylviidae*

kleine bis mittelgroße Singvögel in Gebüschen und Wäldern – Körperbau, Schnabel und Füße relativ kräftig – Schwanz schlank und gerade abgeschnitten, bei den meisten Arten mit weißen Schwanzaußenkanten – Färbung oberseits meist braun oder grau, unterseits weiß oder beige – Geschlechtsunterschiede häufig – Gesänge oft schnell und rau zwitschernd – bei manchen Arten zeigen Männchen kurze Singflüge – bauen Nest meistens niedrig in Gehölzen: Nesthocker – Zugvögel: meistens Weitstreckenzieher, einzelne Kurzstreckenzieher

Diese Familie mit dem eigentümlichen deutschen Namen, der aus dem Althochdeutschen stammt („Grasmucka") und so viel wie „Grauschlüpfer" bedeutet, besteht aus Arten kleiner bis mittelgroßer, bräunlich oder gräulich gefärbter Zweigsänger, die in Gebüschen und Wäldern brüten. Grasmückenarten zeigen ausgeprägte Geschlechtsunterschiede und ihnen fehlt ein Überaugenstreif. Bis auf Garten- und Mönchsgrasmücken zeigen die heimischen Grasmückenarten weißliche Abzeichen in den äußeren Steuerfedern.

Grasmücken wie diese **Gartengrasmücke** zu bestimmen, ist weniger schwierig als sie zu entdecken, denn sie leben versteckt und verraten ihre Anwesenheit durch ihre schwätzenden Gesänge und die hart knarrenden oder „tscheckenden" Rufe. Zwar haben Grasmücken sehr charakteristische Gesänge, doch ähneln sich diese zwischen den Arten so stark, dass sie bei einigen Gruppen, wie den kleinen, mediterran verbreiteten Arten, nur bedingt zur Artbestimmung herangezogen werden können. Auf dem Höhepunkt der Gesangsaktivität unternehmen die Männchen der meisten Arten kurze Singflüge, wobei der Gesang am lautesten und abwechslungsreichsten vorgetragen wird.

Der Singflug der Dorngrasmücken folgt einem unverwechselbaren Bewegungsablauf (vgl. Zeichnung nächste Seite). Ein typisches näselndes „woid-woid-woid" geht der Gesangsstrophe oft voraus, die aus lebhaften, kratzend-trillernden Zwitscherstrophen besteht. Regelmäßig werden Imitationen eingeflochten. Dieser Gesang wird gerne in einem bogenförmigen Gesangsflug vorgetragen, der aus einem steilen Aufstieg und einer kurzen Gleitphase in einen nahe liegenden Busch besteht.

Dorngrasmücken, hier ein singendes Männchen, sind relativ kräftig gebaute, langschwänzige Grasmücken. Sie besiedeln offene Landschaften mit Buschwerk und Gestrüpp, gerne dornige Feldhecken, Raine und einzelne Dornbüsche, Bahndämme, aufgelassene Kiesgruben und Brachen, wo sie den Lebensraum mit Arten wie Neuntöter und Bluthänfling teilen.

Gute Bestimmungsmerkmale sind die kräftigen, gelbbraunen Beine, die breit rostbraun gesäumten Schirmfedern und Großen Armdecken sowie die weißen Schwanzkanten. Das Männchen ist zudem durch den grau getönten Kopf mit auffälligem Augenring, die weiße Kehle und die rosa überhauchte Brust gekennzeichnet.

Die Jugendkleider der Grasmücken sind schlicht und ähneln dem Weibchenkleid; hier eine immature **Sperbergrasmücke**. Bei Arten mit weißen Steuerfederabzeichen ist dieser Schwanzbereich im Jugendkleid schmutziggrau oder braunweiß. Im Herbst entwickeln die Jungvögel bereits Merkmale des Alterskleides. Diesjährige Männchen zeigen bereits im Herbst eine Mixtur aus männlichen und Grundkleidmerkmalen, da sich das Altvogelgefieder bereits entwickelt und sich zwischen die Jugendkleidfedern schiebt. Erst im Laufe des Winters schließen junge Grasmücken die Mauser vollständig ab.

Sperbergrasmücken, hier ein adultes Männchen, besiedeln hohe Gebüsche, oft mit Schlehe, Weißdorn und verschiedenen Rosen, oder einzelne Bäume in offenem Gelände. Sie teilen diesen Lebensraum mit Neuntötern, mit denen sie stets zusammen vorkommen. Sperbergrasmücken nutzen die aggressive Revierverteidigung der Neuntöter, um das eigene Revier zu schützen. In Mitteleuropa kommen Sperbergrasmücken in Ostdeutschland und im östlichen Österreich sowie auf der Alpensüdseite regelmäßig und verbreitet vor. Sie leben sehr zurückgezogen. Auffällig sind ihr gartengrasmückenähnlicher Gesang, den sie zuweilen im Singflug vortragen, sowie der laut knatternde Erregungsruf. Charakteristisch sind ihre Größe, Langschwänzigkeit, hell umrandete Flügeldecken und Schirmfedern sowie etwas Weiß an der Schwanzspitze. Das Männchen ist mit seiner gelben Iris, dem oberseits bleigrauen Körper und der dicht und kräftig dunkelgrau quergebänderten Körperunterseite nicht zu verwechseln. Vögel im ersten Winter sehen Gartengrasmücken recht ähnlich. Jedoch weisen Sperbergrasmücken in diesem Kleid helle Flügelbinden, hell geschuppte Oberschwanzdecken und dunkel geschuppte Unterschwanzdecken auf.

Klappergrasmücken brüten in offenen Waldgebieten mit Lichtungen, Gebüschen und Hecken, in Parks und Gärten, auf Friedhöfen, in Nadelbaumschonungen und im Gebirge gerne auch in der

Latschenzone. Sie leben sehr zurückgezogen. Am wahrscheinlichsten wird man durch den auffällig laut klappernden Gesang auf sie aufmerksam, der Klappergrasmücken lokal den Namen „Müllerchen“ eingebracht hat. Das beste Bestimmungsmerkmal neben dem Gesang sind die dunkelgrauen Ohrdecken, die dunkler als der Scheitel sind, in Kombination mit ihrer geringen Größe und den dunkelgrauen Beinen.

Die unscheinbaren **Gartengrasmücken** erkennt man am besten an ihrer Merkmalslosigkeit. Sie sind kräftig gebaut mit einem dicken, stumpfen, hellgrauen Schnabel. Auch die hellgrauen Beine sind recht kräftig. An den Halsseiten ist oft ein reingrauer Fleck sichtbar. Der Gesang besteht aus drei bis acht Sekunden langen Strophen aus schnellen, voll klingenden, rauen Tönen, die ohne erkennbare Gliederung wie ein Bach dahinplätschern. Ihnen fehlt das flötende Ende der Mönchsgrasmücken. Gartengrasmücken sind gegenüber Mönchsgrasmücken häufiger in gebüschreichem, offenem Gelände und kleinen Feldgehölzen mit dichtem Stauden- und Strauchunterbewuchs anzutreffen. In Wäldern brüten sie meistens an den Rändern und entlang von Wegen, die mit Büschen gesäumt sind. In Nadelwäldern brüten sie nur an Lichtungen oder bei guter Altersdurchmischung der Bäume in dichter Kraut- und Strauchschicht. In Wäldern mit dichtem Kronenschluss brüten sie kaum, dagegen auch in Ufergehölzen, Auwäldern, größeren Gebüschstrukturen, den Strauchbereichen in Verlandungszonen, Bruchwäldern, Parkanlagen, Friedhöfen und gebüschreichen Gärten. Gartengrasmücken sind ausgesprochene Zugvögel, die den Winter südlich der Sahara verbringen. Sie kehren Ende April/Anfang Mai zurück.

Mönchsgrasmücken zählen zu unseren häufigsten Vogelarten. In Mitteleuropa sind sie nahezu flächendeckend verbreitet, außer auf baum- und strauchlosen Flächen, mit den höchsten Dichten in Auwäldern, feuchten Mischwäldern sowie schattigen Parkanlagen. Sie halten sich außerhalb der Brutzeit meist in Gebüschen auf, die viele Beeren tragen, dann auch in offener Landschaft. Mönchsgrasmücken brüten ebenso mitten in Großstädten in buschreichen und baumbestandenen Gärten und Parks. In der Auswahl des Brutreviers ist sie die vielseitigste Grasmücke Mitteleuropas. Sie bevorzugt Laubhölzer gegenüber Nadelwald.

Während die Männchen eine schwarze Kappe ziert, ist diese bei Jungvögeln und Weibchen braun. Wie bei allen Grasmücken wird der Gesang vor allem nach der Rückkehr aus dem Überwinterungsgebiet, zur Balz lang und mit zunehmender Brutzeit kürzer, vorgetragen. Der typische Gesang beginnt mit einer leise schwätzenden Strophe und nimmt dann an Lautstärke zu. Die aus flötenden Tönen bestehenden kurzen Strophen klingen „überschlagend". In diese werden auch Geräuschen ähnelnde Teile und teilweise Imitationen anderer Vögel eingefügt.

In der Forschung sind **Mönchsgrasmücken**, im Bild ein Weibchen, ein wichtiges Modellsystem für Physiologie und Vererbung von Zugverhalten. In West- und Südeuropa sind sie Standvögel, im nördlichen und östlichen Mitteleuropa Zugvögel, die in Südeuropa und Nordafrika überwintern. Eine wachsende Anzahl von Individuen aus Mitteleuropa zieht seit Beginn der 1960er-Jahre zum Überwintern nach England und Irland. Außerdem nimmt der Anteil, der in Deutschland überwintert, zu. In strengen Wintern sterben allerdings viele Tiere an Nahrungsmangel, doch werden die Verluste schon in den folgenden Jahren wieder ausgeglichen. Da das Zugverhalten vererbt wird, spielt sich am Beispiel der Mönchsgrasmücke Evolution im Zeitraffer ab. Glaubte man noch vor wenigen Jahren, dass sich so komplexe Verhaltensweisen wie Zugverhalten über Jahrtausende entwickeln, zeigte sich an den Mönchsgrasmücken, dass schon ein halbes Dutzend Generationen ausreichen, um Mönchsgrasmücken von Zug- zu Standvögeln zu machen.

Goldhähnchen – *Regulidae*

sehr kleine Baumkronenbewohner, vor allem in Nadelbäumen – grünliche Färbungen dominieren – zarte Schnäbel und Beine – baut kompliziert geflochtene, dickwandige, hängende Nester: Nesthocker – Zugvögel: Kurzstreckenzieher

Goldhähnchen sind unsere kleinsten Vögel, sie bewohnen vor allem Nadelbäume. Die zwei heimischen Arten kommen häufig vor: Sommer- und Wintergoldhähnchen (siehe Tabelle unten). Sie ernähren sich in erster Linie von Insekten und Spinnen, die sie im Kronenraum der Nadelbäume absammeln. Goldhähnchen sind sehr hektische Tiere, die sich in den Baumkronen nicht einfach beobachten lassen. Sie sind ständig in Bewegung, hüpfen in kleinen Sprüngen die Äste entlang und klettern an hängenden Zweigen, auch Kopf voran abwärts. Die kurzen Flüge enden stets in der Deckung. Die hohe Stimme ist nicht für jedermann hörbar, verrät aber zuverlässig ihre Anwesenheit. Mit sieben bis zwölf Eiern sind die Gelege der Goldhähnchen sehr groß. Dies entspricht dem 1- bis 1,5-fachen Gewicht des Weibchens, das mit durchschnittlich fünf Gramm vor allem durch seine Leichtigkeit beeindruckt.

Sommergoldhähnchen zählen zu unseren schönsten Vögeln. Es ist eine der wenigen Vogelarten, für die Deutschland internationale Verantwortung hat, weil ein Großteil des Weltbestandes bei uns brütet. Den herrlichen Scheitel sieht man vor allem bei Aufregung. Er hat der Art im Englischen die treffende Bezeichnung „Firecrest" (= Feuerscheitel) eingebracht.

Folgende Tabelle fasst die wesentlichen Unterscheide zwischen Winter- und Sommergoldhähnchen zusammen:

Merkmale	**Wintergoldhähnchen**	**Sommergoldhähnchen**
Lebensraum	Nadelwälder	Mischwälder
im Winter	Zuzug aus dem Norden, auch im Winter anwesend	weitestgehend abgezogen
Unterscheidung am Aussehen	breit weißer Überaugenstreif fehlt	breit weißer Überaugenstreif
Unterscheidung an der Stimme	Strophe an- und abschwellend (Merksatz: Es macht bei uns Höhen und Tiefen (= Sommer und Winter) mit)	Strophe nur anschwellend (Merksatz: Es macht bei uns nur Höhen (= Sommer) mit)

Wintergoldhähnchen fehlt der weiße Überaugenstreif. Goldhähnchen aus der Nähe zu beobachten, ist nicht einfach. Eine gute Gelegenheit bieten Durchzugspunkte wie Helgoland, wo sich die Massen der Wintergoldhähnchen in niedrigen Büschen aufhalten und sich dort, von Menschen völlig unbeeindruckt, bei der Nahrungssuche betrachten lassen.

Zaunkönige – *Troglodytidae*

klein (einzelne Arten in Amerika viel größer) – in Gärten, Parks, Wäldern – unscheinbar bräunlich gefärbt – steil aufgerichteter kurzer Schwanz – Geschlechter gleich gefärbt – lauter schmetternder Gesang – selbst gebaute Kugelnester: Nesthocker – Standvogel oder Kurzstreckenzieher

Zaunkönige sind vor allem eine neuweltliche Familie, die ihre größte Vielfalt in Mittelamerika und weiter südlich erreicht. Nur eine Art kommt in Europa und weiter östlich vor: der Zaunkönig. Es handelt sich typischerweise um kurzflügelige Vögel. Die Gefiederfärbung variiert zwischen Brauntönen, Schwarz und Weiß, oft mit auffälligen Mustern. Die Flügel sind meistens gebändert.

Die **Zaunkönigküken** werden bei fast allen Arten in einem kugelförmigen Nest aufgezogen und sind Nesthocker. Bei „unseren" Zaunkönigen besitzt das Nest einen seitlichen Eingang. Schon bei der Schneeschmelze bauen die Männchen mehrere sogenannte Spielnester, von denen die Weibchen eines aussuchen, welches dann ausgebaut wird.

Obwohl der bei uns heimische Zaunkönig allgemein häufig ist, ist er oft schwer zu entdecken. Er weiß das dichte Geäst, das er bewohnt, gut auszunutzen. Alle

Zaunkönigarten sind laute Sänger und auch der bei uns heimische **Zaunkönig** steht nicht zurück. Sein schmetternder, unverwechselbarer Gesang hat eine Lautstärke von bis zu 90 Dezibel. Damit überschreitet er eine Reihe von EU-Lärmgrenzwerten, beispielsweise für Industriegebiete oder für Lärm am Arbeitsplatz! Übrigens ist er nach den beiden Goldhähnchenarten die drittkleinste mitteleuropäische Vogelart.

Kleiber – *Sittidae*

gedrungene, kurzschwänzige Singvögel – langer, spechtartiger Schnabel – kräftige kurze Beine – klettern an Rinde, zuweilen kopfunter – Höhlenbrüter: Nesthocker – können mit Lehm mörtelnd Nesteingänge verkleinern, manche Arten bauen Lehmnester an Felsen – Kurzstreckenzieher oder Standvogel

Die meisten Arten dieser nur mit einer Art in Mitteleuropa vertretenen Familie sind rastlose Baumkletterer, die auch kopfüber die Stämme hinabklettern können. Nur wenige Arten, wie der von Kroatien nach Südosten vorkommende Felsenkleiber, bewohnen Felsen. Kennzeichnend für die Familie sind der kräftige, gerade und große Schnabel an einem großen Kopf, der kurze Schwanz und die kräftigen Füße. Meistens findet man Kleiber in Familienverbänden, im Winter gerne auch im Anschluss an umherziehende Meisentrupps. Die Nahrung, die vor allem aus Insekten und anderen Wirbellosen besteht, wird aus dem Holz beziehungsweise aus Felsspalten herausgestemmt. Im Winter nehmen Kleiber auch Samen auf, sodass man sie häufig am Futterhaus findet. Alle Arten bewohnen Höhlen, wobei die felsbewohnenden Arten kunstvolle, flaschenförmige Mörtelnester anfertigen, die meistens über einen tunnelförmigen Ausgang verfügen.

Mörteln für den Nachwuchs

Kleiber übernehmen oftmals Spechthöhlen oder treten als Nachmieter von Käuzen auf. Das viel zu große Einflugloch wird zuvor auf die passende Größe mit Lehm und eingehämmerten Insekten verengt, so weit, dass der kleine Vogel gerade noch durchpasst. Nestkonkurrenten wie Stare oder Fressfeinde wie Marder haben keine Chance mehr, in die Höhle zu gelangen. Allerdings können Spechte ausdauernd auf ihr Wohnrecht beharren und die betonhart verschlossene Höhle wieder aufmeißeln. Diese Fähigkeit der Kleiber verhalf ihnen auch zu ihrem Namen. Auf dem Bild ist zu erkennen, wie ein Kleiber eine größere Baumhöhle zugemörtelt hat.

Die meisten Kleiberarten besitzen das gleiche Gefiedermuster wie der bei uns heimische **Kleiber**. Die einheitlich graublaue Oberseite wird durch einen dunklen Zügel- und Augenstreif von der hellen Unterseite getrennt. Das Kopfprofil ist kennzeichnend keilförmig. Da sie sich mit den kräftigen Füßen festkrallen und ihren Schwanz im Gegensatz zu den Spechten und Baumläufern nicht als Stütze verwenden, können Kleiber kopfunter klettern und dabei ihren Kopf noch weit vom Stamm weghalten.

Der Reviergesang der meisten Arten besteht oft aus lauten, pfeifenden, weittragenden, flötenden Strophen. Auch die männlichen mitteleuropäischen Kleiber hört man in Wäldern und Parks mit altem Baumbestand ab dem zeitigen Frühjahr hinter ihrer Braut herpfeifen. Regelmäßig wird man durch Klopfgeräusche auf Kleiber aufmerksam. Spechtähnliches Trommeln findet man bei ihnen jedoch nicht.

Mauerläufer – *Tichodromidae*

nur eine Art – nahe mit Kleibern verwandt – sperlingsgroß – langer, dünner, abwärts gebogener Schnabel – große, rundliche, rot-weiß-schwarz gefärbte Flügel – schmetterlingsartiger Flug – Gebirge: auf Leben in Felswänden spezialisiert – brütet in Felsspalten: Nesthocker – Standvogel oder Kurzstreckenzieher

Der **Mauerläufer** ist der einzige Vertreter seiner Familie. Im Prachtkleid, wie links im Bild, haben Mauerläufer eine schwarze Kehle.

Die charakteristischen rot-weiß-schwarzen Flügel, die im Flug auffällig leuchten, und der leichte, flatternde, schmetterlingsartige Flug machen **Mauerläufer** unverwechselbar. Diese Collage unten zeigt den schmetterlingsartigen Bewegungsablauf eines fliegenden Mauerläufers. Trotzdem sind Mauerläufer in ihrem Lebensraum, in großen, oft schwer einzusehenden Felspartien, keineswegs so auffällig, wie man ihrem Aussehen nach meinen möchte. Manchmal verraten sie ihre hohen, pfeifenden Rufe und der vor allem im April geäußerte Gesang. Ansonsten benötigt man für eine Beobachtung Glück und Geduld.

Neben der Unzugänglichkeit der Brutorte kommt zur Mauerläufersuche erschwerend hinzu, dass Mauerläufer in ihrer deutschen Verbreitung auf den bayerischen Alpenraum beschränkt sind, wo sie mit nur rund einhundert Brutpaaren vorkommen.

Mauerläufer brüten in Spalten von Felswänden, wo sie für die Nestanlage die feuchten Wandbereiche bevorzugen. Die Himmelsrichtung scheint von untergeordneter Bedeutung zu sein. Sie meiden aber klammartige Schluchten und isolierte kleine Felsen im Bergwald. Oftmals ist fließendes Wasser in der Nähe. Die Brutwände sind von Anfang April bis Ende September besetzt. Der beste Zeitraum, um es mit einer Beobachtung zu versuchen, ist von Mai bis Anfang August. Erst danach verlassen die letzten flüggen Mauerläufer das Nest. Im Winter kann man die Art sowohl im Alpenvorland als auch an Felsen der süddeutschen Mittelgebirge finden. Gerne nehmen Mauerläufer auch Steinbrüche an. Der baden-württembergische Winterbestand wird auf dreißig Tiere geschätzt.

Ein guter Ort, um Mauerläufer zu beobachten, ist die Westliche Karwendelspitze bei Mittenwald (Kabinenbahn) und hier besonders die Felsen im Bereich des Tunnelausgangs zum Dammkar.

Im Schlichtkleid, hier rechts im Bild, haben **Mauerläufer** weiße Kehlen. Die rot gefärbten Flügel werden permanent zuckend bewegt, was Gliedertiere aufscheuchen soll.

Baumläufer – *Certhiidae*

kleine rindenfarbige Singvögel – langer, schlanker, abwärts gebogener Schnabel – langer Stützschwanz mit stabilen Steuerfedern – klettert mausartig, ruckartig, huschend an Rinden empor – brüten in Rindenspalten: Nesthocker – Standvögel oder Kurzstreckenzieher

Baumläufer sind kleine, gedrungene Baumstammkletterer mit feinen, recht langen, nach unten gebogenen Schnäbeln und steifen Steuerfedern, die sie mit den Spechten gemein haben. Stark gekrümmte Krallen geben ihnen festen Halt an der Rinde.

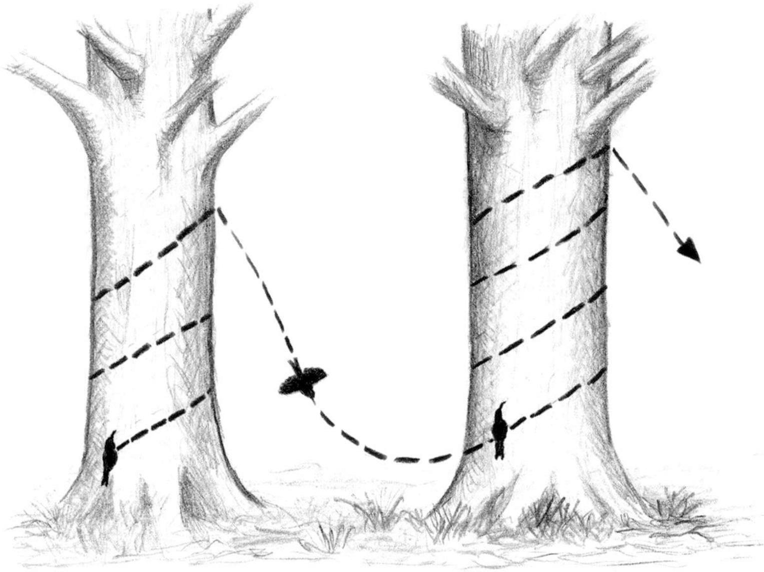

Baumläufer klettern auf ihren Stützschwanz gestützt ruckartig die Stämme in Spiralbahnen aufwärts, nur selten abwärts, wie es Kleiber machen (s. S. 504). Vom oberen Stammende fliegen sie wieder zur nächsten Stammbasis hinab. Gelegentlich sieht man sie auch kopfunter auf der Unterseite von Ästen nach Nahrung suchen, die aus Insekten, Spinnen und anderen Wirbellosen besteht.

Baumläufer schließen sich im Winter gerne Meisentrupps an, zu denen sich auch andere Arten, wie Kleiber oder sogar Kleinspechte, gesellen. Ihr Nest bauen sie in Rindenspalten.

Bei uns kommen zwei Baumläuferarten vor. Zum einen die in Gärten und in tieferen Lagen überall weitverbreiteten Gartenbaumläufer und zum anderen die mehr an Nadelwald und somit oft an höhere Lagen gebundenen Waldbaumläufer. Beide zeigen ein rindenfarbenes Tarngefieder, das sie sehr ähnlich aussehen lässt.

Die oft am schnellsten zugänglichen Unterscheidungsmerkmale sind die Stimme und der Gesang. Es lohnt sich durchaus, sich beides einzuprägen. Grundsätzlich rufen Waldbaumläufer in hohen, amselähnlichen, regelmäßig wiederholten, dünnen Pfeiftönen, während Gartenbaumläufer hell, klar und durchdringend auf „ü" pfeifen (ungefähr „tüüt").

Unter optimalen Bedingungen lassen sich Waldbaumläufer (rechts) und Gartenbaumläufer (links) an ihren Gefiedermerkmalen unterscheiden. Waldbaumläufer wirken unterseits klarer weiß und insgesamt sauberer gezeichnet. Ihr Schnabel ist im Durchschnitt kürzer, die Fleckung auf Scheitel und Mantel ist weißer und somit kontrastreicher. Die Flügelbinde ist bei Waldbaumläufern zackig, bei Gartenbaumläufern hingegen gleichmäßig gestuft. Die Hinterkralle ist bei Waldbaumläufern deutlich länger als bei Gartenbaumläufern, weshalb letztere im Englischen auch „Short-toed Treecreeper" heißen.

Starenverwandte – *Sturnidae*

kurzschwänzige, drosselgroße Vögel – kräftige Beine und Füße – schlanker, spitzer Schnabel – suchen nach Gliedertieren und Würmern in wackelndem Gang – Höhlenbrüter: Nesthocker – Zugvögel: Kurzstreckenzieher

Der mitteleuropäische, allseits bekannte Star ist ein typischer Vertreter dieser an Drosseln erinnernden Familie. Sie haben einen kurzen Schwanz und meistens recht kurze, charakteristisch deltaförmige Flügel. Stare gehören zu unseren häufigen Brutvögeln, allein in Deutschland brüten mehrere Millionen Paare. In den letzten Jahren wird aus vielen Orten allerdings eine besorgniserregende Abnahme der Bestände berichtet. Hingegen wurden Stare 1890 in New York ausgewildert und besiedeln derzeit ganz Nordamerika, wo sie sich im Kampf um die Höhlen erfolgreich gegen die dort heimische Konkurrenz durchsetzen. Sie verteidigen ihre Bruthöhlen sogar gegenüber größeren Konkurrenten.

Links: Im Schlichtkleid zeigen **Stare** dicht übersät weißliche Punkte („Perlstar"), die zum Frühjahr hin abnutzen, sodass das schillernde schwarze Gefieder zutage tritt.

Rechts: Die Rufe und Gesänge der Stare hören sich zuweilen kratzig und skurril an. Der bei uns heimische Star vermag die verschiedensten Töne einschließlich diverser Handytöne und Auto-Alarmanlagen perfekt zu imitieren. Die Geschlechter sind bei den meisten Arten gleich.

Junge **Stare**, wie im Bild rechts, wirken einheitlich braun und sind ein typischer Anblick im Sommer. Ab Ende August mausern sie dann in das typisch dunkle Kleid der Adulten.

Ein Trupp zieht über den winterlich grauen Himmel: **Rotdrosseln** (zwei oben links), **Seidenschwänze** (zwei Mitte unten) und **Stare** (zwei oben rechts) haben ein sehr ähnliches Flugbild. Ihr Flug ist schnell und direkt, wobei Rotdrosseln etwas rundlichere Flügel haben und ihr Flug dadurch etwas flapsiger wirkt.

Stare finden sich besonders im Spätsommer zu Trupps zusammen, die sich zu gewaltigen Wolken zusammenschließen können. Aus der Ferne sehen sie wie Rauchwolken aus. In Dänemark nennt man diese Wolken „Schwarze Sonne". Die Schwarmbildung ist ein Schutz vor Greifvögeln, denen es in der Masse unmöglich ist, ein einzelnes Individuum auszumachen. Hier versucht ein **Sakerfalke** sein Glück in einer sich auftrennenden Starenwolke. Die größten Ansammlungen findet man an den traditionellen Schlafplätzen, die sich oft in größeren Schilfflächen befinden.

Die Abbildung auf der vorherigen Seite zeigt, dass Amselmännchen Staren im Prachtkleid ähnlich sehen können. Doch haben sie neben einer unterschiedlichen Gestalt auch eine völlig verschiedene Bewegungsweise. Amseln hüpfen beidbeinig federnd, halten inne, legen den Kopf auf die Seite und lauschen nach Würmern, die sich direkt unter der Oberfläche bewegen. Diese werden dann in einem elastischen Sprung zutage befördert. Stare sind hingegen rastlose Wanderer, die ihre Nahrung mit den Augen suchen und sie in einem fortwährenden Tippeln, Picken und Stochern mit ihrem spitzen Schnabel absammeln. Daneben sind Stare oft in Gruppen unterwegs, was auf die territorialen Amseln nicht zutrifft.

Drosseln – *Turdidae*

größere Singvögel – kräftige Beine und Schnäbel – geflecktes Jugendkleid – Nahrungssuche oft am Boden – sehr wohlklingende abwechslungsreiche Gesänge – brüten in selbstgebauten Nestern in Gebüschen und Bäumen: Nesthocker – die meisten Arten sind Kurzstreckenzieher, manche Standvögel

Sechs Drosselarten kommen regelmäßig in Mitteleuropa vor. Unter ihnen ist die Amsel die häufigste und allgemein bekannteste Art. Ihr etwas ähnlich sind Ringdrosseln, die bei uns im Alpenraum und einigen Mittelgebirgen brüten (Unterart *alpestris*) und als Durchzügler (Unterart *torquatus*) im April kurzrasige, gerne feuchte Flächen neben Büschen auch in Norddeutschland aufsuchen. Sing- und Misteldrosseln sind Waldvögel, wobei Singdrosseln Kurzstreckenzieher sind und uns im Winter größtenteils verlassen, während Misteldrosseln zu den am frühesten singenden Arten gehören. Oft hört man sie ihren etwas monotonen aber lauten Gesang schon im Februar von einer Fichtenspitze aus vortragen. Rot- und Wacholderdrosseln besuchen uns im Winter in wechselnder Zahl, wobei Rotdrosseln nach Süden hin seltener auftreten. Wacholderdrosseln haben im 19. Jahrhundert und danach große Teile Mitteleuropas erfolgreich besiedelt. Sie haben eine gewisse Vorliebe für kurzrasige Flächen, weshalb man sie im Sommer oft auf ländlichen Fußballplätzen sieht.

Drosseln, wie diese **Wacholderdrosseln**, können außerhalb der Brutzeit sehr gesellig sein und teilweise in großen Gruppen nach Nahrung wie liegen gebliebenen

Äpfeln suchen. Als Besonderheit unter den Drosseln brüten Wacholderdrosseln auch in lockeren Kolonien.

Links: Drosseln, hier **Wacholderdrosseln**, bauen solide Freinester. Wacholderdrosseln brüten in Kolonien, die sie in der Gruppe erfolgreich gegen Fressfeinde wie Mäusebussarde, Krähen oder Eichhörnchen mit dem Bespritzen von Flüssigkot verteidigen.

Rechts: Junge Drosseln, wie diese **Ringdrossel**, sind gefleckt gezeichnet. Erst im Spätsommer und Herbst wechseln diese Jungvögel in ein adult-ähnliches Kleid.

Gelber Augenring und Schnabel kontrastieren zum samtschwarzen Gefieder. Dieses Erscheinungsbild macht **Amselmännchen** unverwechselbar. Amseln haben stark vom Menschen profitiert und sind in vielen Gegenden vom scheuen Waldvogel zum häufigen Gartenvogel geworden. Der flötende Gesang ist einer der schönsten und wäre er nicht so eine häufige Hintergrundmelodie der Sommermonate, wäre er sicher in der Wertschätzung dem der Nachtigall gleichgestellt. Bei Amseln lässt sich das Territorialverhalten schön beobachten. Neben dem Gesang wird das Revier von beiden Partnern laut metallisch schäckernd verteidigt. Drosseln sind allgemein sehr wachsam und ihre durchdringenden Warnrufe sind oft die ersten, die auf einen Jäger wie einen Greifvogel, eine Katze oder ein Eichhörnchen aufmerksam machen.

Amselweibchen sind eher gräulich, manche Individuen auch eher bräunlich gefärbt. Die Kehle ist braun und hell gefleckt. Jungvögel sind rotbräunlich und weisen eine braune Längsstrichelung auf der Oberseite auf.

Singdrossel und Misteldrossel sind eher scheue Waldarten, wobei Singdrosseln unterholzreichen Mischwald und Feldgehölze, Parks und Gärten bevorzugen, während Misteldrosseln eher im hochstämmigen Nadelwald mit angrenzenden Offenflächen oder in Parks zu finden ist. Sing- und Misteldrosseln sehen sich oberflächlich ähnlich, können mit etwas Übung jedoch leicht unterschieden werden.

Merkmale	**Singdrossel** 	**Misteldrossel** 
Gestalt	schlank und klein, eher gedrungen	groß, lang gestreckt, langschwänzig, sehr aufrecht stehend
Grundfärbung	bräunlich, eher dunkel	graubraun, hell
Bauch und Brust	Pfeilspitzenflecke, Brust oft gelbbräunlich unterlegt	runde schwarze Flecken, Brust weiß mit oft auffälligem dunkelbraunem Brustseitenfleck
Flügelzeichnung	einheitlich bräunlich	helles Muster durch weiß gerandete Flügeldecken
Gesichtszeichnung	kontrastarmes braun-grau-weißliches Muster	kontraststarkes weiß-dunkles Muster mit oft auffälligem vertikalem Ohrfleck
im Flug	schneller, ruckartiger Flug, zierlich wirkend, rostgelbe Unterflügeldecken, kurzschwänzig, Schwanz und Rücken einfarbig	sehr direkter, kraftvoller und gradliniger Flug in langen Wellen, Unterflügeldecken weiß, weiße Schwanzaußenecken, hell beigebrauner Bürzel kontrastiert zu dunklerem Mantel
Ruf (bei beiden Arten oft beim Abflug)	fein, spitz „zipp", oft in Zugnächten zu hören	lang gezogen, trocken schnarrend

Gelegentlich findet man unter Gebüschen sogenannte **Drosselschmieden**. Dies sind harte Gegenstände, meistens ein Stein oder auch eine Flasche, auf denen Singdrosseln Schneckengehäuse aufschlagen und die daher von lauter zerschlagenen Schneckenhäusern umgeben sind.

Misteldrosseln sind sehr scheu, verteidigen ihre Nahrungsressourcen, wie Beerensträucher, jedoch argwöhnisch gegenüber jeder Konkurrenz. Hat man das Glück, einen Seidenschwanztrupp über einen mit Misteln gefüllten Baum herfallen zu sehen, sollte man auch auf die in Rage hin und her rasende Misteldrossel achten!

Singdrosseln etwas ähnlich, haben **Rotdrosseln** im Unterschied zu diesen rote Unterflügeldecken und Flankenbefiederung, die beim stehenden Vogel durch die Flügel verdeckt sein können. In jedem Fall hilft der helle Überaugenstreif in Kombination mit dem zweifarbig gelb-schwarzen Schnabel bei der Bestimmung. Der Grundton von Rotdrosseln ist mehr graubraun, die unterseitige Fleckung ist verwaschen, oft in angedeuteten Reihen. Der Flugruf, den man zur Zugzeit, zum Beispiel im Oktober, auch über Städten hört, ist ein sehr hohes, lang gezogenes „zieh" und somit sehr verschieden zu dem kurzen „zipp" der Singdrosseln. Rotdrosseln mischen sich gerne unter Wacholder- und andere Drosseltrupps und sind im Allgemeinen gesellig, im Gegensatz zu Misteldrosseln, die man meistens einzeln oder zu zweit antrifft.

Wacholderdrosseln sind besonders auffällig gefärbt. Mit dem grauen Kopf und Bürzel, der zur dunkelbraunen Mantel- und Schulterbefiederung und zum schwarzen Schwanz kontrastiert, und der leuchtend gelborangen Brust sind sie unverwechselbar. Oft bemerkt man Wacholderdrosseln durch ihren auffälligen Flugruf, einem oft gedoppelten, durchdringenden, gepresst vorgetragenen „gih", gefolgt von einem rau schackernden „schak-schak-schack". Gerne suchen sie im Winter an Obstbäumen, Beerensträuchern, aber auch in offenem Gelände in großen Gruppen nach Nahrung.

Ringdrosseln sind nicht einfach Amseln mit einem weißen Brustschild. Von der Struktur her sind es große, robust wirkende Drosseln. Sie besitzen auffällig hell gerandete Flügelfedern, die auch im Flug gut zu erkennen sind und die jedes Kleid von Amseln unterscheidet. Der gelbliche Schnabel weist einen dunklen First und eine ebensolche Spitze auf. Die Bauchfederränder der Brust und des Bauchs der bei uns in den Alpen brütenden Unterart *alpestris* sind auffällig hell gerandet, sodass ein Schuppenmuster entsteht. Die skandinavischen Vögel (Unterart *torqua-*

tus) ziehen bei uns auf dem Weg in die Überwinterungsgebiete im Mittelmeerraum nur durch und besitzen einheitlich schwarze Flanken- und Bauchfedern. Besonders auf unseren Inseln kann man sie zur Zugzeit im April/Mai und September/Oktober auf kurzrasigen Flächen nahe von Gebüschen finden. Die Rufe der Ringdrosseln sind markant tief und hart „tock", oft in Reihen wiederholt. Der monotone, häufig von einer Fichtenspitze einer locker baumbestandenen Almfläche aus vorgetragene Gesang gehört zu den typischen Sommergeräuschen im Gebirge.

Schnäpperverwandte – *Muscicapidae*

relativ heterogene Gruppe kleiner bis mittelgroßer Singvögel – alle haben ein geflecktes Jugendkleid – Adulte teilweise auffällig farbig – viele Arten sind vor allem Insektenfresser – größere Gruppen sind unter anderem Schnäpper, Rotschwänze und Steinschmätzer – Höhlen- und Halbhöhlenbrüter und Freibrüter: Nesthocker – viele sind Zugvögel, z. T. Weitstreckenzieher

Diese Gruppe umfasst kleine bis mittelgroße, spitz- bis flachschnäbelige Ansitz- und Wartenjäger mit oft stark entwickelten Schnabelborsten, die eine Tastfunktion haben und der Feinkoordination bei der flinken Beutejagd dienen. Insgesamt sind Schnäpperverwandte eine große, vielgestaltige Familie. Die kleineren Arten der Familie werden aus praktischen und weniger aus taxonomischen Gründen als „Erdsänger" bezeichnet. Erdsänger besitzen schlanke Beine und relativ zarte Schnäbel und leben häufig in Bodennähe. Die Nahrung besteht in erster Linie aus Insekten und anderen kleinen Wirbellosen. Beeren sind für viele Arten eine wichtige Zusatznahrung.

Topographie eines Schnäppers am Beispiel eines Halsbandschnäppermännchens

Der Gesang der Erdsänger, zu denen auch das hier abgebildete **Rotkehlchen** zählt, ist oft melodisch und abwechslungsreich und besonders bei versteckt und scheu lebenden Arten wie den Blaukehlchen für die Bestimmung von Bedeutung.

Die Geschlechter der Erdsänger sehen gewöhnlich unterschiedlich aus und eine jahreszeitliche Variation ist vorhanden. Bei mehreren Gattungen, wie bei den Rotschwänzen und Steinschmätzern, tragen die Altvögel ein farbenfrohes und/oder kontrastreiches Prachtkleid, das durch helle oder bräunliche Federsäume im frischen (Herbst-)Gefieder verdeckt wird. Die leuchtenden Farben kommen erst im Laufe des Frühjahrs durch Abnutzung zum Vorschein.

Die recht heterogene Gruppe der Schnäpperverwandten teilt das gesprenkelte oder gefleckte Jugendkleid, das bereits nach wenigen Wochen durch Mauser verschwindet. Es weicht deutlich von den Kleidern adulter Vögel ab und gibt Anfängern oft Rätsel auf. Im Bild ein **Rotkehlchen**.

Die artenreiche und vielgestaltige Gruppe der **Steinschmätzer** ist bei uns mit nur einer Art vertreten: dem Steinschmätzer. Abgebildet sind ein Männchen (links) und ein weibchenfarbener Vogel (altes Weibchen oder diesjähriger Vogel, rechts).

Die größte Vielfalt erreichen Steinschmätzer in den halbtrockenen und trockenen Gebieten Nordafrikas und des Nahen Ostens. Alle Steinschmätzer sind auffällige Kleinvögel offener, felsiger Landschaften. Sie stehen gerne auf exponierten, bodennahen Warten und zeigen oft den weißen Bürzel und die weißen Oberschwanzdecken und besonders im Flug den auffällig schwarz-weiß gemusterten Schwanz. Das Schwanzmuster ist typischerweise ein auf dem Kopf stehendes schwarzes „T" auf weißem Grund, das aus den weißen Basen der äußeren Steuerfedern gebildet wird, die sich mit dem weißen Bürzel vereinen. Jedoch lassen Steinschmätzer auf der Warte oder am Boden sitzend den Schwanz gefaltet, wodurch dieser ganz dunkel erscheint. Am besten sichtbar ist das artkennzeichnende Schwanzmuster bei der Landung.

Männchen im Prachtkleid sind meistens charakteristisch gefärbt, jedoch sind bei vielen Arten die Färbung und Muster im frischen (Herbst-)Gefieder durch bräunliche oder beigefarbene Federsäume verdeckt. Diese nutzen sich im Laufe des Winters ab und enthüllen im Frühjahr ein farbenprächtiges Kleid. Kennzeichnend für die bei uns regelmäßig durchziehenden, aber nur selten brütenden Steinschmätzer sind die schwarzen Ohrdecken der Männchen. Die Kleider der Vögel im ersten Winterkleid sind durchweg schwierig zu bestimmen. Diese Problematik wird bei einigen weitverbreiteten Arten durch ausgeprägte geografische Variation verstärkt. Noch dazu variiert das Kehlmuster bei einigen Arten.

Eine große Untergruppe innerhalb der Schnäpperverwandten bilden die Fliegenschnäpper. Bei ihnen handelt es sich um recht kleine, zierlich gebaute, insektenfressende Vögel, die oft in mittlerer Höhe in Bäumen und deren Umgebung Ansitzjagd auf Insekten betreiben.

Grauschnäpper zeigen ein für Schnäpper sehr typisches Jagdverhalten. Von exponierter Warte, oft im Kronenraum der Bäume, erspähen sie ihre vor allem aus Fluginsekten bestehende Beute, die sie im rasanten Jagdflug ergreifen. Beim

Schnappen nach dem Insekt kann man oft die scharf knackenden Schnabelgeräusche hören. Darauf kehren Fliegenschnäpper meistens an ihre ursprüngliche Position zurück. Zwischen den Nahrungsflügen stehen sie häufig in aufrechter Haltung auf der Warte und zucken mit Flügeln und Schwanz. Weder das unscheinbar graue Gefieder noch der wenig beachtete, hoch zirpende Gesang von Grauschnäppern ziehen die Aufmerksamkeit auf sich. Grauschnäpper gehören zu den am weitesten ziehenden heimischen Singvögeln. In den Savannen des südlichen Afrikas sind sie im Winter beziehungsweise im dortigen Sommer eine der häufigsten Vogelarten überhaupt. Grauschnäpper gehören zur Gattung *Muscicarpa*, während alle anderen heimischen Fliegenschnäpperarten zur Gattung *Ficedula* gehören. Erstere bauen ein offenes Nest in Astgabeln, in flachen Nischen von Bäumen oder in Mauernischen und Halbhöhlenkästen. *Ficedula*-Fliegenschnäpper, dazu zählen Zwerg-, Halsband- und Trauerschnäpper, sind hingegen Höhlenbrüter. Sie nutzen Baumhöhlen und beziehen oft auch geschlossene Nistkästen. Zwergschnäpper nehmen Nischensituationen und Halbhöhlen an. Im Gegensatz zu den *Muscicarpa*-Arten sind die Geschlechter bei *Ficedula*-Arten deutlich verschieden.

Fliegenschnäpper haben im Gegensatz zu anderen Schnäpperverwandten sehr kurze Beine. Sie sitzen aufrecht und jagen fast ausschließlich von einer Sitzwarte aus nach Fluginsekten. Schnäpper sind allgemein wenig gesellig. Die Gesänge klingen zwar angenehm, sind aber meist wenig auffällig, weil die Strophen kurz sind und oft leise vorgetragen werden.

Einige Erdsänger, wie Rotschwänze oder Rotkehlchen, könnten bei schlechter Sicht mit Fliegenschnäppern verwechselt werden. Erdsänger haben jedoch viel längere Beine.

Die auf der nächsten Seite abgebildeten schwarz-weißen *Ficedula*-Arten sind bei uns Trauer- und Halsbandschnäpper. Sie können schwierig zu unterscheiden sein, insbesondere die Weibchen. Um sie zu identifizieren, sollte man auf die präzise Form und Ausdehnung von Weiß im Flügel (Vorhandensein/Fehlen von Weiß an der Handschwingenbasis) und das Vorhandensein von heller Befiederung auf Hinterrücken und Hinterhals achten.

Trauerschnäppermännchen treten auch in graubraunen Formen auf. Das auf der nächsten Seite abgebildete Trauerschnäppermännchen ist im ersten Sommer (ein Jahr alt). Die Handschwingen und einige Flügeldecken sind abgenutzter und brauner, sie stammen noch aus dem Jugendkleid. Dieses Merkmal lässt sich bei allen Singvögeln mit schwarzen Schwungfedern erkennen, also ebenso bei Amselmännchen oder Rabenkrähen.

Halsbandschnäpper besiedeln älteren Laubwald mit Lichtungen, Unterwuchs und oft mit Eichen, in denen sie viele Bruthöhlen finden, aber auch Parks und Streuobstwiesen werden angenommen. Man findet Halsbandschnäpper bei uns nur lokal in

Süddeutschland, beispielsweise entlang der Donau und den ihr zufließenden Flüssen oder in den Streuobstwiesen der Schwäbischen Alb.

Trauerschnäpper sind weiter verbreitet. Man findet sie in lichten Laub- und Mischwäldern, in Parks sowie in großen Gärten. Beide Arten sind Sommervögel, die bei uns von Ende April bis Anfang September bleiben und die den Winter in Afrika verbringen.

Das adulte **Zwergschnäppermännchen** ähnelt einem Rotkehlchen, ist jedoch von der Körperstruktur her viel zarter und durch weiße Schwanzaußenbasen gekennzeichnet. Zudem halten sich Zwergschnäpper im Gegensatz zu den bodennah jagenden Rotkehlchen fast nur im Kronenraum auf.

Zwergschnäpper sind bei uns seltene Brutvögel im Alpenraum, im Bayerischen Wald und in einigen Wäldern Ostdeutschlands. Sie kommen bedeutend häufiger in sehr alten Wäldern mit einem Bestandsalter von über 300 Jahren vor. Dort brüten sie zum Beispiel in wirtschaftlich wenig interessanten, unterständigen Bäumen, beispielsweise in ausgefaulten Streifschäden. Solche Strukturen entstehen erst in sehr alten Wäldern, die daher ein entsprechendes Höhlen- und Nischenangebot aufweisen. In Osteuropa sind Zwergschnäpper erheblich häufiger und in ihrer Habitatwahl weniger anspruchsvoll. Dieses Phänomen beobachtet man bei vielen Vogelarten, wenn man die Habitatwahl am Rand ihrer Verbreitung mit der im Zentrum ihrer Verbreitung vergleicht.

Zwergschnäppermännchen bilden erst im zweiten Sommer ihre rotorangefarbene Kehle aus. Einjährige Männchen und jüngere Männchen sind noch weitgehend hellkehlig, verteidigen jedoch schon Reviere. Dieses Phänomen beobachtet man nur bei wenigen anderen Singvögeln wie Karmingimpeln, bei denen die Männchen erst im zweiten Sommer die knallig karminrote Färbung zeigen.

Braun- und Schwarzkehlchen ähneln sich im Aussehen und Verhalten, weshalb sie zuweilen verwechselt werden. Beide Arten siedeln in offenen Lebensräumen. Braunkehlchen findet man in feuchten Wiesen- und Weidenlandschaften und in verbuschenden Verlandungsgesellschaften. Schwarzkehlchen brüten in nicht oder wenig genutzten Offenländern wie Hochmooren, extensiv genutzten Weinbergen oder Heiden. Während Braunkehlchen stark unter der Intensivierung der Landwirtschaft leiden und die Bestände in den letzten Jahrzehnten dramatisch zusammengebrochen sind, haben Schwarzkehlchen zugenommen und zuvor unbesiedelte Bereiche erschlossen.

Braun- und Schwarzkehlchen halten in aufrechter Körperhaltung auf erhöhten Warten, wie Stauden, Koppelpfählen und niedrigen Büschen, nach Insekten Ausschau, die sie in kurzen Beuteflügen am Boden oder zuweilen auch in der Luft fangen. Neben den in den Abbildungen dargestellten Merkmalen haben Braunkehlchen im Gegensatz zu Schwarzkehlchen weiße Basen der äußeren Schwanzfedern und keinen weißlichen Bürzel wie Schwarzkehlchen. Diese Merkmale sieht man vor allem im Flug.

Braunkehlchen sind ausgesprochene Zugvögel, die man nur von Mai bis September bei uns findet, sie überwintern in Afrika. Schwarzkehlchen sind hingegen Kurzstreckenzieher. Besonders im westlichen Mitteleuropa trifft man sie auch ganzjährig an.

Die folgende Abbildung zeigt Nachtigall und Sprosser. Es handelt sich um Geschwisterarten, die sich erst während der letzten Eiszeiten gebildet haben. Nachtigallen sind in Süd- und Mitteleuropa verbreitet, während Sprosser in Nordosteuropa behei-

matet sind. Deutschland liegt in der Übergangszone der Verbreitung der beiden Arten, wobei man Sprosser bei uns nur nördlich der Linie Lübeck–Frankfurt/Oder zuverlässiger finden kann. Beide Arten besiedeln Laubwälder, Gehölze, Parks und Gärten mit viel Unterholz, oft in Wassernähe, aber auch trockeneres Gelände. Dort wo beide Arten nebeneinander vorkommen, dominieren Sprosser in den feuchten Bereichen, während Nachtigallen in den trockeneren Hanglagen zu finden sind. Die beiden Arten unterscheiden sich äußerlich wenig, lassen sich jedoch recht gut durch ihren Gesang unterscheiden.

Blaukehlchen sind die einzigen heimischen Vertreter der äußerst farbenprächtigen Gattung *Luscinia*. Einstmals vielerorts selten oder ausgestorben, hat die Art zahlreiche Flächen neu- und wiederbesiedelt. Der Bestandstrend ist anhaltend positiv. Die farbenprächtige Kehle bekommt man nicht immer zu sehen, denn *Luscinia*-Arten können sich ausgezeichnet verstecken. Abfliegende Blaukehlchen wirken braungrau, nur die rostroten Basen der äußeren Steuerfedern blitzen bei der Landung hervor.

Blaukehlchen besiedeln verschilfte Weidengebüsche an Gewässerufern, Grabenrändern, in versumpftem Auwald, bewachsenen Kiesgruben oder ähnlichen Habitaten. Es handelt sich um Sommervögel, die bei uns von April bis September zu sehen sind und den Winter im Mittelmeerraum, in Afrika und Südasien verbringen. Die eintreffenden Männchen singen ausdauernd, gerne an milden Frühjahrsabenden, bis in die beginnende Nacht und regelmäßig im Singflug. In den abwechslungsreichen Gesängen sind zahlreiche Imitationen eingeflochten.

Ersatzfelsen in der Stadt

Hausrotschwänze, wie dieses adulte Männchen, gehören wie Turmfalken und Mauersegler zu den Vögeln, die Gebäude in den Städten als Ersatzlebensraum angenommen haben. Als ursprüngliche Felsbrüter haben sie die räumlich vertikal ausgerichteten baulichen Strukturen als Ersatzbiotop übernommen und dadurch die Schranken ihres natürlichen Vorkommens überwunden. Mittlerweile sind Hausrotschwänze ein so vertrautes Bild in unseren Orten, dass sich einige Menschen mehr über einen auf der Karwendelspitze singenden Hausrotschwanz wundern als über einen Vogel im 14. Stock eines Hochhauses.

Haus- und Gartenrotschwänze sind weitverbreitete Arten. Hausrotschwänze findet man nicht nur dem Namen nach häufig an Gebäuden, die sie als Ersatz für die ursprünglich besiedelten Felsen angenommen haben. **Gartenrotschwänze**, wie dieses prächtige adulte Männchen rechts, bevorzugen Obstgärten, lichte alte Wälder, Parks und Gärten. Während Hausrotschwänze zunehmend in Mitteleuropa überwintern, in der Masse jedoch als Kurzstreckenzieher von Dezember bis Februar abwesend sind, sind Gartenrotschwänze Weitstreckenzieher. Sie ziehen von September bis April nach Afrika.

Die Männchen der beiden Arten sind leicht zu unterscheiden, die hier abgebildeten Weibchen sehen sich hingegen ähnlich. Hausrotschwanzweibchen wirken als Ganzes bis auf den Schwanz grau, während Gartenrotschwanzweibchen deutlich wärmer gefärbt sind. Die Brust von Gartenrotschwänzen ist im Gegensatz zu Hausrotschwänzen mit einem orangebraunen Ton überzogen.

Junge **Gartenrotschwanzmännchen** zeigen dunkel getönte Wangen. Die Flanken sind bereits deutlich rötlich, die Kehle jedoch noch hell.

Wasseramseln – *Cinclidae*

knapp starengroße Singvögel – gedrungene, zaunkönigartige Gestalt – kurzschwänzig – leben an fließenden Gewässern – auf Steinen im Gewässer stehend, Beine knicksend – suchen Nahrung tauchend und schwimmend – brüten ufernah in selbst gebauten Kugelnestern: Nesthocker – Standvögel oder Kurzstreckenzieher

Die Vertreter dieser artenarmen Familie sind die am besten an das Leben am Wasser und besonders an das Leben am schnell fließenden Wasser angepassten Singvögel. Es handelt sich um knapp drosselgroße, kurzschwänzige, kurzschnäbelige, rundflügelige Arten, die gerne auf Steinen am Wasser stehen und dabei unentwegt die Beine knicksen. Sie können gut schwimmen. Ihr Gefieder wird durch Bürzeldrüsensekret wasserdicht gehalten. Man kann Wasseramseln daher oft bei der Gefiederpflege beobachten. Durch Häute kann die Nasenöffnung verschlossen werden. Mit erhobenem Kopf und Schwanz treiben sie mit leicht geöffneten Flügeln oft ein Stück in der Strömung. Sie tauchen bis 1,5 m tief und nutzen ihre Flügel als Ruder, dabei stemmen sie sich mit den Beinen gegen die Strömung. Die kräftigen Zehen sind mit spitzen Krallen ausgestattet, sodass die Vögel auf den glitschigen Steinen Halt finden. Ihre Füße besitzen keine Schwimmhäute, weshalb Wasseramseln auf dem Wasser nicht besonders schnell schwimmen können. Oft laufen oder springen Wasseramseln von einem Stein aus in das Wasser. Im Gegensatz zu den meisten Vögeln sind die Knochen, außer den Schädelknochen, nicht hohl, sondern mit Mark gefüllt. Das erhöht ihr spezifisches Gewicht und erleichtert somit das Tauchen. Die weißliche Nickhaut, die man am blinzelnden Vogel gut erkennen kann, wirkt unter Wasser wie eine Taucherbrille. Altvögel tauchen meistens fünf bis zehn Sekunden lang. Die Jungvögel können sogar früher tauchen als fliegen. Bei Störungen lassen sie sich untergetaucht treiben, um dann das deckungsreiche Ufer aufzusuchen. Im Wasser suchen sie nach Insektenlarven und kleinen Fischen. Oft sammeln sie schwimmend Insekten von der Wasseroberfläche ab. Ihr Flug ist flach und schwirrend und folgt dem Flusslauf.

Bei uns kommt nur eine Art vor: die **Wasseramsel**. Mit der leuchtend weißen Kehle und Brust, die zur sonst dunklen, teilweise kastanienbraunen Färbung kontrastiert, sind die Altvögel unverkennbar. Man findet sie an schnell fließenden Bächen und Flüssen, wo sie unter großen Felsbrocken, Brücken oder Uferverbauungen ein kugelförmiges Nest aus Moos bauen. Die einfachste Methode, um diese Art zu beobachten, ist an geeigneten Fließgewässern sorgfältig alle Ufersteine abzusuchen. Weiß bekotete Steine verraten ihre Anwesenheit.

Jungvögel sind grauer, ober- und unterseits hellgrau gesprenkelt und geschuppt.

Sperlinge – *Passeridae*

gedrungene Gestalt – kegelförmiger Schnabel – ernähren sich auf dem Boden hüpfend von Samen und Körnern – Junge werden mit Insekten gefüttert – Gefiederfärbung relativ schlicht – viele Arten gesellig, manche Koloniebrüter – die meisten Arten in offener Landschaft – einzelne Arten wie Schneesperlinge im Hochgebirge – brüten in Höhlen oder Spalten und bauen einfach geflochtene Kugelnester: Nesthocker – Stand- und Zugvögel, viele Arten Kurzstreckenzieher

Die bei uns allgemein als Spatz bekannten Arten Feld- und Haussperling vertreten diese Familie bei uns trotz Bestandseinbußen in den letzten Jahrzehnten noch recht häufig. Sperlinge sind allesamt körnerfressende Vögel in der Kulturlandschaft, in gebüschreichen, felsigen Gebieten und in Siedlungen. Kennzeichnend ist ihre stämmige Figur mit großem Kopf, kurzem und kräftigem Schnabel, kombiniert mit kurzen und dicken Beinen – eine Erscheinung, die die noch vielerorts allgegenwärtigen Haussperlinge in besonderem Maße verkörpern. Die Nahrungssuche erfolgt am Boden durch lebhafte, kräftige Sprünge. Allen Sperlingen ist der kräftige, schwirrende Flügelschlag gemein. Die meisten Arten brüten in lockeren Kolonien. Haus- und Feldsperlinge bauen etwas lieblose, unordentliche Nester in Höhlungen und Nischen, gerne an Gebäuden. Sie sind mit den Webervögeln verwandt. Außerhalb der Brutzeit sieht man sie auch mit anderen Körnerfressern zusammen. Sperlinge sind keine guten Sänger, ihre Lautäußerungen klingen einförmig tschilpend.

Beim **Haussperling** sind die Geschlechter deutlich verschieden: Links das Weibchen, rechts das Männchen.

Haussperlinge sind mit dem Menschen nach Mitteleuropa eingewandert. Das bedeutet 10.000 bis 15.000 Jahre gemeinsame Geschichte von Mensch und Spatz! Es handelt sich um ein Paradebeispiel für Kulturfolger. Obwohl Haussperlinge sesshaft sind, können sie in kurzer Zeit riesige Gebiete besiedeln, wie die Siedlungsgeschichte der in Nordamerika ausgesetzten Vögel zeigt. Entscheidend ist die Schwarmphase nach der Brutzeit, in der die spätsommerlichen Sperlingsschwärme in die Umgebung ausschwärmen, um dort reifende Gräser und Getreide ausfindig zu machen. Schon im Herbst kehren die Haussperlinge jedoch an ihre angestammten Brutplätze zurück und beginnen bereits wieder mit Balz und Nestbau. Die Männchen balzen am Boden vor dem Weibchen in geduckter Haltung mit hängenden, zitternden Flügeln und aufgestelltem Schwanz. Viel mehr als ihr notorisches Getschilpe bringen sie aber akustisch nicht zustande. Die Jungvögel vagabundieren weiter umher und siedeln sich bei entsprechenden Lebensraumbedingungen in neuen Gegenden an. Obwohl man Haussperlinge noch in weiten Teilen Mitteleuropas häufig antrifft, sind die Zahlen in den letzten Jahrzehnten stark zurückgegangen. Ursache sind fehlende Nistmöglichkeiten durch moderne Bauweisen, eine effiziente Landwirtschaft, die weniger Ernterückstände auf Feldern und Höfen zurücklässt, sterile Gärten ohne Versteckmöglichkeiten und ein deutlicher Rückgang in der Kleinviehhaltung, die stets größere Sperlingsverbände miternährt.

In der Südschweiz, in Italien und auf Korsika kommt der **„Italiensperling"** vor. Es herrscht Uneinigkeit darüber, ob es sich um eine Unterart des Haus- oder des Weidensperlings handelt, in jedem Fall wird sie wissenschaftlich *italiae* bezeichnet. Die Männchen sehen wie eine Mischung aus beiden Arten aus. Der Brustlatz und der meistens ungestrichelt grauweiße Bauch sind wie beim Haussperling, die rotbraune Kopfplatte wie beim Weidensperling. Der Überaugenstreif ist schmal und unauffällig und ein intermediäres Merkmal.

Die Geschlechter sehen bei **Feldsperlingen** nahezu identisch aus. Das einfachste Erkennungsmerkmal für Feldsperlinge ist der schwarze Wangenfleck. Feldsperlinge sind nicht ganz so eng an den Brutplatz gebunden wie Haussperlinge. Man findet ihre Schwärme zu jeder Zeit auf Feldern, in Hecken und in Buschlandschaften. Es wird angenommen, dass Haussperlinge bei uns gegenüber Feldsperlingen als überlegene Konkurrenten in geschlossenen Siedlungen auftreten. Die kleineren Feldsperlinge kommen in ländlichen Gegenden oder in Feldgehölzen außerhalb der Siedlungen oder am Waldrand besser zurecht.

In Südeuropa kommt eine weitere Sperlingsart hinzu: der **Weidensperling**. Die rotbraune Kappe des Männchens in Kombination mit der dicht und breit schwarzen Strichelung auf Brust, Flanken und Rücken macht ihn unverwechselbar. Man findet Weidensperlinge ähnlich wie Haussperlinge in Nischen von Gebäuden nistend. Noch häufiger treten sie jedoch in Gebüschen oder Baumgruppen meist nahe feuchter Stellen oder als Untermieter in Nestern von Greifvögeln und Störchen auf.

Schneesperlinge sind die einzigen auch in Mitteleuropa brütenden Vertreter einer ganzen Reihe von Schneesperlingsarten, die vor allem in den Hochgebirgen Zentral-Ostasiens beheimatet sind. Man findet Schneesperlinge in felsigen Bergregionen, oft oberhalb 1.900 m bis in die höchsten Höhen. Sie bleiben auch im Winter in der hochalpinen Zone, wo man sie zuweilen vertraut an Skihütten und Restaurants beobachten kann. Im Schlichtkleid und im ersten Winter sind die Kehle hell und der Schnabel gelb. Im Prachtkleid hingegen sind Schnabel und Kehle schwarz.

Schneesperlinge ähneln im Flug Schneeammern, die in Mitteleuropa nur im Winter vorkommen und kaum einmal in die Gebirgslagen vordringen.

Braunellen – *Prunellidae*

erinnern an Sperlinge oder Ammern – unauffällig gefärbt – Schnäbel schlank und spitz – Verhalten am Boden und/oder in Geäst – in geduckter Haltung, oft ruckartig huschend nach Nahrung suchen – Männchen singen von exponierter Warte aus komplexe Gesänge – komplexes Paarungsverhalten – bauen in Geäst oder in Spalten Nester: Nesthocker – Kurzstreckenzieher oder Standvögel

Alpenbraunellen brüten gewöhnlich in 1.800 bis 3.000 m Höhe in der völlig baumfreien alpinen Zone. Sie leben gesellig, zur Brutzeit scharen sich mehrere Männchen um ein Weibchen. Im Winter findet man sie zuweilen an Berghütten.

Braunellen erinnern mit ihren graubraunen Farbtönen, der gedrungenen Gestalt und der oft erdgebundenen Lebensweise an Sperlinge und Ammern, mit denen sie zuweilen verwechselt werden. Der spitze, dünne Insektenfresser-Schnabel unterscheidet sie jedoch deutlich von Letzteren. Neben Insekten werden vor allem im Winter auch Samen aufgepickt. Braunellen halten sich gerne im dichten Unterwuchs und am Boden auf, über den sie sich ruckartig hüpfend bewegen. Am auffälligsten sind die beiden mitteleuropäischen Arten, Hecken- und Alpenbraunelle, im Frühjahr, wenn sie singen. Während man die großen Alpenbraunellen bei uns vor allem in den alpinen Lagen der Alpen findet, wo sie in oft schwindelerregenden Felslagen durch ihren lauten Singflug auf sich aufmerksam machen, fehlen Heckenbraunellen in kaum einem Garten. Hier findet man sie besonders in dichten Hecken und Gebüschen. Im zeitigen Frühjahr sieht man sie regelmäßig auf einer Fichtenspitze singen.

Das komplexe Paarungsverhalten der Heckenbraunellen

Mag uns die sperlingsgroße **Heckenbraunelle** als unscheinbarster Vertreter unserer Singvögel erscheinen, so verbirgt sich hinter dem hastig und laut vorgetragenen Gesang doch ein vielgestaltiges Paarungsverhalten. Bei der Heckenbraunelle verteidigen

sowohl Männchen als auch Weibchen eigene Reviere durch Gesang. Dabei versuchen die Männchen, möglichst viele Weibchen-Reviere (bis zu drei) mit dem eigenen Revier zu dominieren. Zudem überlappen sich Männchen- und Weibchenreviere gegenseitig, sodass beispielsweise ein dominantes und ein subdominantes Männchen in direkter Nachbarschaft leben. Dabei versucht das dominante Männchen, das subdominante Männchen – besonders während und kurz vor der Legephase – von „seinen" Weibchen fernzuhalten und sich alleine mit ihnen zu paaren. Jedoch gelingt es ihm nicht, das subdominante Männchen von jeglicher Paarungsaktivität auszuschließen. Zumal die Weibchen sich dem gelegentlichen „Seitensprung" nicht verwehren, gar zur Erhöhung des Fortpflanzungserfolges subdominante Männchen gezielt aufsuchen. Mitunter bemühen sich sogar drei Männchen in abgestufter Dominanz um ein Weibchen. Bei synchronem Nestbau- und Legebeginn ist eine Monopolisierung mehrerer Weibchen kaum möglich. In so einem Fall kopulieren mehrere Männchen mit mehreren Weibchen. Polygynandrie ist der Fachausdruck für dieses Kopulationsverhalten, das im Grunde aus einer einzelgängerischen Lebensweise resultiert.

Stelzenverwandte – *Motacillidae*

zierliche, langschwänzige und langbeinige Singvögel – häufig am Boden – auffällige weiße Schwanzaußenkanten, im Flug gut zu erkennen – bauen Nester bodennah oder am Boden (z. B. Pieper) oder auch in Gebäude- und Felsnischen (z. B. Bachstelze): Nesthocker – zwei Gruppen:
Pieper: vor allem bräunlich gestreift – Geschlechter ähnlich gefärbt – wohlklingende Gesänge oft im Singflug vorgetragen – Nester am Boden – Zugvögel: Weit- und Kurzstreckenzieher
Stelzen: deutlich kontrastreicher – Geschlechter unterscheidbar – wippen bei Nahrungssuche am Boden oft mit dem Schwanz – Standvögel, Kurz- und Weitstreckenzieher

Pieper und Stelzen haben viele Gestalts- und Verhaltensmerkmale gemeinsam. Sie sind alle recht schlank, langschwänzig und halten sich häufig am Boden auf.

Pieper sind kleine bräunliche, gestreifte, bodenbewohnende Vögel offener Landschaften. Alle Arten weisen weiße oder sehr helle äußere Schwanzfedern auf, die besonders beim Auffliegen und Landen gut zu erkennen sind. Sie haben lange Schirmfedern, die die Handschwingen beim geschlossenen Flügel bedecken, ganz ähnlich wie bei Stelzen und Lerchen. Pieper haben schlanke Schnäbel und relativ lange, dünne Beine. Laufende Pieper wippen in charakteristischer Weise mit dem Schwanz. Ihre Nester liegen am Boden versteckt. Der Gesang ist abwechslungsreich, wohlklingend und wird oft im Singflug über dem Brutrevier vorgetragen. Der Singflug ist nicht so ausdauernd wie der der Lerchen und er wird im Gegensatz zu diesem durch eine schräg abwärts führende, fallschirmartige Gleitphase beendet. Die Geschlechter der heimischen Arten sind nahezu gleich, die Mehrzahl der Kleider zeigt wenig jahreszeitliche Variation. Die Jungvögel ähneln den Altvögeln und können bei einigen Arten durch eher schuppig wirkende Muster, hellere, eher rosafarbene Beine und helleres, mehr beiges oder sogar gelblich getöntes Gefieder unterschieden werden.

Die fast zeichnungslosen Brachpieper sind Vertreter der großen Pieper, zu denen auch die bei uns sehr selten und vor allem an der Küste durchziehenden Spornpieper zählen. Brachpieper besiedeln selten trockene, sandige Landschaften in Heide- und Dünengelände oder in Bergbaufolgelandschaften. Sie überwintern in Afrika und können bei uns selten zwischen Mai und August angetroffen werden. Da viele vegetationsarme Flächen bei uns aufgrund fehlender Übernutzung und Nährstoffeintrag durch die Luft zuwachsen, nehmen Brachpieper stark ab. Man erkennt sie an ihrem einheitlich sandfarbenen Gefieder mit ungestrichelt beigeweißer Brust, wenigen

Stricheln an den Brustseiten und ihrem ungestrichelten Mantel. Jungvögel sind auf dem Mantel jedoch gestrichelt. Die Mittleren Armdecken kontrastieren dunkel mit breiten weißlichen Spitzen. Der Zügel ist im Gegensatz zu Spornpiepern dunkel. Der Kontaktruf ist ein volles, spatzenähnliches „tschilp" oder kürzer „tjüpp".

Wie die meisten Stelzen haben Pieper helle, durch die Spitzen der Mittleren und Großen Armdecken gebildete Flügelbinden. Zudem zeigen Pieper auffällige dunkle Zentren der Mittleren Armdecken. Verwechslungsgefahr besteht vor allem mit Lerchen. Diese sind jedoch kompakter, rundlicher, kurzschwänziger und besitzen häufig eine zumindest angedeutete Haube. Im Gegensatz zu Lerchen stehen Pieper gerne auf Drähten oder Büschen. Zwar ist die Flugweise bei beiden stark wellenförmig, jedoch sehen Pieper im Flug schlanker aus als Lerchen. Pieper und Lerchen ziehen tagsüber und nachts. Pieper sind weniger gesellig als Lerchen, wenn auch beispielsweise Wiesenpieper in Trupps ziehen.

Die einzelnen Pieperarten sind nicht immer leicht zu bestimmen. Die meisten Arten haben kennzeichnende Flugrufe, die meistens beim Auffliegen zu hören sind. Sie können bei schwierigen Artenpaaren wie Wiesen- und Baumpiepern wichtiger als die Gefiedermerkmale sein. Entscheidende Merkmale, die man bei Piepern beachten sollte, sind Rufe, Kopfzeichnung, Ausdehnung der Streifung der Oberseite und Beinfärbung.

Unterscheidung von Berg- und Strandpiepern im Schlichtkleid

Berg- und Strandpieper sind eher große Pieper. Bergpieper brüten in der alpinen Zone auf grasbewachsenen Hängen und Matten. Als Kurzstreckenzieher überwintern sie im Tiefland an Fluss- und Seeufern sowie auf überschwemmten Wiesen. Nur selten ziehen sie bis an die Küste. Im Sommer kann man Bergpieper im Prachtkleid durch die ungestrichelte rosa Brust und den ungestrichelt graublauen Kopf mit deutlichem Überaugenstreif kaum verwechseln. Im Schlichtkleid ähneln sie den nahe verwandten Strandpiepern, mit denen sie früher zu einer Art (Wasserpieper) zusammengefasst waren. Strandpieper sind Wintergäste an unseren Küsten, wo man sie vor allem an felsigen Abschnitten findet.

Merkmale	Bergpieper	Strandpieper
erster Eindruck	sauber gezeichnet, eher heller braun	schmutziggrau, düster, undeutliche Musterung
Unterseite	reiner weiß, Längsstreifen deutlicher	schmutzig, weiß, Brust und Flanken kräftig diffus gestrichelt
Überaugenstreif und Flügelbinde	deutlich	Überaugenstreif undeutlich und kurz, wenig prominent
Äußere Steuer-federn	reinweiß	hellgrau
Beinfärbung	grau oder heller rotbraun	dunkel
Schnabel	Unterschnabel gelblich, kürzer	relativ lang, dunkel

Unterscheidung von Wiesen- und Baumpiepern

Wiesen- und Baumpieper sehen für den Laien verwirrend ähnlich aus. Da beide Arten zumindest auf dem Durchzug recht häufig sind, bereiten sie oft Bestimmungsprobleme. Wiesenpieper brüten in offenen Wiesen- und Weidelandschaften, in Mooren und Heideflächen von der Küste bis zur Baumgrenze. Sie überwintern vor allem in Südwesteuropa und können auf dem Zug besonders an der Küste in großer Zahl in jeglicher Art von offenem Habitat auftreten. Baumpieper brüten hingegen in offenem Wald, gern am Rand von Mooren, Heideflächen oder Kahlschlägen und Lichtungen. Auch Baumpieper kommen im Gebirge bis an die Baumgrenze vor. Sie sind Sommervögel von April bis September und überwintern in Afrika.

Das wichtigste Unterscheidungsmerkmal der beiden Arten ist die Flankenstrichelung. Sie ist bei Wiesenpiepern gleich breit wie die Bruststrichelung, bei Baumpiepern hingegen deutlich feiner als die der Bruststrichelung.

Rotkehlpieper brüten in Fjäll- und Tundraflächen im nördlichsten Europa. Sie überwintern lokal im Nahen Osten und ziehen bei uns selten im April/Mai und September/Oktober durch. Nur selten hat man Glück und findet einen Vogel am Boden. Bei Altvögeln kann man dann die unverwechselbare ziegelrote Kehle bewundern. Häufiger wird man durch den langen, klaren, hohen, feinen Ruf, der wie „psiiie" klingt, auf überfliegende Rotkehlpieper aufmerksam. Der Ruf ähnelt dem von Baumpiepern, ist aber deutlich weniger rau.

Stelzen ähneln den Piepern. Sie unterscheiden sich durch einen längeren Schwanz, die fehlende Streifung auf Ober- und Unterseite sowie dunkle Beine (außer Gebirgsstelze). Viele Pieperarten zeigen hingegen helle Beine. Alle Stelzen bevorzugen die Randzonen von Gewässern, was besonders bei Gebirgsstelzen ausgeprägt ist. Stelzen suchen wie Pieper am Boden nach Nahrung. Außerhalb der Brutzeit sind Stelzen gesellig und bilden auf dem Zug und an Winterschlafplätzen kleine Trupps. Die Flugweise ist besonders wellenförmig, stets begleitet von charakteristischen Rufen.

Bei den Stelzen können die Geschlechter unterschieden werden und innerhalb des Jahres variiert die Gefiederfärbung. Trotz ihrer Verwandtschaft zu den Piepern sind Stelzen durch ihr ungestreiftes Gefieder und den langen Schwanz mit den meisten Piepern und auch anderen Artengruppen kaum zu verwechseln.

Schafstelzen kommen in vielfältigen Unterarten vor, die seit wenigen Jahren auch teilweise als eigene Arten betrachtet werden. Sie unterscheiden sich in erster Linie in der Kopfzeichnung der Männchen im Prachtkleid. Hier die als **Maskenschafstelze** bezeichnete Form *feldegg*, die in Südosteuropa brütet. Es kann sich durchaus lohnen, rastende Schafstelzentrupps nach diesen Formen durchzumustern.

Schafstelze (nächste Seite oben), hier die mitteleuropäische Wiesenschafstelze, und Gebirgsstelze (nächste Seite unten) ähneln sich oberflächlich, lassen sich aber an Rücken- und Kehlfärbung leicht unterscheiden. Während Gebirgsstelzen an schnell

WIESENSCHAFSTELZE
olivgrün
Kehle hell
Schwanz
relativ kurz
schwarz

GEBIRGSSTELZE
grau
schwarz
schwarz
sehr lang,
wippt ständig
mit Schwanz
und Hinterkörper
weiße
Flanken
Beine relativ kurz,
braunrosa

fließendes Wasser von Bächen und Flüssen gebunden sind, findet man Schafstelzen auf Grünländern und Äckern. Gebirgsstelzen kommen ganzjährig vor, Schafstelzen ziehen hingegen im Winter nach Afrika.

Bachstelzen sind die häufigsten Stelzen, die auch in der Nähe von oder an Häusern brüten. Bachstelzen bevorzugen offenes Gelände, gerne auch an Gewässern. In Mitteleuropa kommen Bachstelzen vor allem zwischen März und Oktober vor. Sie wippen charakteristisch mit dem Schwanz, was dieser Art den sympathischen plattdeutschen Namen "Wippsteert" eingebracht hat, was übersetzt sowohl Bachstelze bedeutet als auch einen quirligen Menschen bezeichnet.

Finkenverwandte – *Fringillidae*

kleine bis mittelgroße Singvögel – kegelförmige Schnäbel zur Bearbeitung von Körnern und Samen – hüpfen oft auf dem Boden – viele Arten sind bunt gefärbt und zeigen auf Flügeln und den meistens gekerbten Schwänzen eine auffällige artkennzeichnende Musterung – Freibrüter: Nesthocker – die meisten Arten Kurzstreckenzieher – etliche Arten besuchen Vogelfütterungen

Finken sind eine artenreiche und vielgestaltige Gruppe kleiner samenfressender Vögel mit kurzen, kräftigen, scharfkantigen, meistens kegelförmigen Schnäbeln. Der Schwanz der meisten Arten ist schmal und eingekerbt. Der Name Fink rührt wahrscheinlich von dem häufig von Buchfinken geäußerten Ruf, einem hellen „pink" oder eben „fink". Finken haben eine Vielzahl von Lebensräumen besiedelt, hauptsächlich verschiedene Wald- und Buschlandhabitate, aber auch Kulturland, Steppengebiete, Moore oder sogar Wüsten.

Ein **Stieglitz** zeigt seine Farbenpracht. Die oft bunte Gefiederfärbung der Männchen machte Finken in Mitteleuropa in der Vergangenheit zu beliebten Käfigvögeln. Sie sind einfach zu füttern und bieten neben bunten Farben auch wohlklingende Gesänge. Durchschnittlich werden Finken wie viele Kleinvögel nur zwei bis drei Jahre alt; bei einigen Arten kann allerdings in Einzelfällen, insbesondere in Gefangenschaft, ein Alter von über fünfzehn Jahren erreicht werden. Ein weiterer verbreiteter Name für den Stieglitz, was sich auf den Ruf bezieht, ist Distelfink, was sich auf die Distelsamen bezieht, die der Fink kletternd aus den Disteln zieht.

Auffällig sind die Schnäbel der Kreuzschnäbel, hier ein männlicher **Fichtenkreuzschnabel**, deren Spitzen überkreuzt sind und die als Hebel zum Öffnen von Nadelbaumzapfen dienen, damit die langen, borstigen Zungen den Samen herausziehen können.

Der Körperbau der Finken ist gedrungen. Typisch sind ein großer, rundlicher Kopf sowie in der Regel kurze, kräftige Beine. Finken finden ihre Nahrung, vor allem Samen, am Boden hüpfend. Die Samen werden mit dem kräftigen Schnabel geschält und aufgebrochen. Daneben spielen auch Knospen, Früchte und im Sommer auch Insekten eine Rolle bei der Ernährung.

Der Flug der Finken ist schnell, kraftvoll und wellenförmig. Die Mehrzahl der Arten ist außerhalb der Brutzeit gesellig und bildet oft große Schwärme. Viele Arten sind Standvögel oder Kurzstreckenzieher. Nur wenige Arten verlassen ihre Brutverbreitung vollständig. Hier landen **Grünfinken** und zeigen ihr auffälliges Schwanzmuster.

Allen Finken ist der kräftige konische Schnabel gemeinsam. Er dient in erster Linie dem Knacken harter Samen, die zum Öffnen einen gewissen Druck benötigen. Jede Finkenart ist auf andere Samenstrukturen spezialisiert: von den feinen Erlen- und Birkensamen bei Erlen- und Birkenzeisig über die vom Stieglitz bevorzugten Samen der Disteln und anderer Korbblütler bis hin zu Kirschkernen beim Kernbeißer. Diese Nahrung ist allen anderen Vogelarten verschlossen. Die Beschaffenheit der Schnäbel dient der Konkurrenzvermeidung zwischen den Arten und hat wohl auch dazu beigetragen, dass sich die Finken in Europa und darüber hinaus so vielfältig entwickelt haben. Es handelt sich um einen klassischen Fall von adaptiver Radiation (lateinisch: „adaptare“ = anpassen, „radiatus“ = strahlend). Darunter versteht man in der Evolutionsbiologie die Auffächerung (Radiation) einer wenig spezialisierten Art durch Herausbildung spezifischer Anpassungen (Adaptationen) an die vorhandenen Umweltverhältnisse in viele spezialisierte Arten. Damit verbunden ist die Ausnutzung unterschiedlicher, vorher nicht gebildeter, ökologischer Nischen, die sich bei den Finken in der Form der Schnäbel widerspiegeln.

Kernbeißer besitzen ein unter den heimischen Finkenvögeln einmaliges Schneidewerkzeug. Im Schnabelinnern verläuft in der Mitte eine Schneide, die von zwei parallelen Schneiden gesäumt ist. Zusammen mit den beiden Außenkanten besitzt der Schnabel also fünf Schneidekanten. Das entsprechende Gegenstück des Oberschnabels ist ausgehöhlt, sodass der Kern eine Führung hat. In der hinteren Schnabelhälfte des Oberschnabels befindet sich ein rillenbesetztes „Brett", gegen das von unten her zwei kräftige Hornballen arbeiten, die zusammen mit einer kräftigen Muskulatur wie ein Schraubstock funktionieren. Auf diese Weise bringen Kernbeißer die zum Knacken eines Kirschkernes notwendigen 30 bis 40 kg Gegendruck auf.

Die Geschlechter sind bei den meisten Finkenarten deutlich verschieden, oft jedoch mit geringer jahreszeitlicher Variation. So auch bei **Buchfinken** (Männchen rechts und Weibchen links). Auch hier scheint zu gelten: Je häufiger ein Vogel, desto weniger wird man sich seiner Schönheit bewusst, was für die Weibchen in diesem Fall nur eingeschränkt gilt.

Buchfinken sind mit geschätzten 9,2 bis 11 Millionen Brutpaaren Deutschlands zahlreichste Brutvogelart und in nahezu allen mit Gehölz ausgestatteten Lebensräumen zu finden. Finken bauen in der Regel Freinester in Gebüschen und Bäumen. Das Wanderverhalten von Buchfinken hat den Systematiker Carl von Linné (1707–1778) dazu inspiriert, dem Buchfinken das lateinische Wort *coelebs* als Artnamen zu geben. Das bedeutet so viel wie unbeweibt, ehelos, unverheiratet und soll den scheinbaren Junggesellenstatus der Männchen im Winterhalbjahr bezeichnen, denn viele Weibchen ziehen dann weiter in den Mittelmeerraum.

Die Jungvögel der meisten Finkenarten sind weibchenähnlich; manche, wie der hier abgebildete junge **Stieglitz**, jedoch deutlich abweichend gefärbt. Ab dem Herbst können immature Vögel nicht mehr von Altvögeln unterschieden werden.

Schlichtkleidfarbene **Bergfinken** werden zuweilen mit Buchfinken verwechselt. Sie weisen jedoch ein rostfarbenes Flügelfeld, rostorange Brustseiten und dunkel gefleckte Flanken auf. Im Flug sind sie leicht an ihrem weißen Bürzel und quäkenden Kontaktruf vom Buchfink zu unterscheiden. Bergfinken brüten in den Nadelwäldern des hohen Nordens und treten bei uns in wechselnder, zum Teil sehr großer Anzahl auf. Wenn bei uns die Bucheckern in sogenannten Mastjahren in großer Zahl reifen, kann man sie besonders häufig von den Waldrändern, gerne zusammen mit den nahe verwandten Buchfinken, abfliegen sehen. Dann kann man sie an ihrem weißen Bürzel gut erkennen.

Sie kommen aus dem Osten: Karmingimpel

Mehrjährige männliche Karmingimpel gehören zu den farbenprächtigsten Erscheinungen in unserer Vogelwelt. Die Vertreter der Gattung *Carpodacus*, zu der Karmingimpel gehören, ist vor allem asiatisch verbreitet und so findet man beispielsweise im Himalaja eine ganze Reihe ähnlich prächtig gefärbter Arten. Karmingimpel sind in Mitteleuropa eine relativ neue Erscheinung. Erst vor 200 Jahren breiteten sie sich nach Westen aus und erreichten Süddeutschland in den 60er- und 70er-Jahren. Derzeit ziehen sie sich auf die Kernbereiche innerhalb der Verbreitung zurück. So kann man Karmingimpel immer noch recht zuverlässig am Steinhuder Meer in Niedersachsen, im Murnauer Moos nördlich von Garmisch-Partenkirchen oder im Nordosten Deutschlands im Bereich der Insel Poel und Wismarbucht, Darß und Zingst, Hiddensee, auf Rügen (zum Beispiel Halbinsel Mönchgut), auf der Greifswalder Oie und im Bereich des Peenetals bei Anklam finden.

Zuweilen beobachtet man singende, jedoch schlicht gefärbte Männchen. Hierbei handelt es sich um einjährige Männchen, die bereits Reviere besetzen. Der Gesang ist eine eingängige Strophe mit steil ansteigenden und abfallenden Tönen, die leicht nachgepfiffen werden kann. **Karmingimpel** treffen erst Ende Mai bei uns ein und ziehen bereits im August wieder in ihr Winterquartier nach Südasien ab.

Erst ab dem zweiten Lebensjahr zeigen **Karmingimpelmännchen** die prächtig karminrote Färbung.

Die sperlingsartige Gestalt der Finken mit kurzen, kräftigen, oft konischen Schnäbeln führt zur Verwechslungsgefahr mit Sperlingen und Ammern. Jedoch haben Finken im Vergleich zu Ammern einen kürzeren Schwanz, was bei Finken zu einem oft rundlichen Gesamteindruck führt. Viele Ammern haben Weiß in den äußeren Schwanzkanten, was nicht für alle Finkenarten zutrifft. Ammern haben zudem ein typisches Gesichtsmuster mit hellem Augenring und Bartstreif sowie dunklem Kinnstreif. Typisch für Finken, im Gegensatz zu Ammern, sind auffällige Flügelbinden.

Grünliche Finkenvögel können gewisse Bestimmungsprobleme bereiten. Grünfink und Girlitz sind weit verbreitete Brutvögel der Kulturlandschaft, häufig auch in Gärten. Grünfinken besuchen Futterhäuser im Winter, während Girlitze in den Mittelmeerraum ziehen. Erlenzeisige brüten lückenhaft in alten Nadelwäldern und in höheren Gebirgslagen. Im Winter erscheinen Trupps aus dem Nordosten Europas und suchen dann an Erlen, Birken und Meisenknödeln nach Nahrung.

ERLENZEISIG
Jugendkleid
lang, spitz
gestrichelt
gelber Hand-
schwingen-
basenfleck
kurz,
gekerbt
schwarz
ERLENZEISIG
Männchen, adult
in allen Kleidern
gelblich-weiße
Binden
ge-
stri-
chelt
gelb
gelb
ERLENZEISIG
Weibchen, adult
gestrichelt
GIRLITZ
Weibchen, ad.
kurz,
rundlich
gestrichelt
gelb
kurz,
rundlich
kräftig gestrichelt
GIRLITZ
Männchen. adult
braungrau,
matt gestrichelt
kräftig,
kegel-
förmig
gräulich,
grün über-
haucht
GRÜNFINK
Weibchen, adult
GRÜNFINK
Jugendkleid
kräftig,
kegel-
förmig
grüngelbes
Feld
grauweiß
gestrichelt

BLUTHÄNFLING
Jugendkleid
diffus
gestrichelt
kräftig,
hornfarben
gestrichelt
BLUTHÄNFLING
Weibchen
kräftig
kastanien-
braun
über
und
unter
dem
Auge
hell
weiß
BIRKENZEISIG
c. f. cabaret, M. PK.
BERGHÄNFLING
Schlichtkleid
gelb
hell rosa
oran-
ge-
gelb
weniger weiß
als Bluthänfling
klein,
dunkel
rot
auffällig
rot
hell-rosa,
gestrichelt
rot
klein, gelb
schwarze
Spitze
BIRKENZEISIG
c. f. cabaret,
Winter
schwarz
cremefarbene
Flügelbinden
ohne
Weiß
klein,
gelb
gestrichelt,
ohne Rot
gestrichelt
BIRKENZEISIG
Jugendkleid

Bluthänflinge, Berghänflinge und Birkenzeisige bereiten Anfängern leichte Bestimmungsprobleme, besonders die hier abgebildeten Weibchen und Vögel im ersten Winter. Bluthänflinge sind besonders in manchen Regionen Norddeutschlands noch weit verbreitet, in Süddeutschland nicht ganz so gewöhnlich. Sie besiedeln verwilderte Randstreifen, Gärten, Hecken und Heiden aller Art. Berghänflinge kommen nur im Winter zu uns. Man findet sie nur sehr selten auf Ackerflächen, dann jedoch gerne auf Stoppeläckern. Bei uns sind sie vielmehr an Salzwiesen gebunden, wo sie Quellersamen fressen. Birkenzeisige erreichen ebenfalls im Winter ihr Maximum bei uns. Vereinzelt findet man sie auch im Sommer in Mitteleuropa, dann auf alten Friedhöfen und in Gärten oder an der Baumgrenze in den Alpen. Dies sind Vögel der Unterart *cabaret*, die sich von der nordischen Unterart *flammea* durch ihre kleinere Gestalt und dunklere Gefiederfärbung unterscheiden. *Flammeas* besuchen uns nur im Winter.

Neben den Gefiedermerkmalen, zu denen bei Berghänflingen ein rosafarbener und bei Birkenzeisigen ein weißlicher bis rosaweißlicher Bürzel gehören, sind die drei Finkenarten strukturell sehr unterschiedlich. Birkenzeisige sind klein, grau und dunkel gestreift mit kleinem Schnabel. Bluthänflinge wirken hingegen langschwänzig und schlank. Berghänflinge erinnern in Gestalt und Größe an Bluthänflinge, sind aber insgesamt etwas länger, mit tiefer eingekerbtem Schwanz, kleinerem Kopf und oft auffällig locker getragenem Gefieder.

Beobachtungstipp Zitronenzeisig

Zitronenzeisige sind eine der wenigen Vogelarten, die es nur in Europa gibt, wo sie einige westeuropäische Gebirge besiedeln. Man spricht von einem europäischen Endemiten. Der deutsche Bestand beträgt circa 490 bis 850 Reviere. Diese verteilen sich über den bayerischen Alpenraum und den Schwarzwald, wo die Art abnimmt.

Charakteristisch für adulte **Zitronenzeisige** sind die doppelten gelbgrünen Flügelbinden, die auch im Flug auf dem sonst ungezeichneten Flügel auffallen. Der Mantel ist ungestreift olivgrau. Das Gesicht und der Bürzel sind gelbgrün, Hinterscheitel und Nacken aschgrau.

Im deutschen Alpenraum sind Zitronenzeisige überall dort anzutreffen, wo es im Bereich der Waldgrenze eine enge Verzahnung von offenem Wald mit eingesprengten Fichten und Almwiesen gibt. Dabei werden sie von Osten nach Westen immer häufiger. So gibt es im Raum Berchtesgaden kein regelmäßiges Brutvorkommen, während sie nur wenig weiter westlich, im Chiemgau, bereits vertreten sind. Gute Beobachtungsplätze existieren zum Beispiel im Raum Garmisch-Partenkirchen im unteren Bereich der Alpspitze, auf der Moosen-Alm nordwestlich des Schafreiters sowie an der Soiernspitze (die Fischbachalm und die Bereiche oberhalb). Eine weitere Population findet man auf dem Geigelstein südlich des Chiemsees. Im Allgäu gibt es ebenfalls gute Plätze, beispielsweise bei einer Rundwanderung über die Berge Ponten und Bschießer, das Riedbergerhorn, der Wanderung vom Giebelhaus über den Engeratsgundsee nach Hinterstein und der Wanderung vom Nebelhorn ins Koblat-Gebiet.

Das Schwarzwälder Vorkommen beschränkt sich auf die Höhenlagen zwischen 800 und 1.500 m. Das typische Brutbiotop sind subalpine, locker stehende Nadelbaumbestände an Waldrändern oder an der Baumgrenze mit einem hohen Anteil an Offenflächen, wie extensive Weiden, Magerwiesen oder Moorflächen. Verbreitungsschwerpunkte sind der Feldberg im Südschwarzwald und die Hochlagen des Nordschwarzwaldes.

Die meisten **Zitronenzeisige**, hier ein Jungvogel, ziehen im Winter ab und kommen im März zurück. Zugzeiten sind Februar bis April und Mitte September bis November. Dann kann man Zitronenzeisige meistens in Trupps auch im Übergang zwischen der Latschenzone und den alpinen Matten beobachten. Der Flugruf hilft beim Finden der wenig auffälligen Vögel.

Tundraammern – *Calcariidae*

größere lang gezogene Singvögel – Brutvögel der Tundra oder weiter offener Landschaften – auffällige Prachtkleider, weniger auffällige Schlichtkleider – Bodenbrüter: Nesthocker – zwei Arten: Sporn- und Schneeammer – Mittelstreckenzieher: bei uns nur als Wintergast

Die vor allem in nördlichen Breiten verbreitete Familie der Tundraammern ist nahe mit den Ammern verwandt. Auch Tundraammern weisen einen kurzen, kräftigen Samenfresserschnabel auf. Die beiden in Europa verbreiteten Vertreter Schnee- und Spornammer erreichen Mitteleuropa überwiegend nur lokal im Winterhalbjahr.

Die weißliche **Schneeammer** kann höchstens im Flug mit Schneesperlingen verwechselt werden. Da Letztere jedoch auf die alpinen Bereiche beschränkt sind und Schneeammern bei uns ein Wintergast an Nord- und Ostsee sind, seltener im Binnenland, besteht keine Fehlbestimmungsgefahr. Man findet Schneeammern in dichten Gruppen an Spülsäumen und auch auf küstennahen Wiesen und Feldern, wo sie zutraulich, aber unruhig und mobil sind. Der hier abgebildete Vogel ist im Schlichtkleid mit hellem Schnabel und zeigt neben den weißen überwiegend beige Farbtöne. Das wunderbar schwarz-weiße Prachtkleid bekommt man bei uns nicht zu Gesicht. Schneeammern sind die weltweit am nördlichsten brütenden Landvögel, die bis in die baumlose Tundra bis auf weniger als 1.000 km an den Nordpol vordringen.

Spornammern ziehen in Mitteleuropa von September bis November und im April regelmäßig an den Küsten durch, unter anderem auf Helgoland, und überwintern auch in kleinerer Zahl, gerne im Deichvorland. Ins Binnenland gelangen sie bei uns nur selten.

Im Vergleich zu Rohrammern sind Spornammern deutlich größer, kräftiger, fast schon lerchenartig gebaut. Die Flügel sind sehr lang, deutlich länger als bei anderen Ammern. Der Nacken ist eher rostbraun gefärbt, die großen Armdecken sind rotbraun, die weißlichen Spitzen der Mittleren und Großen Armdecken bilden zwei helle Flügelbinden, die das rotbraune Feld wie ein Sandwich eingrenzen. Der Gesichtsausdruck wirkt offen, da Zügel, Überaugenstreif und Wangen gleichermaßen hell sind und das dunkle Auge deutlich hervortreten lassen.

Ammern – *Emberizidae*

mittelgroße Singvögel – lang gestreckte Gestalt – kurze Kegelschnäbel mit kleinen Oberschnäbeln und kräftig geschwungenen Unterschnabelkanten – Männchen oft auffälliger gefärbt als Weibchen – charakteristische Gesänge – leben in offenen buschreichen Landschaften oder offenen Wäldern – Freibrüter oder Bodenbrüter: Nesthocker – die meisten Arten sind Kurzstreckenzieher

Ammern sind eine Gruppe vielfältiger Samenfresser, die zuweilen schwer zu bestimmen sind. Sie leben vorwiegend in busch- und waldbestandenen Landschaften, in offenen Lebensräumen mit Büschen und Bäumen und am Rand von Kulturland. Rohrammern besiedeln auch Schilfflächen. Ammern halten sich zur Nahrungssuche bevorzugt am Boden auf, oft unter Büschen und in krautiger Vegetation, wo sie sich hüpfend fortbewegen. Der Flug vieler Ammern ist kraftvoll und fördernd, wohingegen erfahrene Beobachter Rohrammern an ihrem zuckenden, wenig voranbringenden Flug erkennen können. Außerhalb der Brutzeit bilden Ammern häufig kleine Trupps. Die Gesänge sind variabel, oft auch melodisch. Die Geschlechter der meisten europäischen Arten sind verschieden, Jungvögel sind weibchenähnlich. Die meisten heimischen Ammern sind Zugvögel.

Ammern unterscheiden sich von Finken und Sperlingen durch den relativ längeren Schwanz und die stärker gebogenen, fast S-förmigen Schneideränder des Schnabels. Viele Arten weisen ein typisches streifiges Gesichtsmuster auf. Um Ammern zu bestimmen, sollte man auf folgende Merkmale achten: Färbung und Zeichnung des Kopfes, Unterseitenfärbung und Schnabelfärbung.

Bevor man sich trauen kann, seltene Ammernarten zu bestimmen, sollte man sich die in Feuchtgebieten häufigen **Rohrammern**, im Volksmund 'Rohrspatz' genannt, genau ansehen. Weibliche Rohrammern sehen vielen selteneren Arten ähnlich. Kennzeichnend sind ein kräftiger dunkler Kinnstreif, eine breite Brust- und Flankenstreifung und ein markanter dunkler Ohrdeckenrand. Besonders im Frühjahr, wenn das Gefieder abgetragen ist, sind Überaugenstreif und Bartstreif weißlich gefärbt, während die Halsseiten deutlich gräulich sind.

Betrachten Sie auf der folgenden Seite eine typische Auswahl von Rohrammern im zeitigen Frühjahr, wenn die meisten Rohrammern unsere Schilfgebiete erreichen oder auf Brachflächen im Durchzug rasten. Welche Merkmale sind variabel, welche konstant und somit für die Artbestimmung nützlich? Setzen Sie diese Reihen fort:

Variabel sind: Beinfarbe, Flankenstrichelung, …

Konstant sind: rotbraune Federränder auf Flügeln und Mantel, kleiner dunkler Schnabel, …

ROHRAMMERN im zeitigen Frühjahr
Weibchen, Schlichtkleid
Männchen,
ins Prachtkleid mausernd

Goldammern, hier das farbenfrohe Männchen, sind eine Charakterart der strukturreichen Feldflur. Im Winter bilden Goldammern Trupps, aus denen sich im zeitigen Frühjahr die Männchen schrittweise lösen, um Reviere entlang von Hecken, Waldrändern oder Feldgehölzen zu verteidigen. Goldammern verhalten sich streng territorial, wobei die Reviergrenzen keine scharfen Linien sind. Die Intensität der Revierverteidigung ist in der Nähe des Revierzentrums, in Nestnähe, am stärksten und wird zu den Grenzen hin schwächer. Dies lässt sich generell bei territorialen Vogelarten beobachten. Die Verteidigung der 2.500 bis 4.000 m^2 großen Reviere ist ausschließlich Aufgabe der Männchen. Ammern brüten in der Bodenvegetation. Ausreichend Nestverstecke sind in ausgeräumten Monokulturflächen rar. Die recht langschwänzigen Goldammern erkennt man in allen Kleidern an gelben Farbtönen in Kombination mit dem ungestreift rotbraunen Bürzel.

Ortolane sind bei uns seltene Brutvögel milder Tieflandgebiete, vor allem in Franken und Ostdeutschland. Hier besiedeln sie offene Landschaften mit Büschen und Bäumen, auch Alleebäume und Weingärten, also abwechslungsreiche Kulturlandschaft. Sie benötigen im Bruthabitat offene Böden, weshalb man sie in Gegenden mit sandigen Böden findet und hier vor allem an sonnigen Gehölzrändern und Alleen, die an Hackfruchtanbau grenzen. Dort suchen sie am Boden auf kurzrasigen, trockenen Flächen nach Nahrung. Ortolane sind aufgrund der Ausräumung der Landschaft durch Flurbereinigung und intensive Ackernutzung sowie direkte Verfolgung stark zurückgegangen. Ortolane sind die Langstreckenzieher unter den Ammern (April bis Oktober), die ihre Winterquartiere im Savannengürtel südlich der Sahara haben. Unter den heimischen Ammern sind sie, wenn man sie gut zu Gesicht bekommt, recht unverwechselbar. Markant sind der fleischfarbene helle Schnabel, grüngelbliche Augenringe, Bartstreifen und Kehle, der grünlich überhauchte blaugraue Kopf und die orangebraune Brust.

Beobachtungstipp: Zipp- und Zaunammer

Eine weibliche Zippammer

Diese beiden südlichen Ammernarten kommen in Deutschland vor allem im Rheintal und dessen Seitentälern zwischen Freiburg und Bonn vor. Der deutsche Zippammerbestand liegt bei 320 bis 550 Revieren. Die meisten davon brüten in Rheinland-Pfalz. Zaunammern brüten mit rund 250–310 Revieren in Deutschland. Davon liegen die meisten in Rheinland-Pfalz und Baden-Württemberg.

Beide Ammern sind Kurzstreckenzieher und ab Mitte März in den Brutgebieten anwesend. Von da an bis zum Laubaustrieb ist die beste Zeit, um die unauffälligen Vögel zu beobachten. Vor allem die feinen und schwer zu ortenden Rufe erleichtern das Auffinden der Tiere ungemein. Bevorzugter Lebensraum der wenig scheuen, aber unauffälligen Zippammern sind südseitige, intensiv bewirtschaftete Weinberge mit offenem Boden, die an offene Felsbereiche mit einzelnen Büschen anschließen, in denen sie sich verstecken und brüten können. Man findet sie entweder auf Zaunpfählen, seitlich in den Büschen oder am Boden zwischen den Reben.

Typisches Zippammerhabitat am Rotenfels im Nahetal

Von Norden kommend findet man eine erste gute Beobachtungsmöglichkeit für Zippammern am Drachenfels bei Bad Honnef und von Süden kommend bei Schlossböckelheim im Nahetal. Zaunammern erreichen entlang des Haardrandes zwischen Landau und Bad Dürkheim die höchsten Populationsdichten innerhalb Deutschlands. Besonders gute Beobachtungsstellen für Zippammern sind:

- Der Drachenfels südlich von Bonn: Vom Weingut Pieper/Weinhaus Domstein erschließen Wirtschaftswege die Weinberge unterhalb der Felsen. Von der Wirtschaft bis in den Bereich, wo der Weg oberhalb des Weingutes in einem Durchstich durch die Felsen verläuft, sowie auf dem Weg unterhalb der Hauptfelsen und im Bereich des Weinbergtürmchens gut 300 m rechts (südlich) des Weingutes. Am Felsen selbst brüten Wanderfalken.
- Mayschoß im Ahrtal westlich Bad Neuenahr-Ahrweiler: Auf dem Rotweinwanderweg oberhalb der Ahrschleife östlich von Mayschoß nach Süden in Richtung Rech wandernd, hat man vor allem vor und nach dem felsigen Bereich, wo der Weg einige Stufen hinauf und wieder hinunterführt, gute Chancen, Zippammern zu sehen.
- Kobern-Gondorf im Moseltal: Zwischen Kobern-Gondorf und dem östlich gelegenen Winningen. Am besten man folgt von Kobern-Gondorf zu Fuß dem Weg zwischen den Weinbergen und der Bahnlinie moselabwärts.
- Bopparder Hamm südlich Koblenz: 1,5 km nördlich des Ortsausganges von Boppard führt an einem Weinfass mit der Aufschrift „Weinlehrpfad Bopparder Hamm" ein kleines Sträßchen von der B 9 nach links über die Gleise zu einem Wanderparkplatz mit einer Übersichtstafel. Zippammern halten sich vor allem im Bereich der felsigen und verbuschten Abschnitte auf und lassen sich direkt im Bereich des Parkplatzes und zum Beispiel auf dem nach Osten führenden „Römerweg" beobachten.

Zaunammern, hier ein Männchen, bevorzugen sonnenexponierte Hänge mit eingestreuten alten Obstbäumen, Sträuchern und Gestrüppgruppen – vor allem in extensiv bewirtschafteten Weinbergen, in denen die Art bevorzugt nach Nahrung sucht. Die Männchen stehen gerne in den Baumspitzen auf etwas versteckten Singwarten.

Zaunammerweibchen ähneln Goldammerweibchen sehr. Sie zeigen jedoch einen olivgrauen statt rotbraunen Bürzel, auf hellerem Grund stärker kontrastierende dunkle Kopfmarkierungen, rötlich braune Schulterfedern, einen gleichmäßig gestrichelten olivgraubraunen Scheitel, also keine angedeutet hellere Scheitelmitte.

Eine gute Stelle für Zaunammern liegt bei Deidesheim nördlich von Neustadt an der Weinstraße. Vom Wanderparkplatz zur St. Michaelskapelle geht man ein kleines Stück bergab und folgt dann einem Asphaltsträßchen nach links (Norden) in die Weinberge. Linkerhand liegen am Waldrand extensiv genutzte Weinterrassen, die durch Stichwege erschlossen sind und an denen Zaunammern relativ häufig sind. Auch in den Gebüschinseln und Streifen unterhalb des Weges kommt die Art vor. Im Prinzip brüten Zaunammern von hier bis zur Wachtenburg im Norden durchgehend. So kann man die Art auch in den gebüschreichen Hängen südlich der Wachtenburg am Südwestrand von Wachenheim an der Weinstraße relativ zuverlässig finden.

Grauammern

Der klirrende Gesang der **Grauammern** erklingt in der ostdeutschen Agrarlandschaft noch vielerorts. Sie haben von den Flächenstilllegungen in der Landwirtschaft profitiert, haben nach dem Ende der Subventionierung solcher Flächen jedoch wieder deutlich abgenommen. Im Westen Deutschlands sind Grauammern an vielen Stellen selten geworden oder gar verschwunden. Sie thronen gerne an prominenter Stelle und wirken dabei etwas buckelig und pummelig.

Abfliegend lassen **Grauammern** auf kurzen Strecken gerne die Beine hängen.

Stichwortverzeichnis

A

Abhaken 158
Adam Freiherr von Pernau 121
Adultkleid 399
Ansitze 165
Anstandsregeln 202
Aufzeichnung
  Auswertung 129
Ausdrucksflug 293

B

Balzstifte 211
Beeren
  Vogelnahrung 179
Beizjagd 445
Bergmann, Hans Heiner 121
Biosphärenreservat 168
Birdrace 127
Botulismus 206
Braunkohlegruben 196
Bürzeldrüse 245

C

Carpalflecken 414, 416
club300 157
Culling 218

D

Döberitzer Heide 169
Dachverband Deutscher Avifaunisten 127
Darß/Zingst 182
Deutsche Seltenheitenkommission 206
Dialekte 121
Diepholzer Moorniederung 182
dimorph 211

E

Evolution, konvergente 242

F

Füttern
  Vogelfütterung 205
Falknerei 442
Familienurlaub 154
Futterplätze 205

G

Gänsebeobachtung 228
Garten
  Vogelschutz 204
Gesang 115
Gesänge 115
Glasfassaden 205
Gleichgewicht 196
Goethe, Johann Wolfgang von 151
Gooders, John 155
Gosney, Dave 155
Groß Schauener Seen 169
Gruppenreise 157

H

Heinz-Sielmann-Stiftung 196
Helgoland
  Seltenheiten 180
Herbstgesang 180
Himmelskreuz 375
Holunder
  Beerensträucher 179
Horizonterweiterung 154
Hornzähne 216
Hosen 442
Hüttenjagd 420

I
Industriegebiet
Winterfutter, Stauden 187
Instrumentallaut 293

J
Jahreszeit zum Einsteigen 171
Jugendmauser 275
Jungvogel
verletzt 205

K
Karotin 270
Kehlsack 245, 385
konvergente Evolution 242
Kraniche, Heimzug 188
Zug durch Deustchland 182

L
Lamellenreihen 215, 216
Landesbund für Vogelschutz 205
Lieblingsplätze 130
Lifelist 152
Linné, Carl von 547
Linum/Rhinluch 182

M
Mai 127
Mallorca 154
Markierungen
Ringe, Manschetten, Flügelmark 187
Mastjahre 548
mausern
Enten, Gänse 175
Mauserzyklus 275
mobben 120
monotypisch 394
Mornellregenpfeifer
Herbstzug 177
Mythologie 445

N
Nagel 215
Nationalparks 168
naturgucker-akademie 62
Naturschutz in Deutschland 189
Naturschutzgebiet 168

O
Oktober 127
Oostvaardersplassen
Naturschutz 196

P
Phrasen 117
polygam 211
Positionslicht 400

R
Raubvögel 389
Reiseberichte 157
Reiseführer 155
Reisen 151
Reiseziele 151
Retina 239
Revierabgrenzung 115
Reviere 115
Ringfund 206
Rosen 211
Rufe 115, 119
Rütteln 442

S
Schmuckfedern 259, 380
Schweiz 156
Schwimmlappen 257
Seltenheit melden 206
Seltenheiten 158
Singflug 495
Sonne, Schwarze 512
Störstellen 196
Subapikalflecken 322

Subterminalbinde 414
syndaktyl 431

T
Türme 165
Tastjagd 378
Taubenplage 250

U
Unterschnabeläste 386

V
Verbreitungskarten 154
Verstecke 165
Vogelschutz, praktischer 204
Vogelsprache 120
Vogelstimmenlernen 122
Vogelstimmen-CD 123
Vogelstimmenwanderung 122
Vogelzug 180
vollgekröpft 391
Vollmauser 218

W
Wagner, Christian 162
Warnrufe 392
Watvögel
  Sommerzug 176
Weiss, Felix 162
Where to watch Birds in Britain and Europe 155
Wochenende 126
World Birdwatch Day 127
www.fatbirder.com 157
www.NABUbrandenburg.de 168
www.vogelgucker.de
  Dokumentation 129

Z
Zwillingsarten 118

Häufige Fachbegriffe kurz erklärt

adult: Geschlechtsreifer Vogel. Bei Singvögeln ganz überwiegend nach knapp einem Jahr. Bei Großvögeln meist erst nach mehreren Jahren.

Ästling: Bezeichnung für junge Greifvögel und Eulen, die das Nest bereits verlassen haben, aber noch nicht flugfähig sind.

Avifauna: Vogelwelt (Gesamtheit aller Vogelarten) eines Gebietes

Bodenbrüter: Vögel, die ihr Nest auf oder dicht über dem Boden anlegen.

Bürzel: Federpartie am Anfang der Schwanzoberseite

Carpalfleck: Auch Bugfleck, ein bei manchen (zum Beispiel bei Greifvögeln) zur Bestimmung wichtiger, meist dunkler „Fleck" auf der Flügelunterseite am Flügelbug, dort wo das Carpalgelenk (Handgelenk) den Übergang von Arm- zu Handflügel markiert.

Dunen: Erste Federn eines Vogels. Sie besitzen keine geschlossenen Fahnen und dienen bevorzugt der Wärmeisolation.

Endemit: Beschränkung des Vorkommens einer Art auf ein eng umgrenztes Verbreitungsgebiet, in dem sie ausschließlich vorkommt.

Eutroph: Nährstoffreich. Eutrophierung eines Lebensraumes führt zur Veränderung der Artenzusammensetzung und höherer Produktion pflanzlicher Biomasse.

flügge: Voll befiederter, voll flugfähiger und in der Regel ausgewachsener Jungvogel. Bei manchen Nestflüchtern wie Hühnervögeln können die Jungen schon fliegen, bevor sie voll befiedert sind.

Großgefieder: umfasst die Hand- und Armschwingen sowie die Steuerfedern

Heimzug: Wanderung vom Ruhegebiet (Winterquartier) zurück in das Brutgebiet

Höhlenbrüter: Vögel, die in Baum-, Fels- oder Mauerhöhlungen brüten. Häufig nehmen diese Arten auch Nistkästen an.

Hybrid: Individuum, das aus einer Paarung von Individuen verschiedener Arten hervorgegangen ist.

Invasion: Unregelmäßige, nur bedingt voraussagbare Wanderungen von Vogelarten in andere Regionen, in denen sie dann massenweise auftreten können.

immatur: Vögel, die nicht mehr das Jugendkleid, aber noch nicht das Alters- oder Adultkleid tragen. Bei Vögeln, die erst nach Abschluss des ersten Lebensjahres geschlechtsreif werden, sind die Kleider immaturer Vögel oft deutlich von den Adultkleidern zu unterscheiden.

Jugendkleid: erstes vollständiges Federkleid, nach dem Dunenkleid angelegt

juvenil: Jungvogel im ersten vollen Federkleid, das die Dunen ersetzt hat.

Kleingefieder: vor allem die Körper- und Flügeldecken sowie Dunen und alle anderen Federtypen außer dem (→) Großgefieder

Limikole: Ordnung Regenpfeiferartige, auch Watvögel genannt

Mauser: Gefiederwechsel

monotypisch: Bezeichnet Arten und höhere Kategorien des Systems, die nicht in Untereinheiten gegliedert sind (z. B. Arten ohne unterschiedliche Unterarten).

Neozoen: Tiere, die vom Menschen in historischer Zeit, d. h. nach dem Jahr 1500, in ein Gebiet vorsätzlich oder unbeabsichtigt eingebracht worden sind und mittlerweile Bestandteil der Fauna dieses Gebietes sind.

Nesthocker: Vögel, deren Junge in einem relativ frühen Entwicklungszustand schlüpfen und die daher noch intensive Betreuung im Nest benötigen, z. B. Fütterung.

Nestlingszeit: Zeit in Tagen vom Schlupf aus dem Ei bis zum Verlassen des Nests

Population: Gesamtheit der Individuen einer Art, die ein bestimmtes Areal besiedeln und damit geografisch mehr oder weniger von anderen Gruppen derselben Art getrennt sind. Unter den Individuen einer Population herrscht freier Genaustausch. Populationen derselben Art (und deren Mitglieder) sind untereinander uneingeschränkt fortpflanzungsfähig.

Prachtkleid: Meist zur Brutzeit getragenes, voll ausgefärbtes Alterskleid. Gegenstück zum (→) Schlichtkleid.

Rote Liste: Artenverzeichnis, in dem die im Bestand erloschenen und mehr oder minder gefährdeten Arten in einem meist politisch abgegrenzten Gebiet aufgeführt sind, z. B. Rote Liste Deutschland, Rote Liste der Bundesländer.

Ruf: Meist einfach strukturierte vokale Lautäußerung, die in bestimmten Situationen geäußert wird, z. B. Flugrufe.

Schirmfedern: Die inneren, oft durch abweichende Färbung hervorgehobenen Armschwingen, die besonders starkem Abrieb ausgesetzt sind.

Schlichtkleid: Auch als Ruhekleid bezeichnet. Gegenstück zum (→) Prachtkleid. Meist nach Ende der Brutzeit durch die Postnuptialmauser angelegt. Es ist meist weniger auffällig als das Prachtkleid.

Sommervogel: verbringt nur das Sommerhalbjahr in einem bestimmten Brutgebiet

Taxonomie: Arbeitsmittel in der Systematik, zur Beschreibung, Benennung und Klassifikation von Organismen.

Wegzug: Abwanderung aus dem Brutgebiet in die Überwinterungsgebiete

Zweitbrut: Brutversuch nach einer ± abgeschlossenen, erfolgreichen ersten Brut in einer Brutsaison. War die erste Brut nicht erfolgreich, so spricht man von Nach- oder Ersatzbrut.

Literaturverzeichnis (Auswahl)

Barthel, P. & P. Dougalis (2006): Was fliegt denn da? Kosmos, Stuttgart.

Bauer, H.-G., E. Bezzel & W. Fiedler (2005): Das Kompendium der Vögel Mitteleuropas. 3 Bände. 2. Aufl., Aula, Wiebelsheim.

Beaman, M. & S. Madge (1998): Handbuch der Vogelbestimmung. Ulmer, Stuttgart.

Bergmann, H.-H. & W. Engländer (2009): Die Kosmos Vogelstimmen-DVD – 100 Vögel, 100 Filme, 100 Stimmen. 2. Aufl., Kosmos, Stuttgart.

Bergmann, H.-H., Helb & Baumann (2008): Die Stimmen der Vögel Europas – 474 Vogelporträts mit 914 und Gesängen auf 2.200 Sonagrammen. Aula, Wiebelsheim.

Bergmann, H.-H. & U. Westphal (2010): Grundkurs Vogelstimmen – Heimische Vögel an ihren Stimmen erkennen. Aula, Wiebelsheim.

Berthold, P. & G. Mohr (2008): Vögel füttern – aber richtig. Kosmos, Stuttgart.

Bezzel, E. (1995): BLV-Handbuch Vögel. BLV, München.

Bezzel, E. (2003): Vogelfedern: Federn einheimischer Arten bestimmen. BLV, München.

Dierschke, V. (2007): Welcher Vogel ist das? Kosmos, Stuttgart.

Fünfstück, H.-J., I. Weiß & A. Ebert (2010): Taschenlexikon der Vögel Deutschlands – Ein kompetenter Begleiter durch die heimische Vogelwelt. Aula, Wiebelsheim.

Griesohn-Pflieger, T. (2003): Gefiederte Jahreszeiten – Vogelbeobachtungen durch das Jahr. Kosmos, Stuttgart.

Harris, A., L. Tucker & K. Vinicombe (1991): Vogelbestimmung für Fortgeschrittene. Kosmos, Stuttgart.

Jonsson, L. (2010): Die Vögel Europas und des Mittelmeerraumes. Kosmos, Stuttgart.

Moning, C. & C. Wagner (2005): Vögel beobachten in Süddeutschland; Die besten Beobachtungsgebiete zwischen Mosel und Watzmann. Kosmos, Stuttgart.

Moning, C. & F. Weiß (2007): Vögel beobachten in Norddeutschland, Die besten Beobachtungsgebiete zwischen Sylt und Niederrhein. Kosmos, Stuttgart.

Redaktion Der Falke (2011): Die 50 besten Vogelbeobachtungsplätze in Deutschland. Aula, Wiebelsheim.

Redaktion Der Falke (2012): Weitere 25 empfehlenswerte Vogelbeobachtungsplätze in Deutschland. Aula, Wiebelsheim.

Richarz, K., E. Bezzel & M. Hormann (2001): Taschenbuch für Vogelschutz. Aula, Wiebelsheim.

Sibley, D. A. (2002): Sibley's Birding Basics. Knopf.

Svensson, L., K. Mullarney & D. Zetterström (2011): Der Kosmos Vogelführer. Kosmos, Stuttgart.

Wagner, C. & C. Moning (2009): Vögel beobachten in Ostdeutschland. Kosmos, Stuttgart.

Wember, V. (2006): Die Namen der Vögel Europas: Bedeutung der deutschen und wissenschaftlichen Vogelnamen. Aula, Wiebelsheim.
Westphal, U. (2008): Vogelexkursion mit Uwe Westphal. Audio-CD. Edition Ample, Germering.

Artenregister

A
Alpenbraunelle 534
Alpendohle 455, 458, 459
Alpenschneehuhn 212
Alpenstrandläufer 271, 275, 290, 309, 311, 315
Amsel 513, 514, 515, 517, 522
Ästling 422
Auerhahn 211
Auerhuhn 211
Austernfischer 279, 280

B
Bachstelze 248
Bartmeise 469, 470
Basstölpel 370, 371
Baumfalke 442, 443, 444
Baumpieper 540, 541
Bekassine 293, 294
Bergente 235
Bergfink 548
Berghänfling 552
Berglaubsänger 486
Bergpieper 538
Beutelmeise 467, 468
Bienenfresser 433, 434
Birkenzeisig 552
Birkhuhn 210, 211
Blässgans 221, 222, 224
Blässhuhn 255, 256, 257, 258, 295
Blaukehlchen 520, 526, 527
Blaumeise 464, 465
Blauracke 430
Bluthänfling 552
Blutkiele 218
Brandgans 230
Brandseeschwalbe 343, 344, 345
Brauner Pelikan 386
Braunkehlchen 524, 525
Bruchwasserläufer 296, 299
Buchfink 544, 547, 548 121
  Dialekt 121
  Regenruf 121
Buchfinken 120

C
Chileflamingo 270

D
Dohle 455, 457, 458
Dorngrasmücke 495, 496
Dreijahresmöwe 324, 328
Dreizehenmöwe 324, 330, 331, 333
Dreizehenspecht 436
Drosselrohrsänger 489
Dunkler Wasserläufer 299, 301

E
Eichelhäher 455, 459
Eiderente 236, 237
Eisente 236
Eissturmvogel 364
Eistaucher 360
Eisvogel 431, 432
Elster 460
Erdsänger 519, 520, 522

F
Falkenraubmöwe 350, 352
Falkenzahn 442
Fasan 210, 211
Federscheiden 218
Feldlerche 474
Feldschwirl 493, 494
Feldsperling 531, 532
Fichtenkreuzschnabel 544

Fischadler 394, 397
Fitis 482
Flussregenpfeifer 272, 283
Flussseeschwalbe 345, 346
Flussuferläufer 296, 299
Freya 445

G
Gabelweihe 409
Gänsesäger 216, 217, 238
Gartenbaumläufer 509
Gartengrasmücke 498
Gartenrotschwanz 527, 528
Gebirgsstelze 541, 543
Gelbschnabeltaucher 358, 360
Gelbspötter 119, 490, 491, 492
Goldammer 558
Goldregenpfeifer 274, 283, 286
Gonyseck 321
Grauammer 561
Graugans 215, 218, 221, 224
Graureiher 380, 381, 382, 383
Grauschnäpper 248, 521, 522
Grauspecht 438, 440
GreifvögelNesterkartierung 188
Großer Brachvogel 290
Großtrappe 245, 246
Grünfink 545
Grünschenkel 299, 303
Grünspecht 438, 440

H
Höckerschwanimmutabilis 174
Habicht 392, 405, 406, 408
Habichtskauz 421, 427
Häherkuckuck 247
Halsbandschnäpper 519, 522
Haselhuhn 212
Hass 247
Haubenlerche 471
Haubenmeise 465
Haubentaucher 263, 265
Hausrotschwanz 248, 527, 528
Haussperling 531, 532, 533
Havelland 182
Hecke 179
Heckenbraunelle 248, 534
Heidelerche 471, 473
Heringsmöwe 322, 336, 339
Höckerschwan 220
Hohltaube 250, 252
Horus 445

K
Kampfläufer 305
Kanadagans 220
Karmingimpel 524, 548, 549
Kiebitz 283, 286
Kiebitzregenpfeifer 283, 286
Klappergrasmücke 497
Kleiber 463, 504, 505
Kleines Sumpfhuhn 258
Kleinspecht 436, 463
Knäkente 234
Knutt 310, 315
Kohlmeise 463, 464
Kolbenente 231
Kolkrabe 455, 457, 458
  Dialekt 121
Konikpferde 196
Kormoran 373, 374, 375
Kornweihe 402
Krabbentaucher 356
Krähenscharbe 373, 374
Kranich 259, 260
Krauskopfpelikan 385
Krickente 234
Kuckuck 247, 248, 254
Kuhreiher 383
Kulturfolger 531
Kurzschnabelgans 221, 224
Küstenseeschwalbe 344, 345, 346

L
Lachmöwe 323, 325, 329
Löffelente 230, 234
Löffler 377, 378

M
Mandarinente 217
Mantelmöwe 323, 336, 339
Mariskenrohrsänger 488
Maskenschafstelze 541
Mauerläufer 506, 507
Mauersegler 242 177
Mäusebussard 391, 412, 414, 416, 417
Meerstrandläufer 309, 315
Mehlschwalbe 475, 476, 477
Merlin 442, 447
Miesmuschel 280
Misteldrossel 514, 516, 517
Mittelmeermöwe 322, 334, 336
Mittelsäger 238
Molluske 280
Mönchsgrasmücke 498, 499
Moning, Christoph 162
Moorente 232
Möwe
  Dreijahres- 324, 328
  Vierjahres- 324, 334
  Zweijahres- 324, 325
Müllerchen 498

N
Nachtigall 525, 526
Nachtreiher 383
Nebelkrähe 455
Nestflüchter 210, 259
Nesthocker 243
Neuntöter 452, 497
Niederlande 196
Nistkasten 204

O
Odinshühnchen 294, 295, 296
Ohrenlerche 474
Ohrentaucher 264, 265, 266
Orpheusspötter 490, 492
Ortolan 121 , 558

P
Parkvögel 217
Pestvogel 462
Pfuhlschnepfe 272, 290, 291
Pirol 454
Polygynandrie 535
Prachttaucher 360
Puderdunen 245
Purpurreiher 383

R
Rabenkrähe 455, 457, 458, 522
Raubseeschwalbe 345, 346
Raubwürger 453
Rauchschwalbe 475, 476, 477
Raufußbussard 388, 412, 414, 416
Raufußkauz 424
Rebhuhn 213
Regenbrachvogel 290
Reiherente 215, 235
Ringdrossel 514, 517, 518
Ringeltaube 249, 250, 252
Rohrammer 556
Rohrdommel 381
Rohrschwirl 493, 494
Rohrweihe 401, 402, 411
Rosaflamingo 269, 270
Rosapelikan 385
Rotdrossel 511, 514, 517 120
Rötelfalke 442
Rötelschwalbe 476
Rotfußfalke 442, 443, 444
Rothalsgans 222
Rothalstaucher 265

Rotkehlchen 248, 520
Rotkehlpieper 541
Rotkehlpiepers 120
Rotkopfwürger 453
Rotmilan 408, 409, 410
Rotschenkel 299, 301, 303
Rotschwanz 520

S

Saatgans 223, 224
Saatkrähe 113, 455, 457, 458
Säbelschnäbler 281
Sakerfalke 442, 445, 446
Samtente 236, 237
Sanderling 309, 311, 315, 318
Sandregenpfeifer 283
Schafstelze 541, 543
Schellente 217
Schilfrohrsänger 488
Schirmfedern 259
Schlagschwirl 493, 494
Schlangenadler 397, 400
Schleiereule 423
Schmarotzerraubmöwe 350, 352
Schnatterente 233
Schneeammer 533, 554
Schneesperling 533
Schnepfenstrich 293
Schreiadler 397
Schreitvogel 366
Schwanzmeise 480, 481
Schwarze Sonne 512
Schwarzhalstaucher 264, 265, 266
Schwarzkehlchen 524, 525
Schwarzkopfmöwe 329, 330
Schwarzkopfruderente 218
Schwarzmilan 408, 409, 410, 411
Schwarzspecht 435, 438, 439, 440
Schwarzstorch 366, 367
Seeadler 397, 399
Seeregenpfeifer 283
Seggenrohrsänger 488
Seidenreiher 380, 381
Seidenschwanz 461, 462, 511
Seihapparat 269
Sichelstrandläufer 274, 309, 311, 315
Sichler 377, 379
Silbermöwe 322, 323, 334, 336
Silberreiher 378, 380, 381
Singdrossel 514, 516, 517 120
Skua 350
Sokol 445
Sommergoldhähnchen 500
Spötter 117
Spatelraubmöwe 350, 352
Sperber 254, 392, 405, 406, 408
Sperbergrasmücke 497
Sperlingskauz 425
Spezialreiseanbieter 160
Spießente 230, 233
Sprosser 525, 526
Star 510, 511, 513 119
Steinadler 397
Steinkauz 420
Steinschmätzer 520, 521
Steinwälzer 307, 308, 309
Stelzenläufer 281, 282, 303
Steppenmöwe 322, 334, 336
Sterntaucher 360
Stockente 230, 232, 233, 234
Stoßtauchen 371
Strandpieper 538
Stromleitung 206
Strophen 117
Strukturfarben 431
Sturmmöwe 328, 329
Sumpfohreule 425, 426
Sumpfrohrsänger 488, 489, 490
Sumpfrohrsänger 119
Sumpfseeschwalbe 349

T

Tafelente 229, 232
Tannenhäher 455
Tannenmeise 464
Teichhuhn 255, 256, 257, 258
Teichrohrsänger 248, 487, 488, 489
Teichwasserläufer 299, 303
Teilmauser 275
Temminckstrandläufer 309, 311, 315, 317, 318
Thorshühnchen 294, 295, 296
Tordalk 354, 355, 356
Trauerente 236, 237
Trauerschnäpper 522, 523
Trauerseeschwalbe 348, 349
Triel 277, 278
Trottellumme 355, 356
Tüpfelsumpfhuhn 258
Türkentaube 249, 252, 254
Turmfalke 442, 443
Turteltaube 253

U

Uferschnepfe 290, 291
Uferschwalbe 477, 478
Uhu 420

V

Vierjahresmöwe 324, 334

W

Wacholderdrossel 514, 517
Wachtel 213
Wachtelkönig 258
Waldbaumläufer 509
Waldkauz 421, 422, 424
Waldlaubsänger 483, 486
Waldohreule 424, 425, 426
Waldrapp 379
Waldschnepfe 293
Waldwasserläufer 296
Wanderfalke 442, 445
Wasseramsel 529
Wasserralle 256
Weidenmeise 463
Weidensperling 532, 533
Weißbartseeschwalbe 348, 349
Weißflügelseeschwalbe 348, 349
Weißkopfruderente 218
Weißstorch 366, 367
Weißwangengans 220, 221, 222
Weitstreckenzieher 444
Wespenbussard 416, 417
Wiedehopf 428, 429
Wiesenpieper 474, 537, 540
Wiesenweihe 402
Wildgänsenordische 184
Wildvogelhilfe 207
Wintergoldhähnchen 500, 501

Z

Zaunammer 559, 560
Zaunkönig 502, 503
Ziegenmelker 239, 240, 241
Zilpzalp 482
Zippammer 559, 560
Zirkeln 428
Zitronenzeisig 552, 553
Zweijahresmöwe 324, 325
Zwergadler 397, 400, 411
Zwerggans 224
Zwergmöwe 321, 331, 332
Zwergohreule 426
Zwergscharbe 374, 375
Zwergschnäpper 522, 523, 524
Zwergschnepfe 293, 294
Zwergseeschwalbe 345
Zwergstrandläufer 309, 311, 315, 317, 318
Zwergsumpfhuhn 258
Zwergtaucher 263, 264, 265
Zygodactylie 448

Bildquellennachweis

Arribas, M.: 231
Bachmeier, G.: 258, 454u
Bergmann, H.-H.: 218u
Braun, C.: 116
Brelsford, C.: 404
Cools, P.: 491u
de Frias, L.: 476
Derer, F.: 440r, 523or
Dierschke, J.: 272o, 279m
Dittrich, B.: 152o
Doroudi, H.: 450o
Ebert, A.: 287o, 332o, 375o, 426, 428o, 454o, 459u
Engelhardt, C.: 182o
Ezdakov, M.: 403or
Ferdinand: 491o
Frade, N.: 295l
Fünfstück, J.: 232o, 248, 304u, 382m, 497m, 502
Glader: 260, 496u
Golubeva, A.: 234m
Griesohn-Pflieger, T: 11, 12, 13, 14, 15o, 15u, 16, 17, 19, 20, 21, 22, 23, 24l, 24r, 24u, 28o, 28u, 29o,29u, 30l, 30r, 31, 32l, 32r, 32u, 33o, 33u, 34 alle, 36o, 36u, 37, 38, 40o,40u, 44, 45, 48, 49, 53o, 53u, 54, 55, 59, 60, 61, 63o, 63u, 64, 65o, 65u, 67o, 67u, 68o, 68u, 69, 70o, 70u, 71, 73, 74, 79, 80 alle, 82l, 82u, 83, 84, 85, 86o, 86u, 87o, 87u, 88o, 88u, 89o, 89u, 91o, 91u, 92, 93u, 94, 96, 97, 98 alle, 99o, 99u, 100 alle, 101, 102, 103 alle, 104, 105o, 105u, 107l,108l, 117o, 118r, 121, 123, 125, 126, 127, 128, 129, 130o, 120u, 132o, 132u, 133, 134o, 134u, 135, 136o, 136u, 137, 138o, 139o, 139u, 141, 143o, 143u, 144, 145, 146o, 146u, 147, 148, 149o, 149u, 151, 152u, 153o, 153u, 154, 155, 156, 158, 159o, 159u, 162, 163, 164, 165, 166o, 166u, 167o, 167u, 168, 169, 170o, 170u, 172o, 172u, 173 alle, 174, 175 alle, 176, 177, 178o, 178u, 179 alle, 180o, 181o, 181u, 182u, 183o, 183u, 184, 185o, 185o, 186o, 186u, 187, 191, 192o, 192u, 194, 195u, 197o, 197u, 198o, 198u,199o, 199u, 200, 202, 203, 204
Grimm, M.: 301o
Grohs, H.: 78
Harvancik, S.: 243o
Hercigonja, L.: 301u
Hesse, V.: 229, 231
Höfer: 344, 525ul
Hofmann, A.: 246, 443ul
Horn, M.: 56, 109, 201, 219 alle, 222, 225, 226, 227, 237o, 240o, 244, 251, 254, 255l, 270u, 271, 273 alle, 284o, 291 alle, 293, 298, 315, 319, 320, 345, 349, 355u, 376 alle, 378o, 384 alle, 396u, 424, 432, 473u, 474o, 479, 489u, 492o, 496o, 521, 546o
Jegen, H.: 377, 498o
Kalden, G.: 440l
Keim, W.: 526or
Kolotin, G.: 403ol
Langenberg, T.: 285o, 526ol
Liebel, H.: 510mr
Lodzig: 444
Martin, R.: 294l, 300u, 307u, 310o, 324l, 330, 332o, 443ur, 550ur
Mayer, R.: 245
Minox: 25o, 25u
Moning, C.: 58o, 58u, 81, 82r, 93o, 68, 107r, 107u, 108r, 113, 114o, 117u, 118l, 119, 120, 138u, 171, 180u, 188,

195o, 209, 210 alle, 211 alle, 212 alle, 213 alle, 214, 215 alle, 216 alle, 217 alle, 218o, 220 alle, 221 alle, 223 alle, 224, 228, 229, 230 alle, 231o, 231u, 232m, 232u, 233 alle, 234o, 234 m, 234u, 235 alle, 236, 237u, 238 alle, 239, 242u, 243u, 247, 249, 250, 252, 253o, 255u, 256 alle, 257 alle, 258 alle, 259, 261, 263 alle, 264 alle, 265 alle, 266 alle, 267 alle, 268 alle, 269 alle, 270o, 272 alle, 274, 275, 276, 277, 279, 281 alle, 283, 284u, 285u, 286 alle, 287m, 289, 290 alle, 292u, 294o, 294r, 295r, 296, 297, 302o, 304o, 306, 307o, 308 alle, 309 alle, 310u, 311, 312 alle, 313 alle, 314 alle, 316 alle, 317, 318, 321, 322 alle, 323, 324r, 325 alle, 326 alle, 327, 328 alle, 329ro, 329ru, 331, 332u, 333, 335m, 335u, 337, 338ul, 339, 340, 341, 342 alle, 343 alle, 344o, 347, 348, 350 alle, 351 alle, 352 alle, 353 alle, 354 alle, 355o, 356 alle, 357 alle, 359 alle, 361 alle, 362o, 364, 365, 366 alle, 367, 368, 369, 370 alle, 371 alle, 372, 373 alle, 374 alle, 375u, 377l, 379 alle, 380 alle, 381 alle, 382o, 382u, 383 alle, 385o, 386 alle, 387, 388 alle, 389, 390, 391 alle, 392 alle, 393 alle, 394 alle, 395, 396o, 396m, 397 alle, 398 alle, 399 alle, 400u, 401 alle, 402l, 405, 406 alle, 407ol, 407u, 408o, 409 alle, 410 alle, 411, 412 alle, 413 alle, 415 alle, 417 alle, 418 alle, 419, 420 alle, 421 alle, 422 alle, 423 alle, 425 alle, 427, 428u, 430u, 431, 434, 435, 436 alle, 437 alle, 438 alle, 439, 441, 442 alle, 443, 444m, 444u, 446, 448, 449, 451, 452u, 453o, 455, 456 alle, 457 alle, 458 alle, 459o, 460, 461, 462, 464 alle, 465, 466, 467, 468u, 469, 471u, 472 alle, 473o, 474u, 475 alle, 476u, 471 alle, 478, 480, 481 alle, 483, 484 alle, 485 alle, 487, 488 alle, 492u, 494o, 495, 497o, 497u, 498u, 499, 500, 501, 503, 505, 506 alle, 507, 508, 509, 510ml, 511 alle, 512, 514, 515 alle, 516 alle, 517 alle, 518, 519, 520 alle, 523m, 523u, 534, 525o, 525ul, 526u, 527 alle, 528 alle, 529, 530, 531 alle, 532 alle, 533 alle, 534 alle, 537, 538, 539, 540l, 541 alle, 542o, 543, 544 alle, 545, 546u, 547 alle, 548 alle, 549 alle, 550o, 550m, 550ul, 551 alle, 552, 553, 554 alle, 557 alle, 558o, 559 alle, 561o, 561m

Necker, B.: 114u

Pfützke, S.: 260, 463, 504, 523ol

Putze, M.: 242o, 300o, 303 alle

Römhild, M.: 468

San Martín González, F. E.: 450u

Schäf, M.: 253o, 378u, 452m, 459m, 542u, 558u, 560

Schneider, J.: 447

Shukov, P.: 404

Sirtoli, F.: 402r

Stepanek, P.: 240, 243o, 302u, 329l, 335o, 338, 362u, 363 alle, 385u, 400o, 403ur, 404, 433, 489o, 494u, 561u

Stern, T.: 493

Taurer, G.: 292o, 510u

Vandewalle, M.: 305

Walther, H.: 122

Weinbecker, J.: 76

Willner: 430

Wittmann, J.: 407or

Wittmann, S.: 471o

Yan, W.: 408u

Zhang, H.: 403ul

Wichtige Adressen (Stand Mai 2021):

Vogelschutzwarten

Baden-Württemberg: Landesanstalt für Umwelt, Messungen und Naturschutz, Abteilung 2 Nachhaltigkeit und Naturschutz, Staatliche Vogelschutzwarte, Griesbachstr. 1–3, 76185 Karlsruhe, Tel. 0721/5600-1480, Fax -1675, **joerg.rathgeber@lubw.bwl.de**

Bayern: Bayerisches Landesamt für Umwelt, Staatliche Vogelschutzwarte, Gsteigstraße 43, 82467 Garmisch-Partenkirchen, Tel. 08821/2330, Fax 08821/2392, ulrich.rudolph@lfu.bayern.de

Berlin: Senatsverwaltung für Umwelt, Verkehr und Klimaschutz, Am Köllnischen Park 3, 10179 Berlin, Tel. 030/9025-1637, Fax -1057, johannes.schwarz@senuvk.berlin.de

Brandenburg: Landesamt für Umwelt, Staatliche Vogelschutzwarte, Buckower Dorfstraße 34, 14715 Nennhausen OT Buckow, Tel. 033878/60257, Fax -60600, vogelschutzwarte@lfu.brandenburg.de

Bremen: Der Senator für Umwelt, Bau und Verkehr, Referat 31: Naturschutz und Landschaftspflege, Contrescarpe 72, 28195 Bremen, Tel. 0421/361-6660, Fax 0421/496-6660, heinrich.klugkist@umwelt.bremen.de

Hamburg: Behörde für Umwelt und Energie, Amt für Naturschutz, Grünplanung und Energie, Staatliche Vogelschutzwarte, Neuenfelder Str. 19, 21109 Hamburg, Tel. 040/42840-3379, Fax -427940-838, bianca.krebs@bue.hamburg.de

Hessen, Rheinland-Pfalz, Saarland: Staatliche Vogelschutzwarte für Hessen, Rheinland-Pfalz und Saarland, Institut für angewandte Vogelkunde, Steinauer Str. 44, 60386 Frankfurt, Tel. 069/42010-50, Fax-529, info@vswffm.de

Mecklenburg-Vorpommern: Landesamt für Umwelt, Naturschutz und Geologie, Abteilung Naturschutz, Goldberger Straße 12, 18273 Güstrow, Tel. 03843/777-201, Fax -9201, bernd.heinze@lung.mv-regierung.de

Niedersachsen: Staatliche Vogelschutzwarte, Niedersächsischer Landesbetrieb für Wasserwirtschaft, Küsten- und Naturschutz, Göttinger Chaussee 76a, 30453 Hannover, Tel. 0511/3034-32143011, Fax -35053507, markus.nipkow@nlwkn-h.niedersachsen.de

Nordrhein-Westfalen: Landesamt für Natur, Umwelt und Verbraucherschutz, Vogelschutzwarte, Leibnizstraße 10, 45659 Recklinghausen, Tel. 02361/305-3412, Fax-3215, peter.herkenrath@lanuv.nrw.de

Sachsen: Staatliche Betriebsgesellschaft für Umwelt und Landwirtschaft, Sächsische Vogelschutzwarte Neschwitz, Park 2, 02699 Neschwitz, Tel. 035933/4999-90, Fax -99, vogelschutzwarte-neschwitz@smul.sachsen.de

Sachsen-Anhalt: Landesamt für Umweltschutz, Fachgebiet 43: Arten- und Biotopschutz, Staatliche Vogelschutzwarte und Kontrollaufgaben des Artenschutzes/CITES, Reideburger Straße 47, 06116 Halle (Saale), Tel. 0345/5704-632, kai.gedeon@lau.mlu.sachsen-anhalt.de

Schleswig-Holstein: Landesamt für Landwirtschaft, Umwelt und ländliche Räume, Staatliche Vogelschutzwarte, Hamburger Chaussee 25, 24220 Flintbek, Tel. 04347/704-332, Fax -302, jan.kieckbusch@llur.landsh.de

Thüringen: Thüringer Landesanstalt für Umwelt und Geologie, Staatliche Vogelschutzwarte Seebach, Lindenhof 3, OT Seebach, 99998 Weinbergen, Tel. 03601/440-565, Fax -664, vsw.seebach@tlug.thueringen.de

Schweiz: Schweizerische Vogelwarte, Seerose 1, CH-6204 Sempach, Tel. 0041 462-9700, Fax 0041 462-9710, www.vogelwarte.ch

Oberste Naturschutzbehörden von Bund und Ländern

Bund

Bundesministerium für Umwelt, Naturschutz und Reaktorsicherheit, Dienstsitz Berlin: Alexanderstr. 3, 10178 Berlin, Tel. 030/18305-0, Fax 030/18305-4375

Dienstsitz Bonn: Robert-Schuman-Platz 3, 53175 Bonn, Tel. 0228/99305-0, Fax 0228/99305-3225

Bundesamt für Naturschutz (BfN): Konstantinstr. 110, 53179 Bonn, Tel. 0228/8491-0, Fax 0228/8491-9999, info@bfn.de, www.bfn.de

Naturschutzbehörden

Außenstelle Vilm: Internationale Naturschutzakademie (INA), 18581 Putbus, Rügen, Tel. 038301-860, Fax 038301-86117, ina.vilm@bfn-vilm.de

Länder

Baden-Württemberg: Ministerium für Ernährung und Ländlichen Raum des Landes Baden-Württemberg – Oberste Naturschutzbehörde – Postfach 103444, 70029 Stuttgart

Bayern: Bayrisches Staatsministerium für Landesentwicklung und Umweltfragen – Oberste Naturschutzbehörde – Postfach 810140, 81901 München

Berlin: Senatsverwaltung für Stadtentwicklung, Umweltschutz und Technologie – Oberste Behörde für Naturschutz und Landschaftspflege – Am Köllnischen Park 3, 10173 Berlin

Brandenburg: Ministerium für Landwirtschaft, Umweltschutz und Raumordnung des Landes Brandenburg, Postfach 601150, 14411 Potsdam

Bremen: Senator für Bauen und Umwelt – Oberste Naturschutzbehörde – Ansgaritorstraße 2, 28195 Bremen

Hamburg: Behörde für Stadtentwicklung und Umwelt, Neuenfelder Str. 19, 21109 Hamburg

Hessen: Hessisches Ministererum für Umwelt, Energie, Landwirtschaft und Verbraucherschutz – Postfach 3109, 65021 Wiesbaden
Mecklenburg-Vorpommern: Umweltministerium des Landes Mecklenburg-Vorpommern – Oberste Naturschutzbehörde – Paulshöher Weg 1, 19061 Schwerin
Niedersachsen: Niedersächsisches Umweltministerium, Postfach 4107, 30041 Hannover
Nordrhein-Westfalen: Ministerium für Klimaschutz, Umwelt, Landwirtschaft, Natur- und Verbraucherschutz des Landes NRW, Schwannstr. 3, 40476 Düsseldorf
Saarland: Ministerium für Umwelt des Saarlandes, Abteilung D – Oberste Naturschutzbehörde – Postfach 102461, 66024 Saarbrücken
Sachsen: Sächsisches Staatsministerium für Umwelt und Landwirtschaft – Oberste Naturschutzbehörde – Wilhelm-Buck-Str. 2, 01097 Dresden
Sachsen-Anhalt: Ministerium für Raumordnung und Umwelt des Landes Sachsen-Anhalt – Oberste Naturschutzbehörde – Postfach 3769, 39012 Magdeburg
Schleswig-Holstein: Ministerium für Landwirtschaft, Umwelt und ländliche Räume, Mercatorstraße 3, 24106 Kiel
Thüringen: Ministerium für Landwirtschaft, Naturschutz und Umwelt Abt. 2 – Oberste Naturschutzbehörde – Postfach 900365, 99106 Erfurt

Nationalparks, Schutzgebiets-Verwaltungen und Nationalpark-Häuser

Erlebniszentrum Naturgewalten Sylt: Hafenstraße 37, 25992 List/Sylt, Tel. 04651/83619-0, Fax 04651/83619-55, info@naturgewalten-sylt.de, www.naturgewalten-sylt.de
Nationalpark Bayerischer Wald: Freyunger Straße 2, 94481 Grafenau, Tel. 08552/96000, Fax 08552/9600100, poststelle@npv-bw.bayern.de, www.nationalpark-bayerischer-wald.de
Nationalpark Berchtesgaden: Doktorberg 6, 83471 Berchtesgaden, Tel. 08652/9686-0, Fax 08652/9686-140, poststelle@nationalpark-berchtesgaden.de, www.nationalpark-berchtesgaden-bayern.de
Nationalpark Eifel: Nationalpark-Forstamt Eifel: Urftsee-Str. 34, 53937 Schleiden-Gemünd, Tel. 02444/95100, Fax 02444/951085, info@nationalpark-eifel.de, www.nationalpark-eifel.de
Nationalpark Hainich: Bei der Marktkirche 9, 99947 Bad Langensalza, Tel. 0361/573914000, Fax -4028, nationalpark.hainich@nnl.thueringen.de, www.nationalpark-hainich.de
Nationalpark Hamburgisches Wattenmeer: Neuenfelder Str. 19, 21109 Hamburg, Tel. 040/42840-3392, Fax 040/42840-3552, klaus.janke@bsu.hamburg.de, www.nationalpark-wattenmeer.de/hh

Nationalpark Harz: Lindenallee 35, 38855 Wernigerode/Harz, Tel. 03943/55020, Fax 03943/550237, info@nationalpark-harz.de, www.nationalpark-harz.de
Nationalpark Hunsrück-Hochwald: Brückener Str. 24, 55765 Birkenfeld, Tel. 06782/8780-0, Fax -999, poststelle@nlphh.de, www.nationalpark-hunsrueck-hochwald.de
Nationalpark Jasmund: Nationalparkamt Vorpommern, Im Forst 5, 18375 Born, Tel. 038234/5020, Fax 038234/50224, poststelle@npa-vp.mvnet.de, www.nationalpark-jasmund.de
Nationalpark Kellerwald-Edersee: Laustraße 8, 34537 Bad Wildungen, Tel. 05621/752490, info@nationalpark-kellerwald-edersee.de, www.nationalpark-kellerwald-edersee.de
Nationalpark Müritz: Schloßplatz 3, 17237 Hohenzieritz, Tel. 039824/252-0, Fax 039824/252-50, info@npa-mueritz.mvnet.de, www.nationalpark-mueritz.de
Nationalpark Niedersächsisches Wattenmeer: Virchowstr. 1, 26382 Wilhelmshaven, Tel. 04421/9110, Fax 04421/911280, poststelle@nlpv-wattenmeer.niedersachsen.de, www.nationalpark-wattenmeer.de/nds
Nationalpark- und Forstamt Sächsische Schweiz: An der Elbe 4, 01814 Bad Schandau, Tel. 035022/900600, Fax 035022/900666, poststelle.sbs-nationalparkamt@smul.sachsen.de, www.nationalpark-saechsische-schweiz.de
Nationalpark Schleswig-Holsteinisches Wattenmeer: Schloßgarten 1, 25832 Tönning, Tel. 04861/616-0, Fax 04861/616-69, nationalpark@lkn.landsh.de, www.wattenmeer-nationalpark.de/sh
Nationalpark Scharzwald: Schwarzwaldhochstraße 2, 77889 Seebach, Tel. 07449/92998-0, Fax -499, info@nlp.bwl.de, www.nationalpark-schwarzwald.de
Nationalpark Unteres Odertal: Park 2, 16303 Schwedt, Tel. 03332/21980, Fax 03332/219826, nationalparkverein@unteres-odertal.info, www.nationalpark-unteres-odertal.de
Nationalpark Vorpommersche Boddenlandschaft: Im Forst 5, 18375 Born, Tel. 038234/5020, Fax 038234/50224, poststelle@npa-vp.mvnet.de, www.nationalpark-vorpommersche-boddenlandschaft.de
Nationalpark-Haus Baltrum: Haus Nr. 177, 26579 Baltrum, Tel. 04939/469, nlpe.baltrum@gmx.de, www.nationalparkhaus-wattenmeer.de/baltrum
Nationalpark-Schiff Borkum: Am Neuen Hafen 9, 26757 Borkum, Tel: 04922/2030, nationalparkschiff@borkum.de, www.nationalparkhaus-wattenmeer.de/borkum
Nationalpark-Haus Carolinensiel: Pumphusen 3, 26409 Wittmund-Carolinensiel, Tel. 04464/8403, nationalparkhaus@carolinensiel.de, www.nationalparkhaus-wattenmeer.de/carolinensiel
Nationalpark-Haus Dangast: Zum Jadebusen 179, 26316 Varel-Dangast, Tel. 04451/7058, nationalparkhaus-dangast@email.de, www.nationalparkhauswattenmeer.de/dangast

Nationalpark-Haus Dornumersiel: Oll Deep 7, 26553 Dornumersiel, Tel. 04933/1565, nationalparkhaus-dornumersiel@t-online.de, www.nationalparkhaus-wattenmeer.de/dornumersiel

Nationalpark-Haus Museum Fedderwardersiel: Am Hafen 4, 26969 Butjadingen, Tel. 04733/8517, nlph.museum-butjadingen@ewetel.net, www.nationalparkhaus-wattenmeer.de/fedderwardersiel

Nationalpark-Haus Greetsiel: Schatthauser Weg 6, 26736 Krummhörn-Greetsiel, Tel. 04926/2041, nationalparkhaus@greetsiel.de, www.nationalparkhaus-wattenmeer.de/greetsiel

Nationalpark-Haus Juist: Carl-Stegmann-Str. 5, 26571 Juist, Tel. 04935/1595, nationalparkhaus@juistde, www.nationalparkhaus-wattenmeer.de/juist

Nationalpark-Haus Seehundstation Norddeich: Dörper Weg 24, 26506 Norden, Tel. 04931/973330, info@seehundstation-norddeich.de, www.nationalparkhaus-wattenmeer.de/norddeich

Nationalpark-Haus Wangerland: Kirchstr. 9, 26434 Wangerland/Minsen, Tel. 04426/904700, nationalpark-haus@wangerland.de, www.nationalparkhaus-wattenmeer.de/wangerland

Nationalpark-Haus Wangerooge: Friedrich-August-Str. 18, 26486 Wangerooge, Tel. 04469/8397, nationalparkhaus@wangerooge.de, www.nationalparkhaus-wattenmeer.de/wangerooge

Nationalpark-Haus Wittbülten: Hellerpad 2, 26474 Spiekeroog, Tel. 04976-910050, info@wittbuelten.de, www.nationalparkhaus-wattenmeer.de/wittbuelten

Nationalpark-Haus Wurster Nordseeküste: Am Kutterhafen 3, 27632 Wurster Nordseeküste, Tel. 04741/960290, nationalparkhaus@wursternordseekueste.de, www.nationalparkhaus-wattenmeer.de/wurster-nordseekueste

Nationalpark-Station Neuwerk: Turmwurt, 27499 Insel Neuwerk, Tel. 04721/69271, Fax 04721/28860, nphw.neuwerk@t-online.de

NationalparkZentrum Multimar Wattforum: Am Robbenberg, 25832 Tönning, Tel. 04861/9620-0, Fax -04861/9620-10, info@multimar-wattforum, www.multimar-wattforum.de

Wattenmeer-Besucherzentrum Cuxhaven: Nordheimstr.200, 27476 Cuxhaven, Tel. 04721/5905610, wattbz@cuxhaven.de, www.nationalparkhaus-wattenmeer.de/cuxhaven

Wattenmeer-Besucherzentrum Norderney: Am Hafen 2, 26548 Norderney, Tel. 04932/2001, info@wattwelten.de, www.nationalparkhaus-wattenmeer.de/norderney

Wattenmeer-Besucherzentrum Wilhelmshaven: Südstrand 110b, 26382 Wilhelmshaven, Tel. 04421/91070, info@wattenmeer-besucherzentrum.de, www.nationalparkhaus-wattenmeer.de/wilhelmshaven

Schutzgebiet Elbtalaue: Bezirksregierung Lüneburg, Schutzgebietsverwaltung Elbetal, Am Markt 1, 29456 Hitzacker, Tel. 05862/9673-0, Fax 05862/9673-20, elvyra.kehlbein@br-lg.niedersachsen.de

Vereine und Verbände

Aktion PfalzStorch e. V., Dieter Hörner, Storchenzentrum, Kirchstraße 1, 76879 Bornheim, Tel. 06348/610757, storchenzentrum@pfalzstorch.de, www.pfalzstorch.de

Aktion Wanderfalken- und Uhuschutz e. V., Willy Cavallo, Lärchenstr. 2, 97904 Dorfprozelten, Tel. 09392/7858, familie.cavallo@web.de

Ala – Schweizerische Gesellschaft für Vogelkunde und Vogelschutz, CH-6204 Sempach, sekretariat@ala-schweiz.ch, www.ala-schweiz.ch

Arbeitsgemeinschaft Berlin-Brandenburgischer Ornithologen (ABBO), Wolfgang Mädlow, Konrad-Wolff-Allee 53, 14480 Postdam

Arbeitsgemeinschaft für Ornithologie und Naturschutz Vreden, Biologische Station, Zwillbrock Nr. 10, 48691 Vreden

Arbeitsgemeinschaft Avifauna von Schwaben, Dr. Hermann Stickroth, Sperberweg 41, 86156 Augsburg, Tel. 0821/4531664, Fax 0821/4531671, hermann.stickroth@birdnet.de

Arbeitsgemeinschaft Ornithologie des Naturwissenschaftlichen Vereins für Schwaben, Robert Kugler, Rathausstr. 27a, 86343 Königsbrunn, Tel. 08231/34474, robert-kugler@web.de

Arbeitsgemeinschaft Wanderfalkenschutz (AGW) KF. Hepp, Geschäftsstelle, Eichendorffweg 1, 69412 Eberbach, Tel. 06271/72625, Fax 06271/71158, bertholdficht@agw-bw.de

Arbeitsgemeinschaft zum Schutz bedrohter Eulen »AG Eulen«, Dr. J. Wiesner, Oßmaritzer Str. 13, 07745 Jena, renseiw.j@gmx.de, www.ageulen.de

Arbeitskreis an der Staatlichen Vogelschutzwarte Hamburg, H.-H. Geißler, Lottbeker Feld 14, 22359 Hamburg, Tel. 040/6049405, hh-geissler@ornithologie-hamburg.de, www.ornithologie-hamburg.de

Arbeitskreis für Vogelkunde und Vogelschutz e. V., Geschäftsstelle: W. Laich, Thüringer-Wald-Str. 27, 70469 Stuttgart, Tel./Fax 0711/8566078

Avifaunistische Arbeitsgemeinschaft für Lüchow und Dannenberg, Am Taterberg, 29468 Bergen an der Dumme

Avifaunistische Arbeitsgemeinschaft Soltau-Fallingbostel, c/o Frank-Ulrich Schmidt, Zum Ahlftener Flatt 42, 29614 Soltau, Tel. 05191/13302, f.u.schmidt@ewetel.net

Badischer Landesverein für Naturkunde und Naturschutz e. V., Gerberau 32, 79098 Freiburg i.Br., Tel. 0761/2163325

Berliner Ornithologische Arbeitsgemeinschaft (BOA), Dr. Jörg Böhner, Bodestr. 5c, 14513 Teltow, joerg.boehner@tu-berlin.de

Biologische Arbeitsgemeinschaft, Stadtwaldstr. 43, A-8600 Bruck/Mur

Biologische Station östliches Ruhrgebiet e. V., Vinckestr. 91, 44623 Herne, Tel. 02323/55541, Fax 02323/51360

Biologische Station im Kreis Wesel e. V., Freybergweg 9, 46483 Wesel, Tel. 0281/96252-0, Fax 0281/96252-22, info@bskw.de

BirdLife Österreich Gesellschaft für Vogelkunde, c/o Naturhistorisches Museum, Museumsplatz 1/10/8, A-1070 Wien, Tel. 0043/1/5234651, Fax 0043/1/5247040, birdlife@blackbox.net

Bund für Umwelt und Naturschutz Deutschland e. V. (BUND), Am Köllnischen Park 1, 10179 Berlin, Tel. 030/275864-0, Fax -40, bund@bund.net, www.bund.net

BUND-Naturschutzzentrum Möggingen, Mühlbachstr. 2, 78315 Radolfzell-Möggingen, Tel. 07732/10522

Bundesverband Wissenschaftlicher Vogelschutz e.V. (BWV), Dr. K. Ruge, Villastr. 46, 70190 Stuttgart, Tel. 07135/6421, klausruge@esatclear.ie

Dachverband Deutscher Avifaunisten e. V. (DDA): An den Speichern 2, 48157 Münster, Tel. 0251/210140-0, Fax -29, info@dda-web.de, www.dda-web.de

Deutsche Gesellschaft für Mauersegler e. V., Sandäckerstr. 43, 65933 Frankfurt, Tel. 069/35351504, www.mauersegler.com

Deutsche Ornithologen-Gesellschaft (DO-G), Geschäftsstelle: Karl Falk, Institut für Vogelforschung, An der Vogelwarte 21, 26386 Wilhelmshaven, Tel. 0176/78114479, Fax 04421/968955, geschaeftsstelle@do-g.de, www.do-g.de

Deutscher Jugendbund für Naturbeobachtung (DJN), Geiststraße 2, 37073 Göttingen, djn@naturbeobachtung.de, www.naturbeobachtung.de

Deutscher Rat für Vogelschutz, c/o Dr. A. v. Lindeiner, Eisvogelweg 1, 91161 Hilpoltstein, a-v-lindeiner@lbv.de

Euring, Generalsekretär: Dr. Wolfgang Fiedler, Vogelwarte Radolfzell, Schlossallee 2, 78315 Radolfzell, fiedler@orn.mpg.de, www.euring.de

Fachschaft für Ornithologie Südlicher Oberrhein im Naturschutzbund, Helmut Opitz, Am Tretenbach 11, 77960 Seelbach, Tel. 07823/649, Fax 07823/5603, fosor@t-online.de, www.fosor.de

Faunistische Arbeitsgemeinschaft Südost-Niedersachsens (FAS), Prof. Dr. Friedmut Melcher, Carlo Fuchs, NABU Bezirksgeschäftstelle Braunschweig, Hochstr. 18, 38102 Braunschweig

Freunde und Förderer der Inselstation der Vogelwarte Helgoland e. V., An der Sapskuhle 511, 27485 Helgoland, info@vogelwarte-helgoland-fv.de, www.vogelwarte-helgoland-fv.de

Gesellschaft für Naturschutz und Ornithologie Rheinland-Pfalz e. V. (GNOR), Osteinstr. 7–9, 55118 Mainz, Tel. 06131/671480, Fax 06131/671481, mainz@gnor.de, www.gnor.de

Gesellschaft für Tropenökologie, Dr. Alfred Bittner, gtv-Geschäftsstelle, Schadenweilerhof, 72108 Rottenburg am Neckar, bittner@fh-rottenburg.de

Gesellschaft für Tropenornithologie, Sekretär: Robert Pfeifer, Dilchertstraße 8, 95444 Bayreuth, Tel. 0921-515278, sekretaer@tropenornithologie.de

Greenpeace e. V., Große Elbstr. 39, 22767 Hamburg, www.greenpeace.de

Hessische Gesellschaft für Ornithologie und Naturschutz e. V. (HGON), Lindenstr. 5, 61209 Echzell, Tel. 06008/1803, Fax 06008/7578, hgon@hgon.de

Komitee gegen den Vogelmord e. V. Bundesgeschäftsstelle, An der Ziegelei 8, 53127 Bonn, Tel. 0228/665521, komitee@komitee.de, www.komitee.de

Kranichinformationszentrum, Lindenstr. 27, 18445 Groß Mohrdorf, Tel. 038323/80540, Fax -80541, gruidae@aol.com, www.kraniche.de

Landesbund für Vogelschutz in Bayern, Eisvogelweg 1, 91161 Hilpoltstein, Tel. 09174/47750, Fax 09174/477575, info@lbv.de, www.lbv.de

LBV Umweltstation Altmühlsee, Schlossstr. 2, 91735 Muhr am See, Tel. 09831/4820, altmuehlsee@lbv.de

LBV Geschäftsstelle Ansbach, Pfarrstr. 11, 91522 Ansbach, Tel. 0981/7222 oder -7233, ansbach@lbv.de, www.ansbach.lbv.de

LBV Geschäftsstelle Augsburg, Gronerstr.7, 86609 Donauwörth, d-blacha@lbv.de

LBV Geschäftsstelle Bad Tölz-Wolfratshausen, Bahnhofstr. 16, 82515 Wolfratshausen, Tel. 08171/27303, Fax -649120, geschaeftsstelle@lbv-toel.de, www.bad-toelz.lbv.de

LBV Geschäftsstelle Bamberg, Umweltgarten Fuchsenwiese, Hegelstr. 16a, 96052 Bamberg, Tel. 0951/326-26, bamberg@lbv.de, www.fuchsenwiese.lbv.de

LBV Geschäftsstelle Cham, LBV-Zentrum „Mensch und Natur", Nößwartling 12, 93473 Arnschwang, Tel. 09977/8227, info@lbvcham.de

LBV Geschäftsstelle Chiemsee, Naturpavillon Übersee (Apr.–Okt.), Hochfellnweg 1, 83236 Übersee, Tel. 08642/1551, naturpavillon@lbv.de

LBV Geschäftsstelle Coburg, Ziegelei 4b, 96487 Dörfles-Esbach, Tel. 09561/40797-10, coburg@lbv.de

LBV Geschäftsstelle Fürstenfeldbruck, Alois-Harbeck-Platz 3, 82178 Puchheim, Tel. 089/8001500, fuerstenfeldbruck@lbv.de

LBV Geschäftsstelle Garmisch-Partenkirchen, Gsteigstr. 43, 82467 Garmisch-Partenkirchen, Tel. 08821/73464, lbvgap@gaponline.de

LBV Ökostation Helmbrechts, Ottengrüner Str. 100, 95233 Helmbrechts, Tel. 09252/358-781, service@lbv-hof.de

LBV Geschäftsstelle Ingolstadt, Lindberghstr. 2a, 85051 Ingolstadt, Tel. 0841/3706848, info@lbv-ingolstadt.de

LBV Geschäftsstelle Inn-Salzach, Umweltgarten Wiesmühl, Wiesmühl 11, 84549 Engelsberg, Tel. 08634/625-333, inn-salzach@lbv.de

LBV Geschäftsstelle München, Klenzestraße 37, 80469 München, Tel. 089/20027-06, Fax: -088, info@lbv-muenchen.de, www.lbv-muenchen.de

LBV Geschäftsstelle Niederbayern, Umweltstation Straubing, Bahnhofstr. 10, 94315 Straubing, Tel. 09421/9892810, niederbayern@lbv.de, www.niederbayern.lbv.de

LBV Geschäftsstelle Nürnberg, Humboldtstr. 98, 90459 Nürnberg, Tel. 0911/454-737, nuernberg@lbv.de, www.nuernberg.lbv.de

LBV Geschäftsstelle Oberbayern, Kuglmüllerstr. 6, 80638 München, Tel. 089/219643-051, oberbayern@lbv.de, www.oberbayern.lbv.de

LBV Geschäftsstelle Oberfranken, Umweltschutzinformationszentrum Lindenhof, Karolinenreutherstr. 58, 95448 Bayreuth, Tel. 0921/759422-6, lindenhof@lbv.de, www.lindenhof.lbv.de

LBV Bezirksgeschäftsstelle Oberpfalz, Umweltstation Straubing, Masurenweg 19, 93128 Regenstauf, Tel. 09402/78995712, oberpfalz@lbv.de, www.oberpfalz.lbv.de

LBV Geschäftsstelle Pfaffenhofen, Karl-von-Freyberg-Str.16, 85305 Jetzendorf, d-bornemann@lbv.de

LBV Umweltstation Rothsee, Am Rothsee 10, 91161 Hilpoltstein, Tel. 09174/977377-3, umweltstation-rothsee@lbv.de, www.rothsee.lbv.de

LBV Geschäftsstelle Schwaben, Brigitte Kraft, Vogelmannstr. 6, 87700 Memmingen, Tel. 08331/901-182, schwaben@lbv.de, www.starnberg.lbv.de

LBV Geschäftsstelle Starnberg, Landsberger Str. 57, 82266 Inning-Stegen, Tel. 08143/8808, starnberg@lbv.de, www.starnberg.lbv.de

LBV Geschäftsstelle Unterfranken, Mainlände 8, 97209 Veitshöchheim, Tel. 0931/452650-47, unterfranken@lbv.de, www.unterfranken.lbv.de

LBV Geschäftsstelle Untermain, Umweltstation, Naturerlebnisgarten Kleinostheim, Dreizehnmorgenweg 8, 63801 Kleinostheim, Tel. 06027/409079-6, untermain@lbv.de

LBV Geschäftsstelle Oberpfalz, Umweltstation und Vogelauffangstation, Masurenweg 19, 93128 Regenstauf, Tel. 09402/789957-12, oberpfalz@lbv.de

Lëtzebuerger Natur- a Vulleschutzliga, Haus vun der Natur, Route de Kochelscheuer, L-1899 Kochelscheuer, Tel. 00352/2904041

Der Mellumrat e.V. Naturschutz- und Forschungsgemeinschaft, Zum Jadebusen 179, 26316 Varel-Dangast, Tel. 04451/84191, Fax 04451/969784, info@mellumrat.de, www.mellumrat.de

Monticola Internationale Arbeitsgemeinschaft für Alpenornithologie e.V., Dr. Hubert Holland, Karl-Christ-Str. 30, 69118 Heidelberg, kontakt@monticola.org, www.monticola.org

»Monitoring Greifvögel und Eulen« Martin-Luther-Universität, Institut für Zoologie, Domplatz 4, PF 8, 06099 Halle/Saale, Tel. 0345/5526453-479, uk.mammen@t-online.de

Naturschutzbund Deutschland e.V. (NABU), Bundesgeschäftsstelle, Charitéstr. 3, 10117 Berlin, Tel. 030/284984-0, Fax -2000, nabu@nabu.de, www.nabu.de

NABU Landesfachausschuss Ornithologie Thüringen, (AK Avifauna Thüringen), Frank Radon, Triptiser Str. 8A, 07806 Neustadt/Orla, Tel. 036481/23528

NABU Landesverband Baden-Württemberg, Landesgeschäftsstelle, Tübinger Str. 15, 70178 Stuttgart, Tel. 0711/96672-0, Fax 0711/96672-33, nabu@nabu-bw.de, http://baden-wuerttemberg.nabu.de

NABU Landesverband Berlin, Wollankstr. 4, 13187 Berlin, Tel. 030/98608370, Fax 030/9867051, lvberlin@nabu-berlin.de, www.nabu-berlin.de

NABU Landesverband Brandenburg, Lindenstr. 34, 14467 Potsdam, Tel. 0331/20155-70, Fax -77, info@nabu-brandenburg.de, www.nabu-brandenburg.de

NABU Landesverband Bremen e. V., Contrescarpe 8, 28203 Bremen, Tel. 0421/3398772, Fax 0421/33659912, info@nabu-bremen.de, www.nabu-bremen.de

NABU Landesverband Hamburg, Klaus-Groh-Str. 21, 20535 Hamburg, Tel. 040/697089-0, Fax -19, info@nabu-hamburg.de, www.nabu-hamburg.de

NABU Landesverband Hessen, Friedenstr. 26, 35578 Wetzlar, Tel. 06441/679040, Fax 06441/ 6790429, info@nabu-hessen.de, www.nabu-hessen.de

NABU Landesverband Mecklenburg-Vorpommern, Arsenalstraße 2, 19053 Schwerin, Tel. 0385/2003609, Fax 0385/7589498, lgs@nabu-mv.de, www.nabu-mv.de

NABU Landesverband Niedersachsen, Alleestr. 36, 30167 Hannover, Tel. 0511/9110-50, Fax -40, info@nabu-niedersachsen.de, www.nabu-niedersachsen.de

NABU Landesverband Nordrhein-Westfalen, Völklinger Str. 7-9, 40219 Düsseldorf, Tel. 0211/159251-0, Fax -15, info@nabu-nrw.de, http://nrw.nabu.de

NABU Landesverband Rheinland-Pfalz, Frauenlobstr. 15, 55118 Mainz, Tel. 06131/14039-0, Fax-28, kontakt@nabu-rlp.de, www.nabu-rlp.de

NABU Landesverband Saarland, Antoniusstraße 18, 66822 Lebach, Tel. 06881/93619-0, Fax -11, lgs@nabu-saar.de, www.nabu-saar.de

NABU Landesverband Sachsen, Löbauer Str. 68, 04347 Leipzig, Tel. 0341/2411992, Fax 0341/2333133, landesverband@nabu-sachsen.de, www.nabu-sachsen.de

NABU Landesverband Sachsen-Anhalt, Schleinufer 18a, 39104 Magdeburg, Tel. 0391/56193-50, Fax -49, mail@nabu-lsa.de, http://sachsen-anhalt.nabu.de

NABU Landesverband Schleswig-Holstein, Färberstraße 51, 24534 Neumünster, Tel. 04321/53734, Fax -5981, info@nabu-sh.de, schleswig-holstein.nabu.de

NABU Landesverband Thüringen, Leutra 15, 07751 Jena, Tel. 03641/605704, Fax 03641/215411, lgs@nabu-thueringen.de, www.nabu-thueringen.de

NABU-Wasservogelreservat Wallnau, 23769 Westfehmarn, Tel. 04372/1002, mail@nabu-wallnau.de, http://wallnau.nabu.de

NABU Gut Sunder, Gut Sunder, 29308 Winsen/ Aller, Tel. 05056/97011, Fax 05056/970197, info@nabu-gutsunder.de, www.nabu-gutsunder.de

NABU-Naturschutzstation Niederrhein e. V., Keekener Str. 12, 47533 Kleve, Tel. 02821/713988-0, Fax -29, info@nabu-naturschutzstation.de, www.nabu-naturschutzstation.de

NABU-Naturschutzzentrum Wollmatinger Ried, Kindlebildstr. 87, 78479 Reichenau, Tel. 07531/78870, Fax 07531/72383, nabu.wollried@t-online.de, www.nabu-wollmatingerried.de

Nassauischer Verein für Naturkunde, Rheinstr. 10, 65185 Wiesbaden

Naturschutzbund Österreich, Museumsplatz 2, A-5020 Salzburg, Tel. 0043/662-642909, Fax 0043/662-6437344, bundesverband@naturschutzbund.at, www.naturschutzbund.at

Naturschutzinitiative e. V., Am Hammelberg 25, 56242 Quirnbach/Westerwald, Tel. 02626/926477-0, Fax -1, info@naturschutz-initiative.de, www.naturschutz-initiative.de

Naturwissenschaftlicher Verein für Bielefeld und Umgegend e. V., Naturkunde-museum, Kreuzstr. 38, 33602 Bielefeld, Tel. 0521/172434, Fax 0521/5218810, nwv-bi@t-online.de, www.nwv-bielefeld.de

Natur- und Umweltschutzzentrum, Groß Wartenberger Str. 4, 31737 Rinteln, Tel. 05751/5237, Fax 05751/14548

Naturwissenschaftlicher Verein für Kärnten, Museumsgasse, A-9010 Klagenfurt

Naturwissenschaftlicher Verein für die Steiermark, Universitätsplatz 3, A-8010 Graz

Naturwissenschaftlicher Verein Regensburg e. V. von 1846, Am Prebrunntor 4, 93047 Regensburg

Nederlandse Ornithologische Unie, Akelei 42, NL-4102 JM Culemborg

Niederrheinische Arbeitsgemeinschaft Biotopmanagement (NAB), Diersfordter Str. 9, 46483 Wesel

Niedersächsische Ornithologische Vereinigung (NOV), Thomas Brandt, Hagen-burger Straße 16, 31547 Winzlar, Tel. 05037/9670, brandt@ornithologieniedersachsen.de, www.ornithologie-niedersachsen.de

Nordrhein-Westfälische Ornithologengesellschaft (NWO), c/o Veronika Huisman-Fiegen, Leydelstr. 26, 47802 Krefeld

Ökologische Schutzstation Steinhuder Meer e. V., Thomas Brandt, Hagenburger Str. 16, 31547 Rehburg-Loccum, Tel. 05037/967-0, Fax 05037/5738, info@oessm.org, www.oessm.org

Ornithologenverband Sachsen-Anhalt (OSA) e. V., Klaus George, Pappelweg 183 e, 06493 Badeborn, Tel. 039483/82056, klaus.george@t-online.de

Ornithologische Arbeitsgemeinschaft Bayerischer Untermain, Siegmar Hartlaub, Römerstr. 31, 63843 Niedernberg, Tel. 06028/6661, Fax 06028/6661, siegmar.hartlaub@t-online.de

Ornithologische Arbeitsgemeinschaft OAG Bremen, im Bund für Umwelt und Naturschutz Deutschland, Am Dobben 44, 28203 Bremen

Ornithologische Arbeitsgemeinschaft Bodensee, Am Wollmatinger Ried 20, 78479 Reichenau, Tel. 07531/9216662, info@bodensee-ornis.de, www.bodensee-ornis.de

Ornithologische Arbeitsgemeinschaft Helgoland e. V., Postfach 869, 27490 Helgoland, www.oag-helgoland.de

Ornithologische Arbeitsgemeinschaft im Verein für Natur- und Vogelschutz, Hochsauerlandkreis (OAG/VNV), Voßwinklerstr. 52, 59757 Arnsberg

Ornithologische Arbeitsgemeinschaft Kitzbühel (OAGK), Wolfgang Kantner, Schönbichlweg 26, A-6380 Sankt Johann, Tel. 0043/5352/2990

Ornithologische Arbeitsgemeinschaft Main-Tauber-Kreis, W. Dornberger, Rathausgasse 8, 97996 Niederstetten, Tel. 07932/265

Ornithologische Arbeitsgemeinschaft Mecklenburg-Vorpommern OAMV e.V., Dr. Klaus-Dieter Feige, Lewitzweg 23, 19372 Matzlow

Ornithologische Arbeitsgemeinschaft Oldenburg, Jörg Grützmann, Schlieffenstr. 26, 26123 Oldenburg, mail@joerg-gruetzmann.de

Ornithologische Arbeitsgemeinschaft Ostbayern, A. Vidal, Rilkestr. 20a, 93138 Lappersdorf

Ornithologische Arbeitsgemeinschaft für Populationsforschung Braunschweig, Dr. Jochen Wittenberg, Maienstr. 13, 38118 Braunschweig, Tel. 0531/502132, Fax 0531/502139, jochen.wittenberg@t-online.de

Ornithologische Arbeitsgemeinschaft für Schleswig-Holstein und Hamburg, Bernd Hälterlein, Lütt Dörp 22, 25887 Winnert, haelterlein@ornithologieschleswig-holstein.de, www.ornithologie-schleswig-holstein.de

Ornithologische Arbeitsgemeinschaft Stade, D. Klaehn, Thuner Hang 5, 21680 Stade, Tel. 04141/63230

Ornithologische Arbeitsgemeinschaft Südheide, Dr. H. Langbehn, Mühlenstr. 10, 29221 Celle

Ornithologische Arbeitsgemeinschaft Süd-Niedersachsen, P. H. Barthel, Über dem Salzgraben 11, 37574 Einbeck-Drüber

Ornithologische Arbeitsgemeinschaft Bayerischer Untermain im Landesbund für Vogelschutz, Siegmar Hartlaub, Römerstr. 31, 63843 Niedernberg

Ornithologische Arbeitsgemeinschaft Unterfranken Region 3, Michael Schraut, Löriether Str. 37, 97616 Bad Neustadt, Tel. 09771/6354188, f_albicollis@t-online.de

Ornithologischer Beobachterring Saar (OBS), Günter Nicklaus, Allmendstr. 30, 66399 Mandelbachtal-Ormesheim, ubgnic@uniklinik-saarland.de

Ornithologische Gesellschaft Baden-Württemberg (OGBW), Jost Einstein, Karlstraße 3, 88422 Bad Buchau, Tel. 0162/6019551, jost.einstein@ogbw.de

Ornithologische Gesellschaft Basel Naturhist. Museum, Dr. Raffael Winkler, Postfach 1048, CH-4001 Basel, raffael.winkler@bs.ch

Ornithologische Gesellschaft in Bayern e.V., Manfred Siering, Gereutplatz 1, 82031 Grünwald, Tel. 089/6253359, Fax 089/64916571, msiering@t-online.de

Ornithologische Vereinigung Ostfriesland (OVO), c/o NABU Ostfriesland, Forlitzer Str. 122, 26624 Wiegboldsbur

Ornithologischer Verein Aachen, Maria Esser, Fronhofstr. 70, 52428 Jülich

Ornithologischer Verein Aken (Elbe) e.V., Uwe Wietschke, Dessauer Landstr. 16 B, 06385 Aken (Elbe)

Ornithologischer Verein Dessau e. V., Museum für Naturkunde und Vorgeschichte Dessau-Roßlau, Askanische Straße 32, 06842 Dessau-Roßlau, Tel. 0163/2788438, ovd@ornithologischer-verein-dessau.de, www.ornithologischer-verein-dessau.de

Ornithologischer Verein Halle e. V., Reinhard Gnielka, Huttenstr. 84, 06110 Halle, Tel. 0345/4820086

Ornithologischer Verein Köthen „J.F. Naumann" e. V., Andreas Rößler, Am Hilligbornfeld 24, 06369 Großpaschleben, www.ovc-koethen.de

Ornithologischer Verein zu Hildesheim, Alistair Hill, Louise-Wippern-Ring 31, 31137 Hildesheim, Tel. 05121/6966529, info@ovh-online.de, www.ovh-online.de

Ornithologischer Verein zu Leipzig e. V., K. Größler, Weiglinstraße 18, 04329 Leipzig, Tel. 0341/2516600

Otus, Verein für Feldornithologie in Bayern e. V., Fuchsengang 2, 93105 Tegernheim, otus@otus-bayern.de, www.otus-bayern.de

Peiner Biologische Arbeitsgemeinschaft, Prof. Dr. Hans Oelke, Kastanienallee 13, 31224 Peine, Tel. 05171/12233, Fax 05171/48283

POLLICHIA Verein für Naturforschung, Naturschutz, Umweltbildung in Rheinland-Pfalz e. V., Dr. Jürgen Ott, Erfurter Str. 7, 67433 Neustadt/Weinstraße, Tel. 06321/921768, Fax -921776, kontakt@pollichia.de, www.pollichia.de

Pro Natura, Dornacherstr. 192, Postfach, CH-4018 Basel, Tel. 0041/61/317-9191, Fax -9266, mailbox@pronatura.ch, www.pronatura.ch

ProRing, Verein der Freunde und Förderer der wissenschaftlichen Vogelberingung e. V., c/o Marko Zischewski, Kindergartenweg 2, 02999 Lohsa, www.proring.de

RAMSAR Gebietsbetreuung für den Ammersee, Christian Niederbichler, Landsbergstr. 57, 82266 Inning-Stegen, Tel. 08134/8807, Fax 08143/8809, niederbichler@ramsar-ammersee.de, www.ramsar-ammersee.de

Schutzstation Wattenmeer: Hafenstraße 3, 25813 Husum, Tel. 04841/6685-30, husum@schutzstation-wattenmeer.de, www.schutzstation-wattenmeer.de

Schweizer Vogelschutz SVS/BirdLife Schweiz, Wiedingstr. 78, Postfach, CH-8036 Zürich, Tel. 0041/44 457 70 20, Fax 0041/44 457 70 30, svs@birdlife.ch, www.birdlife.ch

Stiftung Europäisches Naturerbe, Konstanzer Str. 22, 78315 Radolfzell, Tel. 07732/92720, Fax 07732/927222, info@euronatur.org

Stiftung Vogelmonitoring, stiftung@vogelmonitoring.de

Verein der Freunde der Vogelschutzwarte Seebach e. V., Lindenhof 3, 99998 Weinbergen, Tel. 3601/887711

Verein Jordsand zum Schutze der Seevögel und der Natur e. V., Bornkampsweg 35, 22926 Ahrensburg, Tel. 04102/32656

Verein Sächsischer Ornithologen, Postfach 25 15 21, 04351 Leipzig, Tel. 03581/846550, info@vso-web.de, www.vso-web.de

Verein Thüringer Ornithologen e. V., H. Grimm, Postfach 101519, Große Arche 14, 995015 Erfurt, Tel. 0361/6555680, Fax 0361/6555689, mail@vto-ev.de, www.ornithologen-thueringen.de

Vereinigung für wissenschaftliche Vogelberingung in Niedersachsen und Bremen, Dr. Jochen Wittenberg, Maienstr. 13, 38118 Braunschweig, Tel. 0531/502132, Fax 0531/502139, jochen.wittenberg@t-online.de

Vereniging Natuurmonumenten, NL-1200 WK s' Graveland

Vogelbescherming Nederland, Vogelinformatiecentrum, Driebergseweg 16c, Postbus 925, NL-3700 AX Zeist, Tel. 030-6937700, Fax 030-6918844, vogelinformatiecentrum@vogelbescherming.nl, www.vogelbescherming.nl

Vogelkundliche Beobachtungsstation Untermain e. V., Schelmenburgplatz 2, 60388 Frankfurt a. M., stefan.wehr@online.de, www.vbu-ffm.de

Vogelschutz-Komitee e. V., Weender Landstr. 72, 37075 Göttingen, Postfach 3741, 370732 Göttingen, Tel. 0551/2099329, Fax -24894, vogelschutz.komitee@t-online.de, www.vogelschutz-komitee.de

Vogelschutzwarte Storchenhof Loburg, Chausseestr. 18, 39279 Loburg, Tel./Fax 039245/2516, vogelschutzwarte@storchenhof-loburg.de, www.storchenhof-loburg.de

WWF Deutschland, Reinhardtstr. 14, 10117 Berlin, Tel. 030/311777-0, Fax -603, info@wwf.de, www.wwf.de

WWF-Fachbereich Meere & Küsten, Ökologiestation, Am Güthpol 11, 28757 Bremen, Tel. 0421/65846-10, Fax 0421/6546-12

WWF-Fachbereich Meere & Küsten, Projektbüro Wattenmeer, im Nationalpark-Haus Hafen Husum, Hafenstr. 3, 25813 Husum, Tel. 04841/668530, Fax 04841/668539, husum@wwf.de, www.wwf.de

Avifaunistische Kommissionen

Deutsche Avifaunistische Kommission (DAK): c/o Dachverband Deutscher Avifaunisten e. V., An den Speichern 2, 48157 Münster, dak@dda-web.de, www.dda-web.de

Helgoländer Avifaunistische Kommission (HAK): Jochen Dierschke, Postfach 869, 27490 Helgoland, jochen.dierschke@web.de, www.oag-helgoland.de

Avifaunistische Kommission Schleswig-Holstein und Hamburg (ASK-SH/HH): Klaus Günther, Schutzstation Wattenmeer, Hafenstr. 3, 25813 Husum, Tel. 04841/668541, Fax 04841/668539, k.guenther@schutzstation-wattenmeer.

Autoren

Christoph Moning, geboren 1976, beobachtet Vögel seit seiner frühen Kindheit. Seit 1997 lebt er in Bayern, wo er Landschaftsplanung an der TU-München studierte und anschließend ein Vogelmonitoring an der Bayerischen Landesanstalt für Wald und Forstwirtschaft auswertete und im Nationalpark Bayerischer Wald über Bergmischwälder promovierte. Seit 2014 ist er Professor für Tierökologie und Zoologie an der Hochschule Weihenstephan-Triesdorf. Unter seiner Federführung entstand die Buchreihe „Vögel beobachten in Süd-, Nord- und Ostdeutschland" (Kosmos). Daneben ist er Autor zahlreicher wissenschaftlicher und populärwissenschaftlicher Artikel. Schon seit rund zwanzig Jahren leitet er ornithologische Reisen.

Thomas Griesohn-Pflieger, geboren 1954, lebt im Ruhrgebiet. Der gelernte Baumaschinen-Kaufmann studierte Journalistik und Biologie an der Universität Dortmund. Seit mehr als 40 Jahren konzipiert und leitet er vogelkundliche Reisen und Exkursionen bei birdingtours. Als Journalist und Autor war er Chefredakteur von VÖGEL und dem NATURGUCKER-Magazin. Da er die Meinung vertritt, dass es gesellschaftlich nützlich und dem Naturschutz dienlich ist, wenn immer mehr Menschen sich der Natur- und Vogelbeobachtung widmen, schreibt er zu diesem Thema Bücher, hat Filme gemacht und das Vogelfestival „erfunden" und er betreibt mit www.birdnet.de das älteste Internetportal für Vogelbeobachtung in deutscher Sprache.

Michael Horn, geboren 1979 lebt mit seiner Familie in der Fränkischen Schweiz als Illustrator, Künstler und Gestalter. Seit seiner Kindheit zeichnet und malt er vor allem Tiere. 2003 absolvierte er sein Diplom als Kommunikationsdesigner an der Georg-Simon-Ohm Fachhochschule in Nürnberg. Ab diesem Zeitpunkt entstehen etliche Illustrationen vor allem für Naturschutzorganisationen und Verbände, aber auch Ölbilder im Genre Tier- und Landschaftsmalerei. Sein Schwerpunkt liegt seit 2015 bei großflächigen Wandgestaltungen für das deutschlandweite Projekt „Stelen der Biodiversität" der Organisation Artenschutz in Franken. Durch die Gestaltung eines Naturerlebnisgartens in seinem Heimatort als auch durch die Pflege eines alten Hutangers mit Hilfe einer kleinen Rinderherde versucht er die Artenvielfalt in seiner Heimat zu erhalten und zu fördern.